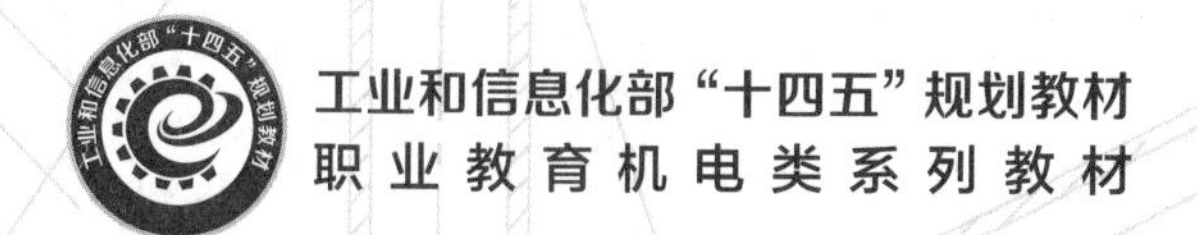

冲压成形工艺与模具数字化设计

微课版

孙佳楠 / 主编
赵春艳 陈可可 郭君扬 / 副主编
刘彦国 / 主审

ELECTROMECHANICAL

人民邮电出版社
北京

图书在版编目（CIP）数据

冲压成形工艺与模具数字化设计 : 微课版 / 孙佳楠主编. -- 北京 : 人民邮电出版社, 2023.7
职业教育机电类系列教材
ISBN 978-7-115-59882-0

Ⅰ. ①冲… Ⅱ. ①孙… Ⅲ. ①冲压－工艺学－高等职业教育－教材②冲模－设计－高等职业教育－教材 Ⅳ. ①TG38

中国版本图书馆CIP数据核字(2022)第150314号

内 容 提 要

本书系统地介绍了冲压成形基础和冲裁、弯曲、拉深等典型冲压成形工艺的设计方法。全书分为冲压成形工艺设计和冲压模具数字化设计上、下两篇，共 6 个冲压模具设计项目，主要内容涵盖了冲压模具设计中的单工序冲裁模具、倒装冲裁复合模具、正装冲裁复合模具、弯曲模具、圆筒形拉深模具和多工位级进模具的工艺知识及模具结构数字化设计实践操作技术。

本书适用于高职高专模具设计与制造专业的学生，也可供从事模具设计与制造工程技术的人员参考。

◆ 主　　编　孙佳楠
　副 主 编　赵春艳　陈可可　郭君扬
　主　　审　刘彦国
　责任编辑　王丽美
　责任印制　王　郁　焦志炜
◆ 人民邮电出版社出版发行　　北京市丰台区成寿寺路 11 号
　邮编　100164　　电子邮件　315@ptpress.com.cn
　网址　https://www.ptpress.com.cn
　三河市君旺印务有限公司印刷
◆ 开本：787×1092　1/16
　印张：16.5　　　　　　　　2023 年 7 月第 1 版
　字数：402 千字　　　　　　2023 年 7 月河北第 1 次印刷

定价：59.80 元

读者服务热线：(010) 81055256　印装质量热线：(010) 81055316
反盗版热线：(010) 81055315
广告经营许可证：京东市监广登字 20170147 号

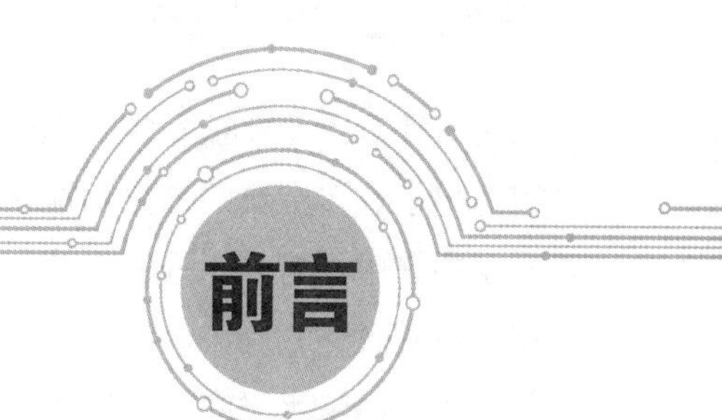

前言

本书为浙江省普通高校“十三五”新形态教材。全书深入贯彻国家职业教育改革实施方案精神，以产教融合、理实一体的职业教育理念为指导，以国家在线精品课程“冲压成形工艺与模具数字化设计”作为线上资源支撑，基于冲压模具设计岗位职业能力设计教材结构。

本书以冲压模具项目设计为载体，将冲压工艺分析、零件设计、模具结构设计及数字化设计等内容整合，满足“1+X”职业技能等级证书的课证融通需求，构建适合高职学生学习习惯的教材内容体系。本书全面贯彻党的二十大精神，将职业素质培养与冲压工艺专业内容有机融合，实现学生知识、能力和素养的统一。本书主要具有以下特点。

1. 以冲压模具设计项目任务为驱动，实现产教融合。本书以知能融通、理实一体为指引，以冲压成形工艺设计为上篇，以冲压模具数字化设计为下篇，围绕三大冲压工艺——冲裁、弯曲、拉深进行具体的冲压工艺与模具设计。在上篇中，每个项目包含1～3个冲压模具设计任务，按冲压模具设计流程编排，并融入该模具的数字化设计过程（以二维码形式可视化呈现）。在下篇中，通过3个具体的数字化设计训练项目，培养学生模具数字化设计能力，顺应模具数字化设计的发展趋势。

2. 凸显冲压行业特色，校企合作共同开发，重构教材内容。本书中项目任务的选取结合了行业、区域特色，根据企业对从事冲压模具设计的工程技术应用型人才的实际要求，吸纳数字化设计新技术、新规范。引入企业生产实际的典型冲压模具设计项目。

3. 构建“教、学、做”一体化的新形态教材。以教材为统领核心，以精品课程为支撑，实现“教”冲压工艺与成形分析、“学”冲压模具设计流程、“做”模具数字化设计3个环节的一体化整合，教材内容以新形态形式呈现，采用在线课程、学习App等技术手段开发适合于教学的、不同应用场景的数字化教学资源。

4. 提供丰富的教学配套资源。本书配套微课、模具结构、数字化设计建模等资源，凡使用本书作为教材的教师可登录人邮教育社区（www.ryjiaoyu.com）下载。本书同时配套有精品课程教学资源，相关资源可登录超星学银在线平台进行学习和查阅。

本书由浙江机电职业技术学院孙佳楠副教授任主编，江苏信息职业技术学院赵春艳老师、杭州水处理技术研究开发中心陈可可高工和河南工业职业技术学院郭君扬老师任副主编。本书由浙江机电职业技术学院刘彦国教授主审。杭州科技职业技术学院董虹星老师等为本书编写提出了许多宝贵的意见和建议。在本书编写过程中，编者参考了很多相关资料和书籍，得到了中国中原对外工程有限公司、无锡华光轿车零件有限公司及有关院校的大力支持与帮助，在此一并致谢！

由于编者水平有限，书中不妥之处敬请广大读者批评指正。

编者

2022 年 11 月

目录

上篇　冲压成形工艺设计

下篇　冲压模具数字化设计

上篇

冲压成形工艺设计

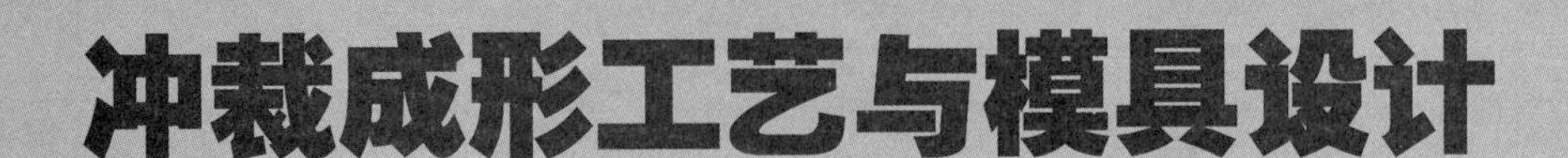

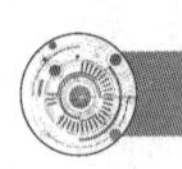 1.1 项目导入

冲裁工艺是一种十分重要的冲压工艺，也是板料冲压成形中使用最多的基本冲压工艺。实际的冲压生产中，无论是平板类的冲裁制件，还是具有弯曲、拉深、翻边、胀形等结构特征的制件，都需要在其冲压成形过程中用到冲裁工艺。例如，弯曲、拉深等制件成形前的展开坯料，成形后制件上的孔、切口、切边等结构都要通过冲裁工艺以及冲裁模具加工得到。

知识点微课：

扫描二维码学习冲裁变形过程课程。

扩展阅读：

作为成形工具，冲压模具在中国有着悠久的历史。几千年来，很多器、皿、鼎的制作都采用了冲压模具。我国河北出土的战国早期生产的红铜锤胎铜缶，被认为是迄今发现的世界上第一个冲压制件，其用冲压模具成形后，再用冷咬接技术套接而成。欧洲在公元1世纪左右才采用冲压技术成形硬币，比我国晚很多年。

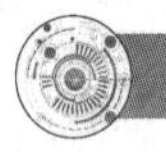 1.2 学习目标

【知识目标】

◎了解冲裁成形工艺的特点和应用。

◎了解冲裁制件的断面特征。

◎掌握冲裁力和压力中心的计算方法。

◎掌握凸、凹模刃口尺寸的计算方法。

【能力目标】

◎能够正确选择合理冲裁间隙。

◎能够进行冲裁排样设计。

◎能够进行冲裁模具的总体结构设计。

◎能够进行冲裁模具零部件设计。

【素质目标】

◎培养职业荣誉感和技术报国情怀。

◎培养精细严谨的工作精神。

◎培养耐心细致的工作态度。

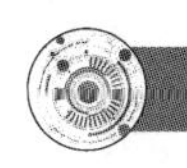

1.3　项目分析

本项目由三个任务组成，分别为单工序冲裁模具设计任务、倒装冲裁复合模具设计任务和正装冲裁复合模具设计任务，三个冲裁模具设计任务由浅入深、层层递进，可综合全面地训练学生冲裁工艺设计和冲裁模具结构设计的能力。本项目的三个任务载体零件较为典型，具有一定的代表性，冲裁模具结构涵盖了单工序落料模、倒装复合模和正装复合模，便于初学者掌握冲裁成形工艺基础知识和模具设计基本流程。三个任务的分析见表 1-1～表 1-3。

表 1-1　　无孔垫板制件单工序冲裁模具设计任务

<table>
<tr><td>图示</td><td>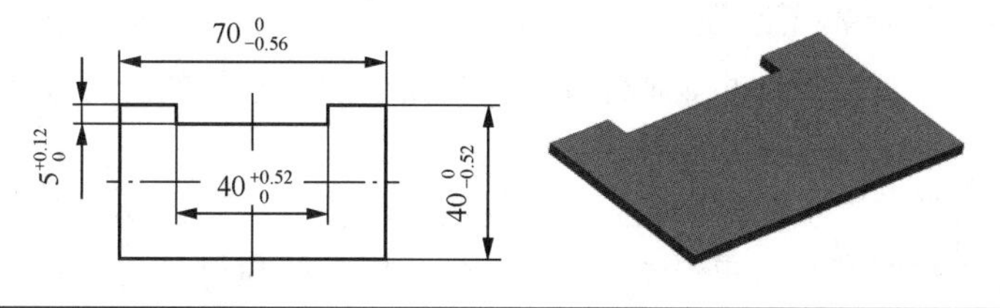
</td></tr>
<tr><td>项目说明</td><td>该无孔垫板制件厚度 t=2mm，制件材料为 10 钢，制件结构外形较规则，有尺寸精度要求。计划制件生产量为 10 万件，为中等批量生产，需为制件的批量化生产设计单工序冲裁模具。该制件产品的尺寸有公差要求。无孔垫板制件只有外形轮廓需要加工，因此制件的冲裁工艺只有落料工序，模具结构采用单工序冲裁模具结构形式</td></tr>
</table>

表 1-2　　带孔垫板制件倒装冲裁模具设计任务

<table>
<tr><td>图示</td><td>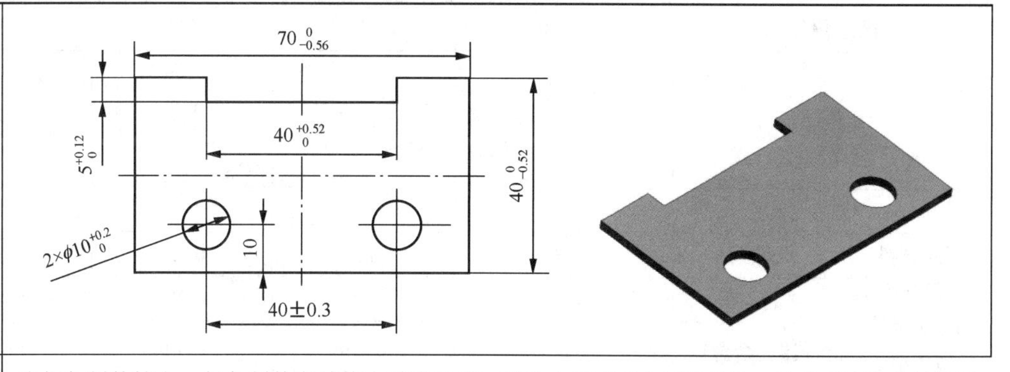
</td></tr>
<tr><td>项目说明</td><td>该任务制件较上一任务制件在结构上稍有改变，制件内部有两个圆孔结构，是具有冲孔落料特征的典型冲裁制件，制件所用材料为 10 钢，材料厚度 t=2mm，制件内孔的尺寸和位置以及制作外形尺寸都有精度要求，制件为中等批量生产，产量为 15 万件，需要设计倒装冲裁复合模具进行制品的批量化生产</td></tr>
</table>

表 1-3　　连接片制件正装冲裁具模设计任务

图示	
项目说明	该连接片制件具有典型的冲孔和落料特征，整体外形较细长，所用材料为2A12铝合金，材料厚度 t=1mm，制件内孔的尺寸和位置以及制件外形尺寸都有精度要求，制件为中等批量生产，产量为10万件，需要设计正装冲裁复合模具

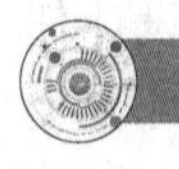

1.4　相关知识

一、冲裁制件的工艺性

冲裁制件的工艺性是指冲裁制件对冲裁工艺的适应性，即冲裁制件的结构、形状、尺寸及公差等技术要求是否符合冲裁加工的工艺要求，其主要有以下几个方面。

1. 冲裁制件的结构工艺性

结构工艺性分析是指对冲裁制件圆角、尖角、过于窄长的悬臂或者凹槽结构、孔尺寸与孔间距和孔边距等进行分析。

（1）冲裁制件的形状应尽可能简单、规则，尽量避免设计复杂曲线形状的制件。简单、规则形状的冲裁制件有利于在排样设计时合理利用，提高材料利用率，减少工序数目和工艺复杂程度，提高模具寿命，降低冲裁成本。

（2）冲裁制件的内、外形转角处应尽量避免尖角。除在少、无废料排样或采用镶拼模结构时，允许有尖角，冲裁制件内、外形转角处应尽量避免尖角，采用圆弧过渡以便于模具加工，减少热处理开裂，减少冲裁时尖角处的崩刃和过快磨损。冲裁制件的圆角半径 r 最小值可参考表1-4。

表 1-4　　冲裁制件圆角半径 r 的最小值　　（单位：mm）

连接角度		$\alpha \geqslant 90°$	$\alpha < 90°$	$\alpha \geqslant 90°$	$\alpha < 90°$
示例图					
工艺		落料		冲孔	
不同材料对应的圆角半径 r 的最小值	低碳钢	$0.3t$	$0.5t$	$0.35t$	$0.60t$
	黄铜、铝	$0.24t$	$0.35t$	$0.20t$	$0.45t$
	高碳钢、合金钢	$0.45t$	$0.70t$	$0.50t$	$0.90t$

注：t 为冲裁制件的材料厚度。

（3）避免冲裁制件上有过于窄长的悬臂和凹槽。冲裁制件的悬臂和凹槽结构会降低模具寿命和冲裁制件的质量。一般凸出悬臂（凹槽）宽度 B 的尺寸和悬臂（凹槽）深度 L 的尺寸可参考表1-5。

表 1-5　　冲裁制件的悬臂和凹槽工艺性要求　　（单位：mm）

图示			
材料	中碳钢	黄铜、软钢、铝	高碳钢
工艺性要求	$B \geqslant 1.5t$ （当 $t \leqslant 1$mm 时按 1mm 计） $L \leqslant 5B$	$B \geqslant 1.2t$ （当 $t \leqslant 1$mm 时按 1mm 计） $L \leqslant 5B$	$B \geqslant 2t$ （当 $t \leqslant 1$mm 时按 1mm 计） $L \geqslant 5B$

（4）孔结构要满足冲裁工艺性要求。冲孔时，受凸模结构强度的限制，制件中孔尺寸不能太小，否则凸模容易折断或者压弯。冲孔的最小尺寸取决于材料的性能、凸模的强度和模具的结构等因素，采用无导向凸模和有导向凸模能够冲制的最小孔尺寸见表 1-6 和表 1-7。

表 1-6　　无导向凸模冲孔的最小尺寸　　（单位：mm）

材料	ϕd	b	b	b
钢 $\tau > 685$MPa	$d \geqslant 1.5t$	$b \geqslant 1.35t$	$b \geqslant 1.2t$	$b \geqslant 1.1t$
钢 $\tau = 390 \sim 685$MPa	$d \geqslant 1.3t$	$b \geqslant 1.2t$	$b \geqslant 1.0t$	$b \geqslant 0.9t$
钢 $\tau \approx 390$ MPa	$d \geqslant 1.0t$	$b \geqslant 0.9t$	$b \geqslant 0.8t$	$b \geqslant 0.7t$
黄铜	$d \geqslant 0.9t$	$b \geqslant 0.8t$	$b \geqslant 0.7t$	$b \geqslant 0.6t$
铝、锌	$d \geqslant 0.8t$	$b \geqslant 0.7t$	$b \geqslant 0.6t$	$b \geqslant 0.5t$

注：t 为板料厚度，τ 为抗剪强度。

表 1-7　　有导向凸模冲孔最小尺寸　　（单位：mm）

材料	矩形孔（孔宽 b）	圆形孔（直径 d）
软钢及黄铜	$0.3t$	$0.35t$
硬钢	$0.4t$	$0.5t$
铝、锌	$0.28t$	$0.3t$

冲裁制件过小的孔间距或孔边距会导致模具强度降低和零件质量下降。孔间距要大于或等于 1～1.5 倍的板料厚度，孔边距要大于或等于 1.5～2 倍的板料厚度，如图 1-1（a）所示。在弯曲制件或者拉深制件上冲孔时，孔边与工件直边的距离不能小于制件圆角半径与一半料厚之和，如图 1-1（b）所示。

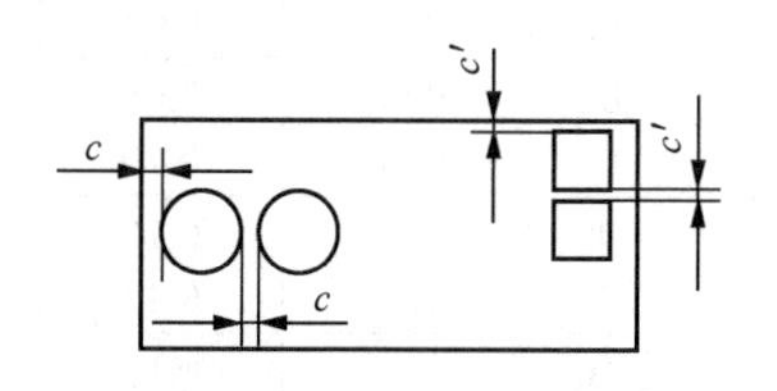

（a）冲裁制件孔间距和孔边距
$c \geqslant (1 \sim 1.5)t$　$c' \geqslant (1.5 \sim 2)t$

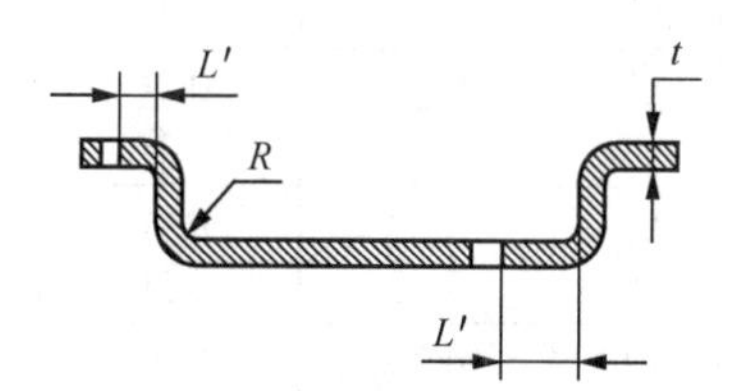

（b）孔距离成形变形区距离
$L' \geqslant R+0.5t$

图 1-1　孔边距结构工艺性

对于采用复合冲裁工艺进行冲裁的制件，由于冲孔、落料在一个工位同时完成，如果孔径过小，则冲孔凸模尺寸也较小，其结构过于细长，冲裁过程中容易冲弯或者折断。如果制件上有多孔需要冲裁，则孔间距过小会导致冲孔凸模缺少安装空间，相邻的凸模在安装结构上会导致互相干涉，同时也会导致凸、凹模最小的刃口壁厚过小而强度降低，孔边距过小也会导致凸、凹模壁厚过小。因此可根据凸、凹模的最小壁厚（表 1-8）来确定是否可以采用复合冲裁工艺。

表 1-8　　凸、凹模最小壁厚　　（单位：mm）

简图											
材料厚度	0.4	0.6	0.8	1.0	1.2	1.4	1.6	1.8	2.0	2.2	2.5
最小壁厚 *a*	1.4	1.8	2.3	2.7	3.2	3.6	4.0	4.4	4.9	5.2	5.8
最小直径 *D*	15			18		21				25	
材料厚度	2.8	3.0	3.2	3.5	3.8	4.0	4.2	4.4	4.6	4.8	5.0
最小壁厚 *a*	6.4	6.7	7.1	7.6	8.1	8.5	8.8	9.1	9.4	9.7	10
最小直径 *D*	28		32					35		40	

注：由于正装复合模结构中的凸、凹模孔内不积存废料，可适当减少最小壁厚，冲裁制件为钢铁材料时，可取料厚的 1.5 倍，但不小于 0.7mm，冲裁制件为非铁金属等软材料时，最小壁厚可等于料厚，但不小于 0.5mm。

2. 冲裁制件的精度

（1）冲裁制件的经济精度。冲裁制件的经济精度是指模具达到最大许可磨损量时，其所完成的冲压加工在技术上可以实现而在经济上又最为合理的精度。为获得最佳的技术经济效果，应尽可能采用经济精度。冲裁制件的经济公差等级不高于 IT11 级，一般落料件公差等级最好低于 IT10 级，冲孔件公差等级最好低于 IT9 级，冲裁可达到的尺寸公差和极限偏差可参考表 1-9 和表 1-10。如果冲裁制件要求的公差值小于表中数值，则应在冲裁后进行整修或采用精密冲裁。

表 1-9　　冲裁制件外形与内孔尺寸公差 δ　　（单位：mm）

料厚 *t*	冲裁制件尺寸							
	一般精度冲裁制件的公称尺寸				较高精度的冲裁制件的公称尺寸			
	≤10	>10～50	>50～150	>150～300	≤10	>10～50	>50～150	>150～300
>0.2～0.5	$\frac{0.08}{0.05}$	$\frac{0.10}{0.08}$	$\frac{0.14}{0.12}$	0.20	$\frac{0.025}{0.02}$	$\frac{0.03}{0.04}$	$\frac{0.05}{0.08}$	0.08
>0.5～1	$\frac{0.12}{0.05}$	$\frac{0.16}{0.08}$	$\frac{0.22}{0.12}$	0.30	$\frac{0.03}{0.02}$	$\frac{0.04}{0.04}$	$\frac{0.06}{0.08}$	0.10
>1～2	$\frac{0.18}{0.06}$	$\frac{0.22}{0.10}$	$\frac{0.30}{0.16}$	0.50	$\frac{0.04}{0.03}$	$\frac{0.06}{0.06}$	$\frac{0.08}{0.10}$	0.12
>2～4	$\frac{0.24}{0.08}$	$\frac{0.28}{0.12}$	$\frac{0.40}{0.20}$	0.70	$\frac{0.06}{0.04}$	$\frac{0.08}{0.08}$	$\frac{0.10}{0.12}$	0.15
>4～6	$\frac{0.30}{0.10}$	$\frac{0.35}{0.15}$	$\frac{0.50}{0.25}$	1.0	$\frac{0.10}{0.06}$	$\frac{0.12}{0.10}$	$\frac{0.15}{0.15}$	0.20

注：1．横线上方的数为外形尺寸公差，横线下方的数为内孔尺寸公差。
2．一般精度的冲裁制件采用 IT7～IT8 的普通冲裁模，较高精度的冲裁制件采用 IT6～IT7 的精密冲裁模具。

表 1-10　　冲裁制件孔中心距极限偏差 Δ　　（单位：mm）

料厚 t	普通冲裁模具			精密冲裁模具		
	孔距公称尺寸					
	≤50	>50～150	≤150～300	≤50	>50～150	≤150～300
≤1	±0.10	±0.15	±0.20	±0.03	±0.05	±0.08
>1～2	±0.12	±0.20	±0.30	±0.04	±0.06	±0.10
>2～4	±0.15	±0.25	±0.35	±0.06	±0.08	±0.12
>4～6	±0.20	±0.30	±0.40	±0.08	±0.10	±0.15

注：表中所列孔距极限偏差适用于两孔同时冲出的情况。

（2）冲裁制件断面的表面粗糙度。冲裁制件断面的表面粗糙度与材料塑性、厚度、冲裁间隙、刃口锋利程度、模具工作零件表面粗糙度等因素有关。普通冲裁方式冲裁厚度 2mm 以下的金属板时，其断面的表面粗糙度 *Ra* 值一般可达 3.2～12.5μm。

知识点微课：

扫描二维码学习冲裁制件工艺性要求课程。

二、冲裁工艺方案确定

确定工艺方案就是确定冲压制件的工艺路线，主要包括冲压工序的组合和顺序等。

1. 冲裁工序的组合

当冲裁制件的尺寸较小时，考虑到单工序送料不方便和生产效率低等因素，常采用复合冲裁或级进冲裁。对于尺寸中等的冲裁制件，由于制造多个单工序模具成本比复合模高，则优先考虑设计复合冲裁工艺；当冲裁制件孔与孔之间或孔与边缘之间的距离过小时，不宜采用复合冲裁或单工序冲裁时，宜采用级进冲裁工艺。

从冲裁制件尺寸和精度等级考虑，复合冲裁避免了多次单工序冲裁的定位误差，并且在冲裁过程中可以进行压料，冲裁制件较为平整，所得到的冲裁制件尺寸精度等级较高，连续冲裁比复合冲裁精度等级低；从模具制造安装调整的难易和成本的高低考虑，对复杂形状的冲裁制件来说，采用复合冲裁比采用级进冲裁更适合，因为模具制造、安装、调整比较容易，且成本较低。

2. 冲裁工序的顺序安排

多个单工序冲裁时的工序顺序安排基本原则为：先落料再冲孔或者冲缺口，后续工序的定位基准要一致，以免出现定位误差或增加尺寸换算的工作；冲裁制件上有大小不同、相距较近的孔时，为减少孔的变形，应先冲裁大孔后冲小孔。

多工位连续冲裁的工序顺序安排基本原则为：先冲孔或冲缺口，最后落料或切断。先冲出的孔可作为后续工序的定位孔。当定位要求较高时，则可冲裁专供定位用的工艺孔（一般为两个）；采用定距侧刃时，侧刃切边工序一般安排在前，与首次冲孔同时进行，以便控制送料进距。采用两个侧刃时，可安排一前一后。

三、排样设计与计算

1. 排样原则与方式

冲裁制件在条料、带料或板料上的布置方法叫排样，合理的排样应在保证制件质量、有利于简化模具结构的前提下，以最少的材料消耗，冲出最多数量的合格制件。

排样可以分为有废料排样、无废料和少废料排样，相对于少废料和无废料排样，有废料排样冲裁制件尺寸完全由冲裁模具来保证，因此冲裁精度高，模具寿命长。各种有废料排样的形式和应用场合见表 1-11。

表 1-11　　常用的有废料排样形式

序号	排样形式	简图	应用
1	直排	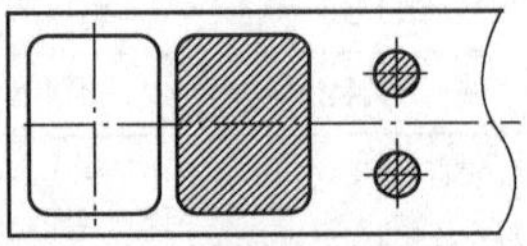	用于几何形状规则、简单（正方形、矩形、圆形）的冲裁制件
2	斜排	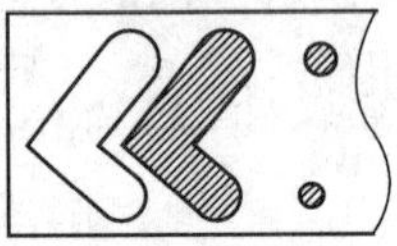	用于 T 形、S 形、L 形、十字形、椭圆形冲裁制件
3	直对排	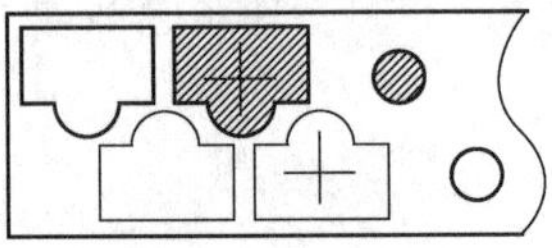	用于 T 形、山形、梯形、三角形、半圆形冲裁制件
4	斜对排	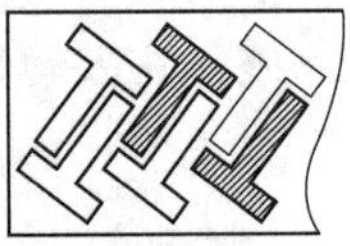	用于材料利用率比直对排高的情况
5	混合排	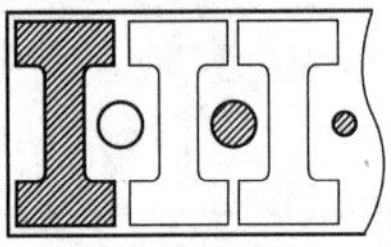	用于材料厚度都相同的两种以上冲裁制件
6	多排	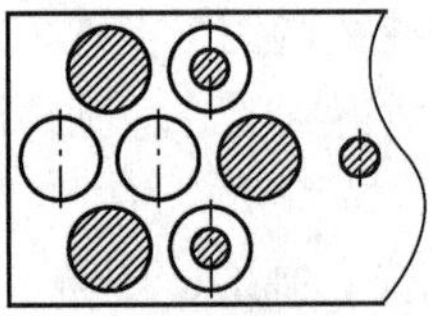	用于大批生产中尺寸不大的圆形、六角形、正方形、矩形冲裁制件
7	裁搭边法	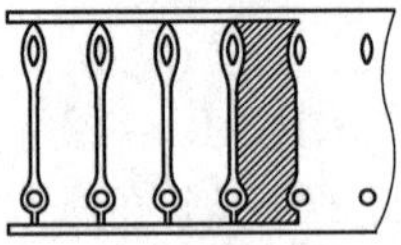	大批生产中用于小的、窄细长的冲裁制件（例如表针及类似形状的冲裁制件）或者带料的连续拉深

2. 搭边

在排样中，冲裁制件与冲裁制件之间、冲裁制件与条料侧边之间留下的工艺余料称为搭边。在进行排样设计时，搭边值的设计选取要综合考虑以下因素。

（1）材料的力学性能。硬材料的搭边值可取小一些，软材料、脆性材料的搭边值要取得大一些。

（2）冲裁制件的形状和尺寸。冲裁制件的尺寸小或者有尖凸的复杂形状时，搭边值要取大一些。

（3）材料厚度。冲压制件材料越厚，所取的搭边值应越大。

（4）送料方式与挡料方式。若为手工送料，在有侧压板导向的情况下，搭边值可适当取小一些。

在冲裁排样设计时，可参考表 1-12 设计搭边值。在排样完成后，可参考表 1-13 来确定冲裁板料或带料的公差值。

表 1-12　　排样最小搭边值　　（单位：mm）

材料厚度 t	圆形或圆角 $r>2t$ 的工件		矩形件（边长 $l\leqslant50$）		矩形件（边长 $l>50$；或圆角 $r\leqslant2t$）	
	工件间的搭边值 a_1	侧搭边值 a	工件间的搭边值 a_1	侧搭边值 a	工件间的搭边值 a_1	侧搭边值 a
≤0.25	1.8	2.0	2.2	2.5	2.8	3.0
>0.25～0.5	1.2	1.5	1.8	2.0	2.2	2.5
>0.5～0.8	1.0	1.2	1.5	1.8	1.8	2.0
>0.8～1.2	0.8	1.0	1.2	1.5	1.5	1.8
>1.2～1.6	1.0	1.2	1.5	1.8	1.8	2.0
>1.6～2.0	1.2	1.5	1.8	2.5	2.0	2.2
>2.0～2.5	1.5	1.8	2.0	2.2	2.2	2.5
>2.5～3.0	1.8	2.2	2.2	2.5	2.5	2.8
>3.0～3.5	2.2	2.5	2.5	2.8	2.8	3.2
>3.5～4.0	2.5	2.8	2.5	3.2	3.2	3.5
>4.0～5.0	3.0	3.5	3.5	4.0	4.0	4.5
>5.0～12	$0.6t$	$0.7t$	$0.7t$	$0.8t$	$0.8t$	$0.9t$

注：表中所列的搭边值适用于低碳钢，对于其他材料，应将表中的数值乘以以下系数：中等硬度钢取 0.9，硬钢取 0.8，硬黄铜取 1～1.1，硬铝取 1～1.2，软黄铜、纯铜取 1.2，铝取 1.3～1.4，非金属材料取 1.5～2。

表 1-13　　条料宽度的单向偏差 Δ　　（单位：mm）

条料宽度 B	材料厚度 t			条料宽度 B①	材料厚度 t			
	≤0.5	>0.5～1	>1～2		0.5～1	>1～2	>2～3	>3～5
≤20	−0.05	−0.08	−0.10	≤50	−0.4	−0.5	−0.7	−0.9
>20～30	−0.08	−0.10	−0.15	>50～100	−0.5	−0.6	−0.8	−1.0
>30～50	−0.10	−0.15	−0.20	>100～150	−0.6	−0.7	−0.9	−1.1
				>150～220	−0.7	−0.8	−1.0	−1.2
				>220～300	−0.8	−0.9	−1.1	−1.3

注：①该条料宽度数值适用于龙门剪床下料。

3. 送料步距、条料宽度和导料板间距

排样方式和搭边值确定之后，条料的步距、宽度和导料板的宽度也可以设计出来。

（1）送料步距 s。条料在模具上每次送进的距离称为送料步距或进距。送料步距的大小应为条料上两个对应冲裁制件的对应点之间的距离，如图 1-2 所示。每次只冲一个零件的步距 s 的计算公式为

$$s=D+a_1 \tag{1-1}$$

式中：D——平行于送料方向的冲裁制件宽度，mm；

a_1——冲裁制件之间的搭边值，mm。

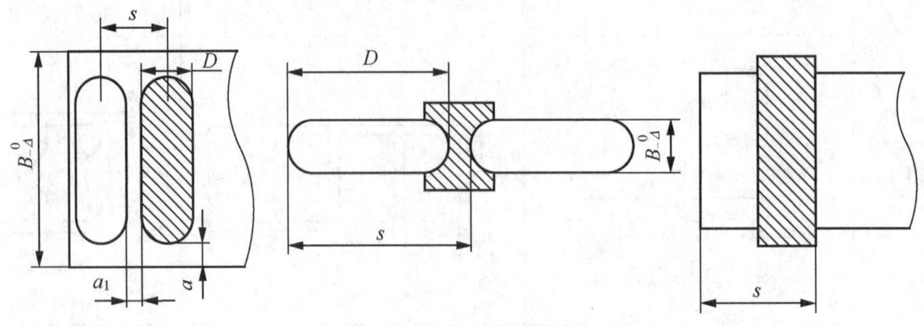

图 1-2　送料步距与料宽

（2）条料宽度 B。条料由板料剪裁下料而得，为保证送料顺利，一般规定裁剪时的公差带分布如下：上偏差为 0，下偏差为负值（$-\Delta$）。

① 有侧压装置或手动送料时的条料宽度 B。带有侧压装置的模具或用手将条料紧贴导料板（导料销）送进时，可保证条料始终沿着导料板移动，如图 1-3（a）所示。因此条料的宽度 B 计算公式为

$$B_{-\Delta}^{\ 0}=(D_{\max}+2a)_{-\Delta}^{\ 0} \tag{1-2}$$

② 无侧压装置时的条料宽度 B。条料在无侧压装置的导料板之间送料时，如图 1-3（b）所示，条料宽度可按下式计算：

$$B_{-\Delta}^{\ 0}=(D_{\max}+2a+Z)_{-\Delta}^{\ 0} \tag{1-3}$$

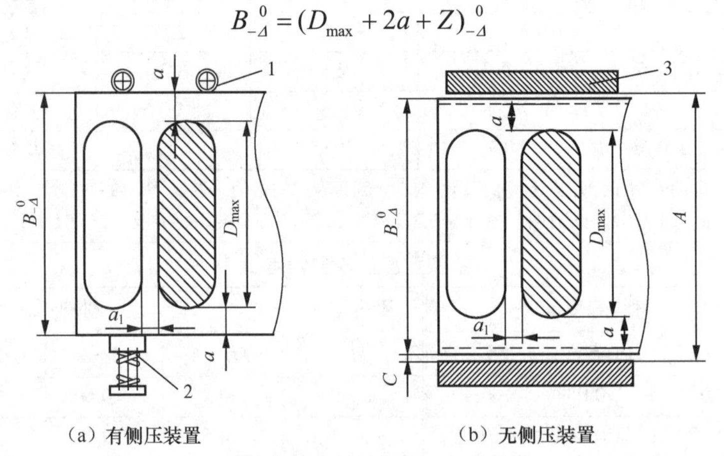

1—导料销；2—侧压装置；3—导料板

图 1-3　条料宽度与导料板宽度

（3）导料板间距 A。条料一般都是靠着导料板或者导料销一侧导向送进的，以免送偏。为使条料能从两个导料板间顺畅通过，导料板间距要大于条料宽度 0.2～1mm，导料板间距尺寸 A 可按下式进行计算：

有侧压装置或手动送料时

$$A=(D_{max}+2a)+C \tag{1-4}$$

无侧压装置时

$$A=(D_{max}+2a)+2C \tag{1-5}$$

上述各式中：B——条料宽度，mm；

A——导料板间距，mm；

D_{max}——冲裁制件垂直于送料方向的最大尺寸，mm；

a——侧搭边的最小值，可参考表 1-12；

Δ——条料宽度的单向（负向）偏差，见表 1-13；

C——导料板与最宽条料之间的单面送料间隙，其最小值 C_{min} 见表 1-14。

表 1-14　送料最小间隙 C_{min}　（单位：mm）

材料厚度 t	无侧压装置			有侧压装置	
	条料宽度 B			条料宽度 B	
	100 以下	100～200	200～300	100 以下	100 以上
<0.5	0.5	0.5	1	5	8
0.5～1	0.5	0.5	1	5	8
1～2	0.5	1	1	5	8
2～3	0.5	1	1	5	8
3～4	0.5	1	1	5	8
4～5	0.5	1	1	5	8

完成冲裁排样设计后，要计算材料的利用率，以便后续生产时进行优化和预估产量。一个步距内材料的利用率 η 可表示为

$$\eta=\frac{M}{Bs} \tag{1-6}$$

式中：M——冲裁制件的面积，mm^2；

B——条料宽度，mm；

s——送料步距，mm。

4. 排样图设计

经过以上排样设计和相关的设计计算之后，就可以绘制排样图。一张完整的排样图应标注条料宽度尺寸 B、板料厚度 t、送料步距 s、工件间的搭边尺寸 a_1 和侧搭边尺寸 a，并习惯以剖面线的形式表示冲压工步的位置或成形形状，如图 1-4 所示。

图 1-4　排样图示例

在绘制排样图时，应注意以下事项。

（1）按选定的排样方案画出排样图，按照模具类型和冲裁顺序在相应的工步位置绘制剖面线，要能从排样图的剖面线绘制结果中看出是单工序模还是级进模或者复合模。

（2）采用斜排方法排样时，应注明倾斜角度的大小。对有纤维方向的排样图，应用箭头表示纤维方向。

（3）级进模的排样图要能够表达出冲压顺序、空工位、定距方式等信息。侧刃定距时要绘制出侧刃冲切的位置和尺寸。

知识点微课：

扫描二维码学习冲裁制件排样设计课程。

四、计算冲压力及压力中心

冲压力是模具工作中所需的各个力，包括冲裁力、卸料力、顶件力、推件力等。冲压力是选用压力机和进行后续模具结构设计的重要依据。

1. 冲裁力的计算

冲裁力是冲裁时，凸模冲穿板料所需要的压力。一般平刃口模具冲裁时，其冲裁力可按下式进行计算：

$$F = KLt\tau_b \tag{1-7}$$

式中：F——冲裁力，N；

K——考虑模具间隙的不均匀、刃口的磨损、材料力学性能与厚度的波动等因素的影响而给出的修正系数，一般取 1.3；

L——冲裁制件周边长度，mm；

t——材料厚度，mm；

τ_b——材料的抗剪强度，MPa。该数值取决于材料的种类和坯料的原始状态，可根据设计资料和相关材料手册查找选用。

2. 卸料力、推件力、顶件力的计算

在冲裁完成后，由于材料的弹性回复，冲切下来的制件会卡在凹模孔内，而板料会箍在凸模（或凸凹模）上，因此需要推件力或者顶件力将卡在凹模孔内的制件（或者废料）推（顶）出，将箍在凸模（或凸凹模）上的板料卸下，以保证后续冲裁的连续进行，其作用力方向如图 1-5 所示。

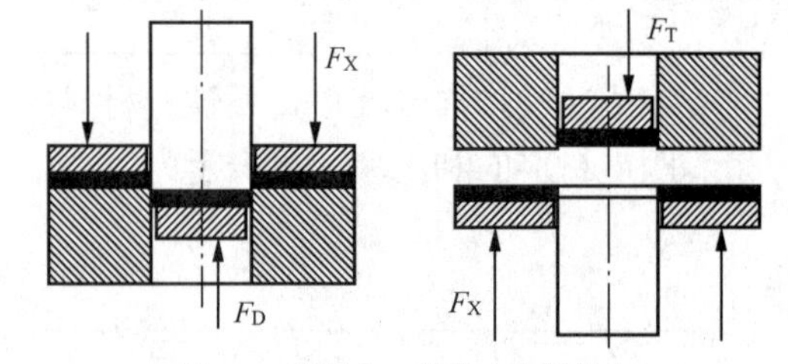

图 1-5　卸料力、推件力和顶件力

卸料力、推件力和顶件力是从压力机和模具的卸料、推件、顶件装置中获得的，所以在选择压力机的标称压力和设计模具结构中的卸料、推件、顶件装置时，应分别予以计算。具体可按下式进行计算：

$$F_X = K_X F \tag{1-8}$$

$$F_T = nK_T F \tag{1-9}$$

$$F_D = K_D F \tag{1-10}$$

式中：K_X、K_T、K_D——卸料力 F_X、推件力 F_T、顶件力 F_D 的系数，其值见表 1-15；

F——冲裁力，N；

n——同时卡在凹模孔内的冲裁制件（或废料）数，$n=h/t$（h 为凹模刃口的直壁高度，一般取 4～12mm；t 为材料厚度）。

表 1-15　卸料力、推件力及顶件力的系数

冲件材料		K_X	K_T	K_D
纯铜、黄铜		0.02～0.06	0.03～0.09	0.03～0.09
铝、铝合金		0.025～0.08	0.03～0.07	0.03～0.07
钢（料厚 t/mm）	≤0.1	0.065～0.075	0.1	0.14
	＞0.1～0.5	0.045～0.055	0.063	0.08
	＞0.5～2.5	0.04～0.05	0.055	0.06
	＞2.5～6.5	0.03～0.04	0.045	0.05
	＞6.5	0.02～0.03	0.025	0.03

3. 压力机标称压力的确定

对于冲裁工序，压力机的标称压力应大于或等于冲裁时总冲压力的 1.1～1.3 倍，即

$$P \geqslant (1.1 \sim 1.3)F_{\Sigma} \tag{1-11}$$

式中：P——压力机的标称压力，N；

F_{Σ}——冲裁时的总冲压力，N。

冲裁时，模具结构不同，总冲压力所包含的冲裁力、卸料力、推件力、顶件力也有不同，根据具体的模具结构进行计算。

知识点微课：

扫描二维码学习冲裁力课程。

4. 压力中心的计算

冲压力合力的作用点称为模具的压力中心。为了保证压力机和模具的正常工作，应使模具的压力中心与压力机滑块的中心线重合。

经过计算能够得到的冲裁压力中心为平面内的一个点，且该点的坐标值随坐标系设置位置不同而不同，因此在计算压力中心时，必须预先建立一个平面坐标系，并将坐标系放到合适位置中。

（1）简单几何图形压力中心的位置。

① 一切对称冲裁制件的压力中心，均位于冲裁制件轮廓图形的几何中心上。

② 冲裁直线段时，其压力中心位于直线段的中心。

③ 冲裁圆弧线段时，其压力中心位置如图 1-6 所示。具坐标值按下式计算：

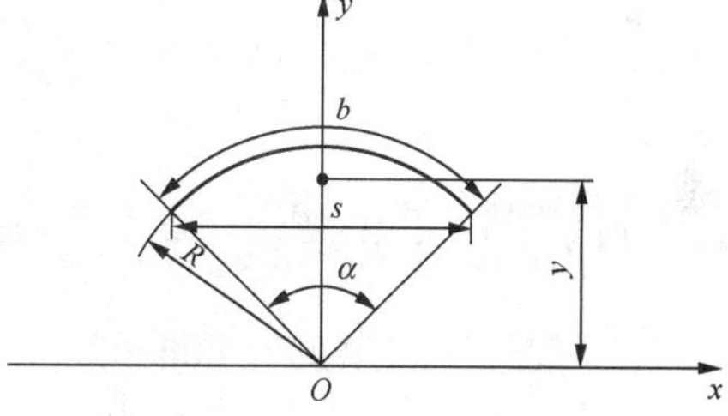

图 1-6　圆弧线段的压力中心位置

$$y = \frac{Rs}{b} \tag{1-12}$$

式中：b——弧长，mm；

s——弦长，mm；

R——圆弧段半径，mm。

（2）多凸模或多线段压力中心位置。确定多凸模或多线段复杂形状压力中心，是将各凸模或复杂形状的各线段压力中心确定后，再计算总的压力中心，如图 1-7 所示。

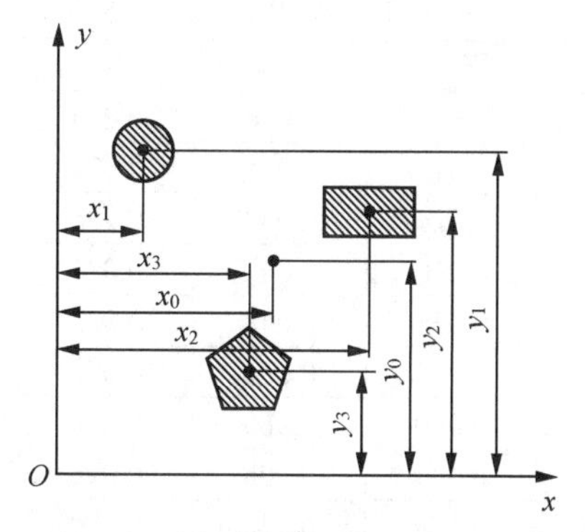

（a）多凸模压力中心

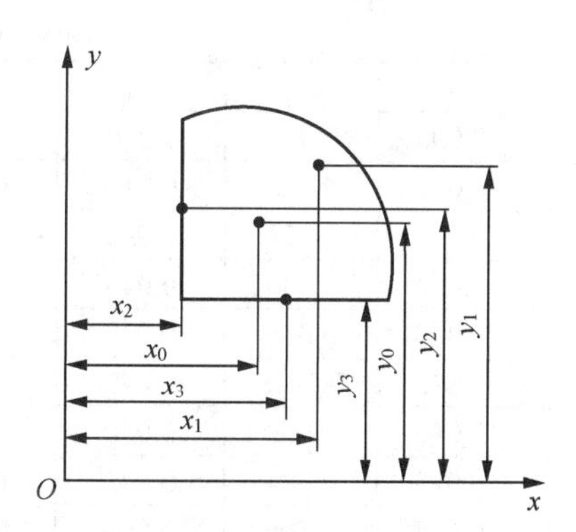

（b）多线段复杂形状压力中心

图 1-7　多凸模或者多线段复杂形状压力中心位置

多凸模压力中心计算步骤如下。

① 建立压力中心计算坐标系。坐标系位置选择适当可使得计算简化，例如，在选择坐标轴位置时，可以尽量把坐标原点取在某一刃口轮廓的压力中心，或使坐标轴线尽量多地通过凸模刃口轮廓中心；如果多线段复杂形状凸模为轴对称图形，可以使坐标轴与对称轴重合。

② 分别计算每一个凸模刃口轮廓的压力中心或每个线段的压力中心，计算得到各个分中心的坐标位置 x_1，x_2，x_3，…，x_n 和 y_1，y_2，y_3，…，y_n。

③ 计算每一个凸模刃口轮廓的周长或各个线段的长度 L_1，L_2，L_3，…，L_n。

④ 将上述几个参数值代入式（1-13）和式（1-14），即可得到总的压力中心。

知识点微课：

扫描二维码学习压力中心计算课程。

$$x_0 = \frac{L_1 x_1 + L_2 x_2 + \cdots + L_n x_n}{L_1 + L_2 + \cdots + L_n} \tag{1-13}$$

$$y_0 = \frac{L_1 y_1 + L_2 y_2 + \cdots + L_n y_n}{L_1 + L_2 + \cdots + L_n} \tag{1-14}$$

五、计算凸、凹模刃口尺寸

1. 确定凸、凹模刃口间隙值

凸模与凹模每一侧的间隙称为单面间隙，而冲裁间隙是两侧间隙之和，故而冲裁间隙均为双面间隙。冲裁间隙是一个十分重要的参数，它对制件的断面质量、模具寿命、冲压力、冲压制件的尺寸精度都有一定的影响。冲裁间隙的选取有两种方法：直接查表法和综合判定法。

（1）直接查表法。查表法可以按照材料的性能和厚度来直接查表确定间隙，查表 1-16 和表 1-17 可初步确定冲裁模具初始双面间隙。表 1-16 适用于精度和断面质量要求较高的冲裁制件，表 1-17 适用于精度和断面质量要求一般的冲裁制件。

表 1-16　　冲裁模具初始双面间隙 Z（一）　　（单位：mm）

材料厚度 t/mm	软铝		纯铜、黄铜、软钢 w_C=0.08%～0.2%		杜拉铝、中等硬钢 w_C=0.3%～0.4%		硬钢 w_C=0.5%～0.6%	
	Z_{min}	Z_{max}	Z_{min}	Z_{max}	Z_{min}	Z_{max}	Z_{min}	Z_{max}
0.2	0.008	0.012	0.010	0.014	0.012	0.016	0.014	0.018
0.3	0.012	0.018	0.015	0.021	0.018	0.024	0.021	0.027
0.4	0.016	0.024	0.020	0.028	0.024	0.032	0.028	0.036
0.5	0.020	0.030	0.025	0.035	0.030	0.040	0.035	0.045
0.6	0.024	0.036	0.030	0.042	0.036	0.048	0.042	0.054
0.8	0.032	0.0448	0.040	0.056	0.048	0.064	0.056	0.072
1.0	0.040	0.060	0.050	0.070	0.060	0.080	0.070	0.090
1.2	0.050	0.084	0.072	0.096	0.084	0.108	0.096	0.120
1.5	0.075	0.105	0.090	0.120	0.105	0.135	0.120	0.150
1.8	0.090	0.126	0.108	0.144	0.126	0.162	0.144	0.180
2.0	0.100	0.140	0.120	0.160	0.140	0.180	0.160	0.200

续表

材料厚度 t/mm	软铝		纯铜、黄铜、软钢 w_C=0.08% ~ 0.2%		杜拉铝、中等硬钢 w_C=0.3% ~ 0.4%		硬钢 w_C=0.5% ~ 0.6%	
	Z_{min}	Z_{max}	Z_{min}	Z_{max}	Z_{min}	Z_{max}	Z_{min}	Z_{max}
2.2	0.132	0.176	0.154	0.198	0.176	0.220	0.198	0.242
2.5	0.150	0.200	0.175	0.225	0.200	0.250	0.225	0.275
2.8	0.168	0.224	0.196	0.252	0.224	0.280	0.252	0.308
3.0	0.180	0.240	0.210	0.270	0.240	0.300	0.270	0.330
3.5	0.245	0.315	0.280	0.350	0.315	0.385	0.350	0.420
4.0	0.280	0.360	0.320	0.400	0.360	0.440	0.400	0.480
4.5	0.315	0.405	0.360	0.450	0.405	0.490	0.450	0.540
5.0	0.350	0.450	0.400	0.500	0.450	0.550	0.500	0.600
6.0	0.480	0.600	0.540	0.660	0.600	0.720	0.660	0.780
7.0	0.560	0.700	0.630	0.770	0.700	0.840	0.770	0.910
8.0	0.720	0.880	0.800	0.960	0.880	1.040	0.960	1.120
9.0	0.870	0.990	0.900	1.080	0.990	1.170	1.080	1.260
10.0	0.900	1.100	1.100	1.200	1.100	1.300	1.200	1.400

注：1．初始间隙的最小值相当于间隙的公称数值。

2．初始间隙的最大值是考虑到凸模和凹模的制造公差所增加的数值。

3．在使用过程中，由于模具工作部分的磨损，间隙将有所增大，因而间隙的最大使用数值要超过表列数值。

表 1-17　　冲裁模具初始双面间隙 Z（二）　　（单位：mm）

材料厚度 t /mm	08、10、35、Q235		Q345		40、50		65Mn	
	Z_{min}	Z_{max}	Z_{min}	Z_{max}	Z_{min}	Z_{max}	Z_{min}	Z_{max}
<0.5	极小间隙							
0.5	0.040	0.060	0.040	0.060	0.040	0.060	0.040	0.060
0.6	0.048	0.072	0.048	0.072	0.048	0.072	0.048	0.072
0.7	0.064	0.092	0.064	0.092	0.064	0.092	0.064	0.092
0.8	0.072	0.104	0.072	0.104	0.072	0.104	0.072	0.104
0.9	0.090	0.126	0.090	0.126	0.090	0.126	0.090	0.126
1.0	0.100	0.140	0.100	0.140	0.100	0.140		
1.2	0.126	0.180	0.132	0.180	0.132	0.180		
1.5	0.132	0.240	0.170	0.240	0.170	0.240		
1.75	0.220	0.320	0.220	0.320	0.220	0.320		
2.0	0.246	0.360	0.260	0.380	0.260	0.380		
2.1	0.260	0.380	0.280	0.400	0.280	0.400		
2.5	0.360	0.500	0.380	0.540	0.380	0.540		
3.0	0.460	0.640	0.480	0.660	0.480	0.660	0.090	0.126
3.5	0.540	0.740	0.580	0.780	0.580	0.780		
4.0	0.640	0.880	0.680	0.920	0.680	0.920		
4.5	0.720	1.000	0.680	0.960	0.780	1.040		
5.5	0.940	1.280	0.780	1.100	0.980	1.320		
6.0	1.080	1.440	0.840	1.200	1.140	1.500		
6.5	—	—	0.940	1.300	—	—		
8.0	—	—	1.200	1.680	—	—		

注：冲裁皮革、石棉和纸板时，间隙取 08 钢的 25%。

（2）综合判定法。冲裁间隙的第二种确定方法为综合判定法。根据生产条件的多样性，综合考虑断面质量、尺寸精度、冲压力、模具寿命等因素，结合制件具体的使用要求，按条件选用间隙。参照国家标准《冲裁间隙》（GB/T 16743—2010）将冲裁间隙从小到大依次分成：小间隙（Ⅰ）、较小间隙（Ⅱ）、中等间隙（Ⅲ）、较大间隙（Ⅳ）、大间隙（Ⅴ）5 类。每一类间隙对冲裁制件质量、模具寿命、冲压力等的影响见表 1-18，根据表中所列具体参数指标确定间隙类别，再依据间隙类别查表 1-19，根据制件产品材料的不同确定具体的冲裁间隙值。

知识点微课：

扫描二维码学习冲裁间隙对冲裁制件的影响课程。

表 1-18　　金属板料冲裁间隙分类

项目名称		Ⅰ类	Ⅱ类	Ⅲ类	Ⅳ类	Ⅴ类
断面示意图		毛刺细长 α很小 光亮带很大 塌角很小	毛刺中等 α小 光亮带大 塌角小	毛刺一般 α中等 光亮带中等 塌角中等	毛刺较大 α大 光亮带小 塌角大	毛刺大 α大 光亮带最小 塌角大
塌角高度 R		（2～5）%t	（4～7）%t	（6～8）%t	（8～10）%t	（10～20）%t
光亮带高度 B		（50～70）%t	（35～55）%t	（25～40）%t	（15～25）%t	（10～20）%t
断裂带高度 F		（25～45）%t	（35～50）%t	（50～60）%t	（60～75）%t	（70～80）%t
毛刺高度 h		细长	中等	一般	较高	高
断裂角 α		—	4°～7°	7°～8°	8°～11°	14°～16°
平面度 f		好	较好	一般	较差	差
尺寸精度	落料件	非常接近凹模尺寸	接近凹模尺寸	稍小于凹模尺寸	小于凹模尺寸	小于凹模尺寸
	冲孔件	非常接近凸模尺寸	接近凸模尺寸	稍大于凸模尺寸	大于凸模尺寸	大于凸模尺寸
冲裁力		大	较大	一般	较小	小
卸、推料力		大	较大	最小	较小	小
冲裁功		大	较大	一般	较小	小
模具寿命		低	较低	较高	高	最高

注：选用冲裁间隙时，应针对冲裁制件技术要求、使用特点和生产条件等因素，首先此表确定拟采用的间隙类别，然后按《冲裁间隙》（GB/T 16743—2010）查出对应的 5 类冲裁间隙值。

表 1-19　　金属材料冲裁间隙表

材料	抗剪强度 τ_b/MPa	初始间隙（单边间隙）				
		Ⅰ类	Ⅱ类	Ⅲ类	Ⅳ类	Ⅴ类
低碳钢 08F、10F、10、20、Q235A	≥210～400	（1.0～2.0）%t	（3.0～7.0）%t	（7.0～10.0）%t	（10.0～12.5）%t	21.0%t
中碳钢 45 不锈钢 1Cr18Ni9Ti、4Cr13 膨胀合金（可伐合金）4J29	≥420～560	（1.0～2.0）%t	（3.5～8.0）%t	（8.0～11.0）%t	（11.0～15.0）%t	23.0%t
高碳钢 T8A、T10A、65Mn	≥590～930	（2.5～5.0）%t	（8.0～12.0）%t	（12.0～15.0）%t	（15.0～18.0）%t	25.0%t
纯铝 1060、1050A、1035、1200 铝合金（软态）3A12 黄铜（软态）H62 纯铜（软态）T1、T2、T3	≥65～255	（0.5～1.0）%t	（2.0～4.0）%t	（4.0～6.0）%t	（6.5～9.0）%t	17.0%t

续表

材料	抗剪强度 τ_b/MPa	初始间隙（单边间隙）				
		Ⅰ类	Ⅱ类	Ⅲ类	Ⅳ类	Ⅴ类
黄铜（硬态）H62 铅黄铜 HPb59-1 纯铜（硬态）T1、T2、T3	≥290～420	（0.5～2.0）%t	（3.0～5.0）%t	（5.0～8.0）%t	（8.5～11.0）%t	25.0%t
铝合金（硬态）2A12 锡青铜 QSn-4-4-2.5 铝青铜 QAl7、铍青铜 QBe2	≥225～550	（0.5～1.0）%t	（3.5～6.0）%t	（7.0～10.0）%t	（11.0～13.0）%t	20.0%t
镁合金 MB1、MB8	≥120～180	（0.5～1.0）%t	（1.5～2.5）%t	（3.5～4.5）%t	（5.0～7.0）%t	16.0%t
电工硅钢	190	—	（2.5～5）%t	（5.0～9.0）%t	—	—

2. 凸、凹模刃口尺寸的确定

冲裁制件的冲裁精度主要取决于凸、凹模刃口尺寸及制造公差，合理的冲裁间隙也要依靠凸、凹模刃口尺寸的准确性来保证。在计算刃口尺寸时，应按照落料和冲孔两种情况分别考虑遵循以下原则。

① 设计落料模时，以凹模刃口尺寸为基准，间隙取在凸模上。凸模公称尺寸则是在凹模公称尺寸上减去最小合理间隙获得的。

② 设计冲孔模时，以凸模刃口尺寸为基准，间隙取在凹模上。凹模公称尺寸则是在凸模公称尺寸上加上最小合理间隙获得的。

刃口尺寸的计算方法主要有两种：分别加工法和配作加工法。分别加工法的主要优点是凸、凹模具有互换性，便于成批制造。配作加工是指在凸模或者凹模中选定一件为基准件，制造完成后，得到实际的工作零件，用实际工作零件尺寸来配作另外一件与之进行冲裁配合的工作零件，使它们之间达到最小合理间隙值。

（1）分别加工法计算刃口尺寸。这种方法主要适用于圆形或者其他简单规则形状的制件加工，因冲裁此类制件的凸、凹模制造相对简单，精度容易保证，所以采用分别加工。设计时，需在图纸上分别标注凸模和凹模刃口尺寸及制造公差。

① 冲孔。设计冲裁制件内孔的尺寸为 $d^{+\Delta}_{0}$，根据刃口尺寸计算规则，计算式如下：

凸模 $$d_p=(d+x\Delta)^{0}_{-\delta_p} \quad (1\text{-}15)$$

凹模 $$d_d=(d+x\Delta+Z_{min})^{+\delta_d}_{0} \quad (1\text{-}16)$$

冲孔刃口尺寸计算是以凸模为基准的，先计算凸模刃口尺寸，然后在凸模刃口尺寸基础上加上最小合理间隙得到凹模刃口尺寸。制造公差标注按“入体”原则，凸模标注下偏差，凹模标注上偏差。

② 落料。设计冲裁制件落料外形的尺寸为 $D^{0}_{-\Delta}$，根据刃口尺寸计算规则，计算式如下：

凹模 $$D_d=(D-x\Delta)^{+\delta_d}_{0} \quad (1\text{-}17)$$

凸模 $$D_p=(D-x\Delta-Z_{min})^{0}_{-\delta_d} \quad (1\text{-}18)$$

落料刃口尺寸计算是以凹模为基准的，先计算凹模刃口尺寸，然后在凹模刃口尺寸基础上减去最小合理间隙得到凸模刃口尺寸。制造公差标注按“入体”原则，凸模标注下偏差，凹模标注上偏差。

③ 中心距。中心距属于磨损后基本不变尺寸，在同一工步中，在工件上冲出孔距为 L 的两个孔时，其凹模型孔中心距可按下式确定：

知识点微课：

扫描二维码学习分别加工法计算刃口尺寸课程。

$$L_d = L \pm \frac{1}{8}\varDelta \tag{1-19}$$

上述各式中：D、d ——落料、冲孔工件的基本尺寸，mm；

D_p、D_d ——落料凸、凹模刃口尺寸，mm；

d_p、d_d ——冲孔凸、凹模刃口尺寸，mm；

L、L_d ——工件孔中心距和凹模孔中心距的公称尺寸，mm；

$\varDelta$ ——工件公差，mm；

δ_p、δ_d ——凸、凹模制造极限偏差，见表 1-20，或取 IT6 级左右精度，mm；

x ——磨损系数（表 1-21）；

Z_{min} ——最小冲裁间隙，mm。

这种计算方法适合于圆形和其他规则形状的冲裁制件。设计时应分别在凸、凹模图纸上标注刃口尺寸及制造公差，为保证冲裁间隙在合理的范围内，应保证下式成立：

$$|\delta_p| + |\delta_d| \leqslant Z_{max} - Z_{min} \tag{1-20}$$

如果式（1-20）不成立，则应提高模具制造精度，以减少 δ_p、δ_d，一般可按照下式进行修改：

$$\delta_p = 0.4(Z_{max} - Z_{min}) \tag{1-21}$$

$$\delta_d = 0.6(Z_{max} - Z_{min}) \tag{1-22}$$

表 1-20　　规则形状冲孔凸、凹模制造极限偏差

材料厚度 t/mm	基本尺寸/mm									
	<10		>10～50		>50～100		>100～150		>150～200	
	$+\delta_p$	$-\delta_d$	$+\delta_p$	$-\delta_d$	$+\delta_p$	$-\delta_d$	$+\delta_p$	$-\delta_d$	$+\delta_p$	$-\delta_d$
0.4	+0.006	−0.004	+0.006	−0.004	—	—	—	—	—	—
0.5	+0.006	−0.004	+0.006	−0.004	+0.008	−0.005	—	—	—	—
0.6	+0.006	−0.004	+0.008	−0.005	+0.008	−0.005	+0.010	−0.007	—	—
0.8	+0.007	−0.005	+0.008	−0.006	+0.010	−0.007	+0.012	−0.008	—	—
1.0	+0.008	−0.006	+0.010	−0.007	+0.012	−0.008	+0.015	−0.010	+0.017	−0.012
1.2	+0.010	−0.007	+0.012	−0.008	+0.017	−0.010	+0.017	−0.012	+0.022	−0.014
1.5	+0.012	−0.008	+0.015	−0.010	+0.020	−0.012	+0.020	−0.014	+0.025	−0.017
1.8	+0.015	−0.010	+0.017	−0.012	+0.025	−0.014	+0.025	−0.017	+0.032	−0.019
2.0	+0.017	−0.012	+0.020	−0.014	+0.030	−0.017	+0.029	−0.020	+0.035	−0.021
2.5	+0.023	−0.014	+0.027	−0.017	+0.035	−0.020	+0.035	−0.023	+0.040	−0.027
3.0	+0.027	−0.017	+0.030	−0.020	+0.040	−0.023	+0.040	−0.027	+0.045	−0.030

表 1-21　　冲裁磨损系数 x

材料厚度 t/mm	非圆形冲裁制件磨损系数 x			圆形冲裁制件磨损系数 x	
	1	0.75	0.5	0.75	0.5
	冲裁制件公差 Δ/mm				
≤1	<0.16	0.17～0.35	≥0.36	<0.16	≥0.16
>1～2	<0.20	0.21～0.41	≥0.42	<0.20	≥0.20
>2～4	<0.24	0.25～0.49	≥0.50	<0.24	≥0.24
>4	<0.30	0.31～0.59	≥0.60	<0.30	≥0.30

（2）凸模和凹模配作加工法计算刃口尺寸。对于冲裁较薄的材料的冲模，或冲裁形状复杂制件的冲模，或单件生产的冲模，常常采用凸模和凹模配作加工法。

知识点微课：

扫描二维码学习配作加工法计算刃口尺寸课程。

凸模与凹模配作加工法就是先按设计尺寸制造出一个基准件（落料以凹模为基准；冲孔以凸模为基准），然后根据基准件的实际尺寸再按最小合理间隙配作加工出另一个工作零件。这种加工方法的特点是模具的间隙由配作保证，工艺比较简单，不必校核$|\delta_p|+|\delta_d| \leqslant Z_{max}-Z_{min}$的条件，还可以放大基准件的制造公差，使制造容易。设计时，基准件的刃口尺寸及制造公差应详细标注，而配作件上只标注公称尺寸，不标注公差，只在图纸上注明："凸（凹）模刃口按凹（凸）模实际刃口尺寸配作，保证最小双面合理间隙值 Z_{min}" 即可。

对于形状复杂的冲裁制件，各部分的尺寸性质不同，凸模、凹模的磨损情况也不同，因此基准件的刃口尺寸需按不同方法计算。

图 1-8（a）为落料件，计算时应以凹模为基准件，可将凹模的磨损后制件尺寸的变化情况分为 3 类：A 尺寸为凹模磨损后增大的尺寸；B 为凹模磨损后变小的尺寸；C 为凹模磨损后不变的尺寸。图 1-8（b）为冲孔件，计算时应以凸模为基准件，也可将凸模磨损后制件尺寸的变化情况分为 3 类：a 为凸模磨损后增大的尺寸；b 为凹模磨损后变小的尺寸；c 为凹模磨损后不变的尺寸。基准件刃口尺寸计算公式可查表 1-22 和表 1-23。

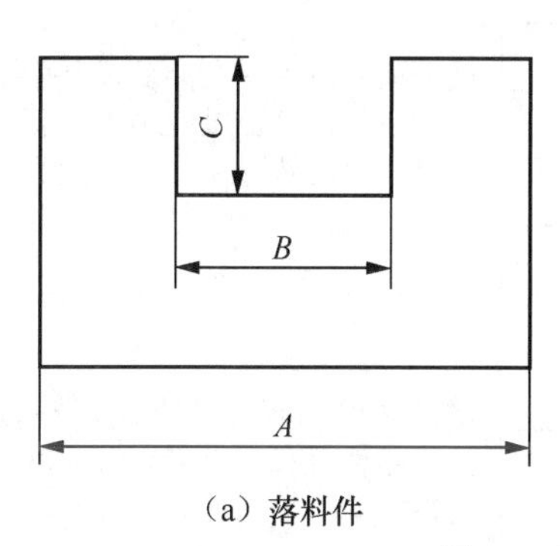

（a）落料件

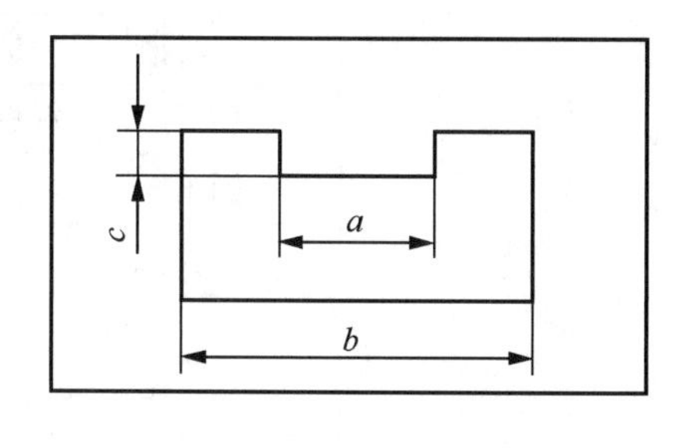

（b）冲孔件

图 1-8　落料、冲孔尺寸分类

表 1-22　以落料凹模为基准的刃口尺寸计算

工序性质	落料凹模尺寸计算	落料凸模尺寸
落料	A 尺寸：$A_d=(A_{max}-x\Delta)_{0}^{+\Delta/4}$	按凹模实际刃口尺寸配作，保证间隙为 Z_{min}～Z_{max}
	B 尺寸：$B_d=(B_{min}+x\Delta)_{-\Delta/4}^{0}$	
	C 尺寸：$C_p=(C_{min}+0.5\Delta)\pm\Delta/8$	

注：A_d、B_d、C_d—落料凹模刃口尺寸；A、B、C—落料件的公称尺寸；A_{max}、B_{min}、C_{min}—落料件的极限尺寸；Δ—落料件公差；x—磨损系数。

表 1-23　以冲孔凸模为基准的刃口尺寸计算

工序性质	冲孔凸模尺寸计算	冲孔凹模尺寸
冲孔	a 尺寸：$a_p=(a_{max}-x\Delta)_{0}^{+\Delta/4}$	按凸模实际刃口尺寸配作，保证间隙为 Z_{min}～Z_{max}
	b 尺寸：$b_p=(b_{min}+x\Delta)_{-\Delta/4}^{0}$	
	c 尺寸：$c_p=(c_{min}+0.5\Delta)\pm\Delta/8$	

六、冲裁模具结构设计

冲裁模具由各种不同功用的零件组成。这些零件根据冲压工艺要求分别安装在上模或者下模部分。按照冲裁模具中的零件结构功能可将零部件分为两大类：工艺零件和结构零件。其中工艺零件是指直接参与冲压工艺成形过程并与材料直接作用或者接触的零件。而结构零件不直接参与完成冲压成形工艺过程，也不和坯料直接发生作用，只在冲裁模具完成成形过程中起结构保证作用或对模具的功能起完善作用。冲裁模具各零件的分类与作用见表 1-24。

表 1-24　冲裁模具零件的结构分类及作用

零件种类		零件名称	零件作用
工艺零件	工作零件	凸模、凹模	直接对坯料进行加工，完成分离或者成形工艺
		凸凹模	
		刃口镶块	
	定位零件	定位销、定位板	保证坯料或板料在冲裁模具中的定位、定距，使其在冲裁过程中处于正确的工位，并保证定位精度
		挡料销、导正销	
		导料销、导料板	
		侧压板、承料板	
		定距侧刃	
	卸料、出件、压料零件	卸料板	使冲压成形制件或者废料可以与模具的工作零件分离、出模，保证冲压过程的连续性
		压料板	
		顶件块	
		推件块	
		废料切刀	

续表

零件种类		零件名称	零件作用
结构零件	导向零件	导柱	保证冲压过程中上、下模的相对位置及合模精度和冲压精度
		导套	
		导板	
		导筒	
	支撑固定零件	上、下模座座板	安装、固定模具零部件，或将模具装入压力机实现紧固、支撑或安装定位作用
		模柄	
		凸、凹模固定板	
		垫板	
	紧固零件及其他通用零件	螺钉、销钉	模具零件之间的相互连接或定位等
		弹簧等其他零件	

七、凹模零件设计

知识点微课：

扫描二维码学习单工序冲裁模具结构设计课程。

（1）凹模的厚度与周界。凹模的厚度主要从螺钉旋入深度和凹模刚度的需要考虑，一般不应该小于 8mm。随着凹模平面尺寸的增大，在设计时，凹模的厚度也应该相应地增厚。整体式凹模的厚度可按如下经验公式计算：

$$H = K_1 K_2 \times \sqrt[3]{0.1F} \tag{1-23}$$

式中：F——冲裁力，N；

K_1——凹模材料修正系数，合金工具钢 $K_1=1$，碳素工具钢 $K_1=1.3$；

K_2——凹模刃口周边长度修正系数，可参考表 1-25 选取。

表 1-25　　凹模刃口周边长度修正系数 K_2

刃口周边长度/mm	≤50	＞50～75	＞75～150	＞150～300	＞300～500	＞500
修正系数 K_2	1	1.12	1.25	1.37	1.5	1.6

在确定凹模厚度尺寸 H 后，还需确定凹模板的平面尺寸 $L \times B$（即凹模的长度与宽度尺寸），如图 1-9 所示。对于几何形状非对称制件的落料凹模，为了使压力中心与凹模板中心重合，凹模平面尺寸应按下式计算：

$$L = l' + 2c \tag{1-24}$$

$$B = b' + 2c \tag{1-25}$$

式中：l' 和 b'——长度方向和宽度方向压力中心至最远刃口间距的 2 倍；

c——凹模壁厚，mm，主要考虑布置螺钉孔与销孔的需要，同时也保证凹模的强度和刚度，计算时可参考表 1-26 选用。

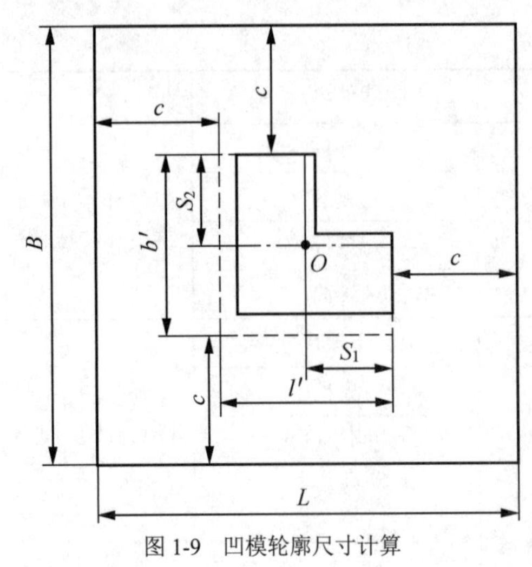

图 1-9　凹模轮廓尺寸计算

表 1-26　　凹模壁厚 c　　（单位：mm）

条料宽度	凹模壁厚 c			
	冲裁模厚度≤0.8	冲裁模厚度＞0.8～1.5	冲裁模厚度＞1.5～3	冲裁模厚度＞3～5
≤40	20～25	22～28	24～32	28～36
＞40～50	22～28	24～32	28～36	30～40
＞50～70	28～36	30～40	32～42	35～45
＞70～90	32～42	35～45	38～48	40～52
＞90～120	35～45	40～52	42～54	45～58
＞120～150	40～50	42～54	45～58	48～62

注：1．冲裁制件料薄时，取表中较小值，反之取较大值。

2．型孔为圆弧时取小值，为直边时取中值，为尖角时取大值。

（2）凹模的刃口形式。冲裁凹模在各类模具中最具代表性，其刃口形式多样，常用的凹模刃口形式主要有直筒形（直刃口）和斜刃或锥形（斜刃口）两种，其刃口形式、主要参数、结构特点和应用见表 1-27。

知识点微课：

扫描二维码学习冲裁凹模结构设计课程。

表 1-27　　冲裁凹模刃口形式、主要参数、结构特点及应用范围

刃口形式	序号	简图	特点及应用范围
直筒形刃口	1		（1）刃口为直筒式，强度高，修磨后刃口尺寸不变； （2）用于冲裁大型或精度要求较高的零件，模具装有反向顶出装置，不适于下出件的模具
	2	h β	（1）刃口强度高，修磨后刃口尺寸不变； （2）凹模内容易积存废料或冲裁制件，尤其间隙小时，刃口直壁部分磨损较快； （3）用于冲裁形状复杂或精度要求高的零件

续表

刃口形式	序号	简图	特点及适用范围
直筒形刃口	3		（1）特点如同序号 2 的刃口，刃口直壁下面的扩大部分可使凹模加工简单，但采用下漏料方式时，刃口强度不如序号 2 的刃口强度高； （2）用于冲裁形状复杂、精度要求较高的中小型件，也可用于装有反向顶出装置的模具
	4		（1）凹模硬度较低，有时可不淬火，一般为 40HRC 左右，可用锤子敲击刃口外侧斜面以调整冲裁间隙； （2）用于冲裁薄而软的金属或非金属件
锥形刃口	5		（1）刃口强度较差，修磨后尺寸略有增大； （2）凹模内不易积存废料或者冲裁制件刃口内壁磨损较慢； （3）用于冲裁形状简单、精度要求不高的零件
	6		（1）特点同序号 5 的刃口； （2）可用于冲裁形状较为复杂的零件

主要参数	材料厚度 t/mm	α	β	刃口直壁高度 h/mm	备注
	＜0.5	15°	2°	≥4	α 值适用于钳工加工；采用线切割加工时，可取 $\alpha = 5° \sim 20°$
	0.5～1			≥5	
	1～2.5			≥6	
	2.5～6	30°	3°	≥8	
	＞6			≥10	

（3）凹模常用的结构形式。冲裁模具中凹模的结构形式主要可以分为两种：整体式凹模和镶拼式凹模，而镶拼式凹模还可以细分为镶套式凹模、拼合式凹模等。

① 整体式凹模结构。整体式凹模的结构特点是凹模的易损部分和非易损部分组成一体，用一整块板料制成，其设计和制造方便，加工周期短，在单工序冲模和工位数较少的级进模或纯冲裁级进模中常常被使用，如图 1-10 所示。

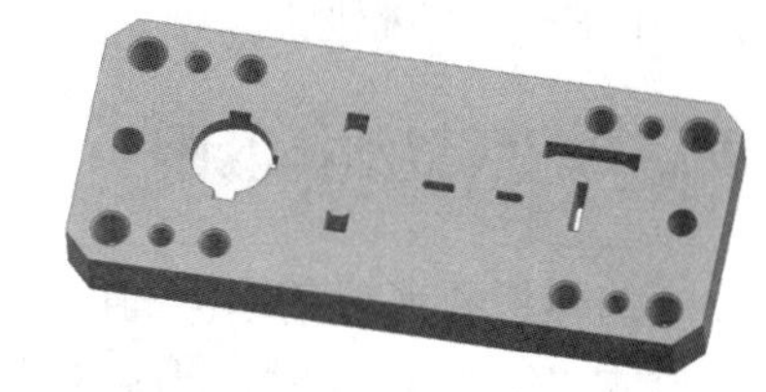

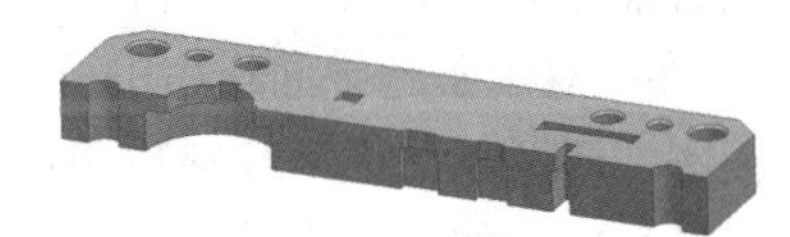

图 1-10　整体式凹模

整体式凹模结构一旦出现局部的破损后，不便于修理，特别是对于大一些的凹模不利于加工和热处理，根据加工条件，一般尺寸在 400mm 以下。另外凹模的型孔、步距等精度完全靠机床的坐标精度来保证。

② 镶拼式凹模。镶拼式凹模的结构特点是将凹模的易损部分与非易损部分分开，将凹模型孔采用独立镶拼（镶套）状结构，这样凹模局部损坏时，可以局部单独地刃磨或者更换，而且更换不影响定位基准，易损件定位可靠，互换性好，拆装快，此外易损件可以用较好的材料制造，非易损部分可以用普通钢材制造。

对于某些小圆孔和小的异形孔，为了便于加工、刃磨和更换，可在整体式凹模上或凹模固定板上采用镶套式结构，如图 1-11 所示，在一块凹模固定板上嵌入多个圆柱形或者方形的整体式凹模镶件。镶件的内孔有圆形，也有非圆形，为防止转动，可采用键定位或者销定位。

除上述圆柱形和方形整体式镶拼（镶套）凹模外，还有拼合式镶套结构凹模，如图 1-12 所示。拼合式凹模镶件的共同特点是拼合处都在角部，要求清角和型孔较小而奇异。采用拼合结构，变内形加工为外形加工，可实现对复杂小型孔进行分解加工，加工精度能够有较大的提高，便于刃磨、更换和维修。

图 1-11　镶套式凹模及其整体式镶套

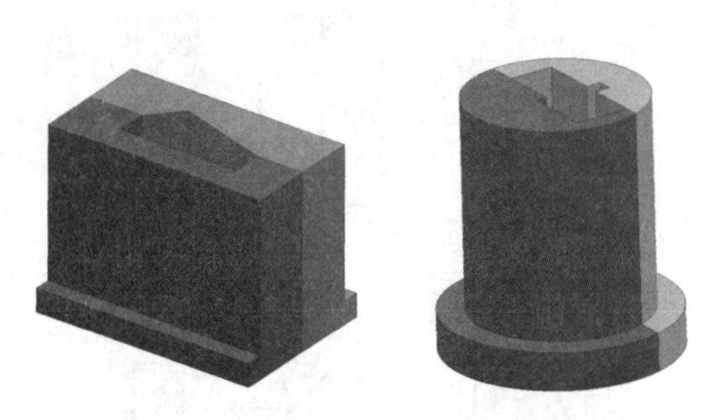

图 1-12　方形和圆柱形拼合式凹模镶件

八、固定板结构设计

固定板主要用于小型凸、凹模工作零件的固定，特别是在冲裁模具结构中，凸模、凸凹模、镶块凸模与凹模都是通过固定板结合后安装在模座上的。固定板的外形尺寸与凹模外形尺寸一致，在凸模固定板设计时，其平面尺寸除保证凸模安装外，应有足够的尺寸安放螺钉和销钉。凸模固定板上的各个型孔位置与凹模孔相对应，与凸模采用 H7/m6、H7/n6 的过渡配合，压装后将凸模端面与固定板一起磨平。固定板的厚度通常按下式进行计算设计：

$$h_1 = (0.6 \sim 0.8)H \qquad (1\text{-}26)$$

式中：H——凹模厚度。

九、卸料装置结构设计

卸料板孔形状基本上与凹模孔形状相同（细小凹模孔及特殊孔除外），因此一般与凹模配合加工。在设计时，当卸料板孔对凸模兼一起导向作用，凸模与卸料板的配合精度为 H7/f6；对于不起导向作用的弹性卸料板，一般卸料板孔与凸模单面间隙为 0.05～0.3mm，而刚性卸料板凸模与卸料板单面间隙为 0.2～0.5mm，并保证在卸料力的作用下，不使工件或废料拉进间隙内为准。

卸料装置可分为刚性卸料板、弹性卸料板和废料切刀等形式，常见设计结构如表 1-28 所示。

表 1-28　　　　　　卸料装置的形式

形式	卸料装置结构简图	应用说明
固定卸料板	卸料板	适用于冲裁制件材料厚度大于 0.8mm 的带料，或者条料
悬臂卸料板	卸料板	主要用于窄而长的冲裁制件，在做冲孔和切口的冲模上使用
弹压卸料板	卸料板	用于冲制薄料和要求平整的制件，常用于冲裁复合模具，其弹力来源为弹簧或者橡胶，使用橡胶弹性元件时，模具的装调安装更为方便
钩形卸料装置	卸料板	主要适用于空心制件在底部冲孔时的卸料

刚性卸料板常用于厚料或型材，卸料力大，使用安全，但送料受到约束，常用于料厚大于 0.5mm 且平面度要求不高的工件。弹性卸料板常用于冲裁较薄板料的制件或者平直度有要求的工件，兼具压料装置作用。其卸料力来源于弹簧或者橡胶。

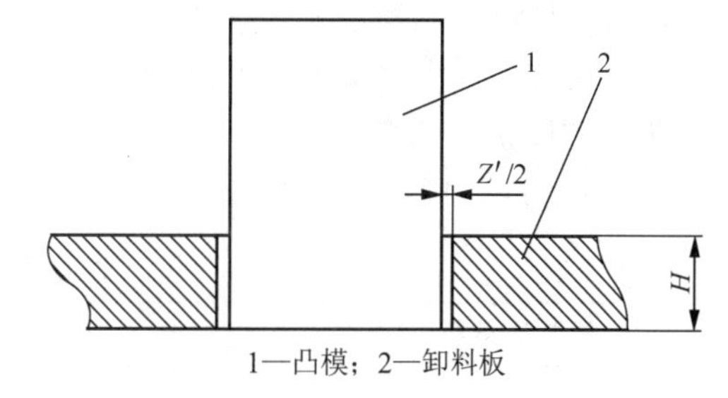

1—凸模；2—卸料板

图 1-13　卸料板与凸模的间隙

卸料板的平面尺寸应该等于或者稍大于凹模的平面尺寸。卸料板孔与凸模之间要留有间隙，如图 1-13 所示，卸料板孔与凸模的单边间隙 $Z'/2$，可查表 1-29 得到。当弹性卸料板起到对凸模导向作用时，卸料板孔与凸模可按 H7/h6 配合。卸料板的厚度可按表 1-30 进行选用。

表 1-29　　　　卸料板孔与凸模的单边间隙值 $Z'/2$　　　　（单位：mm）

料厚 t/mm	≤1	1～3	3～6
单边间隙 $Z'/2$	0.2	0.3	0.5

表 1-30　卸料板厚度　（单位：mm）

冲件厚度 t/mm	卸料板厚度									
	卸料板宽度 B ≤50		卸料板宽度 B 50～80		卸料板宽度 B 80～125		卸料板宽度 B 125～200		卸料板宽度 B >200	
	H′	H	H′	H	H′	H	H′	H	H′	H
≤0.8	6	8	6	10	8	12	10	14	12	16
0.8～1.5	6	10	8	12	10	14	12	16	14	18
1.5～3	8	12	10	14	12	16	14	18	16	20
3～4.5	10	—	12	—	14	—	16	—	18	—
>4.5	12	—	14	—	16	—	18	—	20	—

注：H 为固定卸料板厚度，mm；H'为弹性卸料板厚度。

十、弹性元件设计

弹簧和橡胶（聚氨酯）是冲压模具中广泛使用的弹性元件，主要为弹性卸料装置、压料装置及顶件装置提供作用力和行程。弹性元件的选用一般遵循以下原则。

（1）所选用的弹性元件必须满足冲模结构空间的要求，即模具要为弹性元件的安装预留出合适的空间。

（2）所提供的弹性力必须满足工艺要求，即弹性元件的预紧力要大于卸料力或顶件力。

（3）橡胶作为弹性元件，其负荷比弹簧大，安装调试也很方便。卸料、顶件常选用硬橡胶，拉、压边多选用软橡胶。

橡胶的自由高度 $H_{自}$ 可按下式进行设计：

$$H_{自}=\frac{L_{工}}{0.25\sim0.30} \tag{1-27}$$

式中：$H_{自}$——橡胶的自由高度，mm；

$L_{工}$——考虑修磨量后的卸料或压边的工作行程，mm。

冲裁模具的工作行程主要涉及凸模伸出卸料板的距离、板料厚度、凸模进入凹模的距离、凸模的修磨量。通常卸料板底面高出凸模刃口距离为 0.5～1mm，如图 1-14 所示。凸模进入凹模距离一般也为 0.5～1mm，修磨量可预留 2～4mm。橡胶压缩量与单位压力值见表 1-31。

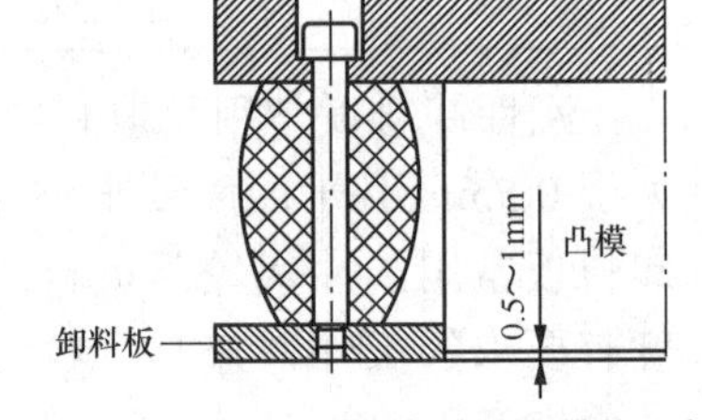

图 1-14　开模状态卸料板高出凸模的距离

表 1-31　橡胶压缩量和单位压力

橡胶压缩量	单位压力 P/MPa	橡胶压缩量	单位压力 P/MPa
10%	0.25	25%	1.06
15%	0.50	30%	1.52
20%	0.70	35%	2.10

十一、凸模零件的设计

1. 凸模的长度设计

设计凸模零件首先要进行凸模的长度计算。凸模的长度尺寸应根据模具的具体结构，并考虑修磨量、固定板与卸料板的尺寸、合模时卸料板与固定板之间的安全距离，以及各个零部件的装配等要素决定。

当采用固定卸料板和导料板时，如图 1-15（a）所示，其凸模长度按下式计算：

$$L = h_1 + h_2 + h_3 + h \tag{1-28}$$

当采用弹压卸料板时，如图 1-15（b）所示，其凸模长度按下式计算：

$$L = h_1 + h_2 + t + h \tag{1-29}$$

式中：L ——凸模长度，mm；

h_1——凸模固定板厚度，mm；

h_2——卸料板厚度，mm；

h_3——导料板厚度，mm；

t——板料厚度，mm；

h ——增加长度，包括凸模的修磨量、凸模进入凹模的深度（0.5～1mm）、凸模固定板与卸料板之间的安全距离（可取 10～20mm）等，mm。

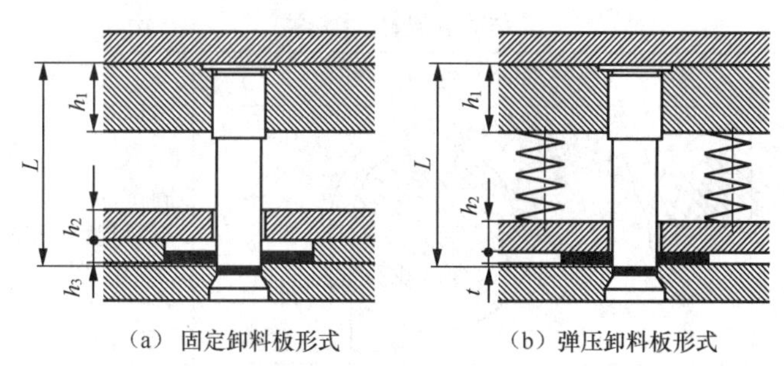

（a）固定卸料板形式　　（b）弹压卸料板形式

图 1-15　凸模长度的确定

2. 常见凸模的结构形式与安装方法

凸模的结构形式主要有圆凸模和非圆凸模，其中圆凸模已形成标准系列。冲压模具中的凸模结构，不论其端面形状如何，其基本结构都包括工作部分和安装部分两大部分，如图 1-16 所示。

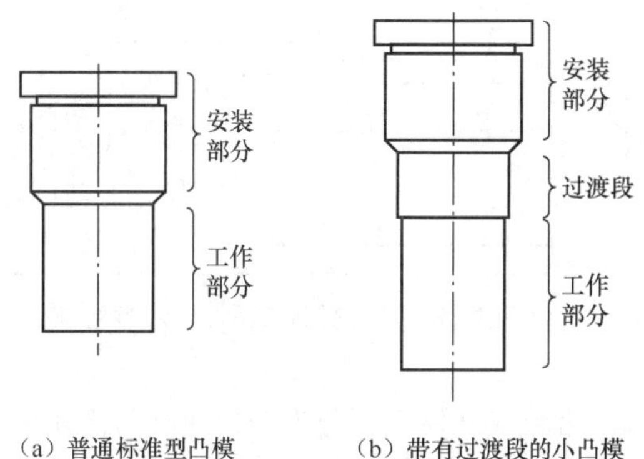

（a）普通标准型凸模　　（b）带有过渡段的小凸模

图 1-16　凸模各部分结构

对于冲小孔的凸模，为了增加凸模的整体强度，在安装部分和工作部分之间增设过渡段，如图 1-16（b）所示。有些采用线切割加工或者直接用精密磨削加工成直通式（端面通常为非规则的异形）凸模，从外形结构看安装部分与工作部分区分不是十分明显，但任何凸模的安装部分和工作部分总是存在的。标准的圆凸模结构要素及各部分名称见表 1-32。非圆凸模的结构设计可参考表 1-33。

表 1-32　　标准的圆凸模结构要素及各部分名称

简图	代号	名称	说明
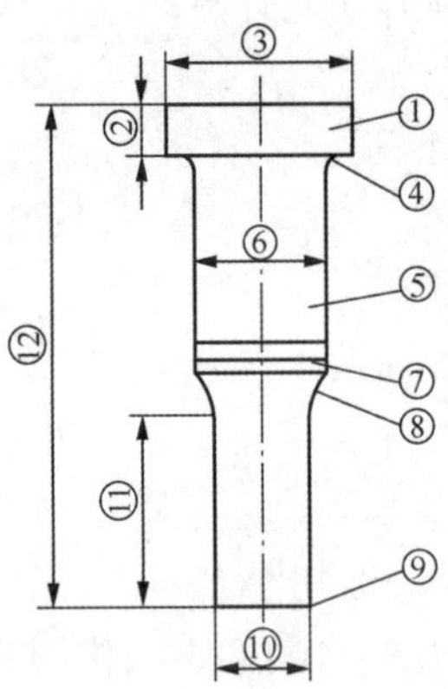	①	头部	凸模上比杆直径大的圆柱部分，安装的台肩结构
	②	头厚	头部的厚度（或称台肩的厚度）
	③	头部直径	安装台肩直径
	④	连接半径	为防止应力集中，用来连接杆和头部的圆弧半径
	⑤	杆	凸模上与固定板孔配合的部分
	⑥	杆直径	与凸模固定板的孔配合的杆直径
	⑦	引导直径	为便于凸模压入固定板，在杆的压入端标出的直径尺寸
	⑧	过渡半径	刃口尺寸与圆柱引导直径的光滑圆弧半径
	⑨	刃口	凸模前端对板料进行加工的部分
	⑩	刃口直径	凸模的刃口端直径
	⑪	刃口长度	保证凸模刃口直径尺寸精度的工作部分长度
	⑫	凸模总长度	凸模的全部长度

表 1-33　　非圆凸模结构形式

序号	设计形式	说明
1	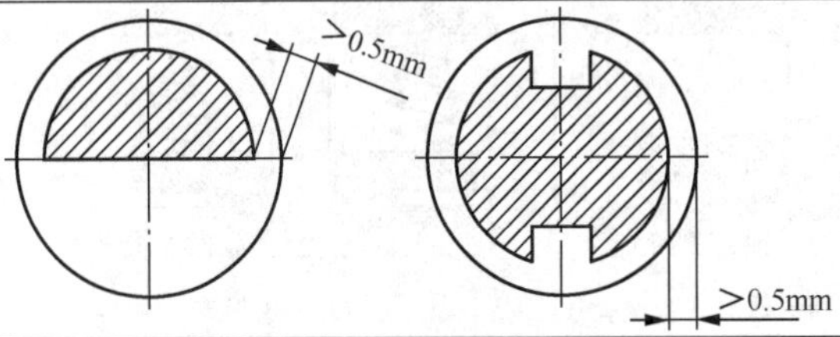 >0.5mm　>0.5mm	固定部分做成圆形，适合凸模刃口形状局部为圆形、半圆、较大圆弧形的情况
2	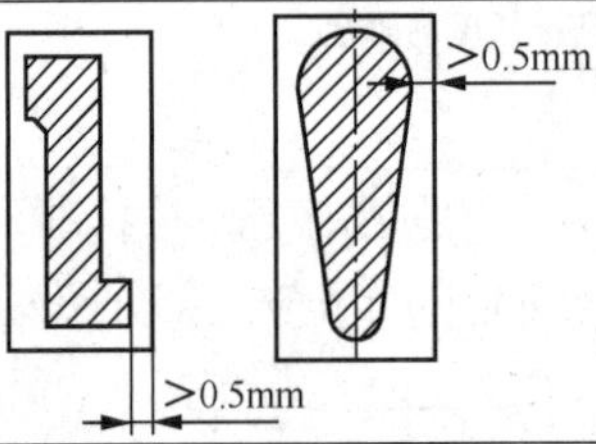 >0.5mm　>0.5mm	固定部分做成矩形，适合凸模刃口形状有较长直边形式的场合
3	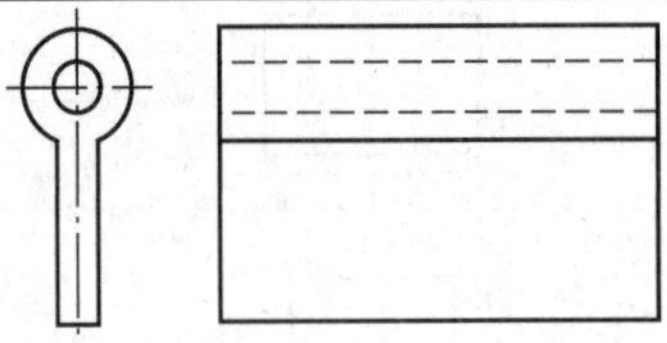	适合成形磨削加工，工作部分和安装部分尺寸一致，适用于复杂形状的加工

冲压模具中的凸模结构形式和固定方法有很多种，大多数采用整体式结构形式，少部分为镶拼式结构。

（1）带台式凸模结构。带台式凸模主要分为带台式圆凸模和带台式异形凸模，其中带台式圆凸模又称带肩凸模、台阶式凸模，结构形式如图 1-17 所示。带台式圆凸模的安装部分上端是圆形的，有一圈大于 D 的台肩（D_1）；带台式异形凸模，则在一侧或者两侧多出一个小台肩，这种小台肩结构可以防止凸模从固定板中脱落，安装后的稳定性非常好，能够承受较大的冲压力，是应用最为广泛的一种凸模安装方法。

台肩的尺寸 D_1 一般设计为

$$D_1=D+(2\sim3)\text{mm} \tag{1-30}$$

安装部分与固定板采用 H7/m6 或 H7/n6 的过渡配合较多，当凸模直径较大时，也可以采用过盈配合，此种固定方式不适合经常拆卸。

图 1-17（a）所示为典型的标准圆柱头缩杆圆凸模（JB/T 5826—2008），规格 d=1～36mm，可参考表 1-53 选用，多用于冲裁 8mm 以上的中圆孔。

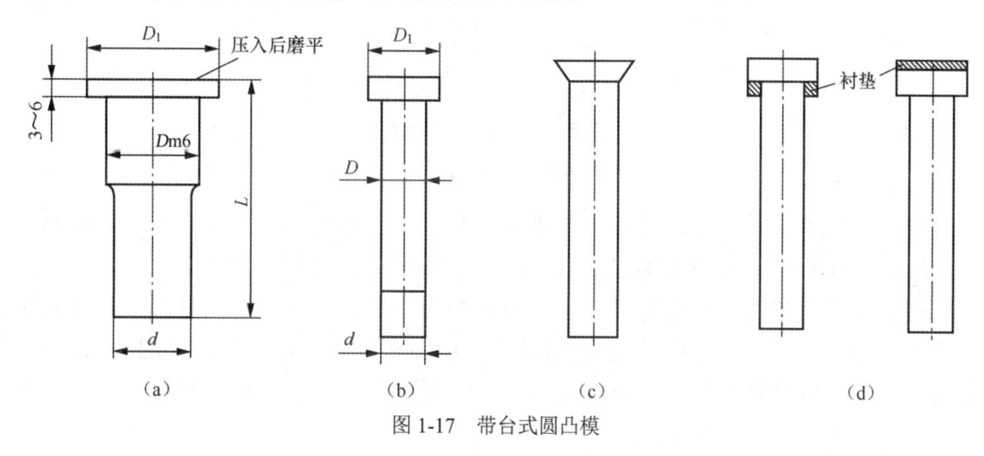

图 1-17　带台式圆凸模

图 1-17（b）所示为标准圆柱头直杆圆凸模。当凸模的固定部分与工作部分直径不允许相差较大时，可以将两个部分直径做成相同的或在制造公差上有差别，这种情况在一副模具中安装凸模数量较多，相互间靠得很近时常用，其规格尺寸 d =1～35.9mm（JB/T 5825—2008），可参考表 1-52 选用。

图 1-17（c）所示为小直径带锥台凸模。

图 1-17（d）所示为凸模用衬垫的情况，一般在刃磨凸模后需调整衬垫厚度。衬垫采用合金工具钢经淬硬处理加工而成，硬度为 58～62HRC。

带台式异形凸模结构及其固定形式如图 1-18 所示。对不规则外形的异形凸模，其工作部分和安装部分形状与尺寸均按线切割型孔要求设计成直通式，固定部分为台阶形式。固定用台阶设计在凸模尾端的直面或侧面部位，也有设计成正方形、长方形、长圆形等规则形状，此类凸模在多工位级进模中应用较多。

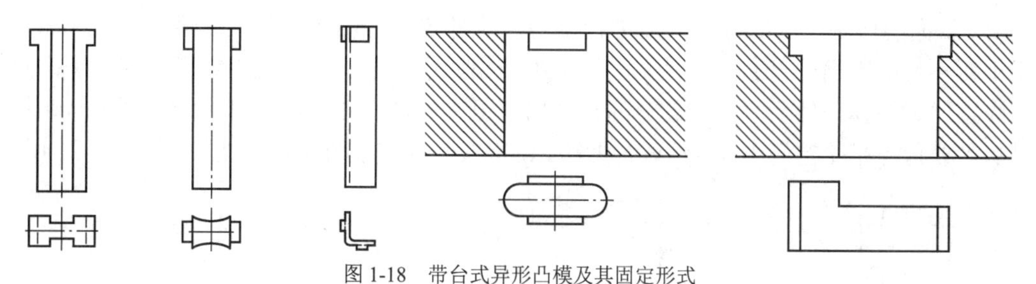

图 1-18　带台式异形凸模及其固定形式

（2）直通式凸模结构。直通式凸模又称直杆凸模，图 1-19 所示为直通式圆形凸模及其固定形式。图 1-19（a）中采用螺孔固定式，因冲模一般冲压速度较高，冲压时振动较大，螺钉应选用 M4 以上的内六角螺钉并加弹簧垫圈，适合于直通式中、大型凸模的固定。

图 1-19（b）所示为采用小压板固定的凸模，适合于直通式大直径凸模的固定。

图 1-19（c）所示为采用穿横销固定的凸模，适合于直径 D≥5mm 的直通式圆形凸模的固定。

上述几种凸模与固定板采用 H7/m6 或 H7/n6 的过渡配合。有时也采用 H7/f6 的间隙配合或 H7/h6 的大间隙配合，此种装配方式拆卸较为方便，适合于各类级进模，使用广泛。

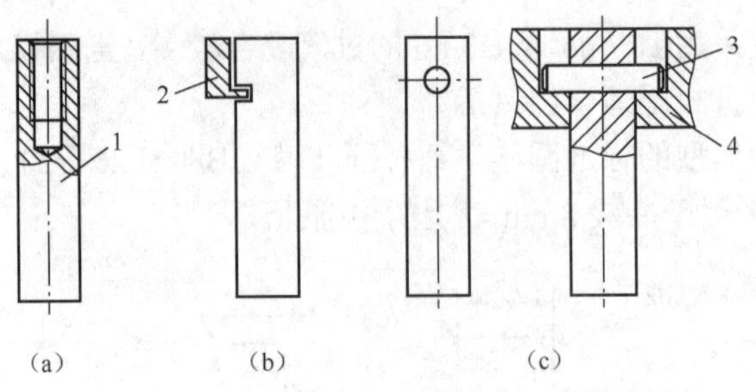

1—凸模；2—压块（板）；3—横销；4—凸模固定板

图 1-19　直通式圆凸模及其固定形式

直通式异形凸模，其工作部分和安装固定部分均按照冲切形状要求设计为形状与尺寸一致的直通形式，此种结构的凸模的工艺性好，制造精度高，如图 1-20 所示。

直通式异形凸模加工、拆卸方便，与固定板配合一般采用 H7/m6 或 H7/n6，有时也采用 H6/m5 或 H6/n5 的配合，是多工位级进模具中采用最多的凸模结构形式。图 1-20（a）所示为采用横销固定的安装形式，图 1-20（b）所示为采用螺钉固定的安装形式，图 1-20（c）所示为凸模采用压板（压块）压紧固定的安装形式。

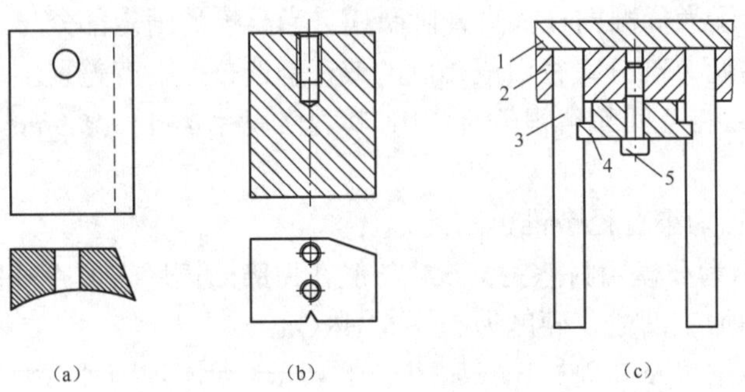

1—垫板；2—凸模固定板；3—凸模；4—压板；5—螺钉

图 1-20　直通式异形凸模结构与其固定方式

（3）铆接式凸模结构。铆接式凸模结构是在凸模的安装部分上端加工出（1.5～2.5）mm×45° 斜面的铆头，装入固定板后进行铆装，此种方式可以防止凸模脱落。铆接式凸模多用于小而不规则断面的直通式凸模，因为这种凸模为了便于加工，常用线切割或者磨削直接加工成直通式整体，然后将安装部分的头部局部退火处理，才能做出铆头铆接固定。铆接式凸模的主要优点是工艺简单，但不适合拆卸。铆接式凸模安装时常加设垫板，如图 1-21 所示。

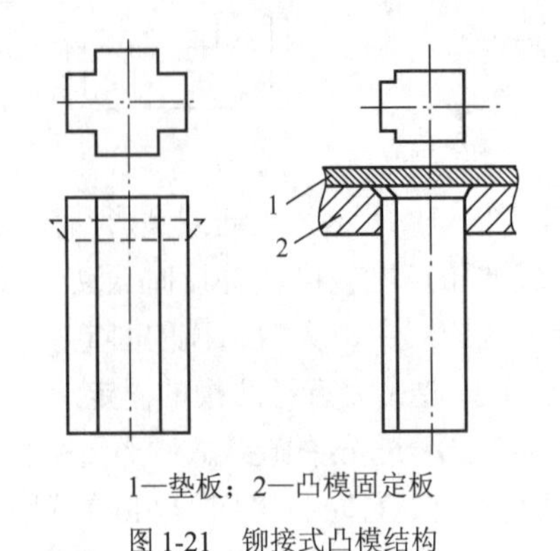

1—垫板；2—凸模固定板

图 1-21　铆接式凸模结构

知识点微课：

扫描二维码学习冲裁凸模结构设计课程。

十二、垫板设计

垫板通常安装在上、下模座和固定板之间，其作用是直接承受和扩散凸模（凸凹模）传递的压力，降低冲压时工作零件对模座的单位应力，防止过大的冲压力在上、下模座上压出凹坑，从而影响模具的正常工作。垫板外形与凹模周界一致，厚度为 3～10mm。为了便于模具装配，垫板上销钉通过孔直径可比销钉直径大 0.3～0.5mm。

在模具结构中是否采用垫板，以凸模或者承压面积最小的凸模为依据，按照承压应力公式进行校核计算：

$$\sigma = \frac{F}{A} = \frac{Lt\tau_b}{A} \tag{1-31}$$

式中：A——凸模或最小凸模的面积，mm^2；

L——凸模或最小凸模的周长，mm；

t——冲裁制件的厚度，mm；

τ_b——冲裁制件材料的抗剪强度，MPa。

如果 $\sigma \leqslant [\sigma_p]$，则不需采用垫板；如果 $\sigma > [\sigma_p]$，则需采用垫板。

$[\sigma_p]$为铸铁模座材料比例极限，超过则开始屈服，一般为 90～140MPa。

十三、出件装置设计

1. 推件装置

在倒装冲裁复合模具中，由于落料凹模安装在上模，冲裁完成后，制件留在凹模口内，因此要设计刚性或者弹性推件装置推出工件。推件装置安装在上模内，刚性推件装置通过压力机滑块内的打料机构完成推件动作，弹性推件装置依靠安装在模具内的弹性元件推动推件块完成推件动作。

在推件装置中，推件块工作时与凹模孔口配合并做相对运动，对它们的要求是：为满足修磨和调整的需要，模具处于闭合状态时，其背后应有一定空间。为保证可靠推件，模具处于开启状态时，必须顺利复位，工作面应高出凹模平面 0.2～0.5mm。推件块与凹模的配合一般为间隙配合，推件块的外形配合面可按 h8 制造。推板的设计要考虑到推力均衡分布，能平稳地将制件推出，同时不可过多地削弱模柄和模座的强度。常用刚性及弹性推件装置的结构和安装形式见表 1-34 和表 1-35。

表 1-34　常用刚性推件装置的典型结构

序号	图示	说明
1		（1）推杆直接推动推件块，从而推出工件； （2）适用于推杆与凸模轴线不重合的场合

续表

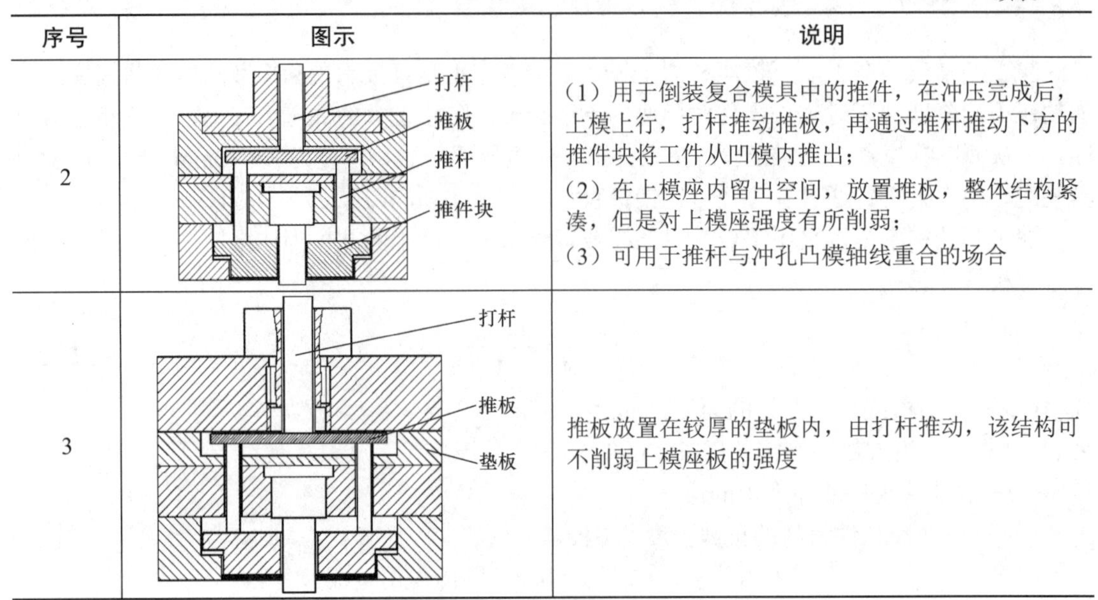

序号	图示	说明
2		（1）用于倒装复合模具中的推件，在冲压完成后，上模上行，打杆推动推板，再通过推杆推动下方的推件块将工件从凹模内推出； （2）在上模座内留出空间，放置推板，整体结构紧凑，但是对上模座强度有所削弱； （3）可用于推杆与冲孔凸模轴线重合的场合
3		推板放置在较厚的垫板内，由打杆推动，该结构可不削弱上模座板的强度

表 1-35　　常用弹性推件装置的典型结构

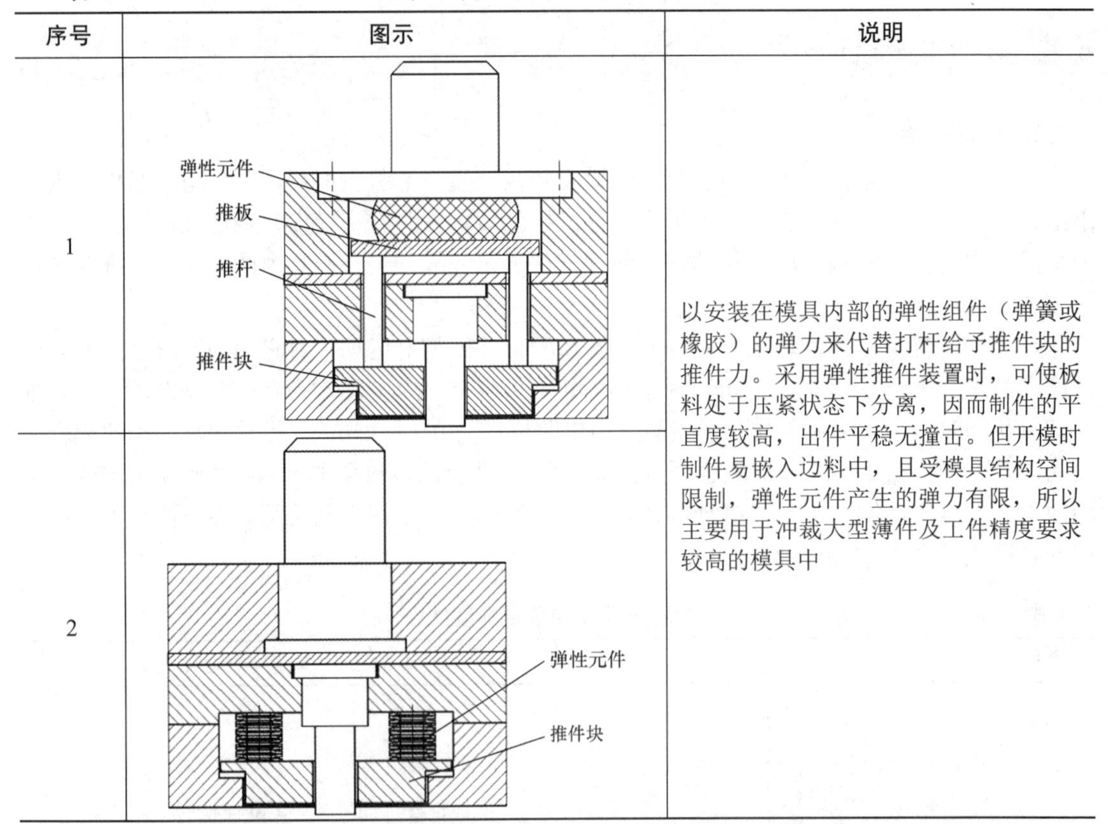

序号	图示	说明
1		以安装在模具内部的弹性组件（弹簧或橡胶）的弹力来代替打杆给予推件块的推件力。采用弹性推件装置时，可使板料处于压紧状态下分离，因而制件的平直度较高，出件平稳无撞击。但开模时制件易嵌入边料中，且受模具结构空间限制，弹性元件产生的弹力有限，所以主要用于冲裁大型薄件及工件精度要求较高的模具中
2		

刚性推件装置的推件力大，而且工作可靠，因此应用广泛。其不但可以用于倒装复合模具中的推件，也可在正装复合模中用于推出冲孔的废料。

对于板料较薄且平直度要求较高的冲裁制件，可采用弹性推件装置。弹性元件通常选用弹力较大的橡胶弹性体、碟形弹簧。

2. 顶件装置

顶件装置一般为弹性的，其基本零件是顶杆、顶件块和装在下模座板之下的弹顶器。如果模座厚度允许，制件厚度较薄，所需顶件力不大，也可以在模座内部安装弹性元件，如图 1-22 所示。弹顶器可做成通用的，弹性元件是橡胶或者弹簧，在某些大型压力机中使用气垫作为弹顶器。

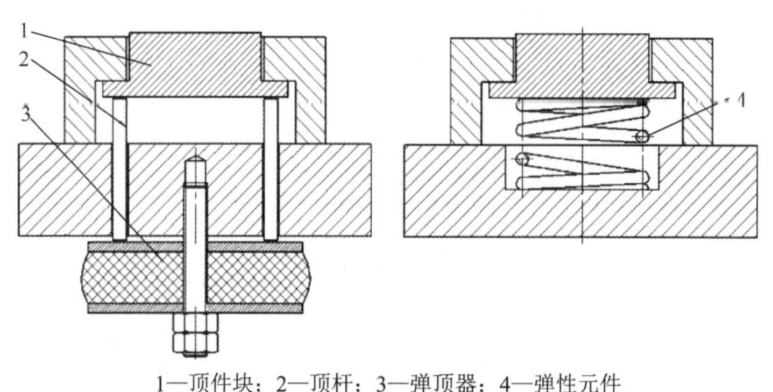

1—顶件块；2—顶杆；3—弹顶器；4—弹性元件

图 1-22　顶件装置基本结构（一）

弹顶器可以装在模具的下模座板上，在下模座中加工出螺纹安装孔，然后旋合弹顶器安装螺杆，通过调节螺杆旋合深度来调整顶件力大小。在模具模座没有空间安装弹顶器或弹顶器不能安装在模具下模座的情况，也可以将弹顶器安装在压力机的垫板上，如图 1-23 所示。弹性顶件装置除起到顶件作用外，还起到压紧坯料、防止坯料在冲压过程中移动的作用。

顶件块在顶出制件时与落料凹模孔口配合并做相对运动，一般为间隙配合，顶件块的外形配合面可按 h8 制造，或根据板料厚度取适当间隙。模具处于闭合状态时，顶件块下方要留有一定的空间，以满足修磨和试模时调整的需要，模具处于开启状态时，能够顺利复位，且工作面高出凹模上表面 0.2～0.5mm，以保证可靠顶件。

知识点微课：

扫描二维码学习卸料与出件装置课程。

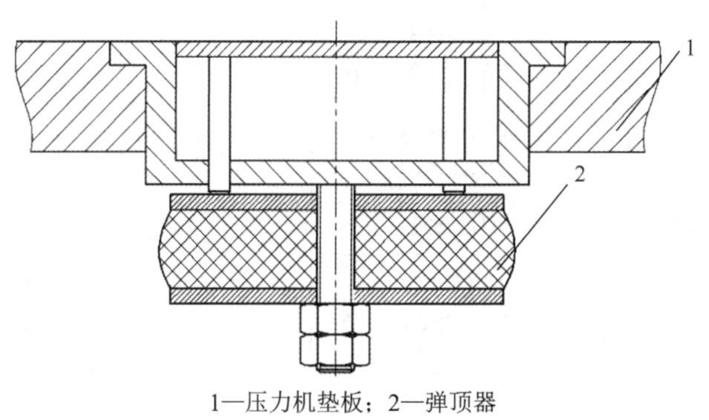

1—压力机垫板；2—弹顶器

图 1-23　顶件装置基本结构（二）

十四、紧固标准件的选用

冲模用到的紧固零件主要是螺钉和销钉，特别是内六角圆柱头螺钉和圆柱销钉使用最为广泛，通常在一个紧固件装配组合中，定位销钉的数量不少于两个。螺钉规格可参考表 1-36 选用。

表 1-36　　螺钉规格的选用

凹模厚度 H/mm	≤13	>13～19	>19～25	>25～32	>32
螺钉规格	M4、M5	M5、M6	M6、M8	M8、M10	M10、M12

螺钉拧入的深度不能过浅，否则紧固不牢靠；也不能太深，否则拆装工作量大，圆柱销钉的配合深度一般不小于其直径的 2 倍，但也不宜过深。表 1-37 所列为内六角螺钉通过孔的尺寸。表 1-38 所列为圆柱销钉孔的装配形式及其装配尺寸，当被固定件为圆形时，一般采用 3～4 个销钉，当固定件为矩形时，一般采用 4 或 6 个销钉。

表 1-37　　内六角螺钉通过孔的尺寸　　（单位：mm）

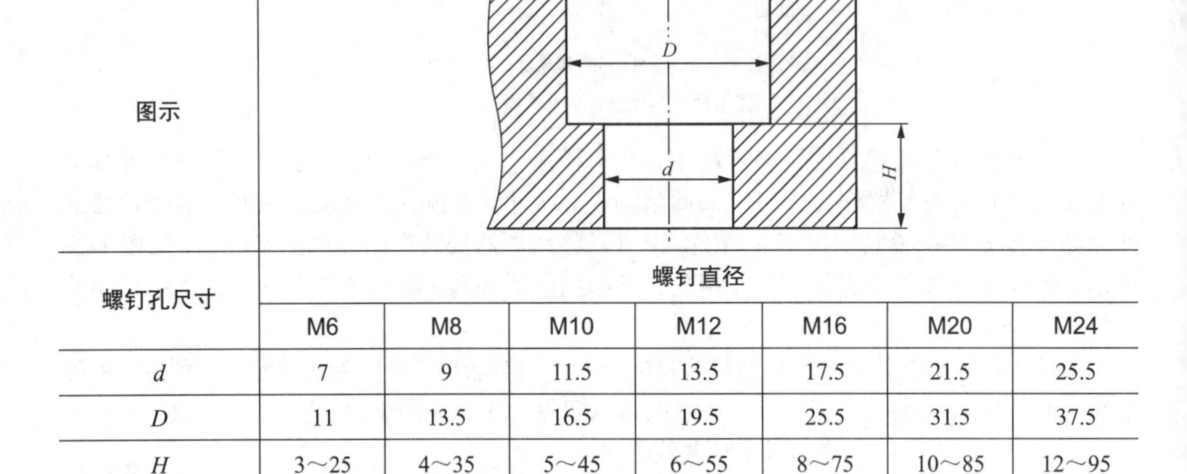

图示	（见上图）						
螺钉孔尺寸	螺钉直径						
	M6	M8	M10	M12	M16	M20	M24
d	7	9	11.5	13.5	17.5	21.5	25.5
D	11	13.5	16.5	19.5	25.5	31.5	37.5
H	3～25	4～35	5～45	6～55	8～75	10～85	12～95

表 1-38　　圆柱销钉孔的装配形式和尺寸

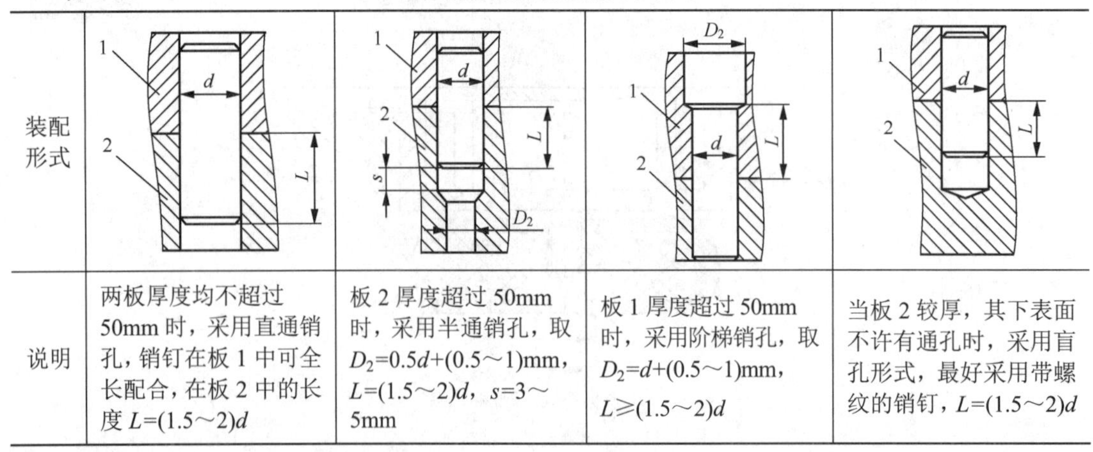

装配形式	（见上图）			
说明	两板厚度均不超过 50mm 时，采用直通销孔，销钉在板 1 中可全长配合，在板 2 中的长度 $L=(1.5\sim2)d$	板 2 厚度超过 50mm 时，采用半通销孔，取 $D_2=0.5d+(0.5\sim1)$mm，$L=(1.5\sim2)d$，$s=3\sim5$mm	板 1 厚度超过 50mm 时，采用阶梯销孔，取 $D_2=d+(0.5\sim1)$mm，$L\geqslant(1.5\sim2)d$	当板 2 较厚，其下表面不许有通孔时，采用盲孔形式，最好采用带螺纹的销钉，$L=(1.5\sim2)d$

凹模板上各螺钉孔、销孔、导柱/导套、型腔的边距离必须大于 5～10mm，部分螺纹孔、销钉钉孔、导套/导柱孔的布置、安装参数如图 1-24 所示。另外，模板上安装螺钉的沉孔布置及有效螺纹深度参考图 1-25 设计。

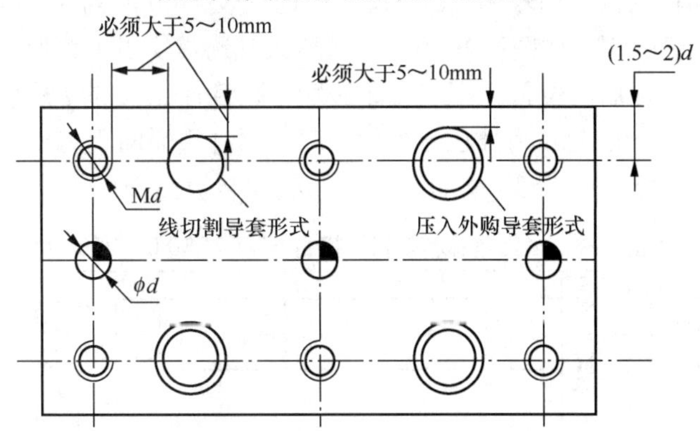

图 1-24　螺纹孔、销钉孔、导套/导柱孔的布置

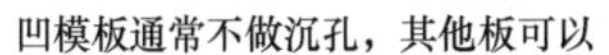

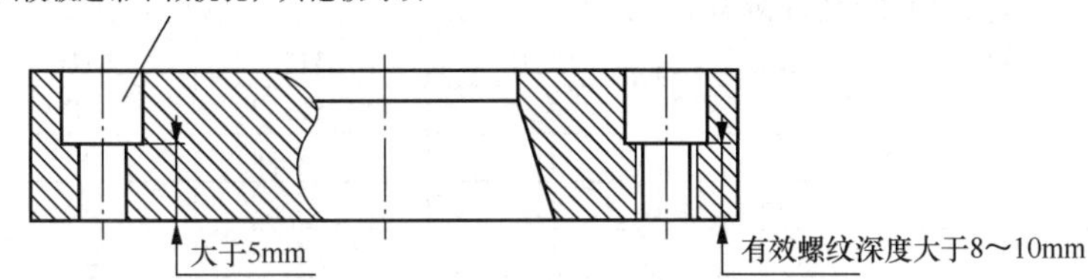

图 1-25　沉孔布置及有效螺纹深度

卸料螺钉是冲模里一类特殊的紧固件，其主要作用是紧固弹压卸料板或压料板，起到冲模在开模状态时，并对被弹性元件推动复位的卸料板或压料板进行限位。卸料螺钉在模具工作过程中与其他紧固件不同，它随同卸料板或压料板一起运动，是可以活动的紧固零件，也能对卸料板和压料板运动起到粗略的导向作用，其常用安装结构形式如表 1-39 所示。

表 1-39　**卸料螺钉的安装结构形式**

序号	图示	说明
1		标准卸料螺钉结构，凸模刃磨后，需要在卸料螺钉头部加垫圈调节，重载荷时，螺纹根部有折断危险
2	s	为使螺纹根部不直接承受侧压力，应把螺钉圆柱部分埋入卸料板中，s 为圆柱部分埋入卸料板的深度，一般可取 3～5mm
3		高度能够调节，能够承受较大的侧向压力，可防止螺钉松动，采用标准内六角圆柱头螺钉即可

圆柱头内六角卸料螺钉应用较为广泛，可直接选用表 1-40 所列的标准件，也可对标准紧固螺钉进行改制加工后获得。如图 1-26 所示，卸料螺钉通常穿过上模座，在上模座板上设计沉孔，限制卸料螺钉复位后的位置。模座上卸料螺钉孔直径 d_1 处的 l 最小值为：铸铁材料模座 $l_{min}=d$；钢板模座 $l_{min}=0.75d$；另外在合模状态时，螺钉头端面距离模座外表面至少要留有 3～5mm 的余量，防止合模时，卸料螺钉碰到压力机安装板而损坏。

表 1-40　冲模圆柱头内六角卸料螺钉（摘自 JB/T 7650.6—2008）（单位：mm）

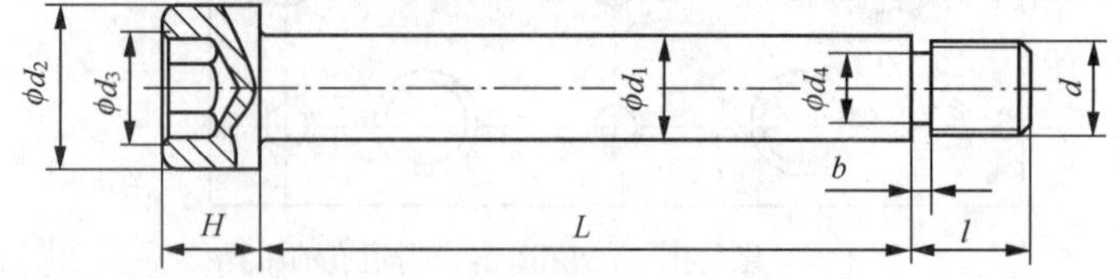

标记示例：d=M10mm、L=50mm 的圆柱头内六角卸料螺钉：

圆柱头内六角卸料螺钉 M10×50 JB/T 7650.6—2008

d	M6	M8	M10	M12	M16	M18
d_1	8	10	12	16	20	24
l	7	8	10	14	20	26
d_2	12.5	15	18	24	30	36
H	8	10	12	16	20	24
d_3	7.5	9.8	12	14.5	17	20.5
d_4	4.5	6.2	7.8	9.5	13	16.5
b	2	2	3	4	4	4
L	35～70	40～80	45～100	65～100	90～150	80～200
长度系列为：35、40、45、50、55、60、65、70、80、90、100、110、120、130、140、150、160、180、200						

注：1．材料由制造者选定，推荐使用 45 钢，硬度为 35～40HRC；

2．应符合 JB/T 7653—2020 的规定；

3．标记应包括以下内容：圆柱头内六角卸料螺钉；圆柱头内六角卸料螺钉直径 d，单位为 mm；圆柱头内六角卸料螺钉长度 L，单位为 mm；本标准代号，即 JB/T 7650.6—2008。

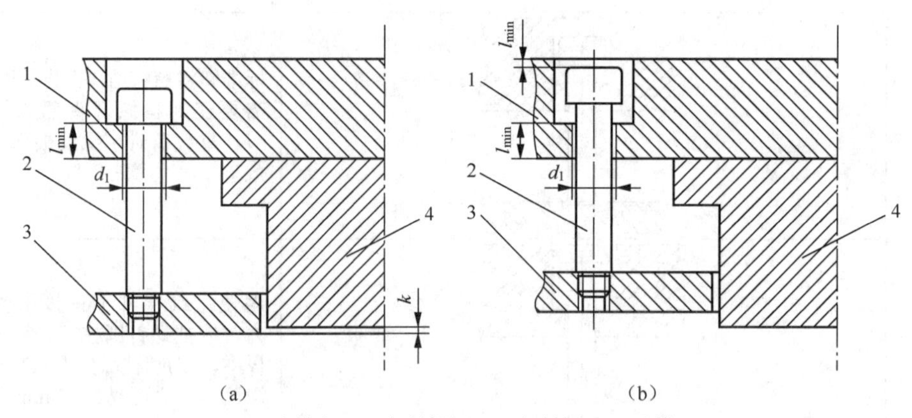

1—上模座；2—卸料螺钉；3—卸料板；4—凸模

图 1-26　弹性卸料板的有关尺寸

十五、标准模架的设计与选用

模架一般是指由上模座、下模座、导柱、导套和模柄等组合而成的整体，冲压模具的全部零件都安装在模架上，其主要作用是把模具的结构及工作零件连接起来，以保证模具工作部分在冲压时有一个确定的相对位置。实际生产中模架尽量选用标准模架。模架的具体形式与用途见表 1-41。

表 1-41 模架形式及用途

<table>
<tr><th>模架类型</th><th>模架形式（标准号）</th><th colspan="2">用途及特点</th></tr>
<tr><td rowspan="5">滑动导向模架</td><td>后侧导柱模架
（GB/T 2851—2008）</td><td colspan="2">两导柱、导套分别装在上、下模座后侧，凹模面积是导套前的有效区域；可用于冲压较宽条料，且可用边角料；送料及操作方便，可纵向、横向送料；主要用于一般精度要求的冲模，不宜用于大型模具，因存在弯曲力矩，所以上模座在导柱上运动不平稳。其凹模周界范围为 63mm×50mm～400mm×250mm</td></tr>
<tr><td>对角导柱模架
（GB/T 2851—2008）</td><td colspan="2">在凹模面积的对角中心线上，装有前、后导柱，其有效区在毛坯进给方向的导套之间；受力平衡，上模座在导柱上运动平稳，适用于纵向或者横向送料；使用面宽，常用于级进模或者复合模。其凹模周界范围为 63mm×50mm～500mm×500mm</td></tr>
<tr><td>中间导柱模架
（GB/T 2851—2008）</td><td colspan="2">凹模面积在导套间的有效区域，仅适用于横向送料，常用于弯曲模具或者复合模具；具有导向精度高、上模座在导柱上运动平稳的特点。其凹模周界范围为 63mm×50mm～500mm×500mm</td></tr>
<tr><td>中间导柱圆形模架
（GB/T 2851—2008）</td><td colspan="2">常用于电机行业冲模，或用于冲压圆形制件的冲模。其凹模周界范围为 63mm×50mm～500mm×500mm</td></tr>
<tr><td>四导柱模架
（GB/T 2851—2008）</td><td colspan="2">模架受力平衡，导向精度高；适用于大型制件、精度很高的冲模，以及大批量生产的自动化冲压生产线上的冲模。其凹模周界范围为 160mm×250mm～630mm×400mm</td></tr>
<tr><td rowspan="4">滚动导向模架</td><td>后侧导柱模架
（GB/T 2852—2008）</td><td>凹模周界范围为 80mm×63mm～200mm×160mm</td><td rowspan="4">滚动导向模架是在导柱与导套间装有预先过盈压配的钢球，进行相对滚动的模架。其特点是导向精度高，运动刚性好，使用寿命长，主要用于高精度、高寿命的硬质合金冲模及高速精密级进模</td></tr>
<tr><td>对角导柱模架
（GB/T 2852—2008）</td><td>凹模周界范围为 80mm×63mm～250mm×200mm</td></tr>
<tr><td>中间导柱模架
（GB/T 2852—2008）</td><td>凹模周界范围为 80mm×63mm～250mm×200mm</td></tr>
<tr><td>四导柱模架
（GB/T 2851—2008）</td><td>凹模周界范围为 160mm×125mm～400mm×250mm</td></tr>
</table>

上模座和下模座分别为一副模架上不同位置的两个重要零件，其共同的作用是：上、下模座都是直接或间接地将冲模的所有零件安装在其上面，构成一副完整的模具。与上模座固定在一起的模具零件，统称为上模部分，由于它通常通过模柄或者螺栓和压板与压力机滑块固定在一起，随压力机滑块上下运动实现冲压动作，因此这部分又称为冲压模具的活动部分；与下模座固定在一起的模具零件，统称为下模部分，常通过螺栓和压板与压力机工作台固定在一起，成为模具的固定部分。

在设计冲压模具时，一般应尽量选用标准模架（GB/T 2851—2008、GB/T 2852—2008、GB/T 23565—2009、GB/T 23563—2009），因为标准模架的形式和规格决定了上、下模座的标准形式和尺寸规格，并且在强度和刚度方面，选用标准模架都有保证，所以相对较为安全可靠，节省成本，缩短制造周期。常用标准滑动模架结构如图 1-27 所示。

知识点微课：

扫描二维码学习冲压模具模架查选课程。

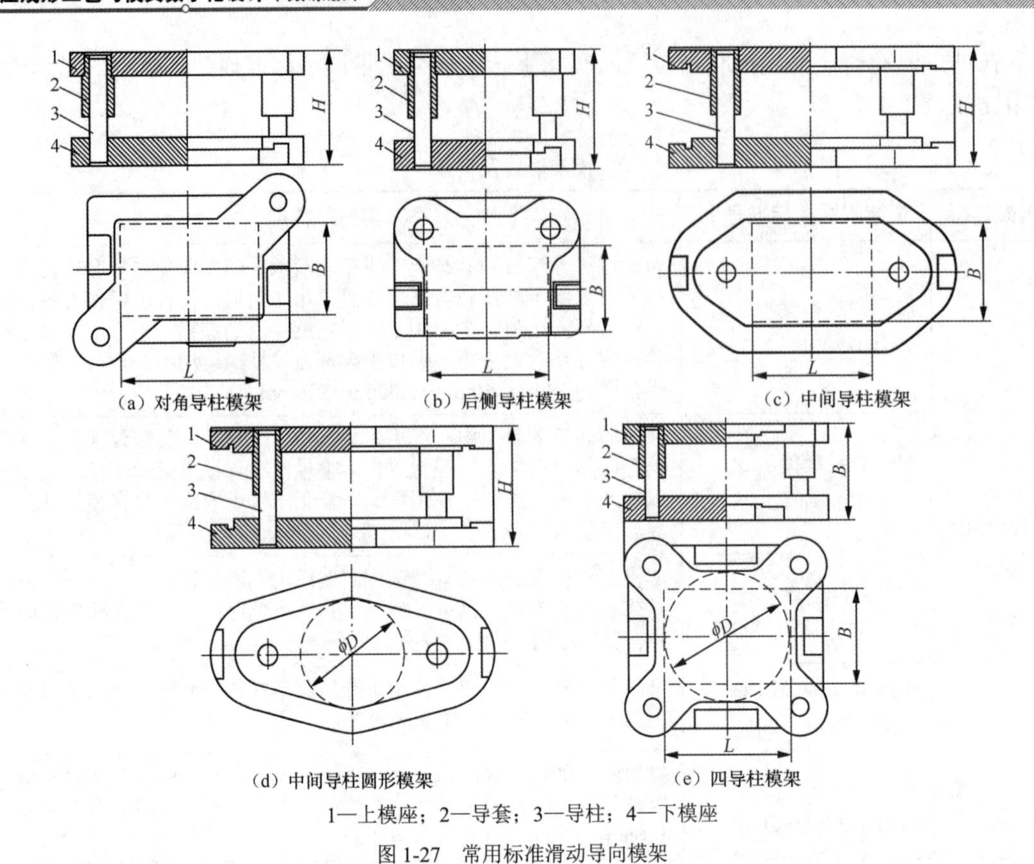

（a）对角导柱模架　（b）后侧导柱模架　（c）中间导柱模架

（d）中间导柱圆形模架　（e）四导柱模架

1—上模座；2—导套；3—导柱；4—下模座

图 1-27　常用标准滑动导向模架

十六、标准模柄的设计与选用

模柄的作用是将模具的上模座固定在压力机的滑块上，同时使模具结构中心通过滑块的压力中心。设计选用模柄时，其长度不得大于压力机滑块内模柄孔的深度，模柄直径应与压力机滑块上的模柄安装孔径一致（也可略小于模板安装孔）。中小型冲模常用模柄形式与用途见表 1-42。

表 1-42　模柄形式与用途

图示	模柄名称	用途
	压入式模柄	应用广泛，有 A 和 B 两种型号，B 型模柄中间有孔，可以安装打杆，用压力机的打料横杆打料。有较高的垂直度和同轴度，适用于上模座较厚的各类中小型冲压模具
	旋入式模柄	通过螺纹与上模座连接，多用于有导柱的小型冲压模具，B 型中间有孔，可以安装打杆。安装后在螺纹骑缝处攻螺纹，安装防止模柄转动的紧定螺钉
	凸缘模柄	用螺钉和销钉与上模座紧固在一起，主要用于大型冲模或上模座中开设了推板孔的中小型冲模

续表

图示	模柄名称	用途
挡料销	浮动式模柄	适用于硬质合金冲模等精密导柱模，这种模柄可使模柄与模架之间产生游动，当模架的导向精度高、不依靠压力机的导向精度时可选用浮动式模柄

十七、定位零件的设计与选用

冲模的定位零件用来保证条料的正确送进及在模具中的正确位置。条料在模具中的定位有两方面的作用：一是在与条料送料方向垂直的方向上限位，保证条料沿正确的方向送进，称为送进导向，或称导料；二是在送料方向上限位，控制条料一次送进的距离（步距），称为送料定距，或称挡料。对于块料或工序件的定位，基本也是在两个方向上的限位，只是定位零件的结构形式与条料的有所不同。

1. 挡料销

挡料销的作用是保证条料（带料）有准确的送料步距。常用挡料销形式、结构、特点与应用见表 1-43。

表 1-43　挡料销的形式、结构、特点与应用

挡料销形式	结构简图	特点与应用
圆头式 固定挡料销	挡料销	此种挡料销的固定部分和工作部分的直径差别很大，不至于削弱凹模的强度，并且制造简单，使用方便，适用于带固定卸料板和弹性卸料板的冲模，广泛应用于冲压中、小型冲裁制件的挡料定距，一般装在凹模上，销孔要远离凹模刃口，以免削弱凹模强度
钩形 固定挡料销	挡料销	钩形挡料销，其销孔位置可以离凹模刃口较远而不会削弱凹模的强度，但是由于形状不对称，因此需要另外设置安装定向装置，以防止在使用过程中转动，适用于冲裁较厚的板材
活动挡料销		当凹模安装在上模时，在下模卸料板上安装活动挡料销，可以避免在凹模上开设挡料销让位孔而削弱凹模强度。当模具闭合时，挡料销随凹模下行而压入孔内，因此其顶端不会高出板料。它最常用在带有活动的下卸料板的敞开冲压模具上

续表

挡料销形式	结构简图	特点与应用
始用挡料销		始用挡料销一般用于条料以导向板导向的级进模或单工序模具中，在条料首次送进定位时始用，用时向里压，完成条料第一次定位后，在弹簧作用下挡料销自动退出

2. 定位板与定位钉

定位板与定位钉是对单个毛坯或半成品按其外形或内孔进行定位的零件。由于坯料形状不同，因此定位形式也很多，设计可参考表 1-44。

知识点微课：

扫描二维码学习定位零件课程。

表 1-44　定位板或定位销的形式及应用

形式	示例图	应用
定位板		敞开式定位，用于较为大型的冲压制件，或毛坯的外轮廓定位
定位板		圆形定位板（也可以根据制件实际外形轮廓特征进行定位板设计），用于圆形落料件定位时为整圆定位板；用于成形工序件定位时，可在定位板上开缺口
定位销		用于大型冲压制件或毛坯的外轮廓定位
定位销		用于带直径小于 30mm 孔的冲压制件或者毛坯的定位，$h=t+(1\sim2)$mm

续表

形式	示例图	应用
孔定位板		用于大型圆形或非圆形内孔的定位

十八、冲压模具零件常用材料及选用

冲压模具零件材料的选用和热处理，不仅影响冲压模具的使用寿命和制造成本，更关系到冲压成形制件的质量。在模具设计过程中为模具零件合理选用材料是一项十分重要的工作。

1. 按模具种类选择模具材料

由于冲裁、弯曲、拉深、成形等受力方式和受力大小不同，因此选择的模具材料也不同。一般来说，这些工序的综合性的受力由小到大的顺序是：弯曲—成形—拉深—冲裁—冷挤压—冷镦。也就是说，弯曲模具材料可差一些，冷挤压模、冷镦模的材料应该最好。

从模具材料的耐用度出发，选择模具材料的顺序（由差到好）是：碳素工具钢—低合金钢—中合金钢—基体钢—高合金钢—钢结硬质合金—硬质合金—细晶粒硬质合金。

2. 按制件产量选择模具材料

如果制件的产量大，则需选择耐磨性好的模具材料。因此，制件产量大小和模具材料的耐磨性应成正比。

3. 按制件材料选择模具材料

由于制件的材料不同，模具承受的拉伸、压缩、弯曲、疲劳及摩擦等机械力也不同，作用力方式及大小也不同，因此对于不同的制件材料，应选择不同的模具材料。

制件材料抗拉强度大、塑性变形抗力大的，模具要选择较好的材料；反之，制件材料软的、抗拉强度小的，模具可选择差一些的材料。

不同种类的冲压模具以及工作零件推荐使用材料和热处理条件可参考表 1-45～表 1-47。冲压模具用结构零件推荐使用材料可参考表 1-48。

表 1-45　　冲压模具材料的选用举例及其硬度要求

<table>
<tr><th colspan="2" rowspan="2">模具类型</th><th rowspan="2">工作条件</th><th colspan="2">推荐选用的材料牌号</th><th colspan="2">硬度/HRC</th></tr>
<tr><th>中、小批量生产</th><th>大量生产</th><th>凸模</th><th>凹模</th></tr>
<tr><td rowspan="3">冲裁模具</td><td>精冲模</td><td></td><td>Cr12MoV、Cr12Mo1V1、CrW2MoV、Cr12、Cr5Mo1V、W6Mo5Cr4V2</td><td></td><td>60～62</td><td>61～63</td></tr>
<tr><td rowspan="2">硅钢片冲模</td><td>形状简单，冲裁硅钢薄板厚度≤1mm的凸、凹模</td><td>CrWMn、Cr6WV、Cr12、Cr12MoV</td><td rowspan="2">YG15、YG20或YG25硬质合金，YE50或YE65钢结硬质合金（另附模套，模套材料可采用中碳钢或T10A）</td><td rowspan="2">60～62</td><td rowspan="2">60～64</td></tr>
<tr><td>形状复杂，冲裁硅钢薄板厚度≤1mm的凸、凹模</td><td>Cr6WV、Cr12、Cr4W2MoV、Cr2Mn2SiWMoV、Cr12MoV</td></tr>
</table>

续表

模具类型		工作条件	推荐选用的材料牌号		硬度/HRC	
			中、小批量生产	大量生产	凸模	凹模
冲裁模具	钢板落料、冲孔模	形状简单，冲裁材料厚度≤4mm 的凸、凹模	T10A、9Mn2V、9SiCr、GCr15、Cr12MoV	YG15、YG20 或 YG25 硬质合金，YE50 或 YE65 钢结硬质合金（另附模套，模套材料可采用中碳钢或 T10A）	58～60	60～62
		形状复杂，冲裁材料厚度≤4mm 的凸、凹模	CrWMn、9CrWMn、9Mn2V、Cr6WV、Cr12MoV			
		冲裁材料厚度＞4mm，载荷较重的凸、凹模	Cr12、Cr12MoV、Cr4W2MoV、65Nb、Cr2Mn2SiWMoV、5CrW2Si、012Al、W6Mo5Cr4V2	同上，模套材料采用中碳合金钢		
	穿孔冲头	轻载荷（冲裁薄板，厚度≤4mm）	T7A、T10A、9Mn2V		直径＜5mm：56～62 直径＞10mm：52～56	
		重载荷（冲裁厚板，厚度＞4mm）	W18Cr4V、W6Mo5Cr4V2、6W6Mo5Cr4V、V3N			
	切断模	剪切薄板（厚度≤4mm）	T10A、T12A、9Mn2V、GCr15		54～58	
		剪切厚板（厚度＞4mm）	5CrW2Si、Cr4W2MoV、Cr12MoV		60～64	
	修边模	形状简单	T10A、T12A、9Mn2V、GCr15		56～60	58～62
		形状较为复杂	CrWMn、9Mn2V、Cr2Mn2SiWMoV			
弯曲模具		一般弯曲凸、凹模	T7A、T10A、9Mn2V、GCr15		54～58	56～60
		载荷较重、要求高度耐磨的凸、凹模	Cr6WV、Cr12、Cr12MoV、Cr4W2MoV		54～58	58～62

表 1-46　　按制作材料选用冲裁工作零件材料表

制作材料	生产批量/件				
	10^3	10^4	10^5	10^6	10^7
铝、镁、铜合金	T8、T10、CrWMn、9CrWMn	CrWMn、Cr5Mo1V	CrWMn、Cr5Mo1V、Cr12MoV	Cr5Mo1V、Cr12Mo1V1、高速工具钢	高速工具钢、硬质合金
碳素钢板、合金结构钢板	CrWMn、7CrSiMnMoV	CrWMn、Cr5Mo1V、7CrSiMnMoV	Cr5Mo1V、Cr12MoV	Cr12MoV、Cr12Mo1V1、7Cr7Mo2V2Si	硬质合金、钢结硬质合金
淬回火弹簧钢（≤52HRC）	Cr5Mo1V	Cr5Mo1V、Cr12MoV、Cr12Mo1V1	Cr12、Cr12Mo1V1、高速工具钢	Cr12Mo1V1、高速工具钢、7Cr7Mo2V2Si	硬质合金、钢结硬质合金
铁素体不锈钢	CrWMn、Cr5Mo1V	Cr5Mo1V	Cr5Mo1V、Cr12、Cr12MoV	Cr12Mo1V1、高速工具钢、7Cr7Mo2V2Si	硬质合金、钢结硬质合金

续表

制作材料	生产批量/件				
	10^3	10^4	10^5	10^6	10^7
奥氏体不锈钢	CrWMn、Cr5Mo1V	Cr5Mo1V、Cr12、Cr12MoV	Cr5Mo1V、Cr12、Cr12MoV	Cr12Mo1V1、高速工具钢、7Cr7Mo2V2Si	硬质合金、钢结硬质合金
变压器硅钢	Cr5Mo1V	Cr5Mo1V、Cr12、Cr12MoV	Cr5Mo1V、Cr12、Cr12MoV、高速工具钢	Cr12Mo1V1、高速工具钢、7Cr7Mo2V2Si	硬质合金、钢结硬质合金
纸张等软材料	T8、T10、9CrWMn	T8、T10、9CrWMn、Cr2	T8、T10、Cr5Mo1V、CrWMn	Cr5Mo1V、Cr12、Cr12Mo1V1、Cr12MoV	Cr12、Cr12Mo1V1、高速工具钢
一般塑料板	T8、T10、CrWMn、	CrWMn、9CrWMn	Cr5Mo1V、9CrWMn	Cr12、Cr12Mo1V1、高速工具钢	高速工具钢、硬质合金
增强塑料板	CrWMn、9CrWMn、Cr5Mo1V	Cr5Mo1V、CrWMn、Cr5Mo1V（渗氮）	Cr5Mo1V、Cr12、Cr12Mo1V1（渗氮）	Cr12、Cr12Mo1V1、高速工具钢、7Cr7Mo2V2Si	高速工具钢、硬质合金

表 1-47　　冲模工作零件的材料选用及热处理要求

类别	适用范围	推荐使用钢牌号	热处理	硬度/HRC	
				凸模	凹模
冲裁模具	形状简单冲件，材料厚度 δ<3mm、带凸肩的、快换式结构、形状简单的镶块	T7A、T8A、T10A	淬火	58～62	60～64
	各种容易损坏的小冲头、形状复杂冲压制件，材料厚度 δ>3mm，复杂形状的镶块	9CrSi、CrWMn、Cr12MoV	淬火	58～62	60～64
	要求耐磨寿命高的模具	Cr12MoV	淬火	60～62	62～64
		GCr15（凸模）	淬火	60～62	—
	冲薄材料，即 δ<0.2mm	T8A	淬火调制	56～60	58～62
	形状复杂或不宜进行一般热处理的模具	7CrSiMnMoV	表面淬火	56～60	56～60
弯曲模具	一般弯曲模具	T8A、T10A	淬火	56～60	58～62
	形状复杂，要求高耐磨、高寿命，特大批量的弯曲模具	CrWMn、Cr12、Cr12MoV	淬火	56～60	60～64
成形模	拉深模、翻边模、胀形模等	Cr12 、 CrWMn 、 Cr12MoV 、Cr6WMn、YG8、YG15	淬火	56～60	58～62
	汽车覆盖件冲模等	普通铸铁（如 HT250、HT300、HT350、HT400） 铸钢（如 ZG270-500、ZG310-570、ZG340-640 等） 合金铸钢（如铜铬铸铁、钼钒铸铁、铜钼钒铸铁）	—	45～50	50～55

注：同一幅模具热处理硬度要适当匹配，一般凹模比凸模热处理硬度高 2～4HRC。

表 1-48　冲模一般零件的材料选用及热处理要求

零件名称	适用材料牌号	热处理	硬度/HRC
上、下模座	HT200、HT250、ZG310-570、Q235、Q275	—	—
模柄	Q235	—	—
导柱、导套	20、T10A	渗碳处理后淬火、回火	57～62
固定板	Q235、Q275	—	—
承料板	Q235	—	—
卸料板	Q275	—	—
导料板	Q275、45	淬火、回火	43～48（45 钢）
挡料销	45、T7A	淬火、回火	43～48（45 钢）、52～56（T7A）
导正销、定位销	T7、T8	淬火、回火	52～56
垫板	45、T8A	淬火、回火	43～48（45 钢）、52～56（T8A）
螺钉	45	头部淬火、回火	43～48
销钉	45、T7A	淬火、回火	43～48（45 钢）、52～56（T7A）
推杆、顶杆	45	淬火、回火	43～48
顶板	45、Q275	—	—
定距、废料切刀	T8A	淬火、回火	58～62
侧刃挡板	T8A	淬火、回火	54～58
定位板	45、T8	淬火、回火	43～48（45 钢）、52～56（T8）
滑块	T8A、T10A	淬火、回火	60～62
弹簧	65Mn、60SiMnA	淬火、回火	40～45

注：在冲模非工作零件中，导柱、导套的热处理硬度最高，一般导柱硬度高于导套硬度 2～4HRC。

十九、冲压模具零件及装配要求

冲压模具装配组合包括的零件有固定板（主要是凸模固定板）、垫板、凹模、凸模、凸凹模、卸料板、导料板（导料销）、承料板、上/下模座、紧固螺钉、销钉等。冲压模具零件以及由这些零部件所装配组成的冲压模具整体应遵循相应的技术要求和条件，保证冲压模具在使用过程中有良好的工作状态和使用寿命。

1. 冲压模具装配组合技术条件

冲压模具装配组合有一些通用的技术条件，这些技术条件和要求是每一副冲压模具设计与装配所必须要遵守的。此外，模具受到冲压制件的精度、成形要求、成形工艺、模具材料等因素的影响，每副模具装配技术条件都会有更加具体而细化的要求。

冲压模具装配组合通用技术条件如下。

（1）冲压模具中所有的零件，包括加工改制的零件，都需要符合有关的标准和技术条件的规定。

（2）冲压模具在装配过程中，其零件的加工面上不得有擦伤、划痕及裂纹等缺陷。

（3）上、下模座上的螺钉沉孔，其深度不应超过所在安装模座厚度的 1/2，并保证螺钉、销钉的端面不高出上、下模基准面。

（4）冲压模具中卸料螺钉如采用在上、下模座上打沉孔的结构形式时，卸料螺钉的沉孔深度应保证同一副组合一致。

（5）导料板宽度尺寸 *B* 值按实际需要进行修正，且两块导料板厚度需修磨一致。

（6）冲压模具中的各零件的圆柱销孔，在装配时进行配钻铰加工。

（7）冲压模具中的通孔、沉孔的表面粗糙度为 *Ra* 12.5μm。螺纹的表面粗糙度为 *Ra* 6.3μm。

2. 冲压模具零件要求

（1）设计冲模零件结构宜选用 JB/T 8050—2020、JB/T 8070—2020、GB/T 2581～2582—2008、JB/T 7181～7182—1995、GB/T 2855～2856—2008、GB/T 2861—2008、JB/T 5825～5830—2008、JB/T 7185～7186—1995、JB/T 7653—2020 等规定的标准模架和零件。

（2）模具工作零件和模具其他零件所选用材料应符合相应牌号的技术标准，模具零件推荐材料和硬度可参考表 1-45～表 1-48。

（3）模具零件不允许有裂纹，工作表面不允许有划痕、机械损伤、锈蚀等缺陷。

（4）模具零件除刃口外所有棱边应倒角或倒圆。

（5）靠磁性吸力磨削后的零件应退磁。

（6）零件上销钉与孔的配合长度应大于等于销钉直径的 1.5 倍；螺纹孔的深度应大于等于螺纹直径的 1.5 倍。

（7）零件图中未注公差尺寸的极限偏差应符合 GB/T 1804—2000 中 m 级的规定；未注的形状和位置公差应符合 GB/T 1184—1996 中 k 级的规定。

3. 冲压模具的装配要求

（1）装配时应保证凸、凹模之间的间隙均匀一致。

（2）退料、卸料机构必须灵活，卸料板或者推件块在模具开启状态时，一般应凸出相应工作零件表面 0.5～1mm。

（3）冲压模具所有活动部分的移动应平稳灵活，无滞止现象，滑块在固定滑动面上移动时，其最小接触面积不小于滑块面积的 75%。

（4）紧固用的螺钉、销钉装配后不得松动，并保证螺钉和销钉的端面不凸出上、下模座的安装平面。

（5）凸模、凸凹模与固定板的配合一般按 H7/n6 或者 H7/m6 选取。

（6）质量超过 20kg 的模具应设吊环螺钉或起吊孔，确保安全吊装。起吊时模具应平整，便于装模。

（7）凸模装配后的垂直度应符合表 1-49 的要求。

表 1-49　　凸模装配后的垂直度要求

间隙值/mm	垂直度公差等级	
	单凸模	多凸模
≤0.02	5	6
>0.02～0.06	6	7
>0.06	7	8

二十、冲压模具工程图绘制

1. 冲压模具工程图图纸幅面

冲压模具工程图图纸幅面尺寸应按机械制图相关国家标准规定的要求选用，并按规定要求绘制图框。基本图幅有 A0、A1、A2、A3 和 A4，最小图幅为 A4。图样必须按机械制图的要求进行缩放。

2. 冲压模具装配图

冲压模具的装配就是根据模具的结构特点和技术条件，以一定的装配顺序和方法，将符合图纸计算要求的零件，经过协调加工，组成满足使用要求的模具。在装配过程中，既要保证配合零件的配合精度，又要保证零件之间的位置精度，对于具有相对运动的零（部）件，还必须保证它们之间的运动精度。因此，模具装配是最后实现冲压模具设计和冲压工艺的过程，是模具制造过程的关键工序。模具装配质量直接影响冲压质量、模具的使用和模具寿命。

（1）冲压模具装配图的布局。冲压模具装配图主要用于表达模具的主要结构形状、工作原理及零件间的装配关系，它也是用于指导装配、检验、安装及维修工作的技术文件。

冲压模具装配图中一般绘制主视图和俯视图两个主要视图，必要时也可以绘制侧视图或加绘辅助视图。视图的表达方法以剖视图为主，用以清楚表达模具的内部组成和装配关系。主视图应绘制成模具闭合时的工作状态，而不能将上模与下模分开来绘制，主视图的布置一般情况下应与模具的工作状态一致。俯视图一般只绘制下模结构部分。图面右下角是标题栏和明细表，图面右上角应绘制该套冲压模具生产出来的工件图，下图绘制出排样图或工序图，在适当位置注明该套模具的相关技术要求，如图 1-28 所示。

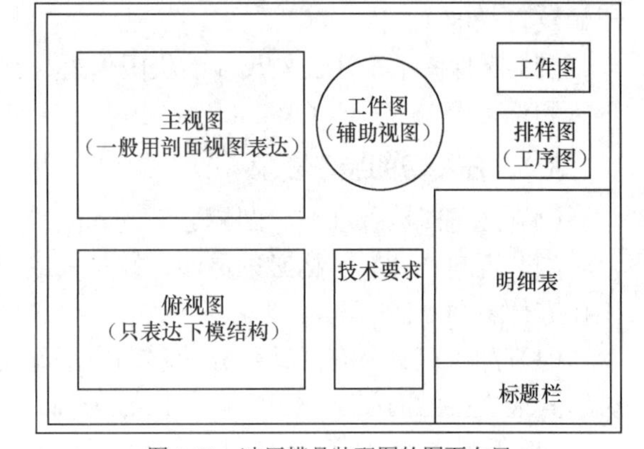

图 1-28　冲压模具装配图的图面布局

（2）冲压模具装配图的图样绘制方法。装配图应能清楚地表达各个零件之间的关系，除遵守机械制图的通用规定要求外，还有一些冲压模具习惯或者特殊的绘制表达方法。

一般情况下，用主视图和俯视图表示模具结构，应尽可能在主视图中将模具的所有零件剖视出来，可采用阶梯剖视、旋转剖视或者两者混合使用，也可采用全剖视、半剖视、局部剖视的表达方法。在剖视图中所剖切到的凸模和顶件块等旋转体，其剖面不绘制剖面线；有时为了图面结构清晰，非旋转体的凸模零件也可以不绘制剖面线。

工件图是经模具冲压后所得到的冲压制件的图形。有落料工序的模具，还应绘制排样图，并注明制件所采用的材料名称、厚度及必要的尺寸和技术要求。若图面位置不够，或工件较大时，可另附一页。工件图的比例一般与模具图一致，特殊情况下可以缩小或者放大。工件的方向应与冲压方向一致（即与工件在模具中的位置一致），若特殊情况下不一致时，必须用箭头注明冲压方向。

（3）冲压模具装配图的尺寸标注。在主视图上一般需注明轮廓尺寸、安装尺寸及配合尺寸，如长度、宽度等。还要注明模具闭合高度尺寸，并标注“闭合高度×××”。带斜楔的模具应标注出滑块行程尺寸。在俯视图上应注明下模部分的外轮廓尺寸。在图上可使用点画线绘制毛坯或者条料上工序件的外形。

（4）冲压模具装配图的技术要求。冲压模具一般属于单件生产。有些组成模具实体的零件（如落料凹模、冲孔凸模、导柱、导套、模柄等）在制造过程中是按照图纸标注的尺寸和公差独立地进行加工的，这类零件一般都是直接进入装配；有些零件在制造过程中只有部分尺寸可以按照图纸标注尺寸进行加工，需要协调相关尺寸；有的在进入装配前需采用配制或合体加工，有的需要在装配过程中通过配制来协调，图纸上标注的这部分尺寸只是作为参考（如模座的导套或导柱安装孔，多凸模固定板上的凸模安装孔，需要连接固定在一起的板件螺栓孔、销钉孔）。因此，冲压模具适合采用集中装配，在装配工艺上多采用修配法和调整装配法来保证装配精度，从而能用于精度不高的组成零件，达到较高的装配精度，降低零件加工要求。

冲压模具一般常用装配技术要求如下。

① 模架精度应符合国家标准［《冲模　模架　技术条件》（JD/T 8050　2020、《冲模模架精度检查》（JB/T 8071—2008）、《冲模　模架零件　技术条件》）（JB/T 8070—2020）的规定］。模具的闭合高度应符合图纸规定要求。

② 装配完成后的冲压模具，上模沿导柱上、下滑动应平稳、可靠。

③ 凸、凹模间的间隙应符合图纸规定要求，分布均匀。凸模或凹模的工作行程符合技术条件的规定。

④ 定位装置和挡料装置的相对位置应符合图纸要求。冲压模具导料板间距需与图纸一致；导料面应与凹模进料方向的中心线平行；带侧压装置的导料板，其侧压滑动灵活、工作可靠。

⑤ 卸料装置和顶件装置的相对位置应符合设计要求，工作面不允许有倾斜或单边偏摆，以保证制件或废料能及时卸下和顺利顶出。

⑥ 紧固件装配应可靠，螺栓螺纹旋入长度在钢件连接时应不小于螺栓的直径，铸件连接时应不小于 1.5 倍螺栓直径；销钉与每个零件的配合长度应大于 1.5 倍销钉直径；销钉的端面不应露出上、下模座等零件的表面。

⑦ 落料孔或出件孔应畅通无阻，保证制件或废料能自由排出。

⑧ 标准件应能互换。紧固螺钉和定位销钉与其孔的配合应正常、良好。

3. 冲压模具零件图

（1）零件图绘制基本原则。模具零件图是冲模零件加工的唯一依据，包括零件制造和检验的全部内容。模具零件图既要反映出设计意图，又要考虑到制造的可能性及合理性，零件图设计的质量直接影响冲压模具的制造周期及造价。

大部分冲模所用零件均已实现标准化，在满足要求的情况下，应首先选用标准化零件，这样可提升模具设计的效率，缩短模具设计与制造周期，如没有对标准件进行改制加工，一般不需绘制零件图，如直接选用的紧固螺钉、标准模柄等；有些标准零件（如上、下模座）需要在其上进行加工，也要求画零件图，并标注加工部件的尺寸。模具装配图中的非标准零件均需要绘制零件图。

每张零件图的视图数量力求最少，充分利用所选的视图准确表示零件内外部的结构形状和尺寸，并具备制造和检验零件的依据。

零件图尽量按装配图的位置绘制，与装配图的同一零件剖面线一致，设计基准与工艺基准最好重合且选择合理，尽量以一个基准标注。

（2）零件图尺寸标注。零件图尺寸标注既要完备，又不能重复。在标注尺寸前，应研究零件的工艺过程，正确选定尺寸的基准面，以利于加工和检验。零件图的方位应尽量按其在装配图中的方位绘制。所有配合尺寸或精度要求都应标公差（包括表面形状和位置公差）。未注尺寸公差按 IT14 级制造。工作零件（凸模、凹模、凸凹模）的工作部分尺寸按刃口尺寸计算结果标注，所有加工表面都应注明粗糙度等级。

（3）零件图技术要求。一般模具零件图的技术要求应注明：采用的热处理方法以及所要达到的硬度值；零件表面处理、表面涂层及表面修饰（如锐边倒钝、清砂）等要求；未注倒圆角半径尺寸说明，个别部位的修饰加工要求。

1.5 项目实施

一、任务1 无孔垫板制件单工序冲裁模具设计

1. 无孔垫板制件冲裁工艺性分析

本任务冲裁无孔垫板制件，其结构尺寸如图1-29所示，结构对称，材料为10钢，厚度为2mm，抗拉强度 Rm 为350MPa（查附表A-1），具有良好的冲裁性能，查公差表（附表D-1）可知，制件外形尺寸精度大致为IT13级，属于冲裁的经济精度。查表1-9可知，制件精度在一般冲裁精度范围内，能够在冲裁加工中得到保证，利用普通冲裁即可达到制件图样要求。

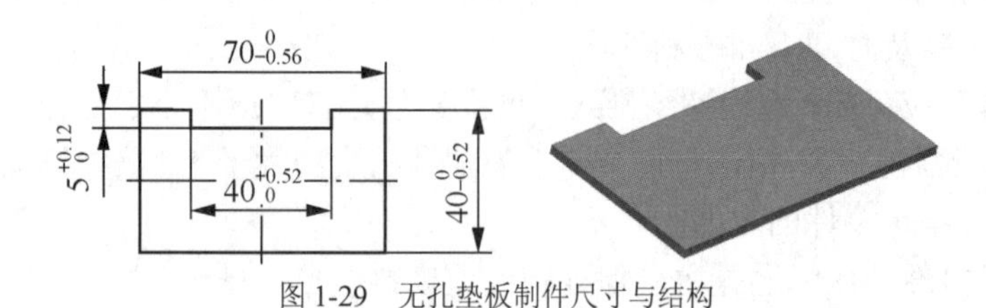

图1-29 无孔垫板制件尺寸与结构

根据冲裁制件结构工艺性要求，可以进一步对该冲裁制件结构的工艺性进行具体的定量分析。

（1）判断是否存在狭窄的悬臂和凹槽。分析本任务冲裁制件外形结构可知，该制件没有悬臂结构，但有一处凹槽，凹槽宽度 B=40mm，深度 L=5mm，根据表1-5，制件材料为10钢，属于软钢，凹槽结构需要满足 $B \geqslant 1.2t$，$L \leqslant 5B$ 的要求，则其冲裁的工艺性较好。按上述要求进行计算判定：

B=40mm>1.2×2=2.4mm，制件凹槽宽度满足冲裁工艺性要求。

L=5mm<5×40=200mm，制件凹槽深度满足冲裁工艺性要求。

故判定本任务制件的凹槽结构满足冲裁工艺性要求。

（2）判断制件孔直径和孔边距。本任务制件为无孔结构的单一落料件，因此不需要对孔结构进行冲裁工艺性分析。

（3）判断有无尖角结构。本任务制件外形结构对称，外形各个角均为直角，无尖角结构。

通过上述工艺性分析，可知本任务制件满足冲裁工艺性要求，可以使用冲裁工艺对该制件进行批量化生产。

2. 无孔垫板制件冲裁排样设计

本任务根据制件的结构形状和精度要求，查表1-11，可采用直排排样形式。根据制件矩形边长 l>50mm，材料厚度 t=2mm，查表1-12确定搭边值，制件间的搭边值 a_1 的最小值为2mm，制件与板料侧边的搭边值 a 的最小值为2.2mm。由于材料为10钢，属于软钢，为减少冲裁废料，提高材料利用率，可直接采用上述查选的搭边值进行排样设计。设计排样如图 1-30 所示。一般在绘制单工序或复合模排样图时，要至少设计 3 个工步，并标出搭边值及步距，结合表 1-13 查选条料宽度的单向偏差，确定条料宽度。

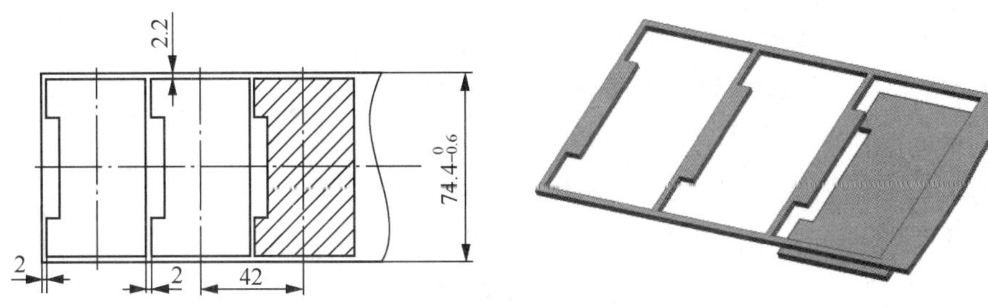

图 1-30　冲裁制件排样图

本任务制件的冲压制件面积为

$$M=(40\times70-40\times5)=2\,600(\text{mm}^2)$$

条料宽度为

$$B=(70+2\times2.2)=74.4(\text{mm})$$

步距为

$$s=(40+2)=42(\text{mm})$$

模具数字化设计：

扫描二维码学习排样数字化设计。

则根据式（1-6），一个步距的材料利用率为

$$\eta=\frac{M}{Bs}=\frac{2\,600}{74.4\times42}\approx83.2\%$$

3. 无孔垫板制件冲压力和压力中心计算

（1）冲压力的计算。本任务中，冲裁制件所用材料为 10 钢，查附表 A-1，可取 τ_b =300MPa，根据零件尺寸可计算出一个零件外周长为

$$L=40\times2+70\times2+5\times2=230(\text{mm})$$

制件材料厚度为 2mm；根据式（1-7）计算冲裁力为

$$F=KLt\tau_b=1.3\times230\times2\times300=179\,400(\text{N})$$

本任务案例设计为正装冲裁模具结构形式，由于材料较厚，材料刚度较好，冲裁过程中对制件平直度影响不大，可采用冲裁落料为下出件形式，因此可不设计顶件装置，不需要计算顶件力，需计算卸料力和推件力。

根据式（1-8），计算卸料力为

$$F_X=K_XF=0.05\times179\,400=8\,970(\text{N})$$

在本任务中，根据制件材料厚度 2mm，可取凹模刃口直壁高度 h 为 6mm，故 $n=h/t=6/2=3$。另外，查表 1-15，可取 K_T=0.055，根据式（1-9），计算推件力为

$$F_T=nK_TF=3\times0.055\times179\,400\approx29\,601(\text{N})$$

本任务案例中，冲压力有冲裁力、卸料力和推件力，故总冲压力为

$$F_\Sigma=F+F_T+F_X=179\,400+8\,970+29\,601=217\,971(\text{N})$$

根据式（1-11），计算压力机标称压力为

$$P_0=(1.1\sim1.3)\times217.97\text{kN}\approx239.8\sim283.36\text{kN}$$

查附表 E-1，可选用开式可倾压力机，型号 JC23-35。

（2）压力中心的确定。计算本任务冲裁的压力中心，依据冲裁制件结构形状，设置坐标系 Oxy 的位置，如图 1-31 所示，制件零件在坐标系中 x 方向对称，压力中心的 x 坐标值为 0，即 $x_0=0$，因此只需计算 y_0 即可，将工件冲裁周边分成 L_1、L_2、L_3、L_4、L_5 共 5 组基本线段，求出各组线段长度及各段的中心点位置，见表 1-50。

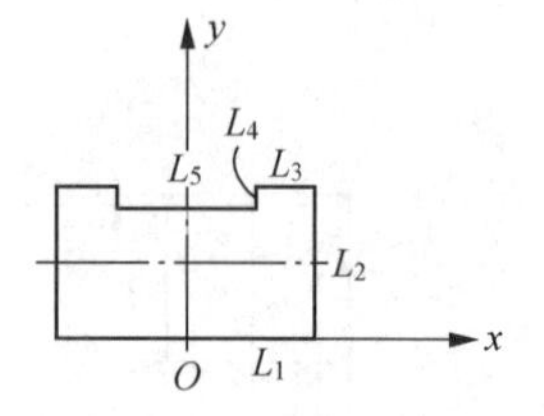

图 1-31　压力中心计算坐标系建立

表 1-50　冲裁各分段长度和中心点

线段编号	线段长度/mm	中心点坐标位置
L_1	70	$y_1=0$
L_2	40×2=80	$y_2=20$
L_3	30	$y_3=40$
L_4	5×2=10	$y_4=37.5$
L_5	40	$y_5=35$

根据所建立的坐标系，并根据式（1-14），将上述线段长度和各线段分中心坐标代入公式，得到压力中心 y 方向得坐标值为

$$y_0=\frac{L_1y_1+L_2y_2+\cdots+L_ny_n}{L_1+L_2+\cdots+L_n}=\frac{70\times0+80\times20+30\times40+10\times37.5+40\times35}{230}\approx19.89$$

设计模具时，确定落料凹模周界，将压力中心适当调整到 20mm，即距制件底边尺寸距离为 20mm 处。

模具数字化设计：

扫描二维码学习数字化冲裁计算压力中心的方法，得到图 1-32 所示压力中心结果。

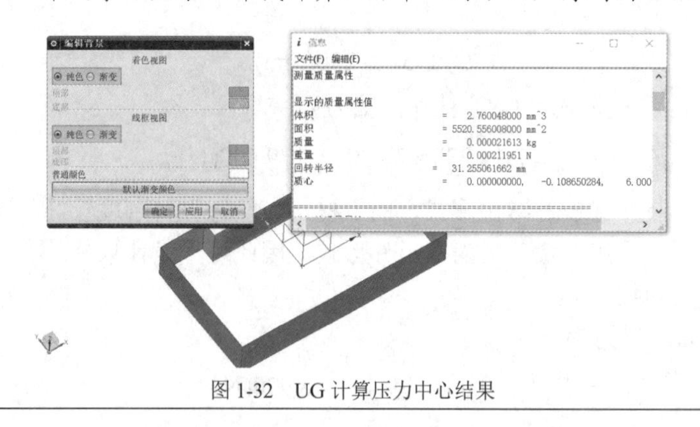

图 1-32　UG 计算压力中心结果

4．无孔垫板制件单工序冲裁模具工作零件刃口尺寸计算

依据本任务冲裁制件精度，根据简单查表法，通过表 1-17 查选冲裁初始间隙，根据制件材料厚度 2mm，牌号 10 钢，选取冲裁初始间隙值为 $Z_{min}=0.246\text{mm}$，$Z_{max}=0.360\text{mm}$。

本任务案例的制件为落料件，在计算刃口尺寸时，应以凹模为基准件，凹模磨损后，刃口尺寸变化趋势如图 1-33 所示，通过磨损趋势图可以判断刃口部分尺寸 70mm，40mm 增大，因此属

于 A 类尺寸；中间凹槽处 40mm 尺寸变小，属于 B 类尺寸；5mm 处尺寸不变，属于 C 类尺寸。

图 1-33　凹模磨损趋势

磨损系数可查表 1-21 来确定，板料厚度为 2mm，当冲裁制件尺寸公差 $\Delta \geqslant 0.42$mm 时，x=0.5。

制件公称尺寸 70mm 处的凹模尺寸：

$$A_{d_1} = (A_{\max} - x\Delta)_{0}^{+\Delta/4} = (70 - 0.5 \times 0.56)_{0}^{+0.56/4} = 69.72_{0}^{+0.14}(\text{mm})$$

制件公称尺寸 40mm 处的凹模尺寸：

$$A_{d_2} = (A_{\max} - x\Delta)_{0}^{+\Delta/4} = (40 - 0.5 \times 0.52)_{0}^{+0.52/4} = 39.74_{0}^{+0.13}(\text{mm})$$

制件公称尺寸 40mm 处（中间凹槽处）的凹模尺寸：

$$B_{d_3} = (B_{\min} + x\Delta)_{0}^{+\Delta/4} = (40 + 0.5 \times 0.52)_{0}^{+0.52/4} = 40.26_{0}^{+0.13}(\text{mm})$$

制件公称尺寸 5mm 处的凹模尺寸：

$$C_{d_4} = (C_{\min} + 0.5\Delta) \pm \Delta / 8 = (5 + 0.5 \times 0.12) \pm 0.12 / 8 = (5.06 \pm 0.015)(\text{mm})$$

基于上述计算可初步绘制凹模刃口尺寸，如图 1-34 所示。落料凸模刃口尺寸按凹模实际刃口尺寸配作，保证最小合理间隙：$Z_{\min}$=0.246mm。

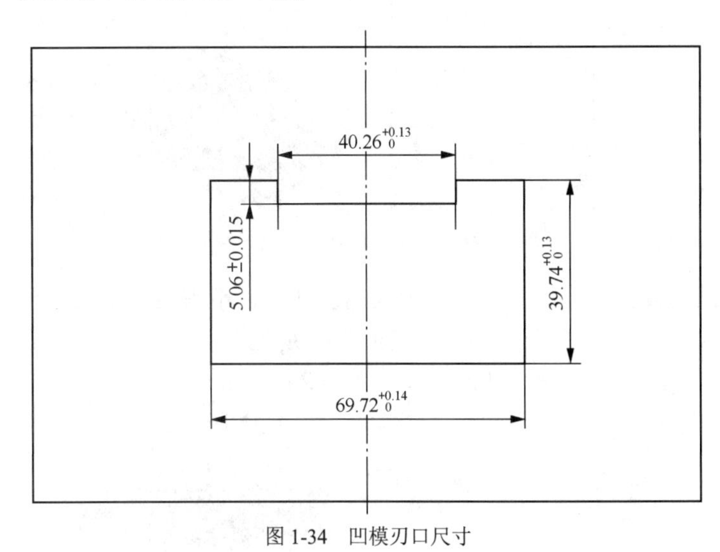

图 1-34　凹模刃口尺寸

5. 单工序冲裁模具结构设计

单工序冲裁模具结构主要有正装和倒装两种形式，如图 1-35 所示。本任务可不需要设置弹性压料或者弹性顶（推）料装置，为使模具结构简单，制造装配方便，提高冲裁落料的生产效率，因此，总体模具结构可采用正装形式［图 1-35（a)］，即设计正装冲裁落料模。

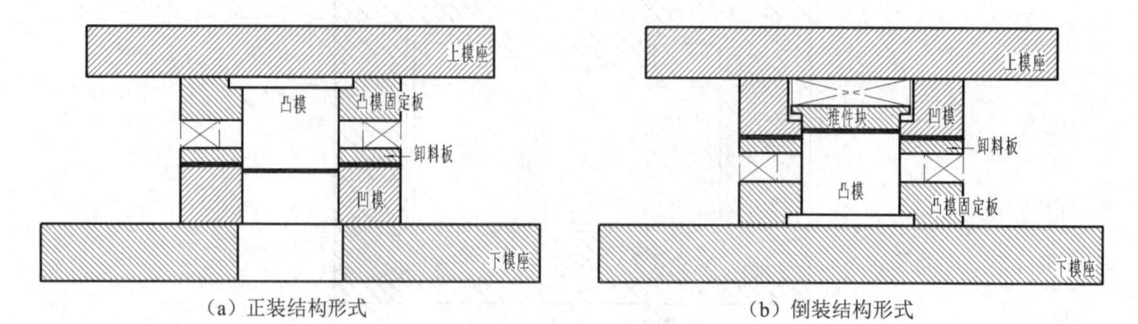

（a）正装结构形式　　（b）倒装结构形式

图 1-35　单工序冲裁模具基本结构形式

（1）凹模零件设计。本任务凹模的刃口形式，因考虑到制件生产批量较大，所以采用刃口强度较高的整体式凹模，落料凹模选用合金钢材料，K_1=1，因冲裁制件周长为 230mm，查表 1-25 可知 K_2=1.5；冲裁力 F 为 179 400N，代入式（1-23）中计算得

$H = K_1K_2 \times \sqrt[3]{0.1F} = 1\times1.37\times\sqrt[3]{0.1\times179\,400} \approx 35.86(\text{mm})$，取凹模高度为 40mm。

凹模平面尺寸计算如下。

查表 1-26 确定凹模壁厚 c 为 40mm；

$L = l + 2c = 70 + 40\times2 = 150\,(\text{mm})$；（该制件左右方向对称，故 l 为刃口宽度反向尺寸）

$$B = b' + 2c = 40 + 2\times40 = 120\,(\text{mm})$$

根据表 1-27 设计凹模刃口形式，选用表中的 3 号结构形式，刃口直壁高度 h 取 6mm，落料孔尺寸比刃口尺寸单边大 1mm。初步设计凹模结构如图 1-36 所示。

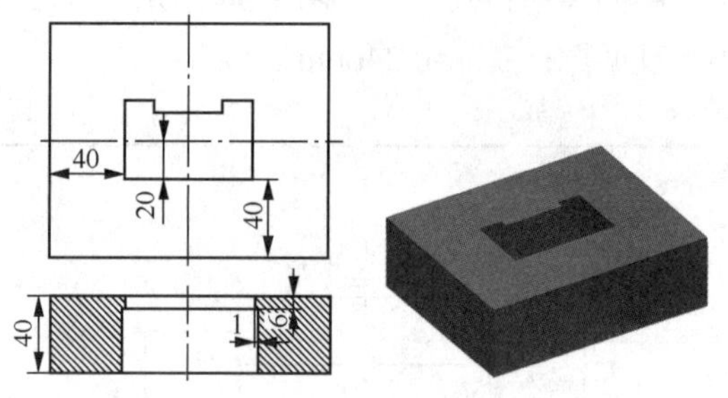

图 1-36　凹模结构及尺寸

（2）固定板结构设计。本任务中，凹模采用整体式，不需要固定板，只需要设计凸模固定板即可，根据式（1-26），则计算凸模固定板厚度 h_1 为

$$h_1 = (0.6\sim0.8)\times40 = 24\sim32\text{mm}$$

因此，凸模固定板厚度可取 30mm，其结构如图 1-37 所示。

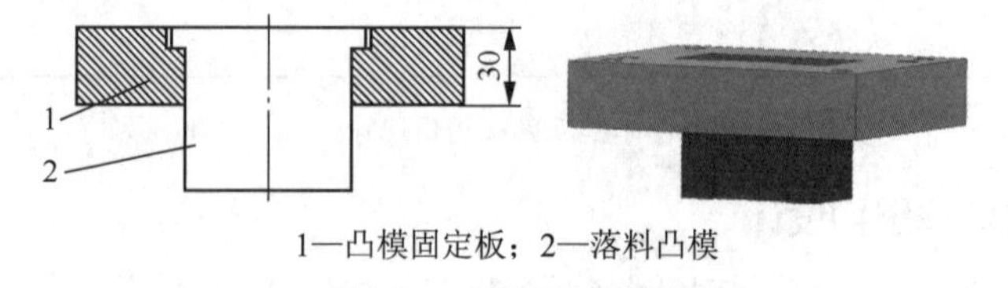

1—凸模固定板；2—落料凸模

图 1-37　凸模固定板结构

（3）卸料板结构设计。为保证冲裁制件的平直度，本任务模具采用弹性卸料板，根据表 1-30 查选卸料板厚度为 14mm，平面尺寸与凹模平面尺寸一致：长度为 150mm，宽度为 120mm。查表 1-29，卸料板孔与落料凸模的单边间隙值为 0.3mm，结构如图 1-38 所示。

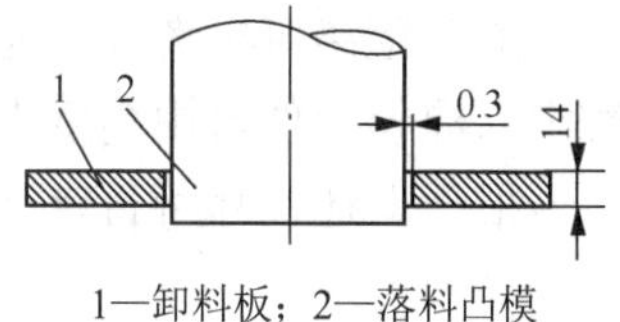

1—卸料板；2—落料凸模

图 1-38　卸料板结构

（4）弹性元件设计。本任务模具选用橡胶作为弹性元件，其负荷比弹簧大，安装调试也很方便。卸料、顶件常选用硬橡胶，拉、压边多选用软橡胶。设计卸料板底面高出凸模刃口距离为 1mm，板料厚为 2mm，设计凸模进入凹模距离为 1mm，修磨量为 2mm。

由以上分析可计算出工作行程为

$$L_{工}=1+2+1+2=6(\text{mm})$$

根据式（1-27），橡胶弹性元件的自由高度为

$$H_{自}=\frac{6}{0.25\sim0.30}=24\sim20\ (\text{mm})$$

在实际使用中，橡胶的压缩量不能过大，否则会影响其压力和寿命，为使橡胶耐久地工作，最大压缩量不能超过其厚度的 45%，装模时的预压缩量一般为厚度的 10%～15%。

因此，橡胶的预压缩量为

$$h_{预}=(20\sim24)\times(10\%\sim15\%)=2\sim3.6(\text{mm})$$

下面校核橡胶元件的弹力。冲裁完成后的合模状态时，橡胶的总压缩量为

$$h_{总}=6+(2\sim3.6)=8\sim9.6(\text{mm})$$

橡胶产生的单位压力的计算公式为

$$F=AP \tag{1-32}$$

式中：A——橡胶的面积，mm^2；

P——橡胶单位压力。取橡胶自由高度为 22mm，计算该模具合模时橡胶压缩量最小值为 $\frac{6+2}{22}\times100\%=\frac{8}{22}\times100\%\approx36\%$，查表 1-31，压缩量为 36%时的橡胶单位压力 P 大致为 2.10MPa。

选用与凹模尺寸一致的橡胶垫（橡胶内部去除凸模面积尺寸），尺寸约为

$$A=150\times120-40\times70=15\ 200(\text{mm}^2)$$

则所选用橡胶产生的最小弹力为

$$F=2.10\times15\ 200=31\ 920(\text{N})$$

弹力（31 920N）>卸料力（8970N），满足卸料要求。

橡胶自由高度和预压缩量的值，可在后续凸模长度设计和卸料螺钉选用后确定，此处按最小弹力计算满足卸料要求，则说明在此范围内调整橡胶元件的高度尺寸均可以满足卸料要求。

（5）凸模零件设计。本任务模具中，采用弹性卸料冲裁模具结构，凸模的长度按式（1-29）进行计算。由前面设计可知，凸模固定板厚度为 30mm，卸料板厚度为 14mm，材料厚度为 2mm，凸模进入凹模距离为 1mm，修磨量为 2mm。

模具数字化设计：

扫描二维码观看凸模和凹模数字化建模。

安全距离可参考弹性元件合模时压缩后的尺寸，根据橡胶弹性元件尺寸设计参考范围，暂定为橡胶元件自由高度为22mm，压缩量为8mm，则合模后的尺寸为22−8=14(mm)。

根据上述尺寸可暂定凸模长度为

$$L=30+14+2+1+2+14=63(\text{mm})$$

这个尺寸后续可以再根据标准卸料螺钉的尺寸和模座的厚度进行适量的微调。对于非圆形凸模，其结构形式如图1-39所示。根据冲裁制件和正装冲裁模具结构特点，选用固定部分为矩形的结构形式。

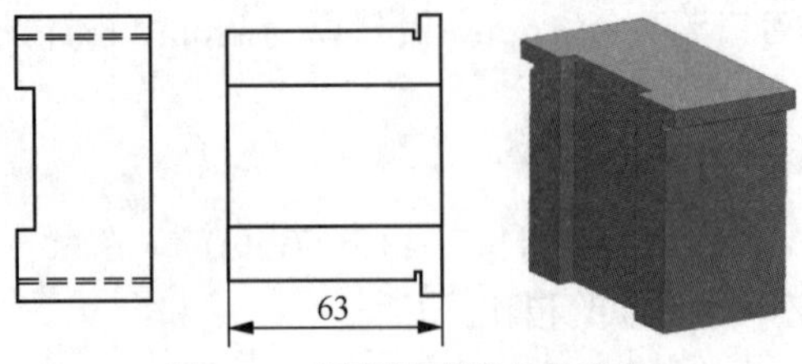

图1-39　非圆形凸模的结构形式

（6）垫板零件设计。根据式（1-31），代入本任务相应尺寸进行校核。

$$\sigma=\frac{F}{A}=\frac{Lt\tau_{\mathrm{b}}}{A}=\frac{230\times2\times300}{2\ 600}=53(\text{MPa})$$

经过上述计算，由于$\sigma<[\sigma_{\mathrm{p}}]$，则在模具结构中不需要设计安装垫板。

（7）工作零件的装配设计。以压力中心处作为主视图剖面线经过位置，首先设计凸模和凹模装配结构，根据前面设计的凸模进入凹模内尺寸为h=3mm（考虑凸模刃磨量）；凸、凹模装配结构如图1-40所示（一般绘制冲压模装配图结构均为合模状态）。

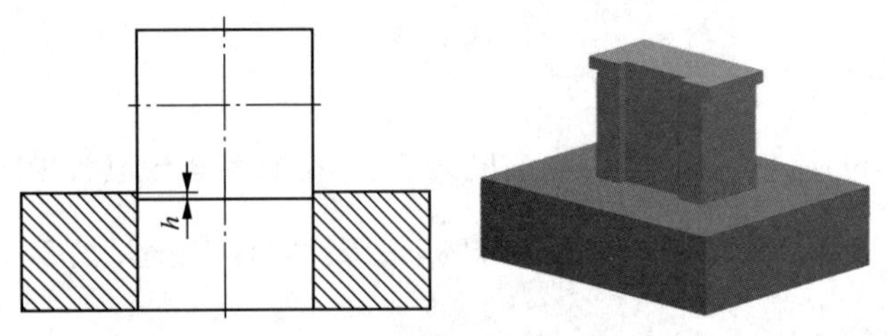

图1-40　凸模和凹模装配结构

（8）凸模固定板装配设计。设计凸模固定板的装配，凸模固定板厚度为30mm，平面尺寸与凹模相同。凸模安装入固定板内，凸模与固定板的上平面平齐。凸模固定板装配好的结构如图1-41所示。

模具数字化设计：

扫描二维码学习凸模固定板建模。

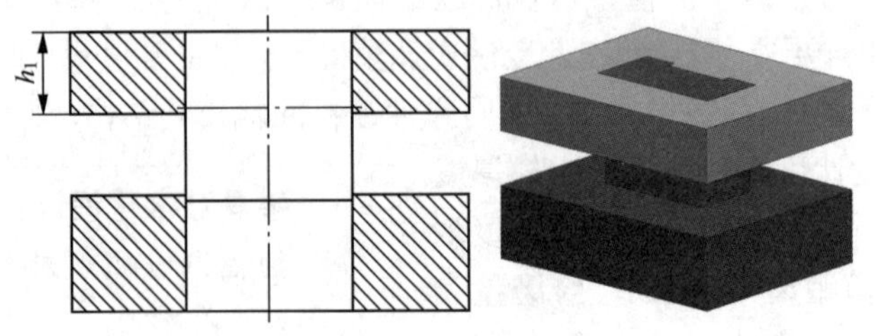

图1-41　装配凸模固定板后的结构

（9）卸料板设计。设计、绘制卸料板，卸料板厚度为 14mm。卸料板与落料凸模配合，留有间隙，在合模状态时压住板料。卸料板平面尺寸与凹模一致。卸料板结构设计如图 1-42 所示。

模具数字化设计：

扫描二维码观看卸料板建模。

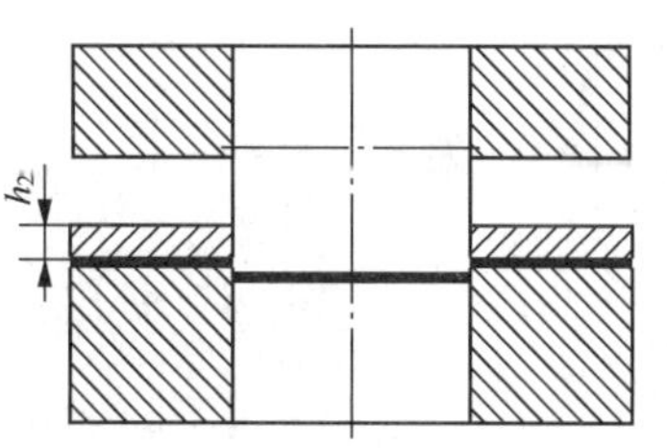

图 1-42 卸料板结构设计

（10）设计橡胶弹性元件。橡胶弹性元件安装在凸模固定板和卸料板之间，合模状态时，橡胶处于被压缩的状态，如图 1-43 所示。

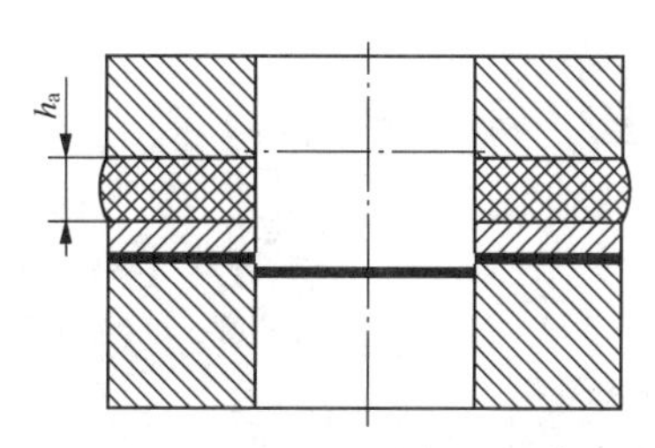

图 1-43 橡胶弹性元件安装

查附表 B-3，本设计任务选用标准中间导柱模架。

模具数字化设计：

扫描二维码学习橡胶弹性元件建模。

首先根据凹模周界的尺寸进行模架规格的选用，本设计案例中凹模周界尺寸为 L=150mm，B=120mm。选用标准模架的两个基本原则：

① 模架的 L 和 B 大于或者等于凹模周界的 L 和 B；

② 模架的闭合高度要小于选定压力机的最大闭合高度。

根据上述两个基本原则，查附表 E-1，确定压力机型号为 JC23-35，其最大闭合高度为 280mm。

查附表 B-3 选用尺寸 L=160mm、B=125mm，闭合高度 160～190mm、I 级精度的中间导柱模架。

选用模架的标记：160×125×160～190 I GB/T 2851—2008。

选定模架规格后，选上、下模架模座的尺寸，上模座厚 35mm；下模座厚 40mm。

上模座尺寸及结构参数见附表 B-4，查选、计算得到导套安装孔中心距为 S=210mm，R=42mm；并可计算上模座总长为 210+2×42=294(mm)。

上模架的两个导套安装孔尺寸分别为 38mm、42mm；根据上述结构尺寸，完成上模座的安装，上模座的中心要与压力中心重合，如图 1-44 所示。

下模座也可根据附表 B-4 查选，选用厚度为 40mm 的下模座附；查附表 B-4 可知，导柱孔安装中心距为 210mm，R_1=75mm，则下模座总长为

模具数字化设计：

扫描二维码学习上、下模座装配。

$$210+2\times75=360(\text{mm})$$

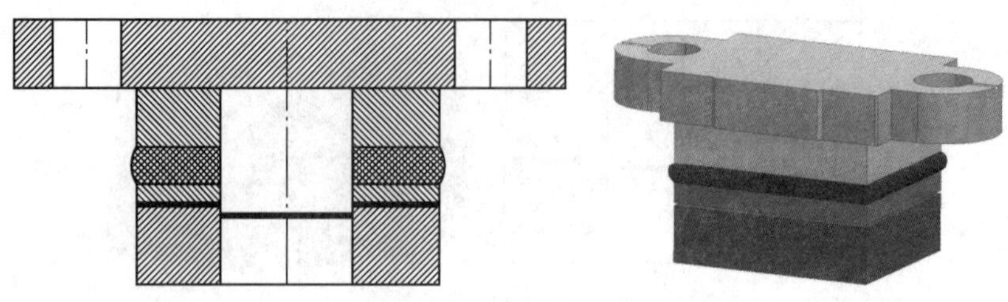

图 1-44　上模座结构设计

此型号模架所配的两个导柱孔直径分别是 25mm、28mm，根据上述尺寸规格设计下模座的结构，如图 1-45 所示。

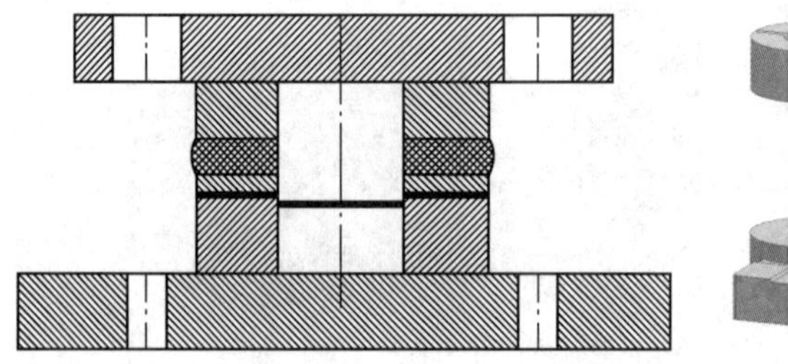

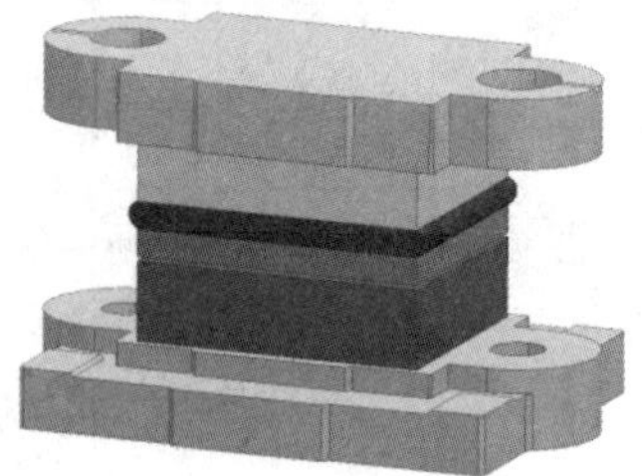

图 1-45　下模座结构设计

（11）设计与选用导柱、导套和模柄。根据模架规格表（附表 B-3）中的导柱、导套尺寸规格选用导柱、导套标准件，查表可知，导柱尺寸分别为 25×150、28×150 导套参数为 25×85×33、28×85×33。其意义如下。

模具数字化设计：

扫描二维码学习导柱、导套和模柄装配。

① 该标准模架所配导柱标准零件直径分别是 25mm 和 28mm，长度为 150mm。

② 该标准模架所配导套：导套内孔直径分别为 25mm 和 28mm；导套总长 L=85mm，安装插入模座尺寸 H=33mm。

查选相关导柱、导套标准，导套装入上模架外径尺寸分别为 38mm 和 42mm；最大外径尺寸分别为 38+3=41(mm)；42+3=45(mm)。

上、下模导向装置应该保证卸料板（压料板）接触到板料前就充分配合接触，以确保导向装置在冲压工作开始时就能发挥导向作用。根据图 1-46 所示，保证模具在闭合状态下，导柱上端面与上模座上平面的距离不小于 10～15mm，导柱下端面与下模座下平面的距离通常取 2～3mm，导套与上模座上平面的距离应大于 3mm，用以排气与出油。在合模过程

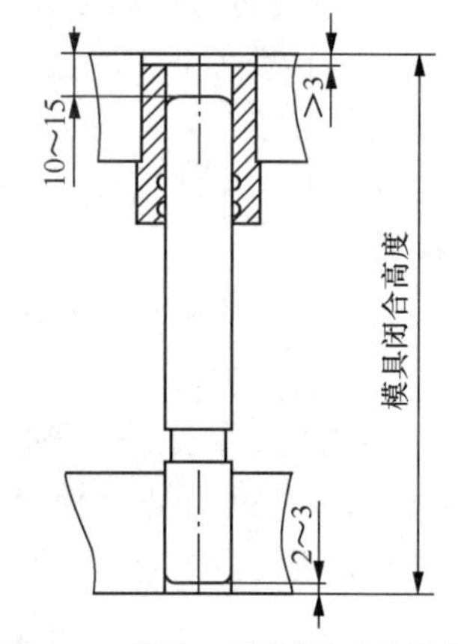

图 1-46　导柱、导套安装参数示意

中，上、下模在刚刚接触时，导柱至少要进入导套一个导柱直径的深度，以此保证冲裁时的导向精度，另外导柱长度也可根据此原则进行选用。

在模具总装结构中，导柱、导套的安装如图 1-47 所示。

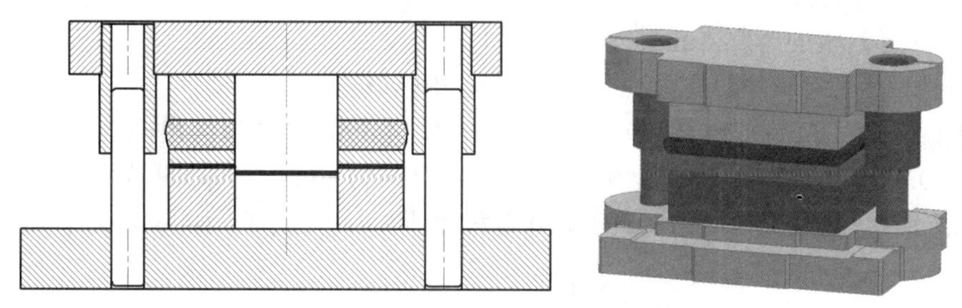

图 1-47　导柱、导套在模具总装结构中的安装

模柄选型可参考压力机参数中的模柄孔尺寸，本任务所选用的压力机型号为 JC23-35，该型压力机模柄孔尺寸为 50mm，查附表 C-2 选用旋入式模柄结构，按照选用模柄的尺寸参数安装于总装结构中，如图 1-48 所示。

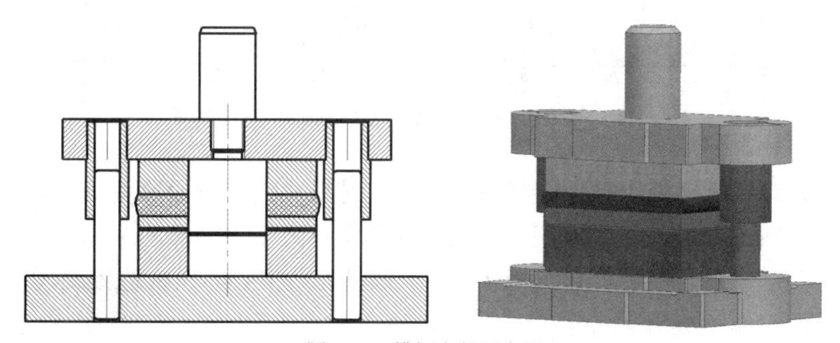

图 1-48　模柄安装示意图

（12）安装标准紧固件。本任务中，凹模的厚度为 40mm，查表 1-40 可选 M10 的内六角卸料螺钉作为紧固件。另外，可选直径为 10mm 的圆柱销作为定位件。

凹模板上各螺钉孔、销孔、导柱、导套、型腔的边距离必须大于 5～10mm，螺钉孔、销孔、导柱/导套孔等的布置及安装参数如图 1-24 所示。另外，模板上的安装螺钉的沉孔深度、有效螺纹深度如图 1-25 所示。下模紧固件安装后的示意图如图 1-49 所示。

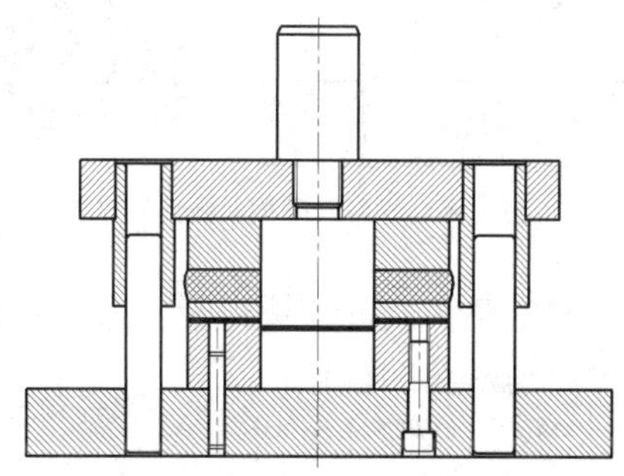

图 1-49　下模紧固件的安装示意图

本任务中，可选用 M10 的内六角圆柱头卸料螺钉，长度可参考凸模长度进行设计，卸料

螺钉长度计算式为

$$L_{卸}=L_{凸}+k-H+l \tag{1-33}$$

式中：$L_{凸}$——凸模的长度，mm；

k——开模状态下，卸料板高出凸模的距离，mm；

H——卸料板的厚度，mm；

l——模座上卸料螺钉孔直径 d_1 处的通孔深度，mm。

其中凸模长度 $L_{凸}$为 63mm，卸料板厚度 H 为 14mm，卸料板高出凸模尺寸 k 为 1mm，l 取大于 10mm，则卸料螺钉长度 $L_{卸}\geqslant 63+1-14+10=60$（mm），即卸料螺钉长度 $L_{卸}\geqslant$60mm 即可，查表 1-40，选用长度为 60mm 的 M10 内六角圆柱头卸料螺钉，如图 1-50 所示。

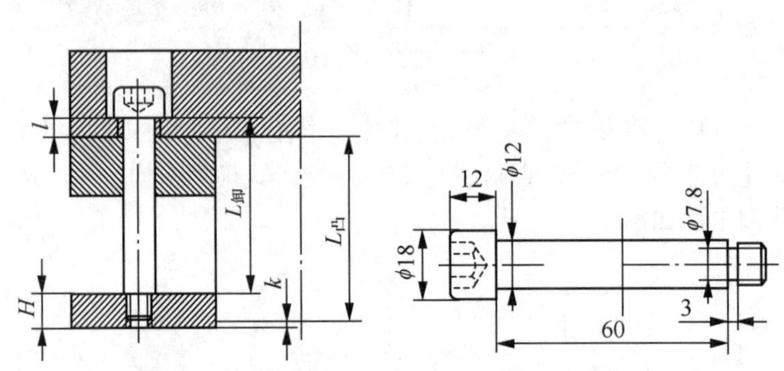

图 1-50　标准 M10 内六角圆柱头卸料螺钉安装与尺寸

在合模时，卸料螺钉处于被顶起状态，因此，螺钉头部下端面要留有空隙，空隙距离等于工作行程，卸料螺钉顶部与上模座上端面之间要留有大于 3mm 的距离，防止合模时，卸料螺钉上升碰到压力机的安装板导致损坏。卸料螺钉安装中心与模板边界距离可按 1.5～2 倍的螺钉直径设计，如图 1-51 所示。

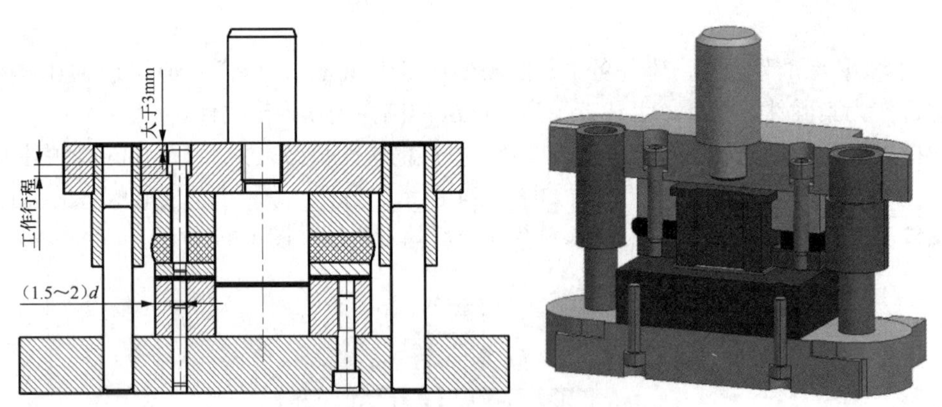

图 1-51　卸料螺钉及下模紧固件的安装结构

下模部分的紧固件作用是固定整体式凹模板，紧固螺钉要穿过下模座，并与落料凹模紧固连接，定位销也要穿过下模座与落料凹模连接，紧固件位置可参考图 1-24 确定，紧固件中心与凹模边距为 1.5～2 倍的螺钉直径。

模具数字化设计：

扫描二维码学习螺钉紧固件装配。

本任务中，上模紧固螺钉要穿过上模座与

凸模固定板连接，起到固定凸模固定板的作用，同时采用圆柱销进行定位，其位置可参考下模紧固件位置，对齐布置。上模紧固件安装如图 1-52 所示。

模具数字化设计：

扫描二维码学习定位销装配。

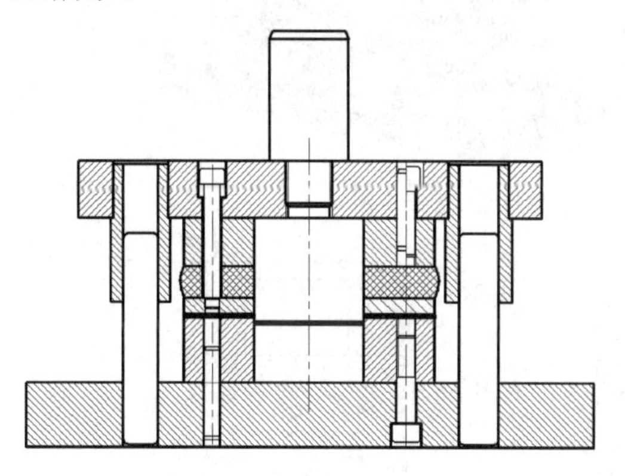

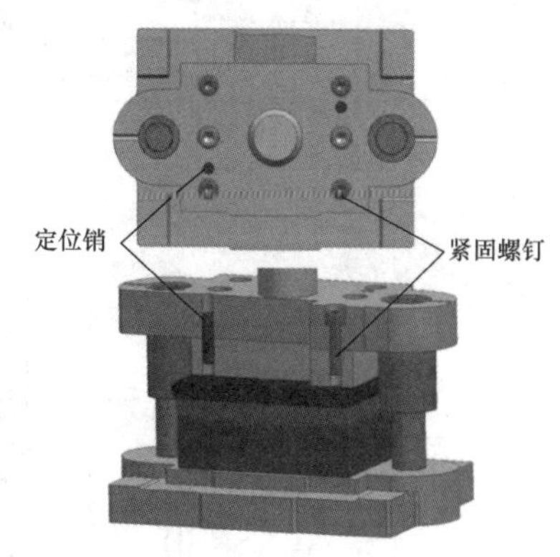

图 1-52　上模紧固件安装位置示意图

在模柄螺纹“骑缝”处，安装紧定螺钉，该螺钉的作用是防止冲压过程中模柄转动。在实际加工制造时，模柄安装完成后，在模柄和上模座之间的“骑缝”处加工螺纹，使模柄和上模座各有一半螺纹，旋入紧定螺钉。安装完成后如图 1-53 所示。

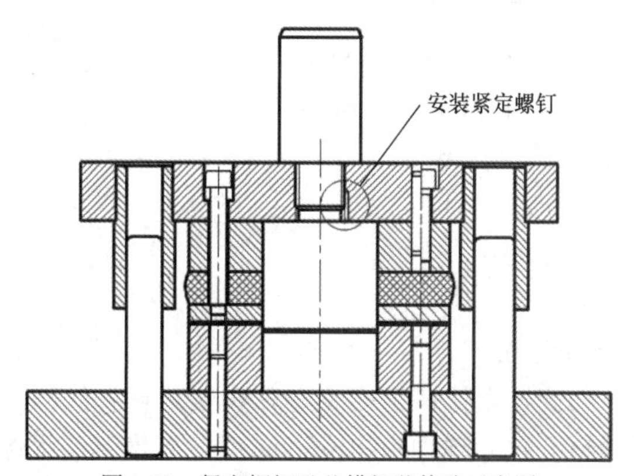

图 1-53　紧定螺钉及凸模细节修改示意图

安装导料销和挡料销。导料销的作用是保证条料沿正确的方向送进。通常在条料的同一侧设置两个导料销，当条料从右向左送进时设置在后侧，从前向后送进时设置在左侧。挡料销选用冲模固定挡料销标准件，本案例选用头部直径 ϕ10mm、圆柱销直径ϕ4mm 的销钉，保证插入销钉后凹模刃口最小距离大于 5mm。根据搭边值确定导料销的安装位置，如图 1-54 所示。

模具数字化设计：

扫描二维码学习挡料销和导料销设计建模。

（13）下模座落料孔设计。在下出件模具结构中，冲裁工件或者废料直接通过压力机台面的孔落下，如图 1-55（a）所示，其下模座的落料孔尺寸为

$$B=A+(0.5\sim2)\text{mm} \tag{1-34}$$

图 1-55（b）所示为压力机台面无落料孔时或模具上的落料孔比压力机上的孔大时的情况。在这种情况下，压力机台面与模具下模座之间就需要有连通的排出槽，以便将冲件或废料从

排出槽中推出。

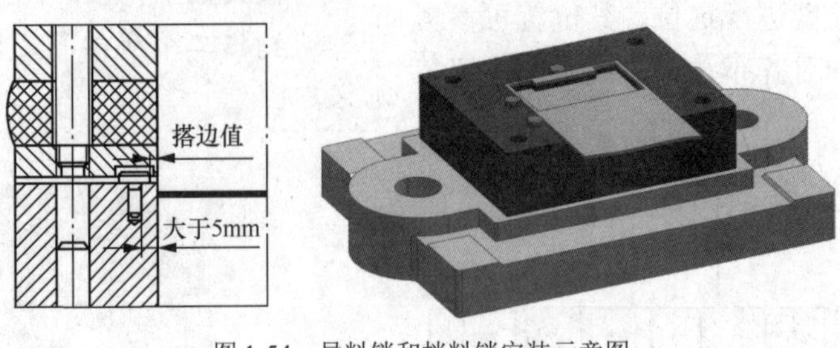

图 1-54　导料销和挡料销安装示意图

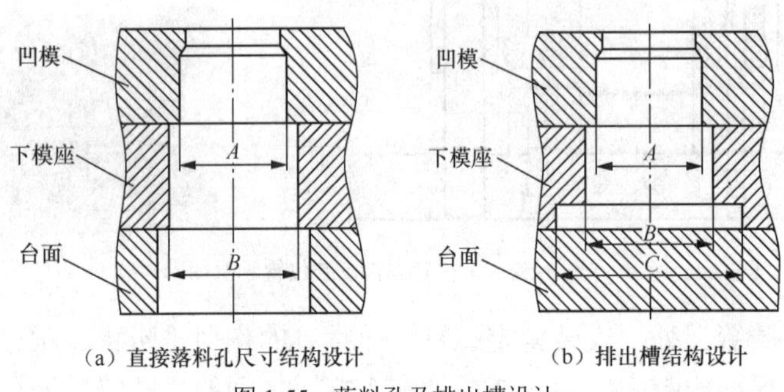

（a）直接落料孔尺寸结构设计　　（b）排出槽结构设计

图 1-55　落料孔及排出槽设计

排出槽的尺寸可按下式计算确定：

$$C=B+(2\sim5)\text{mm}(H/3>h>5t) \tag{1-35}$$

以上各式中：A——凹模最大落料孔尺寸，mm；

B——下模座处落料孔尺寸，mm；

C——排出槽尺寸，mm；

h——排出槽的深度，mm；

t——板料厚度，mm；

H——模具下模座厚度，mm。

本任务模具为下出件形式，直接在下模座上开直接落料孔结构即可，根据式（1-34），下模座落料孔尺寸比凹模漏料孔尺寸单面大 1mm 即可。对模具装配图样细节进行修改，按照上述设计尺寸在下模座上开落料孔，并对模具整体装配图样进行检查，如图 1-56 所示。

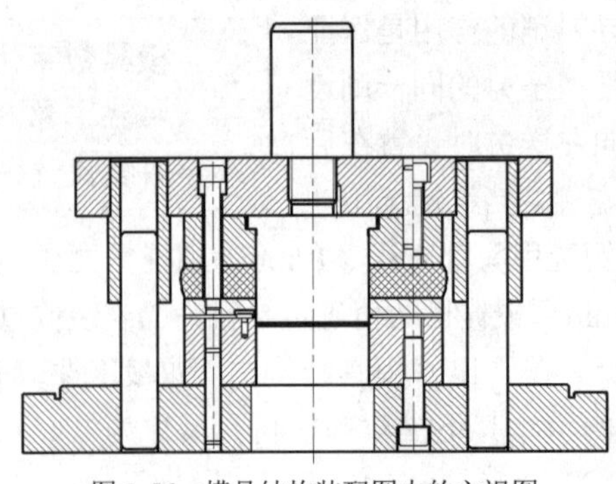

图 1-56　模具结构装配图中的主视图

无孔垫板制件单工序冲裁模具结构设计完成后，进行冲压模具装配图的绘制，如图 1-57 所示。

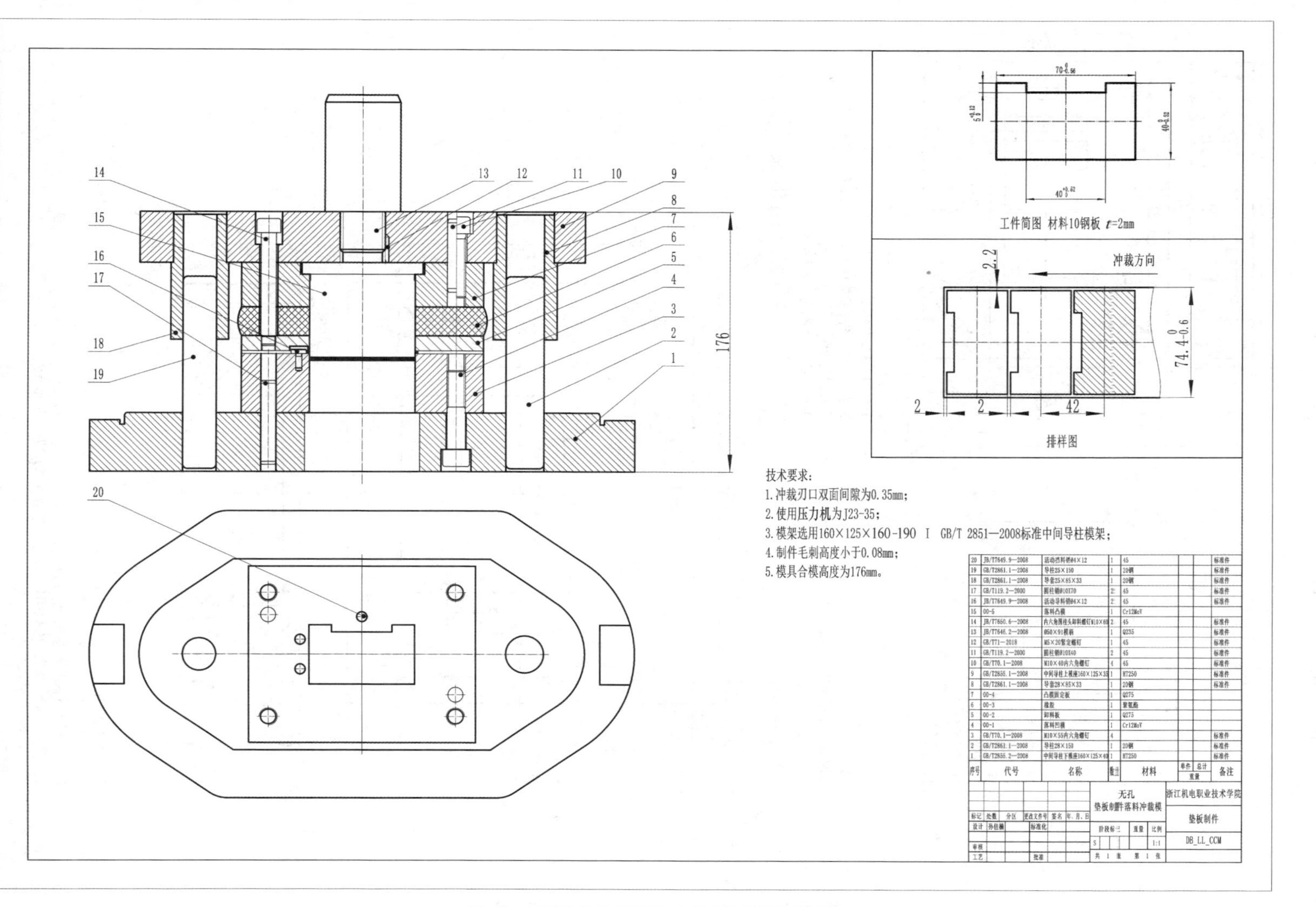

序号	代号	名称	数量	材料	单件重量	总计重量	备注
20	JB/T7649.9—2008	活动挡料销Ø4×12	1	45			标准件
19	GB/T2861.1—2008	导柱25×150	1	20钢			标准件
18	GB/T2861.1—2008	导套25×85×33	1	20钢			标准件
17	GB/T119.2—2000	圆柱销Ø10X70	2	45			标准件
16	JB/T7649.9—2008	活动导料销Ø4×12	2	45			标准件
15	00-5	落料凸模	1	Cr12MoV			
14	JB/T7650.6—2008	内六角圆柱头卸料螺钉M10×60	2	45			标准件
13	JB/T7646.2—2008	Ø50×91模柄	1	Q235			标准件
12	GB/T71—2018	M5×20紧定螺钉	1	45			标准件
11	GB/T119.2—2000	圆柱销Ø10X40	2	45			标准件
10	GB/T70.1—2008	M10×40内六角螺钉	4	45			标准件
9	GB/T2855.1—2008	中间导柱上模座160×125×35	1	HT250			标准件
8	GB/T2861.1—2008	导套28×85×33	1	20钢			标准件
7	00-4	凸模固定板	1	Q275			
6	00-3	橡胶	1	聚氨酯			
5	00-2	卸料板	1	Q275			
4	00-1	落料凹模	1	Cr12MoV			
3	GB/T70.1—2008	M10×55内六角螺钉	4				标准件
2	GB/T2861.1—2008	导柱28×150	1	20钢			标准件
1	GB/T2855.2—2008	中间导柱下模座160×125×40	1	HT250			标准件

图 1-57　无孔垫板制件单工序冲裁模具装配图

本套模具工作部分零件尺寸公差带等级，可按孔类尺寸采用 H7、轴类尺寸采用 h6 设计，冲裁模具的工作零件图和固定板零件图可参考图 1-58～图 1-60。

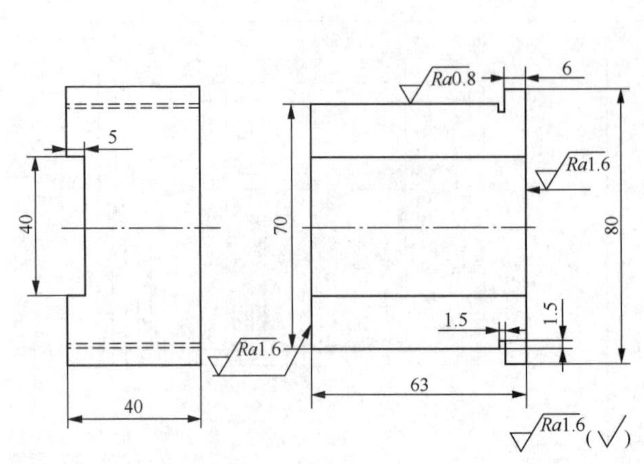

技术要求：
1.材料为Cr12MoV；
2.热处理硬度为58～60HRC；
3.刃口尺寸按落料凹模实际刃口尺寸配作，保证双面间隙为0.246～0.360mm；
4.数量为1件。

图 1-58　凸模

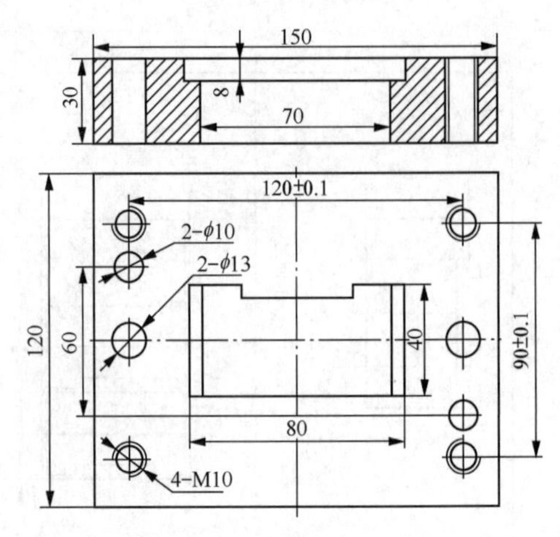

技术要求：
1.材料为Q275钢；
2.上下两面平行度为0.005mm，粗糙度为*Ra*1.6μm；
3.数量为1件；
4.与凸模安装配合为H7/m6。

图 1-59　凸模固定板

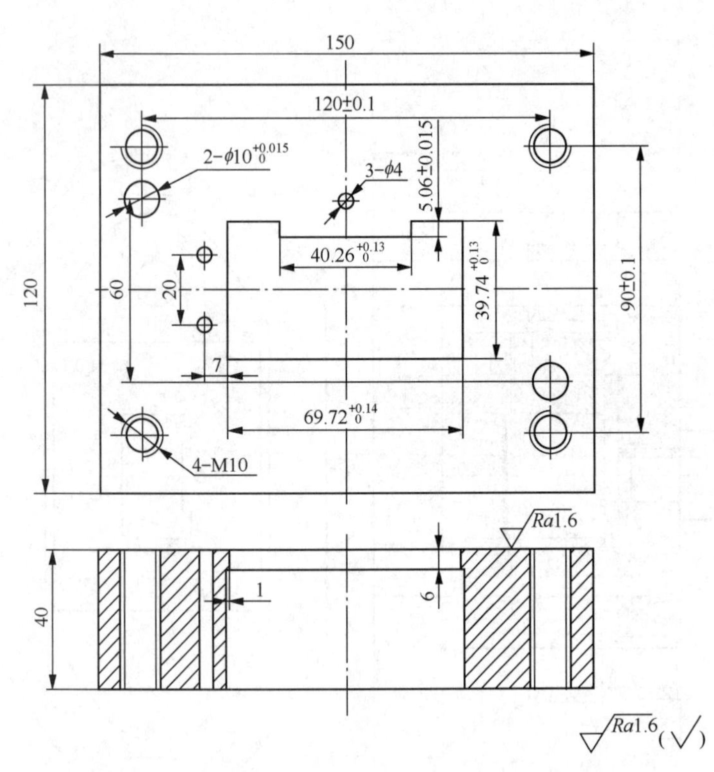

技术要求：
1. 材料为 Cr12MoV；
2. 热处理硬度为 60 ～ 62HRC；
3. 板料厚度为(40±0.01)mm，对地面垂直度为 0.02mm；
4. 数量为 1 件。

图 1-60　凹模

6. 垫板制件单工序冲裁模具零件材料选用

本任务制件是材料为 10 钢，厚度为 2mm，产量为 10 万件，属于中等批量生产，根据模具材料选用原则，冲裁模具工作零件材料选用可查表 1-45 和表 1-46，确定凸模、凹模的材料为 Cr12MoV，热处理硬度为凸模 58～60HRC，凹模 60～62HRC。冲裁模具其他主要结构零件材料可查表 1-48 进行选用。

本任务模具各零件所选材料及热处理工艺见表 1-51。

表 1-51　单工序冲裁落料模具主要零件材料选用及热处理工艺

零件名称	材料	热处理	硬度
中间导柱上模座	HT250	—	—
中间导柱下模座	HT250	—	—
导柱	20	淬火	58HRC
导套	20	淬火	60HRC
落料凹模	Cr12MoV	淬火	60～62HRC
凸模	Cr12MoV	淬火	58～60HRC
卸料板	Q275	—	—
凸模固定板	Q275	—	—

二、任务 2　带孔垫板制件倒装冲裁复合模具设计

本任务设计案例进行倒装复合模结构设计，通过对此冲裁复合模具的设计，深入了解冲裁复合模具设计的流程、方法和结构特点。

知识点微课：

扫描二维码学习冲裁复合模具结构课程。

1. 带孔垫板制件冲裁工艺性分析

对于采用复合冲裁工艺进行冲裁的制件，由于冲孔、落料在一个工位同时完成，冲裁制件上的孔尺寸和结构要重点分析。

本任务制件形状简单、对称，外形均由直线组成，内部有两孔，其结构尺寸如图 1-61 所示。总体外形为矩形。查标准公差值可知该冲裁制件所标注的尺寸公差等级为 IT13 级，查表 1-9 可知，制件精度属于一般冲裁精度，在冲裁的经济精度范围之内。制件的精度要求能够在复合冲裁加工中得到保证。

制件材料为 10 钢，是优质结构碳素钢板，属于常用冲压材料，满足冲裁工艺要求。

根据冲裁工艺要求，结合本任务制件的结构形状，可以对该冲裁制件结构的工艺性进行定量分析。

（1）判断是否存在狭窄的悬臂和凹槽。根据制件外形结构可知，该制件没有悬臂结构，但有一处凹槽，凹槽宽度 B 为 40mm，深度 L 为 5mm，查表 1-5，制件材料为 10 钢，属于软钢，要满足 $B \geqslant 1.2t$，$L \leqslant 5B$ 的要求。经计算：40mm>1.2×2mm=2.4mm，凹槽宽度大于厚度的 1.2 倍。5mm<5×40mm=200mm，凹槽的深度小于凹槽宽度的 5 倍。

故判定该制件无冲裁工艺性较差的狭窄凹槽结构。

（2）判断制件孔直径和孔边距、孔间距的冲裁工艺性。分析孔结构工艺性，该制件上有两孔，孔直径均为 10mm，查表 1-6，最小孔径要满足 $d \geqslant 1.0t$，计算对比：10mm>2mm，孔

径大于材料厚度的 1 倍，不属于过小孔冲裁，因此模具中不需要设计冲孔凸模保护套结构；最小孔边距要满足 $c>1.5t$，制件最小孔边距为 10−5=5（mm），则 5mm>$1.5t$=3mm；最小孔边距大于料厚的 1.5 倍，判定孔边距满足冲裁工艺性要求。

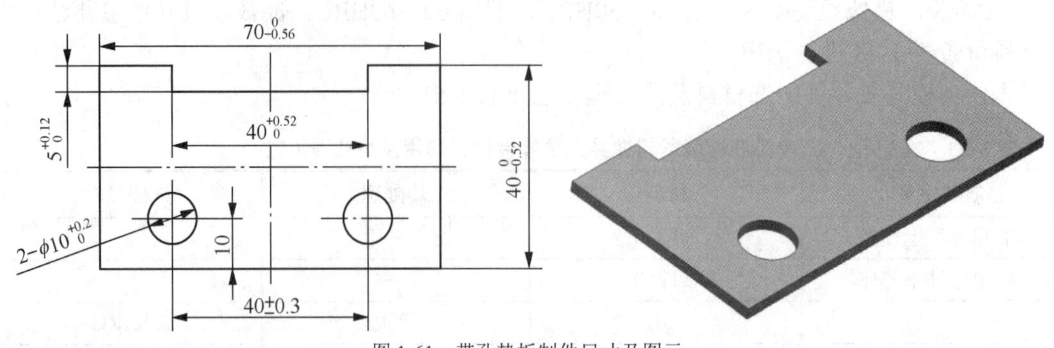

图 1-61　带孔垫板制件尺寸及图示

由于本任务要设计凸凹模结构，该制件的孔最小边距也是凸凹模的最小壁厚，对于倒装复合模，冲孔废料会在凸凹模型孔内积存，且有很大的胀力，如果凸凹模壁厚过小，则可能导致凸凹模胀裂。根据表 1-8 中凸凹模最小壁厚进行分析判断，材料厚度为 2.0mm 时，凸凹模的最小壁厚为 4.9mm。该制件最小孔边距为 5mm，即 5mm>4.9mm，凸凹模强度满足要求。

制件两孔间最小距离为 40−10=30（mm），则 30mm>$1.5t$=3mm 满足孔间距大于 1.5 倍材料厚度的工艺性要求。

通过上述工艺性分析判定制件孔结构满足冲裁工艺性要求，可以设计冲裁复合模具进行冲裁加工。

（3）判断有无尖角结构。该制件外形结构对称、简单，外形角均为直角，无尖角结构。

通过上述工艺性分析，可知该制件满足冲裁工艺性要求，可以对其设计冲裁模具进行批量生产。

2. 带孔垫板制件冲裁排样设计

本任务冲裁制件外形为矩形，尺寸精度要求不高，通过查排样形式表（表 1-11）可采用直排排样的形式。

根据制件外形的尺寸、厚度，查表 1-12 可确定制件间的搭边值 a_1 的最小值为 2mm，制件与板料侧边的搭边值 a 的最小值为 2.2mm，查表 1-13 确定条料宽度的单向负偏差为 0.6mm，根据上述参数，排样设计如图 1-62 所示。

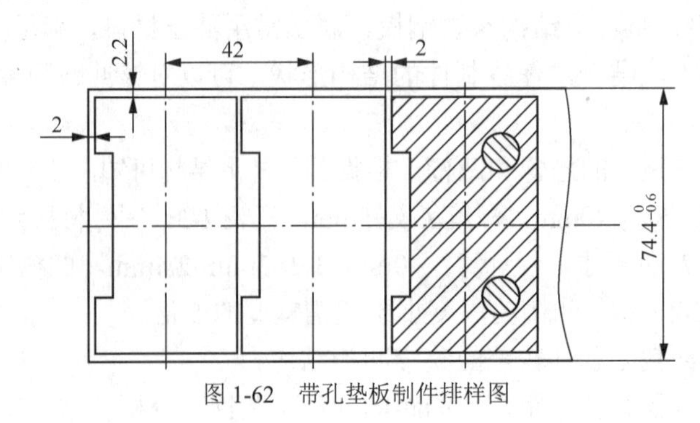

图 1-62　带孔垫板制件排样图

下面根据式（1-6）计算排样后的材料利用率。首先要计算冲压制件坯料面积为

$$M=(40\times70-40\times5)-2\times3.14\times5^2=2\ 443(\text{mm}^2)$$

条料宽度为

$$B=70+2\times2.2=74.4(\text{mm})$$

步距为

$$s=40+2=42(\text{mm})$$

将上述值代入式（1-6），计算得到材料利用率为

$$\eta=\frac{M}{Bs}=\frac{2\ 443}{74.4\times42}\approx78.18\%$$

3. 带孔垫板制件冲裁冲压力和压力中心计算

在倒装冲裁复合模具结构中，冲裁完成后的制件留在上模中，冲孔的废料从下模排出，因此所要计算的冲压力有冲裁制件成形的冲裁力 F、将冲孔废料推出的推件力 F_{T1} 和从上模中将冲裁完成的制件推出的推件力 F_{T2} 以及将箍在凸凹模上的板料卸下的卸料力 F_X。

（1）冲裁力计算。本任务中，制件材料为10钢，查附表A-1，取τ_b=300MPa，计算该制件外形周边长度之和为

$$L_1=(70+40)\times2+5\times2=230(\text{mm})$$

内孔两个圆的周长之和为

$$L_2=2\times3.14\times10=62.8(\text{mm})$$

则总的冲裁边长度为

$$L=L_1+L_2=230+62.8=292.8(\text{mm})$$

制件材料厚度为2mm，根据式（1-7）计算冲裁力为

$$F=KLt\tau_b=1.3\times292.8\times2\times300=228\ 384(\text{N})$$

（2）卸料力计算。根据式（1-8）计算卸料力。查表1-15，卸料力系数 K_X 取0.05，则卸料力为

$$F_X=K_XF=0.05\times228\ 384=11\ 419.2(\text{N})$$

（3）推件力计算。推件力可根据式（1-9）计算。首先计算推出冲孔废料的推件力 F_{T1}，根据制件材料厚度为2mm，取凹模刃口直壁高度 h=6mm，故 $n=h/t$=6/2=3，查表1-15，取推件力系数 K_T=0.055，推件力 F_{T1} 为

$$F_{T1}=nK_TF=3\times0.055\times228\ 384=37\ 683.36(\text{N})$$

然后计算将冲裁完成的制件从上模推出的推件力 F_{T2}，查表1-15，取推件力系数 K_T=0.055，推件力 F_{T2} 为

$$F_{T2}=K_TF=0.055\times228\ 384=12\ 561.12(\text{N})$$

（4）总冲压力计算。总冲压力为冲裁力、卸料力、推件力之和，计算式为

$$\begin{aligned}F_\Sigma&=F+F_X+F_T=228\ 384+11\ 419.2+37\ 683.36+12\ 561.12=290\ 047.68(\text{N})\\&=290.05\text{kN}\end{aligned}$$

（5）压力机标称压力计算。根据式（1-11），计算压力机标称压力 P_0 值为

$$P_0=(1.1\sim1.3)\times290.05=319.1\sim377.1(\text{kN})$$

查附表 E-1 可选用开式可倾压力机，型号 JH23-40。

（6）压力中心计算。根据冲裁制件的结构特征，设置压力中心计算用坐标系，以制件底边为 x 轴方向，以制件的对称中心线为 y 轴方向，如图 1-63（a）所示。由于零件 x 方向对称，压力中心在 x 方向的坐标值 x_0 为 0，即 $x_0=0$，因此只需计算压力中心的 y_0 值即可。将冲裁制件周边分成 L_1、L_2、L_3、L_4、L_5、L_6 共 6 组基本线段，求出各段长度及各段的重心位置：

$$L_1=70\text{mm}，y_1=0\text{mm}；$$

$$L_2=40\times2=80\text{mm}，y_2=20\text{mm}；$$

$$L_3=30\text{mm}，y_3=40\text{mm}；$$

$$L_4=5\times2=10\text{mm}，y_4=37.5\text{mm}；$$

$$L_5=40\text{mm}，y_5=35\text{mm}；$$

$$L_6=10\times3.14\times2=62.8\text{mm}，y_6=10\text{mm}$$

根据式（1-14），y 方向的压力中心坐标计算如下：

$$y_0=\frac{L_1y_1+L_2y_2+\cdots+L_6y_6}{L_1+L_2+\cdots+L_6}=\frac{70\times0+80\times20+30\times40+10\times37.5+40\times35+62.8\times10}{292.8}\approx17.77$$

设计模具时，确定落料凹模周界，将压力中心的 y_0 坐标调整到 18mm，如图 1-63（b）所示。

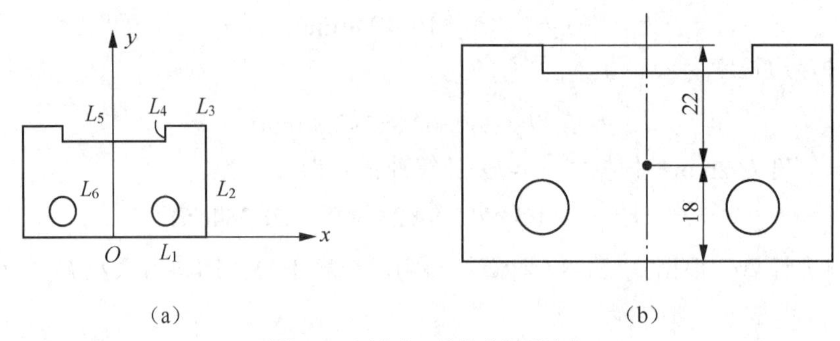

图 1-63　压力中心计算坐标系建立

4. 带孔垫板制件倒装冲裁复合模具工作零件刃口尺寸计算

冲裁刃口尺寸的计算采用配作法。落料以凹模为基准，间隙取在凸模上；冲孔以凸模为基准，间隙取在凹模上。

（1）查选冲裁凸、凹模初始双面间隙。首先对冲裁模具工作零件的间隙值进行选取，本任务制件精度等级为 IT13 级，可按表 1-17 进行冲裁初始间隙的查选，根据制件材料厚度为 2mm，制件材料牌号为 10 钢，选取间隙值为：$Z_{min}=0.246\text{mm}$，$Z_{max}=0.360\text{mm}$。

（2）计算刃口尺寸。制件外形由落料得到，制件的 2 个孔由冲孔得到，因此外形为落料件，以凹模为基准，内孔为冲孔件，以凸模为基准。

判断落料基准的磨损趋势，如图 1-64 所示，通过磨损趋势图可以判断：刃口部分尺寸 70mm、40mm 处为磨损后增大尺寸，因此属于 A 类尺寸；中间凹槽处 40mm 处为磨损后变小尺寸，属于 B 类尺寸；5mm 处为磨损后不变尺寸，属于 C 类尺寸。

冲孔凸模磨损后尺寸变小，故孔的尺寸 10mm 为磨损后变小尺寸，属于 b 类尺寸，孔间距尺寸 40mm 为磨损后不变尺寸，属于 c 类尺寸。

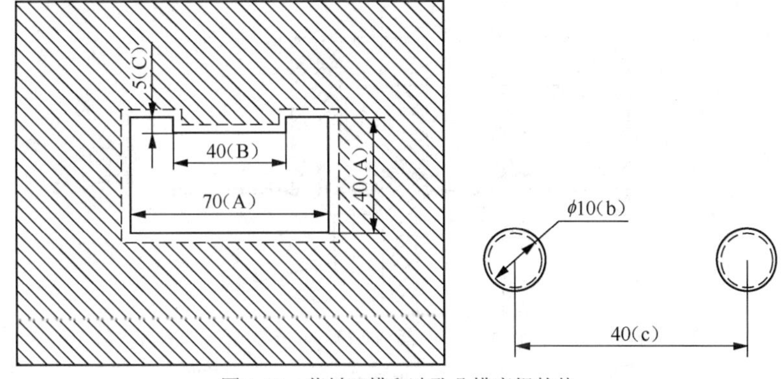

图 1-64　落料凹模和冲孔凸模磨损趋势

磨损系数可查表 1-21 来确定，当 $\varDelta \geqslant 0.50$mm 时，磨损系数 $x=0.5$；当 $\varDelta < 0.50$mm 时，磨损系数 $x=0.75$。

制件公称尺寸 70mm 处的凹模尺寸：

$$A_{d_1}=(A_{\max 1}-x\varDelta)_{0}^{+\varDelta/4}=(70-0.5\times 0.56)_{0}^{+0.56/4}=69.72_{0}^{+0.14}(\text{mm})$$

制件公称尺寸 40mm 处的凹模尺寸：

$$A_{d_2}=(A_{\max 2}-x\varDelta)_{0}^{+\varDelta/4}=(40-0.5\times 0.52)_{0}^{+0.52/4}=39.74_{0}^{+0.13}(\text{mm})$$

制件公称尺寸 40mm 处（中间凹槽处）的凹模尺寸：

$$B_{d_4}=(B_{\min}+x\varDelta)_{-\varDelta/4}^{0}=(40+0.5\times 0.52)_{-0.52/4}^{0}=40.26_{-0.13}^{0}(\text{mm})$$

制件公称尺寸 5mm 处的凹模尺寸：

$$C_{d_5}=(C_{\min}+0.5\varDelta)\pm\varDelta/8=(5+0.5\times 0.12)\pm 0.12/8=5.06\pm 0.015(\text{mm})$$

制件 10mm 孔尺寸处的凸模尺寸：

$$b_{d_6}=(b_{\min}+x\varDelta)_{-\varDelta/4}^{0}=(10+0.5\times 0.2)_{-0.05}^{0}=10.1_{-0.05}^{0}(\text{mm})$$

制件孔间距 40mm 处的尺寸：

$$L_{d_7}=(L_{\min}+0.5\varDelta)\pm\varDelta/8=(39.7+0.5\times 0.6)\pm 0.6/8=40\pm 0.075(\text{mm})$$

5. 带孔垫板制件倒装冲裁复合模具结构设计

倒装冲裁复合模具的结构特点是凸凹模零件安装在下模，落料凹模和冲孔凸模安装在上模，模具主要工作部分结构原理如图 1-65 所示。凸凹模 5 兼起落料凹模和冲孔凸模的作用，它与落料凹模 3 配合完成落料冲裁工序，与冲孔凸模 1 配合完成冲孔冲裁工序，冲裁完成后制件卡在落料凹模 3 内，需要设计推件块 2 将留在凹模孔内的制件自上而下推出。板料“箍在”凸凹模上，需要通过卸料板 4 卸下。冲孔的废料卡在凸凹模的孔内，由冲孔凸模依次推下排出。在进行倒装冲裁复合模具结构设计时，要依据此原理完成各个零部件与模具总体结构的设计。

（1）凹模零件设计。在倒装冲裁复合模具中，由于每次冲裁完成，推件装置便将卡在凹模孔内的制件推出，因此凹模孔内不积存废料，制件对凹模的胀力较小。

本任务的落料凹模可选用结构强度较好的整体式凹模结构形式。通过查表 1-27 选用凹模的刃口形式，结合制件的冲裁精度和凹模加工制造的工艺性，选用直筒形凹模刃口形式。

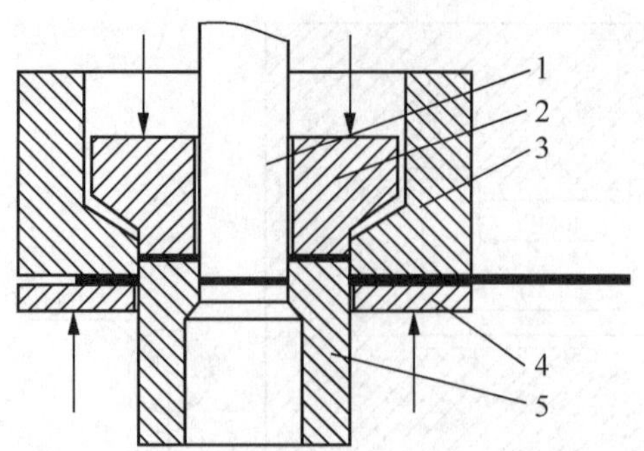

1—冲孔凸模；2—推件块；3—落料凹模；4—卸料板；5—凸凹模

图 1-65　倒装冲裁复合模具工作部分结构原理图

① 设计落料凹模的厚度。本任务冲裁力为 228 384N，选用合金钢 Cr12MoV 为凹模材料，确定 K_1 为 1。因冲裁总周长为 292.8mm，查表 1-25，取 K_2 为 1.37。根据式（1-23）计算凹模厚度为

$$H = K_1 K_2 \times \sqrt[3]{0.1F} = 1 \times 1.37 \times \sqrt[3]{0.1 \times 228\,384} \approx 38.9(\text{mm})$$

取凹模厚度为 40mm。

② 确定落料凹模的平面尺寸 $L \times B$（长×宽）。根据板料宽度为 74.4mm，厚度为 2mm，查表 1-26，取凹模的壁厚 c 为 40mm。根据式（1-24）和式（1-25）计算凹模周界尺寸为

$L = l + 2c = 70 + 40 \times 2 = 150$（mm）（该制件长度方向对称，故 l 为刃口宽度方向尺寸）

$B = b' + 2c = 44 + 2 \times 40 = 124$（mm）（宽度方向上压力中心至最远刃口距离为 22mm，故而 b'为 22×2=44mm）

根据倒装复合模结构特点，落料凹模安装在上模，初步设计凹模结构如图 1-66 所示。

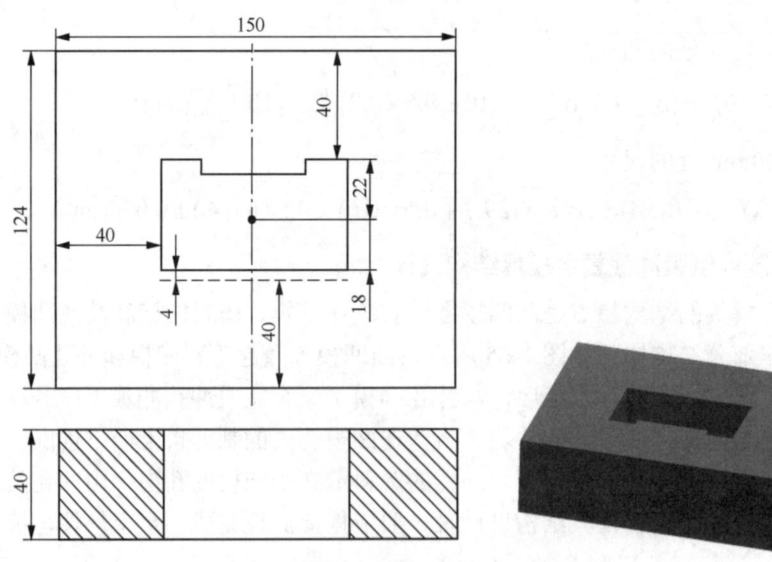

图 1-66　凹模尺寸及结构示意图

（2）固定板结构设计。本任务中，凹模采用整体式，不需要设计凹模固定板，只需设计冲孔凸模固定板和凸凹模固定板。由于冲孔凸模直径较小且凸凹模安装在下模，根据式（1-26），可按凹模厚度的 60%进行设计，则固定板厚度 h_1 为

$$h_1 = 0.6 \times 40 = 24(\text{mm})$$

因此，固定板厚度可取整为 25mm。

固定板平面尺寸与落料凹模周界尺寸一致，即为 150mm×124mm。

冲孔凸模固定板与所装配的凸模、凸凹模固定板与所装配的凸凹模均为过渡配合（H7/m6）方式。

（3）卸料板设计。在倒装复合模结构中，由于凹模在上，不适合安装固定式卸料板，因此采用弹性卸料板结构形式，对板料进行压紧并将冲裁完成后"箍"在凸凹模上的板料卸下。

本任务模具卸料板的平面尺寸与落料凹模周界尺寸一致，也为 150mm×124mm。查表 1-30，根据冲裁制件的材料厚度为 2mm，卸料板宽度为 150mm（取平面尺寸较大值为查表依据）的厚度为 14mm。根据表 1-29 可以确定卸料板与凸凹模的单边间隙为 0.3mm。

（4）弹性元件设计。根据橡胶弹性元件设计原则和方法，在本任务中，设计卸料板底面高出凸模刃口距离为 1mm，板料厚度为 2mm，设计凸模进入凹模的距离为 1mm，修磨量为 2mm。

则工作行程为

$$L_{工}=1+2+1+2=6(\text{mm})$$

则根据式（1-27），橡胶弹性元件的自由高度为

$$H_{自} = \frac{6}{0.25 \sim 0.30} = 24 \sim 20\ (\text{mm})$$

按 10%～15%计算橡胶元件的预压缩量为

$$h_{预} = (20 \sim 24) \times (10\% \sim 15\%) = 2 \sim 3.6(\text{mm})$$

校核橡胶元件弹力，该力主要作为卸料力使卸料板产生复位。冲裁完成后的合模状态，橡胶的总压缩量为

$$h_{总} = 6 + (2 \sim 3.6) = 8 \sim 9.6(\text{mm})$$

橡胶产生的压力为

$$F=AP$$

取橡胶自由高度为 22mm，计算本任务倒装复合模具合模时橡胶压缩量最小值为

$$\frac{6+2}{22} \times 100\% = \frac{8}{22} \times 100\% \approx 36\%$$

查表 1-31，压缩量为 36%时的橡胶单位压力 P 为 2.10MPa。

选用与凹模尺寸一致的橡胶垫（橡胶内部去除凸模面积尺寸），面积约为

$$A=150\times120-40\times70=15\,200(\text{mm}^2)$$

则所选用橡胶产生的最小弹力为

$$F=2.10\times15\,200=31\,920(\text{N})$$

弹力（31 920N）>卸料力（12 561.12N），满足卸料要求。

（5）冲孔凸模零件的设计。本任务中冲孔凸模的作用是与凸凹模配合完成两个直径 10mm 孔的冲裁，其刃口形状为圆形。圆形刃口凸模的结构和尺寸规格已经标准化，在设计时可直接选用。较为常用的有冲模圆柱头直杆圆凸模（JB/T 5825—2008）和冲模圆柱头缩杆圆凸模（JB/T 5826—2008），其结构与尺寸规格见表 1-52 和表 1-53。

表 1-52　　冲模圆柱头直杆圆凸模（JB/T 5825—2008）　　（单位：mm）

D m5	H	$D_{1\,-0.25}^{\ 0}$	$L_{0}^{+0.1}$
1.0	3.0	3.0	45，50，56，63，71 80，90，100
1.05			
1.1			
1.2			
1.25			
1.3			
1.4			
1.5			
1.6			
1.7		4.0	
1.8			
1.9			
2.0			
2.1		5.0	
2.2			
2.4			
2.5			
2.6			
2.8			
3.0			
3.2			
3.4		6.0	
3.6			
3.8			
4.0			
4.2			
4.5		7.0	
4.8			

D m5	H	$D_{1\,-0.25}^{\ 0}$	$L_{0}^{+0.1}$
5.0	5.0	8.0	45，50，56，63，71 80，90，100
5.3		6.0	
5.6			
6.0			
6.3		11.0	
6.7			
7.1			
7.5			
8.0			
8.5		13.0	
9.0			
9.5			
10.0			
10.5		16.0	
11.0			
12.0			
12.5			
13.0			
14.0		19.0	
15.0			
16.0			
20.0		24.0	
25.0		29.0	
32.0		36.0	
36.0		40.0	

标记示例：D=6.3mm，L=80mm 的圆柱头直杆圆凸模标记为

圆柱头直杆圆凸模 6.3×80 JB/T 5825—2008

注：1．推件使用材料为 Cr12MoV、Cr12、Cr6WV、CrWMn。

2．硬度要求：Cr12MoV、Cr12、CrWMn 刃口为 58～62HRC，头部固定部分为 40～50HRC；Cr6WV 刃口为 56～60HRC，头部固定部分为 40～50HRC。

3．其他应符合 JB/T 7653—2020 的规定。

表 1-53　　冲模圆柱头缩杆圆凸模（JB/T 5826—2008）　　（单位：mm）

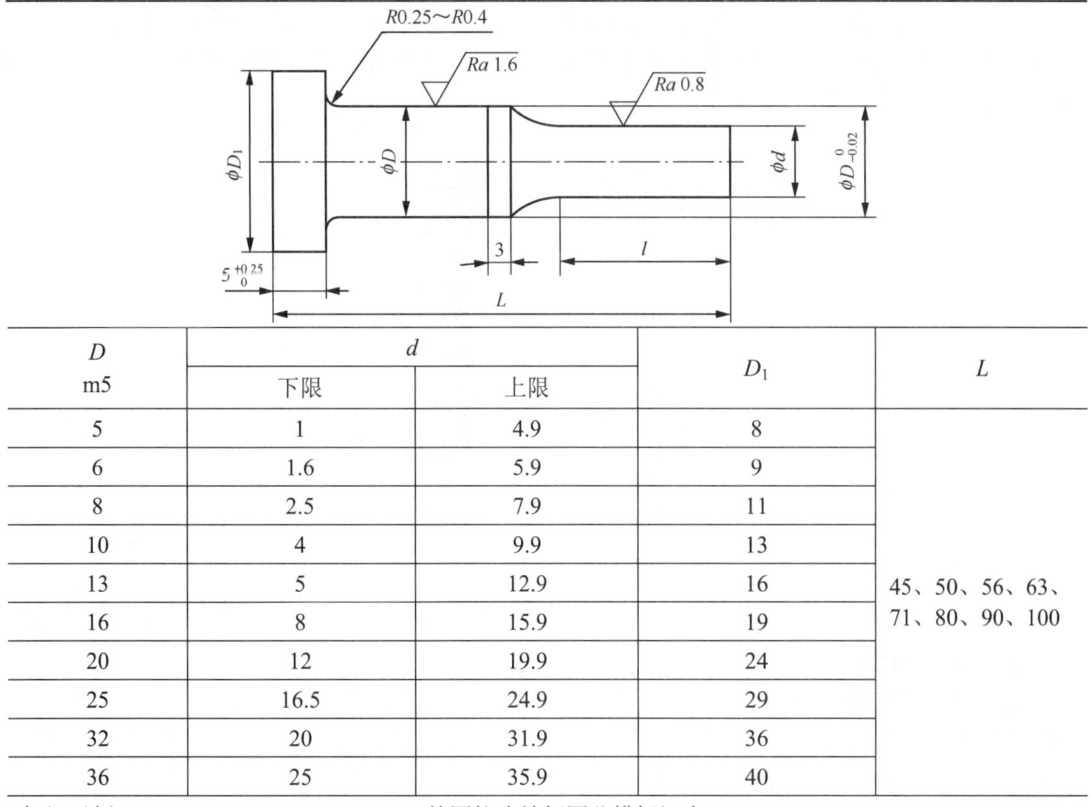

D m5	d		D1	L
	下限	上限		
5	1	4.9	8	45、50、56、63、71、80、90、100
6	1.6	5.9	9	
8	2.5	7.9	11	
10	4	9.9	13	
13	5	12.9	16	
16	8	15.9	19	
20	12	19.9	24	
25	16.5	24.9	29	
32	20	31.9	36	
36	25	35.9	40	

标记示例：D=5mm、d=2mm、L=56mm 的圆柱头缩杆圆凸模标记为
圆柱头缩杆圆凸模 5×2×56　　JB/T5826—2008

注：1. 刃口长度 l 由制造者选定。
2. 推件使用材料为 Cr12MoV、Cr12、Cr6WV、CrWMn。
3. 硬度要求：Cr12MoV、Cr12、CrWMn 刃口为 58～62HRC，头部固定部分为 40～50HRC；Cr6WV 刃口为 56～60HRC，头部固定部分为 40～50HRC。
4. 其他应符合 JB/T 7653—2020 的规定。

本任务中，冲孔凸模安装在上模，由冲孔凸模固定板固定，并穿过落料凹模，如图 1-67 所示。因此凸模的长度可以参考凸模固定板和落料凹模的尺寸进行设计。由前面设计可知，落料凹模厚度为 40mm，凸模固定板厚度为 25mm，则冲孔凸模的长度为

$$L>40+25=65(\text{mm})$$

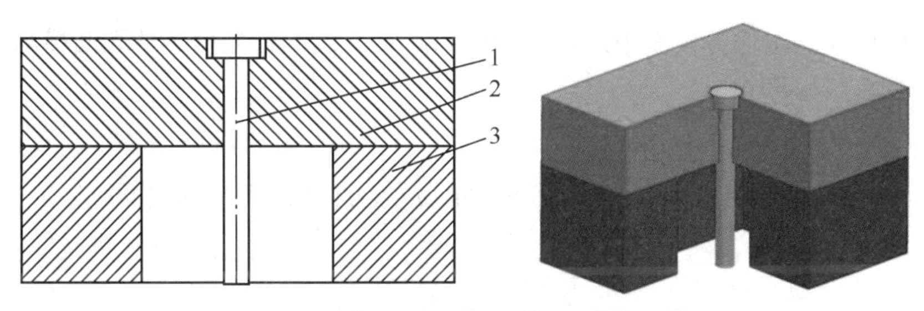

1—冲孔凸模；2—凸模固定板；3—落料凹模

图 1-67　倒装冲裁复合模具中冲孔凸模安装示意图

查表 1-52，可选用长度为 71mm 的标准圆柱头直杆圆凸模。根据冲孔凸模的刃口公称直径为 10.1mm，选用端部圆柱头直径 D_1 为 16mm、总长 L 为 71mm（标准冲孔凸模刃口尺寸可根据实际所需刃口尺寸及精度进行加工改制）的标准凸模。冲孔凸模结构如图 1-68 所示。

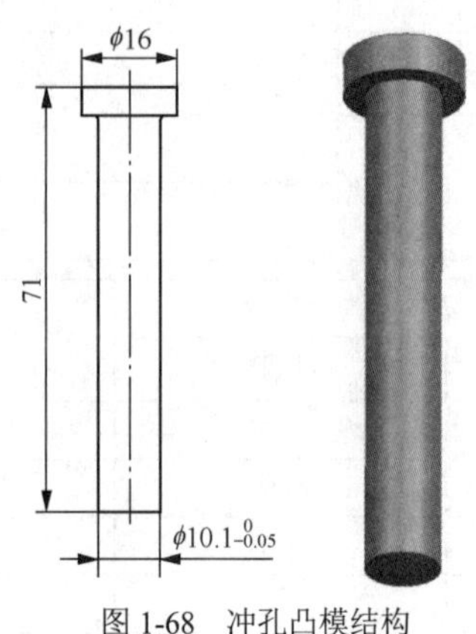

图 1-68　冲孔凸模结构

（6）凸凹模结构设计。本任务模具采用弹压卸料方式进行卸料与压料，因此凸凹模的长度可根据式（1-29）进行设计计算。

根据前面设计可知，凸凹模固定板厚度为 25mm，卸料板厚度为 14mm，材料厚度为 2mm，凸模进入凹模距离为 1mm，修磨量为 2mm。安全距离可参考弹性元件合模时压缩后的尺寸，根据橡胶弹性元件尺寸设计参考范围，暂定为橡胶元件自由高度为 22mm，压缩量为 8mm，则合模后的尺寸为 22−8=14(mm)。

根据上述尺寸可暂定凸模长度 L 为：L=25+14+2+1+2+14=58(mm)。

凸凹模端面结构通常与冲裁制件形状一致，如图 1-69 所示。

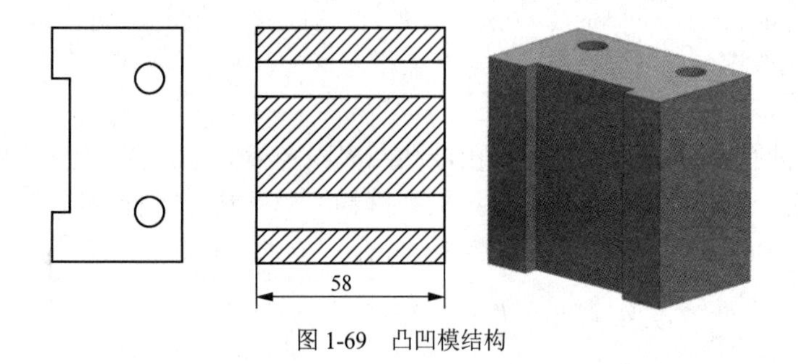

图 1-69　凸凹模结构

（7）垫板设计。本任务模具中最小的凸模为冲孔凸模，首先校核冲孔凸模与上模座之间是否需要垫板。

冲孔凸模头部端面面积为

$$A=\pi\times(D_1/2)^2=3.14\times8^2=200.96(\text{mm}^2)$$（D_1 为冲孔凸模头部端面直径）

冲孔凸模头部周长为

$$L=\pi\times D_1=3.14\times16=50.24(\text{mm})$$

冲裁制件厚度 t 为 2mm，材料为 10 钢，抗剪强度 τ_b 为 300MPa，代入校核式（1-31）为

$$\sigma=\frac{F}{A}=\frac{Lt\tau_b}{A}=\frac{50.24\times2\times300}{200.96}\approx150(\text{MPa})$$

$$\sigma>[\sigma_p]=140\text{MPa}$$

需要在冲孔凸模与上模座之间设计垫板结构，垫板厚度一般取 5～8mm，本任务取 5mm。

然后校核凸凹模后是否需要安装垫板结构，凸凹模面积为

$$A=40\times70-40\times5-2\times3.14\times25=2\,443(\text{mm}^2)$$

凸凹模周长为

$$L=40\times2+70\times2+5\times2+2\times10\times3.14=292.8(\text{mm})$$

材料厚度 t 为 2mm，材料抗剪强度 τ_b 为 300MPa，代入校核公式为

$$\sigma=\frac{F}{A}=\frac{Lt\tau_b}{A}=\frac{292.8\times2\times300}{2\,443}\approx71.9(\text{MPa})$$

$$\sigma<[\sigma_p]=140\text{MPa}$$

通过上述校核可知，由于凸凹模端面尺寸较大，应力集中较小，因此可不用在其后安装垫板结构。

（8）紧固标准件的选用。本任务中，落料凹模的厚度为 40mm，查表 1-36 和表 1-38，可选用 M10 的内六角圆柱头螺钉和直径为 10mm 的圆柱销钉作为紧固件。

参照图 1-26 进行倒装模具中卸料螺钉长度的设计，卸料螺钉长度 $L=L_{凸}+k-H+l$，在倒装冲裁复合模具中，卸料板和卸料螺钉都安装在下模，卸去箍在凸凹模上的板料。凸凹模长度为 58mm，卸料板厚度 H 为 14mm，卸料板高出凸模的尺寸 k 为 1mm，l 取大于等于 10mm，则卸料螺钉长度。

$$L\geqslant58+1-14+10=55(\text{mm})$$

查表 1-40，选用长度为 55mm 的 M10 圆柱头内六角卸料螺钉，如图 1-70 所示。

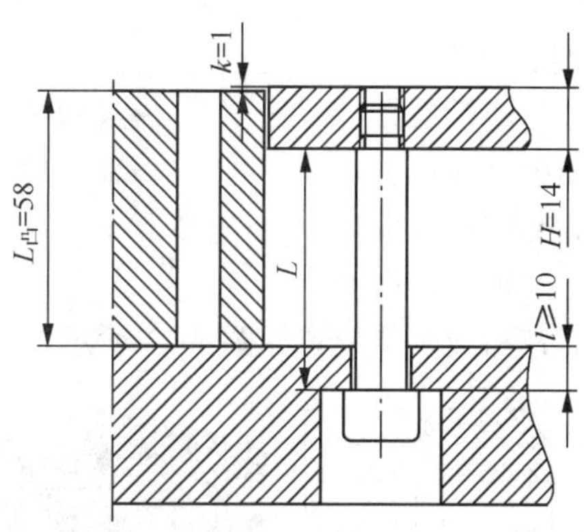

图 1-70　倒装模具结构中卸料螺钉长度设计

（9）工作零件的装配设计。倒装冲裁复合模具结构中，凸凹模安装在下模，冲孔凸模和落料凹模安装在上模，合模状态时，冲孔凸模进入凸凹模孔内，凸凹模进入凹模孔内，参照

模具数字化设计：

扫描二维码学习工作零件设计与建模。

图 1-65 冲裁复合模具工作部分结构原理图进行工作零件装配设计，如图 1-71 所示。

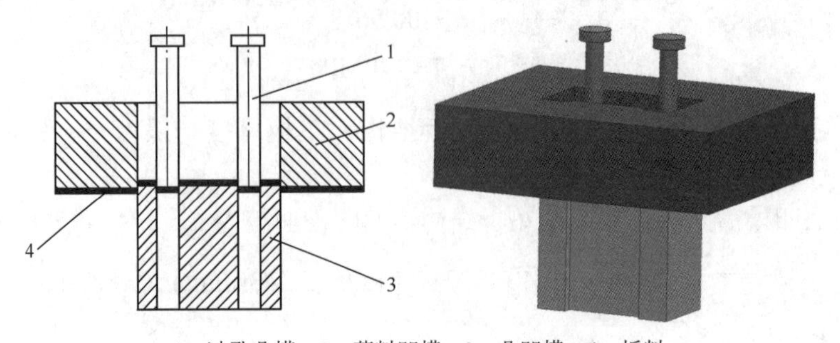

1—冲孔凸模；2—落料凹模；3—凸凹模；4—板料

图 1-71　倒装复合模冲孔凸模、落料凹模及凸凹模装配位置示意图

（10）设计安装固定板。设计安装冲孔凸模固定板和凸凹模固定板，固定板厚度为 25mm，平面尺寸与凹模周界尺寸相同。冲孔凸模固定板上端面与冲孔凸模上端面平齐，固定板下端面与落料凹模上端面相邻。凸凹模固定板下端面与凸凹模下端面平齐。两个固定板装配结构如图 1-72 所示。

模具数字化设计：

扫描二维码学习固定板建模。

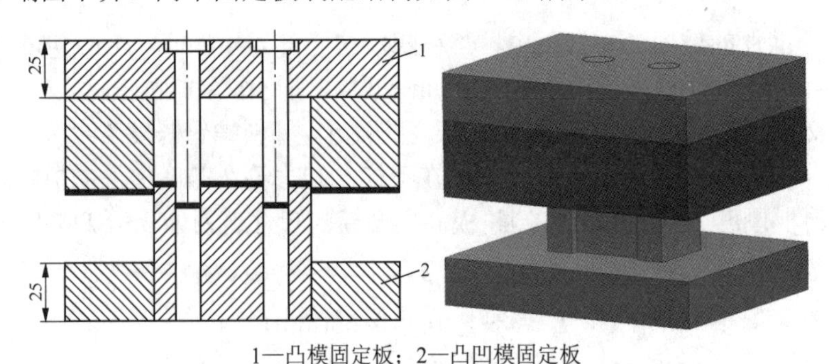

1—凸模固定板；2—凸凹模固定板

图 1-72　合模状态倒装冲裁复合模具固定板安装位置

（11）设计安装卸料板。安装卸料板，卸料板厚度为 14mm。平面尺寸与凹模周界尺寸一致。在倒装冲裁复合模具中，卸料板安装于下模部分。卸料板在合模状态时“紧贴”板料，并与凸凹模留有一定的间隙，卸料板与凸凹模单边间隙为 0.3mm。卸料板安装位置如图 1-73 所示。

模具数字化设计：

扫描二维码学习卸料板建模。

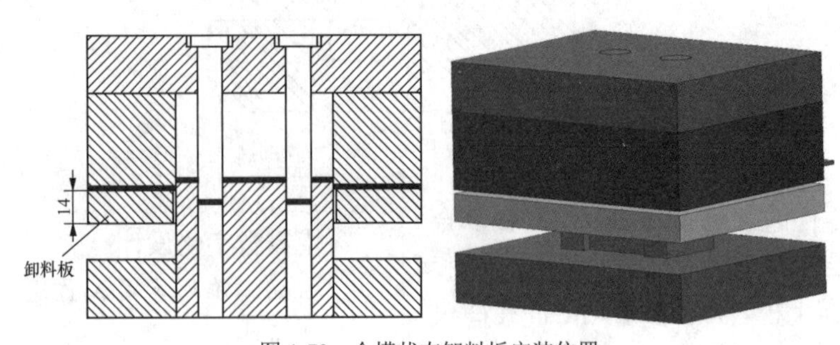

图 1-73　合模状态卸料板安装位置

（12）安装橡胶弹性元件。弹性元件安装位置在卸料板和凸凹模固定板之间，提供卸料力，在合模时，橡胶弹性元件处于被压缩状态，安装位置如图 1-74 所示。

模具数字化设计：

扫描二维码学习橡胶弹性元件建模。

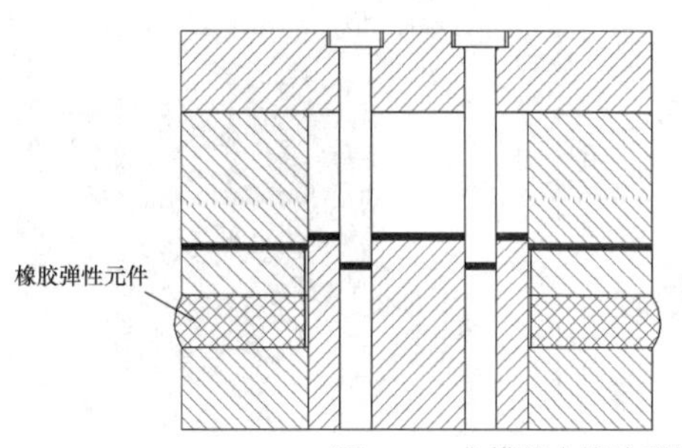

图 1-74　合模状态橡胶弹性元件安装位置

（13）设计垫板。在冲孔凸模上方安装垫板，以分担冲孔凸模对上模座的应力，垫板平面尺寸设计与凹模一致，厚度为 5mm。上垫板安装位置如图 1-75 所示。

模具数字化设计：

扫描二维码学习垫板建模。

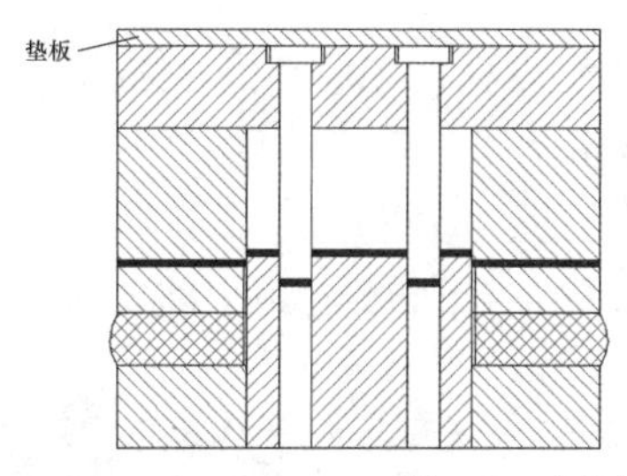

图 1-75　上垫板安装位置

（14）设计与选用上、下模座。本任务冲模选用标准中间导柱模架。根据凹模周界的尺寸进行模架规格的选用，落料凹模周界尺寸为 L=150mm，B=124mm。查附表 B-3 选用模架尺寸规格为 L=160mm，B=125mm。由于复合模结构整体装模高度相对较高，因此闭合高度选用 190～225mm、I 级精度的中间导柱模架。

选用模架的标记如下：

160×125×190～225　I　GB/T 2851—2008

选定模架规格后，继续查附表 B-3 选上、下模座的尺寸，上模座厚 40mm，下模座厚 50mm。

上模座尺寸及结构参数见附表 B-4，查选、计算得到导套安装孔中心距为 S=210mm，R=42mm，计算上模座总长为

$$210+2\times42=294(\text{mm})$$

上模架的两个导套安装孔尺寸分别为 ϕ38mm、ϕ42mm，根据上述结构尺寸，上、下模座也可根据附表 B-4 查选，还可查到导柱孔安装中心距 S=210mm，R_1=75mm，则下模座总长为

模具数字化设计：

扫描二维码观看模座安装。

$$210+2\times75=360(\text{mm})$$

下模架中两个导柱孔直径分别是 ϕ25mm、ϕ28mm。根据上述尺寸规格绘制上、下模座，如图 1-76 所示。

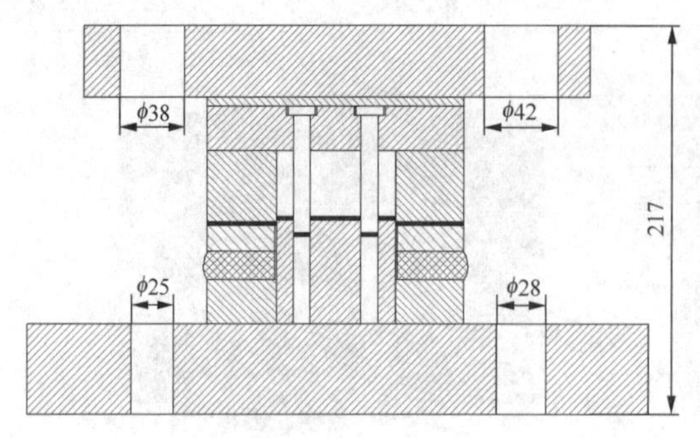

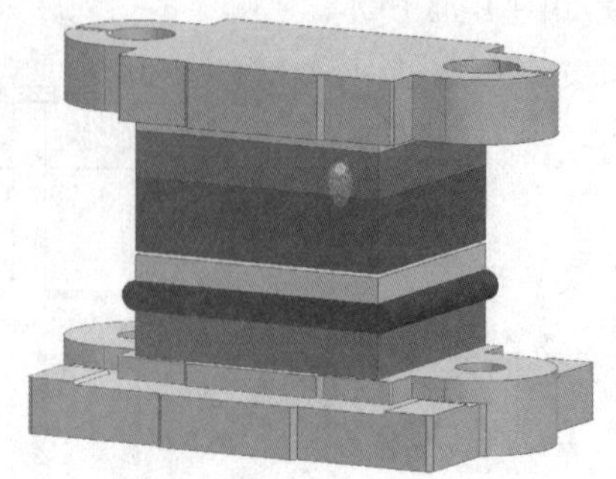

图 1-76　上、下模座安装

（15）设计与选用导柱、导套。根据模架规格表中的导柱、导套尺寸规格选用导柱、导套标准件，本任务中导柱规格分别为 25×180、28×180，即导柱标准零件直径分别是 25mm 和 28mm，长度为 180mm。

模具数字化设计：

扫描二维码学习导向零件安装。

导套规格为 25×90×38、28×90×38，即导套内孔直径分别为 25mm 和 28mm，导套总长 *L* 为 90mm，安装时插入模座的尺寸 *H* 为 38mm。

查选附表 B-3 可知，导套安装入上模架外径尺寸分别为 38mm 和 42mm；最大外径尺寸分别为 38+3=41(mm)，42+3=45(mm)。标准导柱、导套安装如图 1-77 所示。

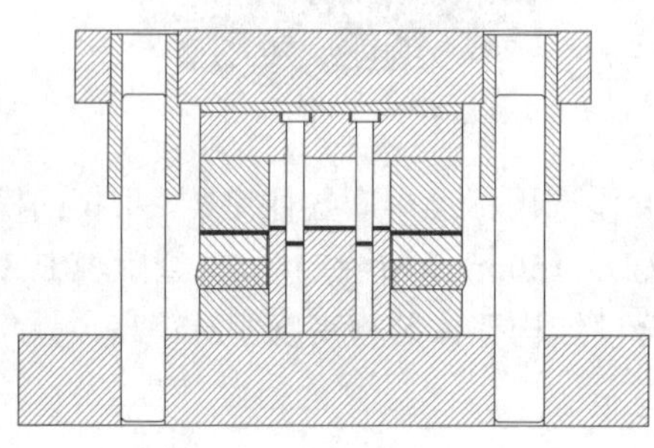

图 1-77　标准导柱、导套安装

（16）选用与安装模柄。模柄选型可参考压力机参数中的模柄孔尺寸，本任务模具选用压力机型号为 JG23-40，模柄孔直径尺寸为 50mm，查附表 C-2 选用旋入式模柄结构，将选用的尺寸参数为 *d*=50mm、*L*=91mm 的旋入式模柄安装于模具总装结构的上模座板，模柄的轴线与模具的压力中心重合，如图 1-78 所示。

模具数字化设计：

扫描二维码学习模柄安装。

（17）推件装置的设计。由于本任务制件厚度较厚，因此可选用刚性推件装置。模具结构中，模柄与冲孔凸模的轴线不重合，可参考表 1-34 中序号 1 结构形式。推件块结构可按

模具数字化设计：

扫描二维码学习推件装置设计与建模。

图 1-79 所示设计，并将其安装在上模的落料凹模内。

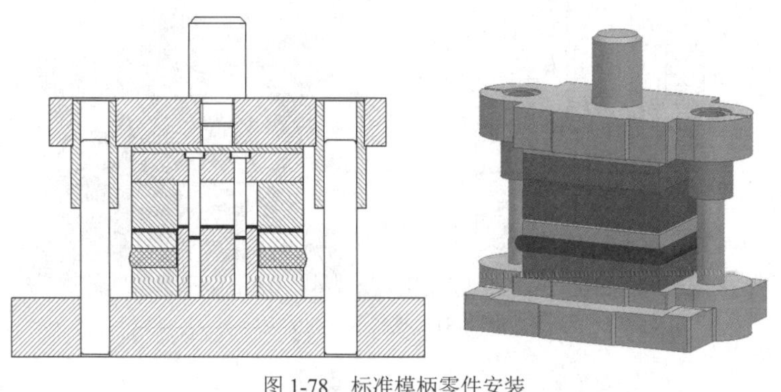

图 1-78　标准模柄零件安装

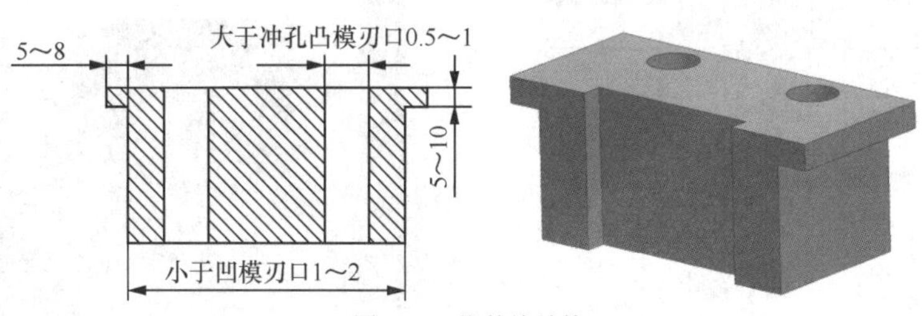

图 1-79　推件块结构

推件块安装完成后如图 1-80 所示。一般在开模状态时，推件块要略高出落料凹模刃口 0.2～0.5mm，因此在合模时，推件块被顶起的高度要略大于料厚与凸凹模进入落料凹模的深度之和。

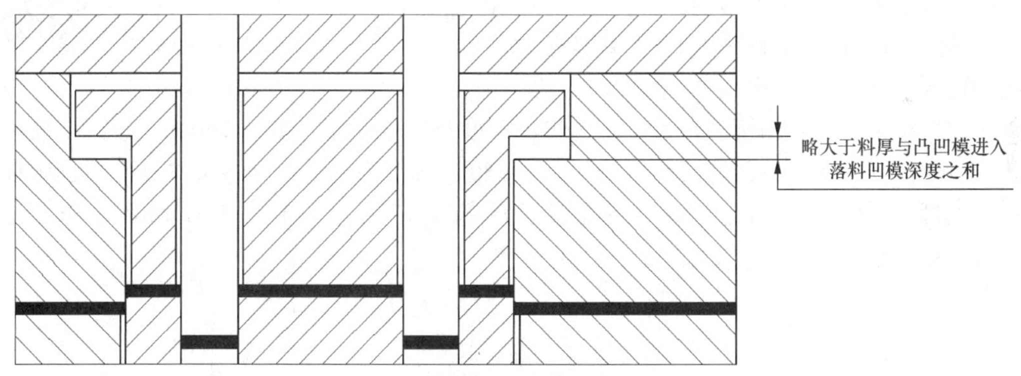

图 1-80　推件块在落料凹模内安装位置

安装打杆。打杆贯穿上模模柄、垫板、冲孔凸模固定板直接与推件块接触。开模时，打杆推动推件块提供推件力，打杆尺寸可根据标准模柄尺寸规格来选择，模柄通孔直径为 15mm，因此可选用直径为 12mm 的打杆。推件装置安装完成后如图 1-81 所示。

（18）设计凸凹模落料孔和下模落料孔。凸凹模结构中，冲孔凹模刃口高度根据料厚不同而不同，设计厚度为 4～10mm，一般积存废料 3～5 片。刃口下部的落料孔直径要略大于刃口直径 1～2mm。同时在下模座板处的对应位置开设落料孔，落料孔尺寸可设计为单边大于刃口尺寸 0.5～1mm，如图 1-82 所示。

模具数字化设计：

扫描二维码观看落料孔设计。

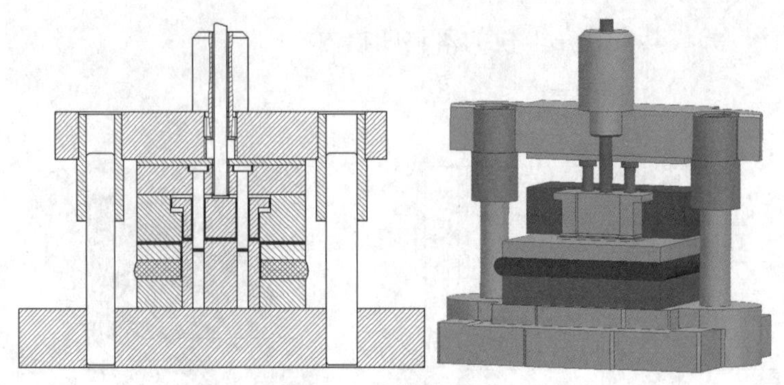

图 1-81　推件装置安装

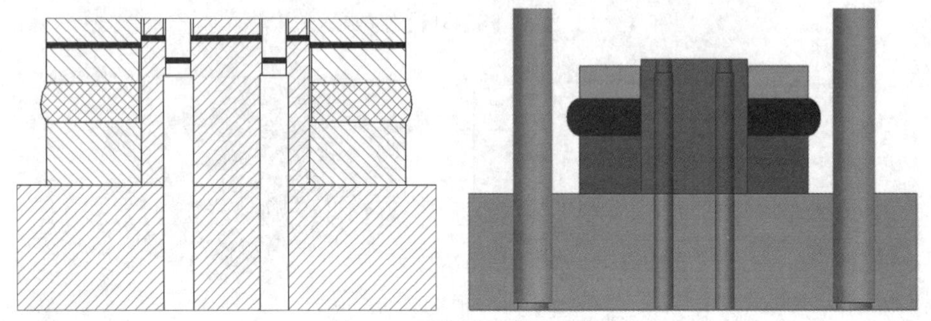

图 1-82　下模座板落料孔设计

（19）安装标准紧固件。参照图 1-24 与图 1-25 进行紧固螺钉和定位销钉的位置设计与安装。根据凹模厚度为 40mm，查表 1-36 和表 1-38，选用 M10 的内六角圆柱头螺钉和直径 10mm 的圆柱销钉作为紧固件。

模具数字化设计：

扫描二维码学习上模紧固件安装。

根据上模中的冲孔凸模固定板厚度、垫板厚度及模座厚度之和为 70mm，设计上模座板安装 M10 内六角螺钉头的沉孔高度为 10mm。螺钉贯穿上模座板、垫板、冲孔凸模固定板与落料凹模螺纹紧固连接，拧入落料凹模的螺纹距离为凹模厚度的 1/2～1/3，如图 1-83 所示，则可确定螺钉长度为

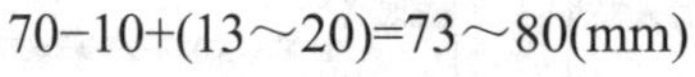

$$70-10+(13\sim20)=73\sim80(\text{mm})$$

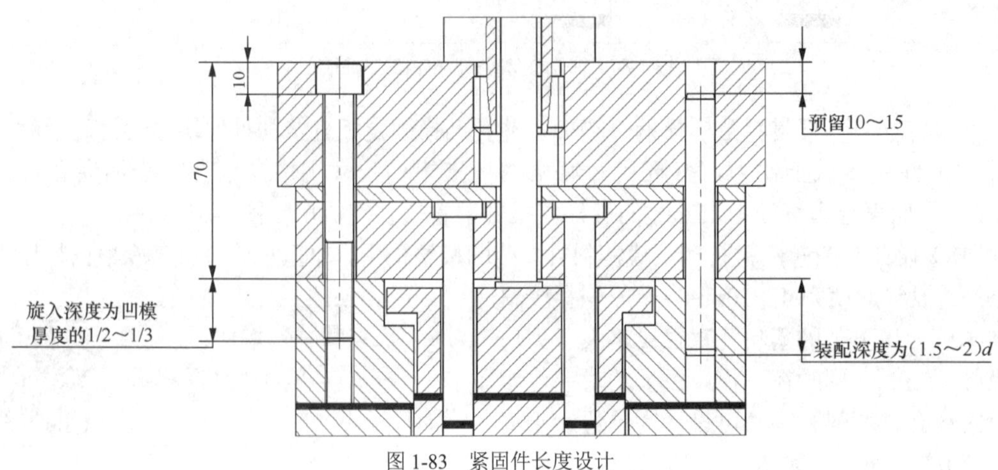

图 1-83　紧固件长度设计

因此选用标准长度为 80mm 的 M10 内六角圆柱头螺钉。

定位销选用直径为 10mm 的圆柱销，销钉贯穿上模座板、垫板、冲孔凸模固定板和落料凹模，垫板和冲孔凸模要设计直径大于销钉直径的间隙，定位装配上模座板与落料凹模，参考表 1-38，销钉装配时进入落料凹模的深度为（1.5～2）d，根据图 1-83 所示，可选用长度为 85mm 的圆柱销钉。上模紧固件安装如图 1-84 所示。

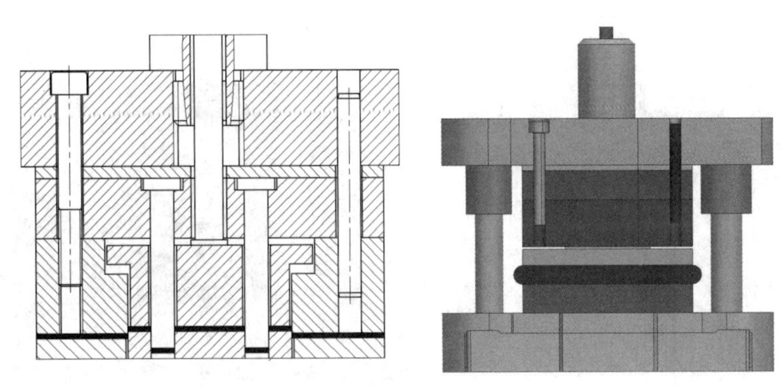

图 1-84　上模紧固件安装

卸料螺钉安装在下模，穿过下模座、凸凹模固定板、弹性元件，与卸料板紧固连接，卸料螺钉长度为 55mm，其安装如图 1-85 所示。

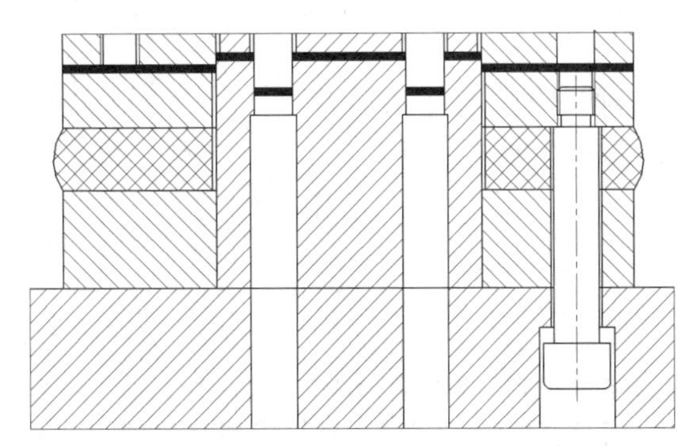

图 1-85　下模内六角圆柱头卸料螺钉紧固件的安装（合模状态时）

下模紧固螺钉有两组，一组紧固螺钉（4 个）穿过下模座板紧固凸凹模固定板，另一组紧固螺钉（2 个）穿过下模座板紧固凸凹模。安装下模紧固件。凸凹模固定板紧固螺钉选用与上模相同的 M10 内六角圆柱头螺钉，根据凸凹模尺寸可选用 M6 内六角圆柱头螺钉。

下模座板厚度为 50mm，凸凹模固定板厚度为 25mm，下模座螺钉安装孔沉孔高度为 10mm，螺钉贯穿下模座板，旋入凸凹模固定板的螺纹距离为其厚度的 1/2～1/3，因此可确定下模凸凹模固定板紧固螺钉长度为

$$50-10+(8\sim12)=48\sim52(\text{mm})$$

因此选用标准长度为 50mm 的 M10 内六角圆柱头螺钉来紧固下模部分的凸凹模固定板。

定位销选用直径为 10mm 的圆柱销，长度为 50mm，定位装配下模座板和凸凹模固定板。

下面确定凸凹模紧固螺钉长度。根据凸凹模高度 58mm、下模座板厚度 50mm，紧固螺钉贯穿下模座板并与凸凹模旋合 1/2～1/3 的深度。设计螺钉安装下模座板的沉孔深度为 15mm，螺钉的长度为

$$50-15+(20\sim26)=55\sim61(\text{mm})$$

因此选用标准长度为 55mm 的 M6 内六角圆柱头螺钉。下模紧固件安装如图 1-86 所示。

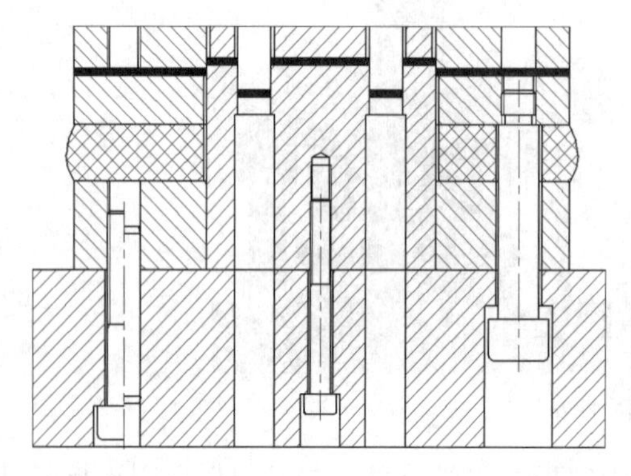
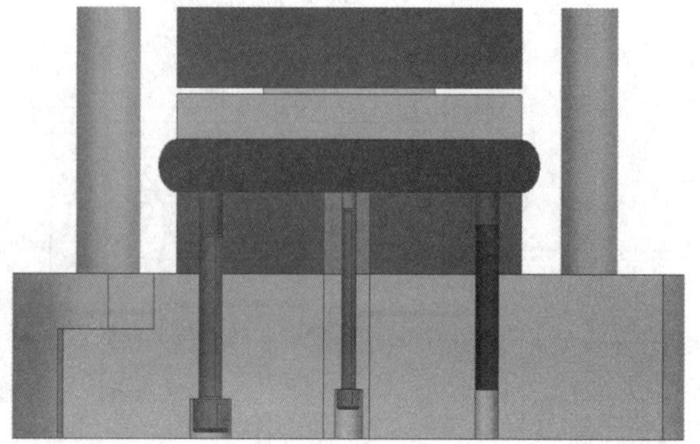

图 1-86　下模紧固件安装

在旋入式模柄螺纹与上模座安装旋合的“骑缝处”，安装模柄防转紧定螺钉，可选用 M5 内六角平端紧定螺钉。

在下模的卸料板处安装挡料销（图中未显示）和导料销，依据排样图确定安装位置，如图 1-87 所示。

模具数字化设计：

扫描二维码观看下模紧固件安装。

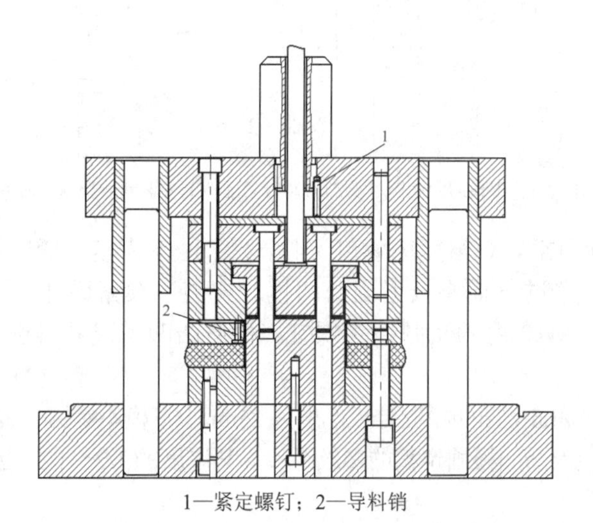

1—紧定螺钉；2—导料销

图 1-87　下模柄防转紧定螺钉与导料销钉安装

（20）绘制装配图。带孔垫板制件倒装冲裁复合模具结构设计完成后，进行冲压模具装配图的绘制，如图 1-88 所示。本套模具工作部分零件尺寸公差带等级，孔类尺寸可采用 H7，轴类尺寸可采用 h6 设计。冲孔凸模零件可参考图 1-89 所示，凸凹模零件参考图 1-90 所示，落料凹模零件参考图 1-91 所示，冲孔凸模固定板零件参考图 1-92 所示。

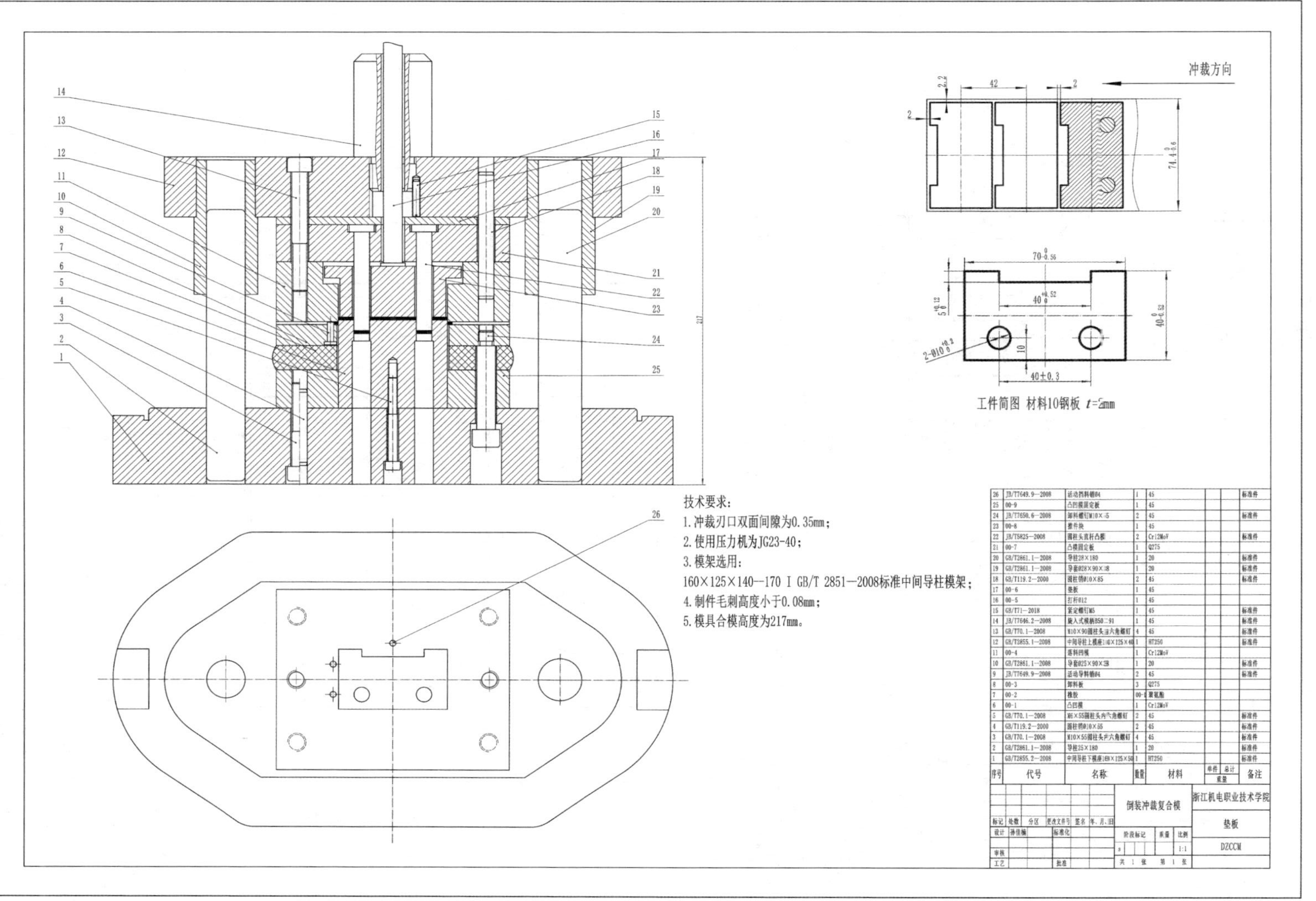

序号	代号	名称	数量	材料	单件重量	总计重量	备注
26	JB/T7649.9—2008	活动挡料销Ø4	1	45			标准件
25	00-9	凸凹模固定板	1	45			
24	JB/T7650.6—2008	卸料螺钉M10×[illegible]5	2	45			标准件
23	00-8	推件块	1	45			
22	JB/T5825—2008	圆柱头直杆凸模	2	Cr12MoV			标准件
21	00-7	凸模固定板	1	Q275			
20	GB/T2861.1—2008	导柱28×180	1	20			标准件
19	GB/T2861.1—2008	导套Ø28×90×[illegible]8	1	20			标准件
18	GB/T119.2—2000	圆柱销Ø10×85	2	45			标准件
17	00-6	垫板	1	45			
16	00-5	打杆Ø12	1	45			
15	GB/T71—2018	紧定螺钉M5	1	45			标准件
14	JB/T7646.2—2008	旋入式模柄B50×91	1	45			标准件
13	GB/T70.1—2008	M10×90圆柱头内六角螺钉	4	45			标准件
12	GB/T2855.1—2008	中间导柱上模座1[illegible]0×125×40	1	HT250			标准件
11	00-4	落料凹模	1	Cr12MoV			
10	GB/T2861.1—2008	导套Ø25×90×[illegible]	1	20			标准件
9	JB/T7649.9—2008	活动导料销Ø4	2	45			标准件
8	00-3	卸料板	3	Q275			
7	00-2	橡胶	00-[illegible]	聚氨酯			
6	00-1	凸凹模	1	Cr12MoV			
5	GB/T70.1—2008	M6×55圆柱头内六角螺钉	2	45			标准件
4	GB/T119.2—2000	圆柱销Ø10×55	2	45			标准件
3	GB/T70.1—2008	M10×55圆柱头内六角螺钉	4	45			标准件
2	GB/T2861.1—2008	导柱25×180	1	20			标准件
1	GB/T2855.2—2008	中间导柱下模座160×125×50	1	HT250			标准件

图 1-88　倒装冲裁复合模具装配图

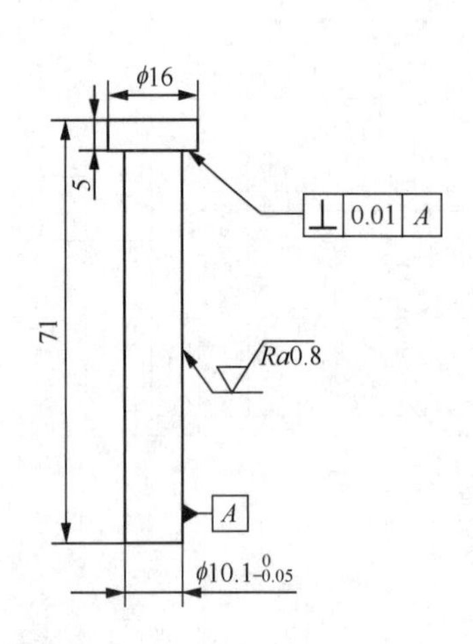

技术要求：
1.材料为Cr12MoV；
2.热处理硬度为58～60HRC；
3.选用JB/T 5825—2008标准进改制；
4.数量为2件。

图 1-89　冲孔凸模

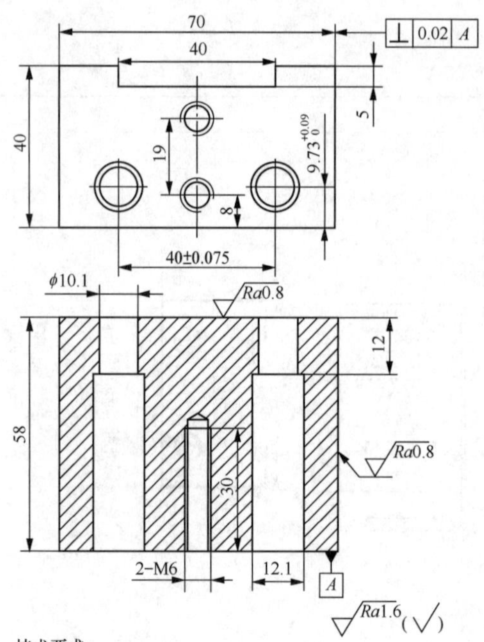

技术要求：
1.材料为Cr12MoV；
2.热处理硬度为58～60HRC；
3.凸凹模实际刃口尺寸配作，保证双面间隙为0.246～0.360mm；
4.数量为1件。

图 1-90　凸凹模

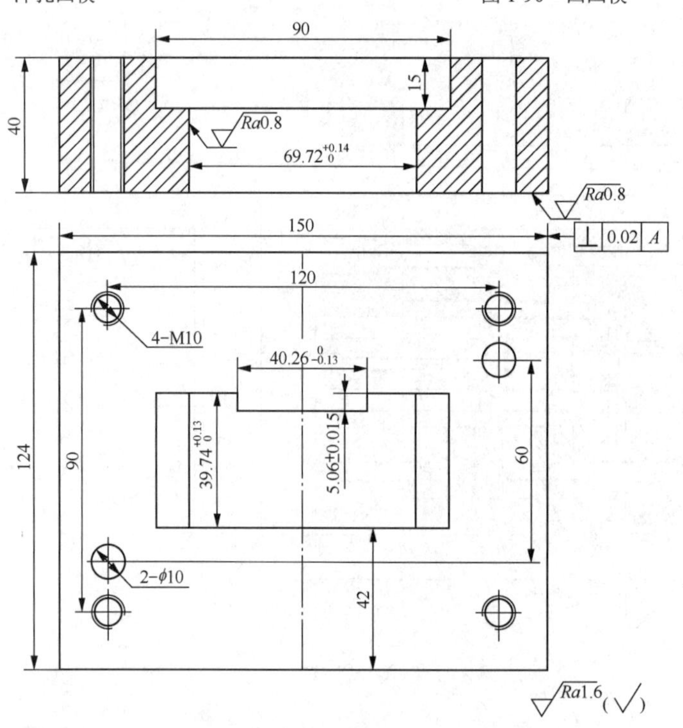

技术要求：
1.材料为Cr12MoV；
2.热处理硬度为60～62HRC；
3.凹模板上、下表面平行度为0.005mm；
4.数量为1件。

图 1-91　落料凹模

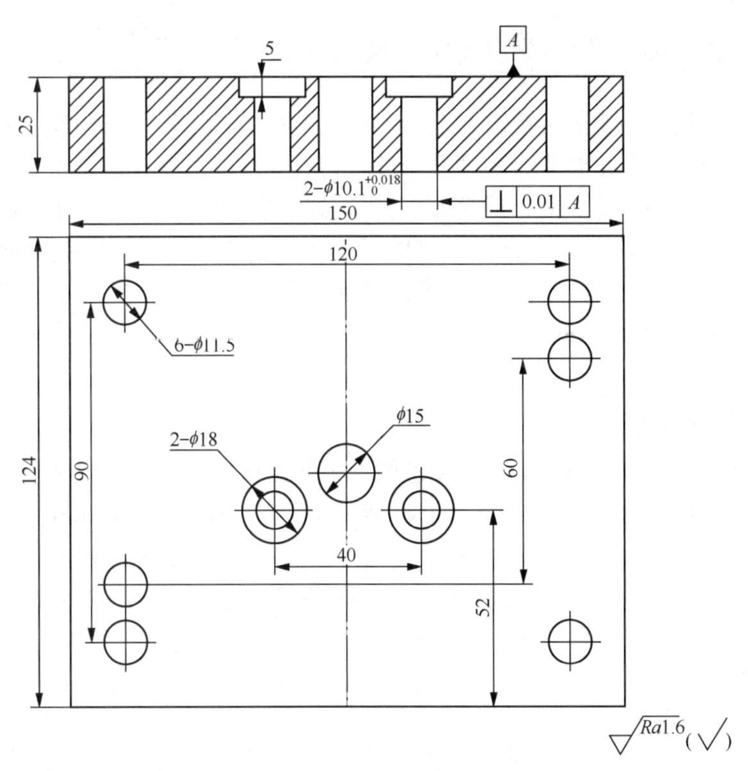

技术要求：
1.材料为Q275；
2.板上、下两面平行度为0.05mm；
3.型孔采用慢走丝加工，对底面垂直度为0.02mm；
4.数量为1件。

图 1-92　冲孔凸模固定板

6. 带孔垫板倒装冲裁复合模具零件材料选用

根据冲压模具零件材料选用原则，确定本任务倒装冲裁复合模具主要零件的材料，见表 1-54。

表 1-54　倒装冲裁复合模具主要零件材料选用表

零件名称	材料	热处理	硬度
中间导柱上模座	HT250	—	—
中间导柱下模座	HT250	—	—
导柱	20	淬火	56～58HRC
导套	20	淬火	58～60HRC
落料凹模	Cr12MoV	淬火	60～62HRC
冲孔凸模	Cr12MoV	淬火	58～60HRC
卸料板	Q275	—	—
冲孔凸模固定板	Q275	—	—
凸凹模	Cr12MoV	淬火	58～60HRC
垫板	45	—	—
凸凹模固定板	Q275	—	—
打杆	45	—	—
推件块	45	—	—

三、任务 3　连接片制件正装冲裁复合模具设计

正装冲裁复合模具结构的最大特点是凸凹模安装在上模，落料凹模和冲孔凸模安装在下模。相较于倒装复合模，正装复合模适合于冲裁材料较软或厚度较薄、平直度要求较高的冲裁制件。由于每一次冲裁完成后，冲孔废料会从凸凹模孔推出，型孔内不积存废料，从而使凸凹模的胀裂力小，因此正装复合模还可以用于冲裁孔边距较小的冲裁制件。但是由于冲孔废料留在上模，要设计推件装置将其推出。而冲孔的凸模安装在下模，使冲裁完成后的制件不能够自上而下推出，要设计顶出装置将其顶出，因此正装复合模的结构要比倒装复合模复杂。

1. 连接片制件冲裁工艺性分析

本任务冲裁制件形状简单、对称，由圆弧和直线组成，长度方向尺寸较大，属于窄长形冲裁制件，其结构尺寸如图 1-93 所示，其厚度为 1mm。查附表 D-1 标准公差值可知，该冲裁制件 ϕ10mm、 ϕ22mm、 ϕ4mm 所标注的尺寸公差等级为 IT13 级，其余尺寸均为未注公差，按 IT14 级尺寸处理。该制件精度属于一般冲裁精度，在冲裁的经济精度范围之内。制件的精度要求能够在复合冲裁加工中得到保证。

制件材料为 2A12 铝合金，属于常用冲压材料，满足冲裁工艺要求。

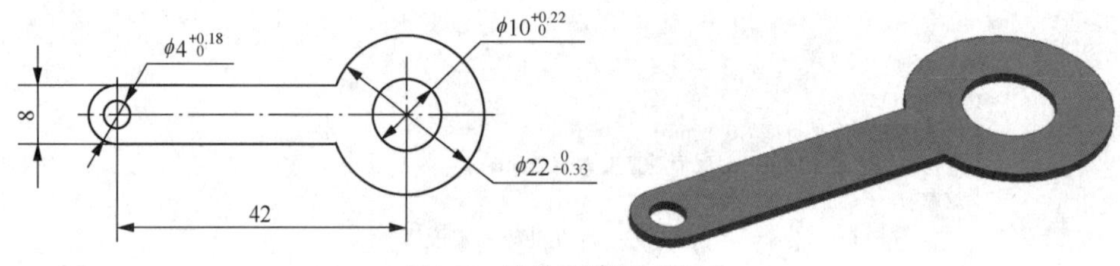

图 1-93　连接片制件及其尺寸

根据冲裁工艺性要求，对该冲裁制件结构的工艺性进行定量计算、分析。

（1）判断是否存在狭窄的悬臂和凹槽。分析制件悬臂结构工艺性，查表 1-5 可知，该制件悬臂结构长 L=35mm，宽 B=8mm 满足

$$B \geqslant 1.2t，L \leqslant 5B$$

即 8mm>1.2mm，35mm<5×8=40mm，判定悬臂结构满足冲裁工艺性要求。

（2）判断制件孔径和孔边距、孔间距。分析孔结构工艺性，该制件上有一处直径为 4mm 的孔，查表 1-6，最小孔径要满足 $d>0.8t$，计算对比可知，孔径 4mm 大于料厚 1mm；满足工艺性要求。

最小孔边距要满足 $c>1.5t$，制件最小孔边距为（8−4）/2=2(mm)，则 2mm>1.5t=1.5mm，判定孔边距满足冲裁工艺性要求。

由于采用正装复合模冲裁，最小孔边距即为复合模最小壁厚，根据表 1-8 注释说明可知，当冲裁非钢软材料时，正装复合模中的凸凹模结构最小壁厚为材料厚度，但不小于 0.5mm。最小孔边距为 2mm，大于 1mm 料厚，故而凸凹模结构强度也满足要求。

（3）判断有无尖角结构。该制件外形结构对称、简单，外形角均为圆角，无尖角结构。

通过上述工艺性分析，可知该制件满足冲裁结构工艺性要求，可以对其设计冲裁模具进行批量生产。

2. 连接片制件冲裁排样设计

本任务冲裁制件外形较为规则，尺寸精度要求不高，通过查表 1-11 可采用直排的形式。

根据制件的形状、厚度，查表 1-12 可确定制件间的搭边值 a_1 的最小值为 0.8mm，制件与板料侧边的搭边值 a 的最小值为 1.0mm。考虑材料为硬铝材料，为保证冲裁时的条料强度，可将上述搭边值系数按 1～1.2 系数放大，即制件间的搭边值 a_1 可放大为 0.8×1.2=0.96（mm），可取整为 1mm，板料侧边的搭边值 a 放大为 1×1.2=1.2mm。根据表 1-13 确定条料宽度的单向负偏差为 0.5。排样图如图 1-94 所示。

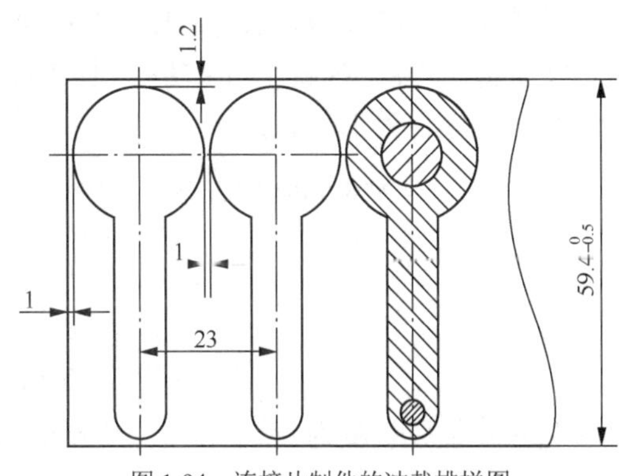

图 1-94　连接片制件的冲裁排样图

根据式（1-6）计算排样后的材料利用率。首先计算冲压制件坯料面积为

$$M=564.1\text{mm}^2$$

条料宽度为

$$B=42+4+11+1.2\times2=59.4(\text{mm})$$

步距为

$$S=22+1=23(\text{mm})$$

将上述值代入式（1-6），计算材料利用率为

$$\eta=\frac{M}{Bs}=\frac{564.1}{59.4\times23}\approx41.3\%$$

模具数字化设计：

扫描二维码学习数字化计算复杂外形制件面积方法，通过软件计算可直接得到图 1-95 所示制件面积。

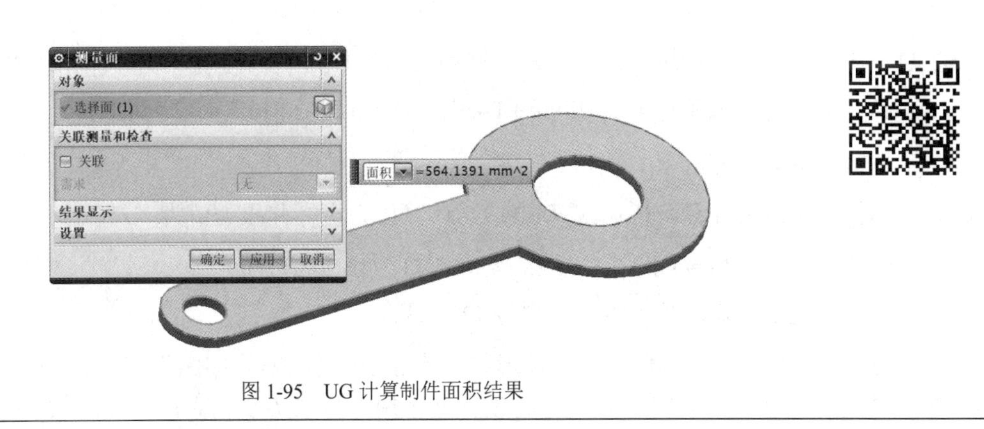

图 1-95　UG 计算制件面积结果

3. 连接片制件冲压力和压力中心计算

在正装冲裁复合模具结构中，冲裁完成后的制件在下模中，需设计顶件装置将其顶出。冲孔的废料留在上模中，需设计推件装置将其推出凸凹模刃口。因此所要计算的冲压力有冲裁制件成形的冲裁力 F、将冲孔废料推出的推件力 F_T、将制件顶出的顶出力 F_D 以及将箍在

凸凹模上的板料卸下的卸料力 F_X。

图 1-96　UG 计算制件外形周长结果

（1）冲裁力计算。本任务中，制件材料为 2A12 硬铝，查附表 A-1，取 $\tau_b = 120\text{MPa}$，根据制件零件图，采用 UG 软件测量功能（图 1-96），可算得一个零件外形周长为

$$L_1=136.999\approx137\text{mm}$$

内孔圆的周长为

$$L_2=3.14\times10=31.4(\text{mm})$$

$$L_3=3.14\times4=12.56(\text{mm})$$

总的冲裁边长度为

$$137+31.4+12.56=180.96(\text{mm})$$

制件材料厚度为 1mm，则冲裁力为

$$F = KLt\tau_b = 1.3\times180.96\times1\times120 = 28\,229.8(\text{N})$$

（2）卸料力计算。卸料力根据式（1-8）计算。查表 1-15，卸料力系数 K_X 取 0.05，则卸料力为

$$F_X = K_X F = 0.05\times28\,229.8\approx1\,411.5(\text{N})$$

（3）推件力计算。推件力根据式（1-9）计算，推件装置主要将每次冲裁完成后留在凸凹模孔内的制件推出，型孔内不积存废料，每次只推一片冲孔废料，故 n=1，查表 1-15，取推件力系数 K_T=0.05 则推件力为

$$F_T = nK_T F = 1\times0.05\times28\,229.8\approx1\,411.5(\text{N})$$

（4）顶件力计算。顶件力根据式（1-10）计算。顶件装置主要将每次冲裁完成后留在落料凹模内的制件自下向上顶出，查表 1-15，取顶件力系数 K_D=0.05，则顶件力为

$$F_D = K_D F = 0.05\times28\,229.8\text{N}\approx1\,411.5\text{N}$$

（5）总冲压力计算。总冲压力为冲裁力、卸料力、推件力、顶件力之和，计算式为

$$F_\Sigma = F + F_X + F_T + F_D = 28\,229.8 + 1\,411.5 + 1\,411.5 + 1\,411.5 \approx 32\,464(\text{N})$$

$$=32.464（\text{kN}）$$

（6）压力机标称压力计算。根据式（1-11），计算压力机标称压力值为

$$P_0=(1.1\sim1.3)\times32.464\approx35.71\sim42.203(\text{kN})$$

查附表 E-1 可选用开式可倾压力机，型号 J23-6.3。

（7）压力中心的计算。按比例绘制零件形状，选取坐标系 Oxy，如图 1-97（a）所示，零件上下方向对称，即 y_0=0，只需计算 x_0，将工件冲裁周边分成 L_1、L_2、L_3、L_4、$L_5$5 组基本线段，求出各段长度及各段的重心位置：

$$L_1=22\times3.14=69.08(\text{mm})，x_1=0\text{mm}；$$

$$L_2=31\times2=62(\text{mm})，x_2=-26.5\text{mm}；$$

$$L_3=4\times3.14=12.56(\text{mm})，x_3=2.55+42=-44.55(\text{mm})；$$

$$L_4=10\times3.14=31.4(\text{mm})，x_4=0\text{mm}；$$

$$L_5=4\times3.14=12.56(\text{mm})，x_5=-42\text{mm}$$

根据式（1-13），x 方向的压力中心计算如下：

$$x_0=\frac{L_1x_1+L_2x_2+\cdots+L_5x_5}{L_1+L_2+\cdots+L_5}=\frac{69.08\times0+62\times(-26.5)+12.56\times(-44.55)+31.4\times0+12.56\times(-42)}{180.96}$$

$$\approx-15.09$$

设计模具时，根据压力中心确定落料凹模周界，可将压力中心 x 坐标值调整到−15mm 处，如图 1-97（b）所示。

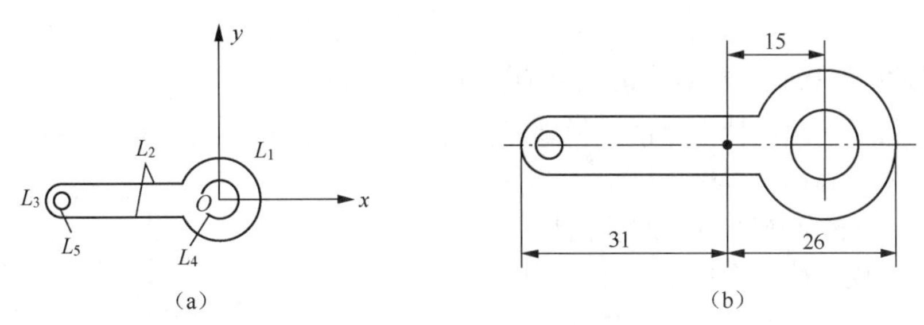

图 1-97　压力中心计算坐标系建立

4．连接片制件正装冲裁复合模具工作零件刃口尺寸计算

冲裁刃口尺寸的计算采用配作法。落料以凹模为基准，间隙取在凸模上；冲孔以凸模为基准，间隙取在凹模上。

（1）查选冲裁凸、凹模初始双面间隙。首先对冲裁模具工作零件的间隙值进行选取，本任务制件精度等级为 IT13～IT14 级，可按表 1-17 进行冲裁初始间隙的查选，根据制件材料厚度为 1mm，选取间隙值为 Z_{min}=0.100mm，Z_{max}=0.140mm。

（2）计算刃口尺寸。制件外形由落料得到，制件的内孔由冲孔得到，因此外形为落料件，以凹模为基准；内孔为冲孔件，以凸模为基准。

判断基准件——落料凹模的磨损趋势，凹模磨损后，刃口尺寸变化趋势如图 1-98 所示，通过磨损趋势可以判断：刃口部分尺寸 ϕ22mm、8mm 为增大尺寸，因此属于 A 类尺寸；42mm 处尺寸不变，属于 C 类尺寸。

而制件 ϕ10mm、ϕ4mm 孔的尺寸，通过冲孔工艺获得，以冲孔凸模为基准件，凸模磨损后尺寸变小，故孔的尺寸为变小尺寸，属于 B 类尺寸。

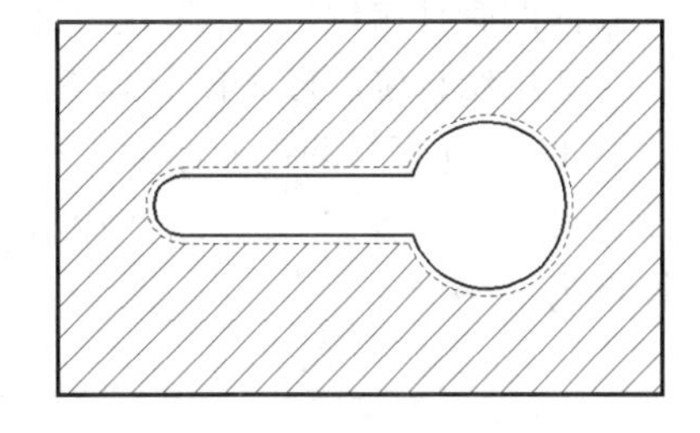

图 1-98　凹模磨损趋势

磨损系数可查表 1-21 来确定，当圆形冲裁制件公差 $\varDelta\geqslant$0.16mm 时，x=0.5；当 $\varDelta<$0.16mm 时，x=0.75。ϕ22mm 处公差为 0.33mm；ϕ10mm 处公差为 0.22mm；8mm 处尺寸公差（IT14 级）为 0.36mm，42mm 处尺寸公差（IT14 级）为 0.62mm>0.16mm，故 x=0.5。

制件公称尺寸 ϕ22mm 处的凹模尺寸：

$$A_{d_1}=(A_{max}-x\varDelta)_{0}^{+\varDelta/4}=(22-0.5\times0.33)_{0}^{+0.33/4}\approx21.84_{0}^{+0.082}(\text{mm})$$

制件公称尺寸 8mm 处的凹模尺寸：

$$A_{d_2}=(A_{\max}-x\Delta)_{0}^{+\Delta/4}=(8-0.5\times0.36)_{0}^{+0.36/4}\approx7.82_{0}^{+0.09}(\text{mm})$$

制件 ϕ10mm 孔处的凸模尺寸：

$$B_{d_3}=(B_{\min}+x\Delta)_{-\Delta/4}^{0}=(10+0.5\times0.22)_{-0.22/4}^{0}\approx10.11_{-0.055}^{0}(\text{mm})$$

制件 ϕ4mm 孔处的凸模尺寸：

$$B_{d_4}=(B_{\min}+x\Delta)_{-\Delta/4}^{0}=(4+0.5\times0.18)_{-0.18/4}^{0}\approx4.09_{-0.045}^{0}(\text{mm})$$

制件 42mm 处的尺寸：

$$L_{d_5}=42\pm0.62/8\approx42\pm0.077(\text{mm})$$

5. 连接片制件正装冲裁复合模具结构设计

正装冲裁模具的结构特点是凸凹模零件安装在上模，落料凹模、冲孔凸模安装在下模，其工作部分结构原理如图 1-99 所示。

凸凹模 2 兼起落料凹模和冲孔凸模的作用，它与落料凹模 6 配合完成落料冲裁工序，与冲孔凸模 4 配合完成冲孔工序，冲裁完成后制件留在落料凹模 6 的刃口内，需要设计顶件块 5 将制件自下而上顶出，顶件块还可起到冲裁时压料的作用，保证冲裁制件的平直度。冲孔废料留在凸凹模 2 的型孔刃口内，需要设计推件块 1 将冲孔废料自上而下推出。冲裁完成后板料箍在凸凹模 2 上，需要通过卸料板 3 卸下。可依据此结构原理对正装冲裁复合模具结构进行设计。

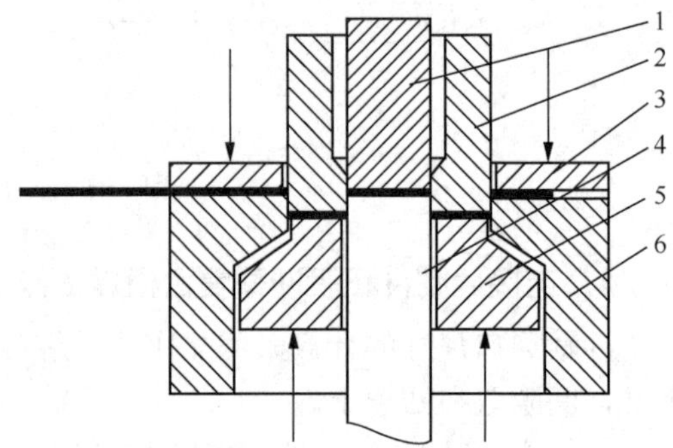

1—推件块；2—凸凹模；3—卸料板；4—冲孔凸模；5—顶件块；6—落料凹模

图 1-99　正装冲裁复合模具工作部分结构原理图

（1）凹模零件设计。在正装冲裁复合模具中，由于每次冲裁完成，顶件装置便将卡在凹模孔内的制件顶出，因此凹模孔内不积存废料，制件对凹模的胀力较小。

选用结构强度较大的整体式凹模结构形式。查表 1-27，选用直筒式凹模刃口形式。

① 设计落料凹模的厚度。已知冲裁力为 28 229.8N，选用合金钢 Cr12MoV 为凹模材料，确定 K_1=1。查表 1-25，因冲裁总周长为 180.96mm，K_2 取 1.37。根据式（1-23）计算凹模的厚度为

$$H=K_1K_2\times\sqrt[3]{0.1F}=1\times1.37\times\sqrt[3]{0.1\times28\,229.8}\approx19.36(\text{mm})$$

取整，设计凹模厚度为 20mm。

② 确定落料凹模的平面尺寸 $L\times B$。查表 1-26，根据板料宽度为 59.4mm，厚度为 1mm，可取凹模的壁厚 c 为 35mm。根据式（1-24）、式（1-25）计算凹模周界尺寸为

$$L=l'+2c=31+26+5+35\times2=62+35\times2=132\,(\text{mm})$$

$$B=b'+2c=22+2\times35=92\,(\text{mm})$$

根据上述计算尺寸，初步设计凹模结构如图 1-100 所示。

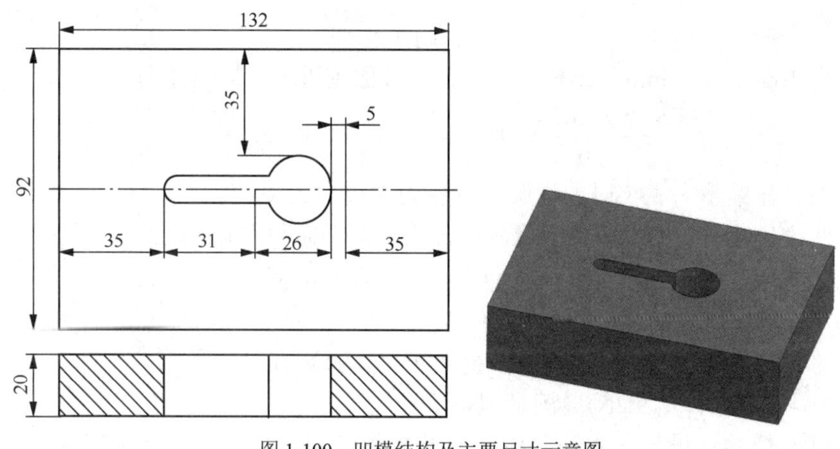

图 1-100　凹模结构及主要尺寸示意图

（2）固定板零件设计。本任务中，凹模采用整体式结构，不需要固定板，只需要设计冲孔凸模和凸凹模固定板。按凹模厚度的 60%～80%进行设计，则固定板厚度 h_1 为

$$h_1=(0.6\sim0.8)\times20=12\sim16(\text{mm})$$

固定板厚度可取为 15mm。

固定板平面尺寸与落料凹模周界尺寸一致为 132mm×92mm。

冲孔凸模固定板与所装配的凸模、凸凹模固定板与所装配的凸凹模均为过渡配合（H7/m6）方式。

（3）卸料板设计。在正装复合模结构中，为起到冲裁时压住板料、保证制件平整的作用，采用弹性卸料板结构形式。

本任务模具的弹性卸料板的平面尺寸与落料凹模周界尺寸一致为 132mm×92mm。根据表 1-30，冲裁制件料厚为 1mm，卸料板宽度为 132mm（取平面尺寸较大值为查表依据）时对应的卸料板厚度为 12mm。查表 1-29，卸料板与凸凹模单边间隙可取 0.2mm。

（4）弹性元件设计。根据橡胶弹性元件设计原则和方法，在本任务中，设计卸料板底面高出凸模刃口距离为 1mm，板料厚度为 1mm，设计凸模进入凹模的距离为 1mm，修磨量为 2mm。

工作行程为

$$L_{工}=1+1+1+2=5(\text{mm})$$

根据式（1-27），橡胶弹性元件的自由高度为

$$H_{自}=\frac{5}{0.25\sim0.30}\approx20\sim16.7\ (\text{mm})$$

按 10%～15%计算橡胶元件的预压缩量为

$$h_{预}=(16.7\sim20)\times(10\%\sim15\%)=1.67\sim3(\text{mm})$$

校核橡胶元件弹力，该力主要作为卸料力使卸料板产生复位。冲裁完成后的合模状态，橡胶的总压缩量为

$$h_{总}=5+(1.67\sim3)=6.67\sim8(\text{mm})$$

橡胶产生的压力为

$$F=AP$$

取橡胶自由高度为20mm，计算该模具合模时橡胶压缩量最小值为

$$\frac{5+1.67}{20}\times100\%=\frac{6.67}{20}\times100\%\approx33\%$$

查表1-31，压缩量为33%时的橡胶单位压力大致为2.10MPa。

选用与凹模尺寸一致的橡胶垫（橡胶内部去除落料面积为655mm²），面积约为

$$A=136\times92-655^2=11\ 857(\text{mm}^2)$$

则所选用橡胶所产生的最小弹力为

$$F=2.10\times11\ 857\approx24\ 899(\text{N})$$

弹力(24 899N)>卸料力(1 419.2N)，满足卸料要求。

（5）冲孔凸模零件设计。本任务中冲孔凸模的作用是与凸凹模配合完成制件上直径为10mm和直径为4mm的孔的冲裁，由于刃口形状为圆形，可查表1-53选标准圆柱头缩杆圆凸模作为冲孔凸模。

在本任务的正装复合模中，冲孔凸模安装在下模，由冲孔凸模固定板固定，并穿过落料凹模和垫块，安装结构如图1-101所示。因此凸模的长度可以参考凸模固定板、落料凹模和垫块的尺寸进行设计。由前面设计可知，落料凹模厚度为20mm，凸模固定板厚度为15mm，垫块可按厚度15mm进行设计。

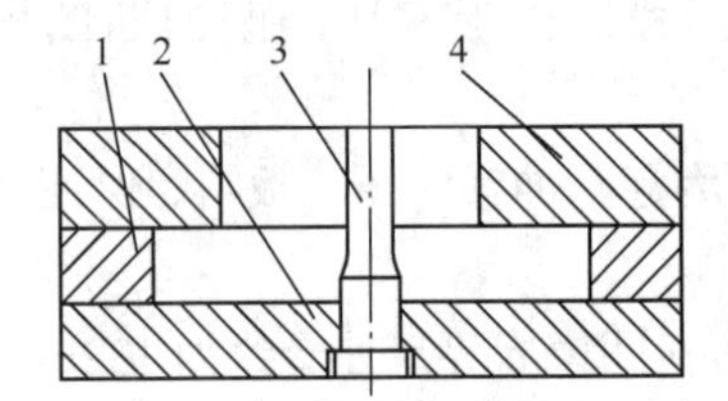

1—垫块；2—凸模固定板；3—冲孔凸模；4—落料凹模

图1-101　正装冲裁复合模具中冲孔凸模安装示意图

冲孔凸模的长度为

$$L\geqslant20+15+15=50(\text{mm})$$

查表1-53，可选用凸模长度为50mm。根据一个冲孔凸模的刃口尺寸公称直径为10.11mm，可选用D=13mm，D_1=16mm规格的标准圆柱头缩杆冲孔圆凸模；根据另一冲孔凸模的刃口公称直径为4.09mm，可选用D=5mm，D_1=8mm规格的标准圆柱头缩杆冲孔圆凸模。按标准选用零件之后，根据所设计的冲孔凸模的刃口尺寸和精度进行改制。两个冲孔凸模的结构及主体尺寸如图1-102和图1-103所示。

（6）凸凹模零件设计。本任务模具采用弹压卸料方式，凸凹模的长度可根据式（1-29）进行设计计算。

由前面设计可知，凸凹模固定板厚度为15mm，卸料板厚度为12mm，材料厚度为1mm，凸模进入凹模的距离为1mm，修磨量为2mm。安全距离可参考弹性元件合模时压缩后的尺寸，根据橡胶弹性元件尺寸设计参考范围，暂定为橡胶元件自由高度为20mm，合模后的总压缩量为7mm，则合模后的尺寸为20−7=13(mm)。

根据上述尺寸可暂定凸模长度为

$$L=15+12+1+1+2+13=44(\text{mm})$$

凸凹模端面结构通常与冲裁制件形状一致，如图1-104所示。

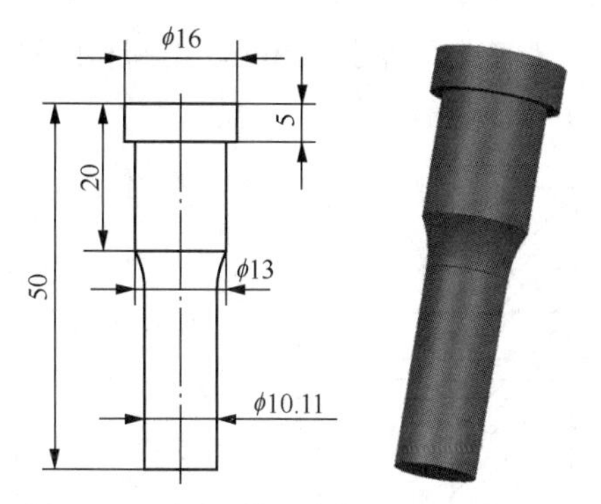

图 1-102　冲孔凸模（公称直径为 10.11mm）

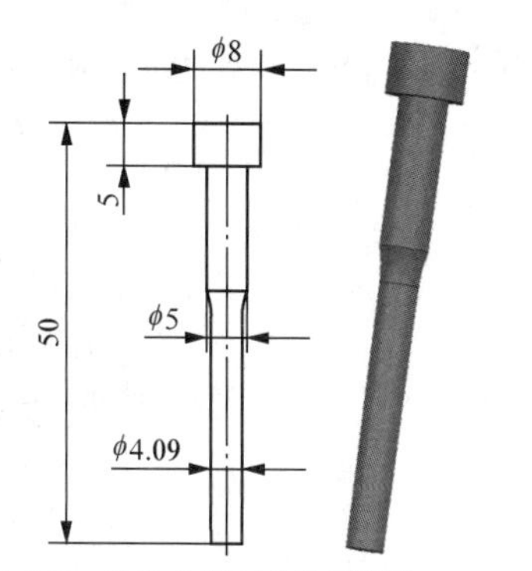

图 1-103　冲孔凸模（公称直径为 4.09mm）

（7）垫板零件设计。根据式（1-31）对模具是否需要采用垫板进行计算校核。

本任务模具中最小的凸模为刃口直径 $\phi4.09$mm 的冲孔凸模，首先校核该冲孔凸模与上模座之间是否需要垫板。

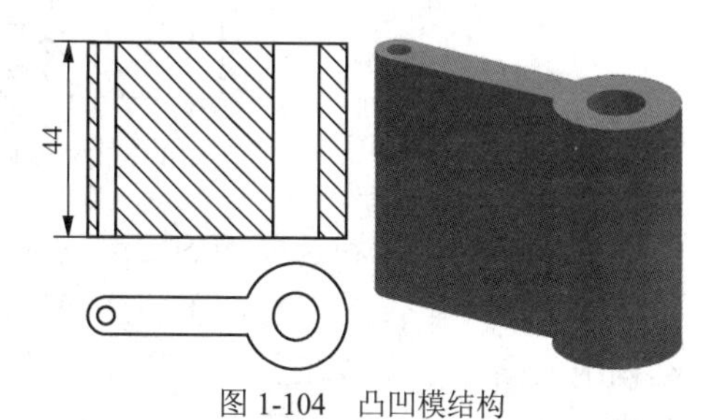

图 1-104　凸凹模结构

冲孔凸模头部端面面积为

$$A=3.14\times8^2=200.96(\text{mm}^2)$$

冲孔凸模头部周长为

$$L=3.14\times16=50.24(\text{mm})$$

冲裁制件厚度 t=1mm，材料为 2A12 硬铝，抗剪强度 τ_b 为 120MPa，代入校核公式：

$$\sigma=\frac{F}{A}=\frac{Lt\tau_{\text{b}}}{A}=\frac{50.24\times1\times120}{200.96}\approx30(\text{MPa})$$

$$\sigma<[\sigma_{\text{p}}]=140\text{MPa}$$

因此不需要在冲孔凸模与上模座之间设计垫板。

校核凸凹模后是否需要安装垫板结构，凸凹模端部面积为

$$A=564.1\text{mm}^2$$

凸凹模端部周长为

$$L=180.96\text{mm}$$

材料厚度 t=1mm，材料抗剪强度 τ_b 为 120MPa，代入上述校核公式为

$$\sigma=\frac{F}{A}=\frac{Lt\tau_{\text{b}}}{A}=\frac{180.96\times1\times120}{564.1}\approx38.5(\text{MPa})$$

$$\sigma<[\sigma_{\text{p}}]=140(\text{MPa})$$

因此不需要在凸凹模后设计垫板。但是考虑上模结构中需要为推件零件预留出一定的活动空间，可在凸凹模上方设计 5mm 垫板。

（8）紧固标准件的选用。本任务所用紧固件规格查表 1-36 进行选用，根据凹模的厚度为 20mm，可选 M8 的内六角螺钉和直径为 8mm 的圆柱销作为紧固件。

参照图 1-105 进行卸料螺钉长度设计，卸料螺钉长度 $L=L_{凸}+L_{垫}+k-H+l$，正装冲裁复合模具中卸料板和卸料螺钉都在上模。垫板厚度 $L_{垫}$为 5mm，凸凹模长度 $L_{凸}$为 44mm，卸料板

厚度 H 为 12mm，卸料板高出凸模尺寸 k 为 1mm，l 取大于等于 10mm，则卸料螺钉长度为

$$L \geqslant 44+5+1-12+10=48(\text{mm})$$

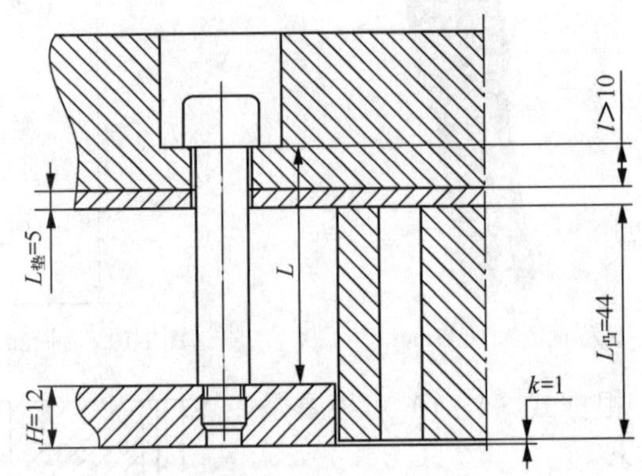

图 1-105　正装模具结构中卸料螺钉的长度设计、计算

查表 1-40，选用长度为 50mm 的 M8 圆柱头内六角卸料螺钉。

（9）工作零件的装配。正装冲裁复合模具结构中，凸凹模安装在上模，冲孔凸模和落料凹模安装在下模，合模状态时，冲孔凸模进入凸凹模孔内，凸凹模进入凹模孔内，参照正装冲裁复合模具工作部分结构原理图，进行工作零件装配设计，如图 1-106 所示。

模具数字化设计：

扫描二维码学习工作零件设计与建模。

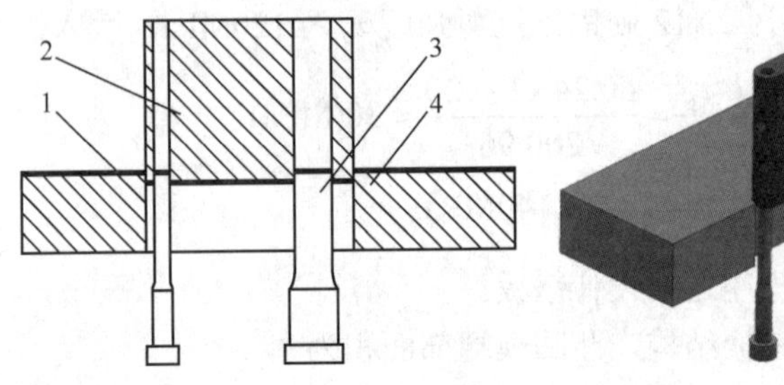

1—板料；2—凸凹模；3—冲孔凸模；4—落料凹模

图 1-106　正装冲裁复合模具中工作零件位置示意

（10）凸模固定板设计安装。设计安装冲孔凸模固定板和凸凹模固定板，固定板厚度为 15mm，平面尺寸与凹模周界尺寸相同。冲孔凸模固定板下端面与冲孔凸模下端面平齐，安装在下模。凸凹模固定板上端面与凸凹模上端面平齐，安装在上模。固定板安装位置如图 1-107 所示。

模具数字化设计：

扫描二维码学习凸凹模固定板和冲孔凸模固定板建模。

（11）卸料板设计。安装卸料板，卸料板厚度为 12mm。平面尺寸与凹模周界尺寸一致。在正装冲裁复合模具结构中，卸料板安装于上模部分。卸料板在合模状态时“紧贴”板料，并与凸凹模留有一定的间隙，卸料板与凸凹模单边间隙为 0.2mm。卸料板安装位置如图 1-108 所示。

模具数字化设计：

扫描二维码学习卸料板建模。

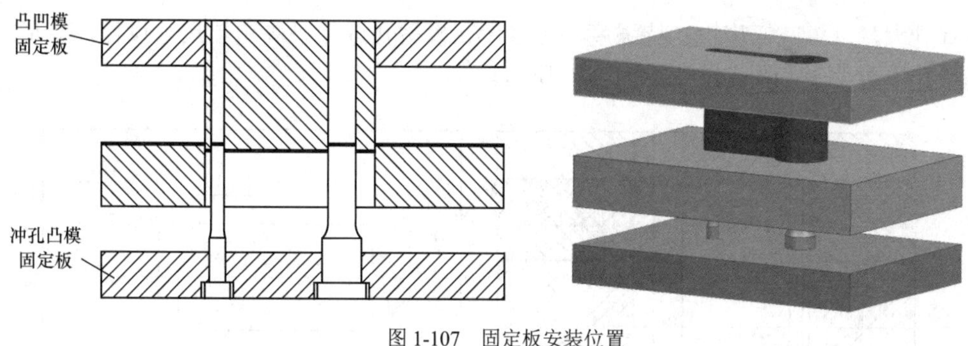

图 1-107　固定板安装位置

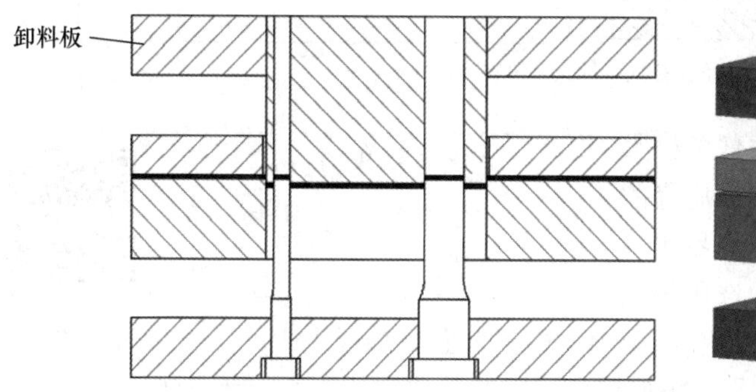

图 1-108　卸料板安装位置

（12）橡胶弹性元件安装。橡胶弹性元件安装位置在卸料板和凸凹模固定板之间，提供卸料力，在合模时，橡胶处于被压缩状态。安装位置如图 1-109 所示。

模具数字化设计：

扫描二维码学习橡胶弹性元件建模。

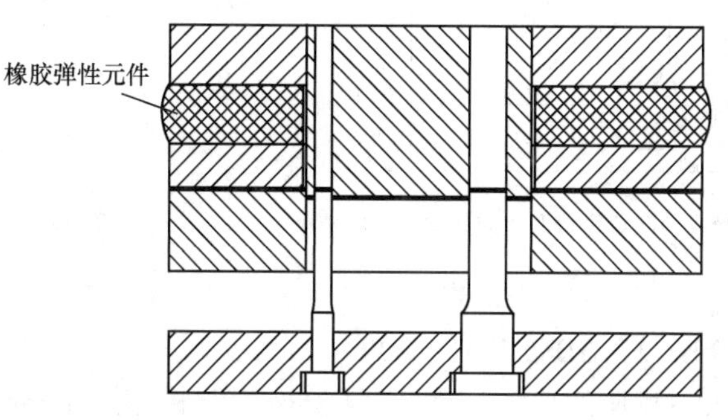

图 1-109　橡胶弹性元件安装位置

（13）垫块的设计安装。正装冲裁复合模具结构中，需要设计顶件装置，将冲裁完成后留在凹模内的制件由下向上顶出，为了使顶件装置有足够的活动空间，一般在冲孔凸模固定板和落料凹模之间设计安装垫块。根据顶出距离设计垫块的厚度，一般为 10～20mm，本任务中设计垫块厚度为 15mm。同时垫块中间可设计成矩形通孔，用以安装顶件块等零件。通孔

模具数字化设计：

扫描二维码学习垫块建模。

尺寸不宜过大，以免减低垫块支持强度，可参考凹模型孔进行垫块通孔尺寸设计，矩形通孔比凹模型孔单边大 5～10mm，如图 1-110 所示。

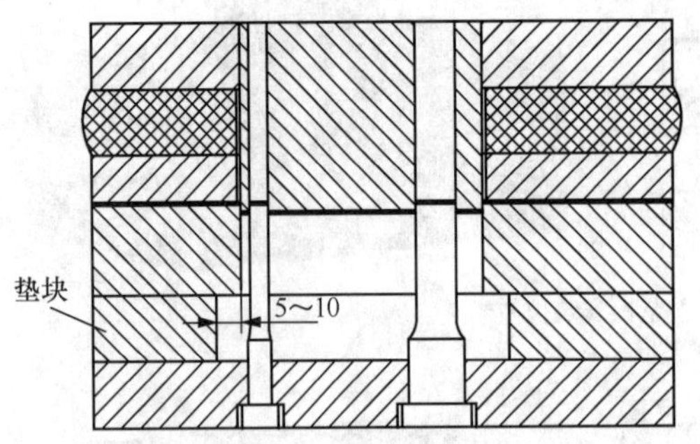

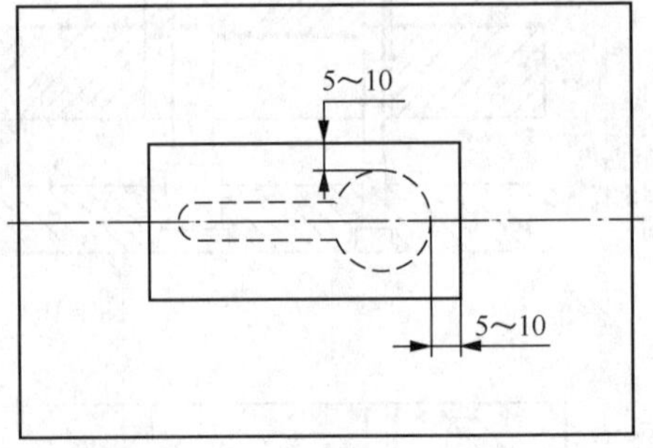

图 1-110　下模垫块零件安装位置及尺寸

（14）选用与安装上、下模座。本任务模具选用标准后侧导柱模架，首先根据凹模周界的尺寸进行模架规格的选用。根据凹模周界尺寸为 L=132mm，B=92mm，查附表 B-1 选用模架尺寸规格为 L=160mm，B=100mm。冲孔凸模固定板下表面至垫板上表面（合模时）的尺寸为 91mm，如图 1-111 所示。考虑上、下模座厚度，因此可选用闭合高度为 160～190mm，I 级精度的后侧导柱模架。

模具数字化设计：

扫描二维码学习上、下模座安装。

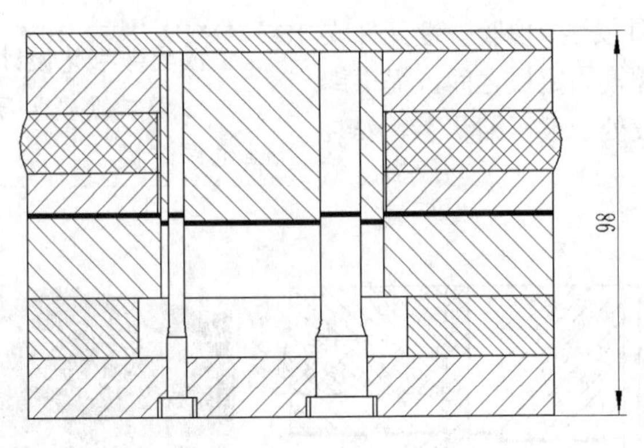

图 1-111　安装模座前（合模状态）的高度

选用模架的标记如下：

$$160\times100\times(160\sim190)\quad \text{I}\quad \text{GB/T 2851—2008}$$

选定模架规格后，继续查附表 B-1 选上、下模座的尺寸，上模座厚 35mm；下模座厚 40mm。上模座尺寸及结构参数见附表 B-2，查选、计算得到导套安装孔中心距为

$$S=170\text{mm},\ R=38\text{mm}$$

计算上模座总长为

$$170+2\times38=246(\text{mm})$$

上模座的两个导套安装孔尺寸为 38mm，根据上述结构尺寸，下模座也可根据附表 B-2 查选，下模座厚 40mm，导柱孔安装中心距 S=170mm、R=38mm，则下模座总长为

$$170+2\times38=246(\text{mm})$$

两个导柱孔直径是 25mm，根据上述尺寸规格安装模座后，如图 1-112 所示。

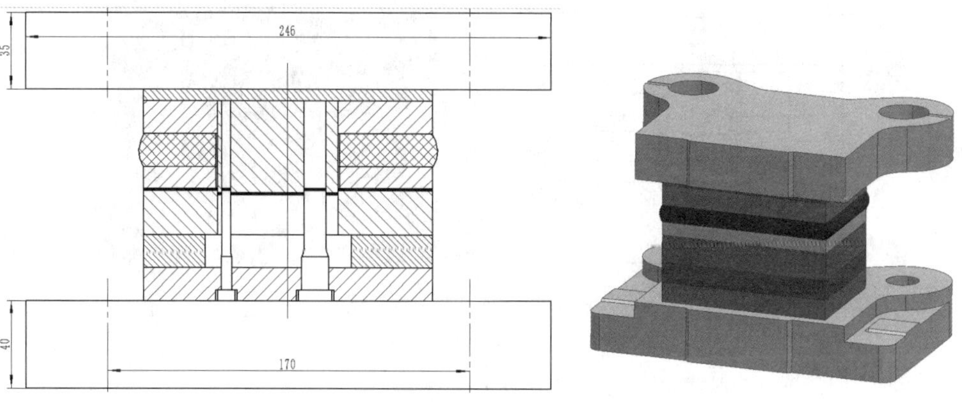

图 1-112　上、下模座安装及结构尺寸

（15）选用与安装导柱、导套。根据模架规格表中的导柱、导套尺寸规格选用导柱、导套标准件，本任务中导柱规格为 25×130。该参数表示：导柱标准零件直径为 25mm，长度为 130mm。

模具数字化设计：

扫描二维码学习导柱、导套安装。

导套 25×85×33 表示导套内孔直径为 25mm，导套总长为 85mm，安装插入模座的尺寸为 33mm。

根据导套标准，导套装入上模架外径尺寸为 38mm；最大外径尺寸为 38+3=41（mm）。安装完成后如图 1-113 所示。

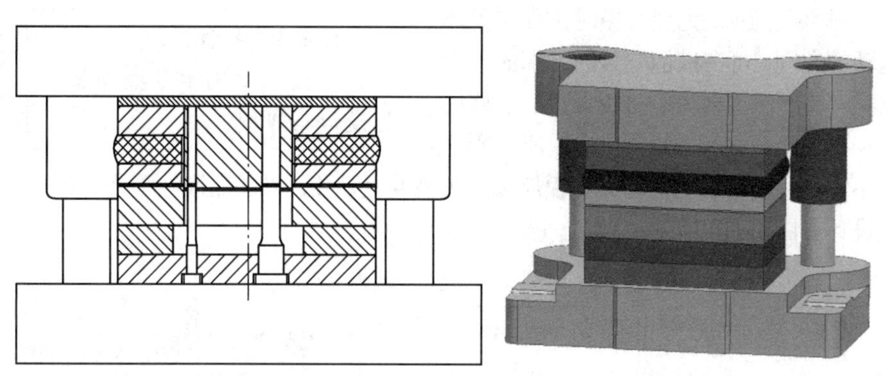

图 1-113　标准导柱、导套安装

（16）选用与安装模柄。模柄选型可参考压力机参数中的模柄孔尺寸，本任务选用压力机 J23-6.3，模柄孔尺寸为 30mm，查附表 C-2 选用旋入式模柄结构。将尺寸参数 d=25mm、L=68mm 的旋入式模柄安装于总装结构中，如图 1-114 所示。

模具数字化设计：

扫描二维码学习模柄安装。

（17）推件装置的设计。由于冲孔废料留在凸凹模型孔内，因此要在型孔内安装推件杆（块），推件装置结构原理如图 1-115 所示。开模时，上模上行打杆 1 碰到压力机横梁受向下的力，该力通过打杆 1 推动推板 2，推动推件杆 3 将卡在凸凹模孔内的冲孔废料推出。

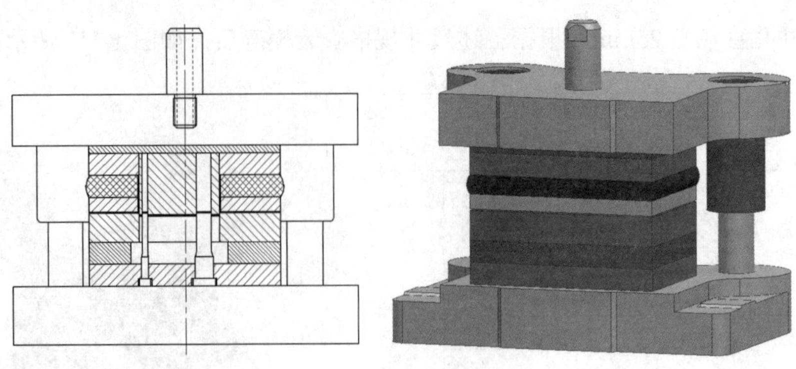

图 1-114　标准模柄零件安装

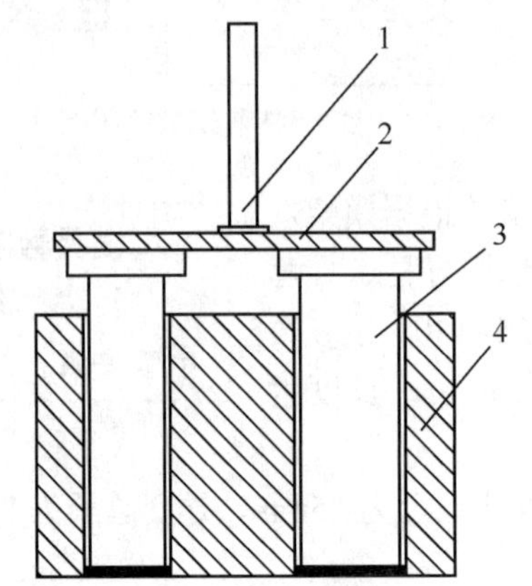

1—打杆；2—推板；3—推件杆；4—凸凹模

图 1-115　推件装置基本结构

在设计推件装置时，为使合模时推件装置能有向上运动的空间，可在模柄安装的下部的上模座内开槽孔，孔的深度要大于推板厚度、推件杆头部厚度和推件距离之和。如果在上模座上所开孔的尺寸不够，可以考虑适当增大垫板厚度，在垫板上开孔，以保证推件装置的运动空间。上模推件装置设计如图 1-116 所示。

模具数字化设计：

扫描二维码学习推件装置设计与建模。

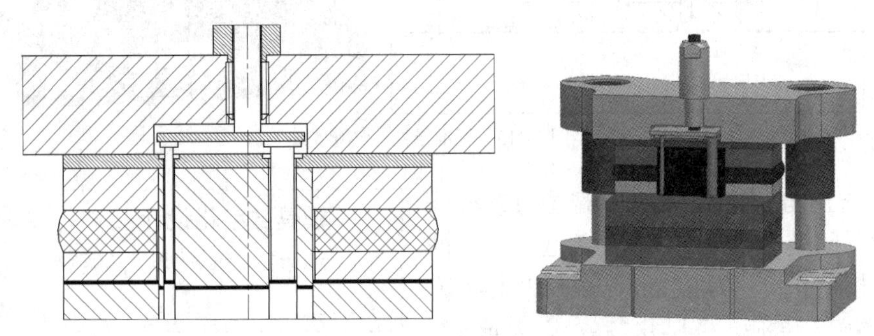

图 1-116　上模推件装置设计

（18）顶件装置的设计。本任务制件不是规则的矩形或者圆形，整体式顶件块制造比较困难，可以采用图 1-117 所示的组合式顶件块结

模具数字化设计：

扫描二维码学习顶件装置设计与建模。

构，顶件块1和台肩垫板2通过沉头螺钉3紧固在一起。

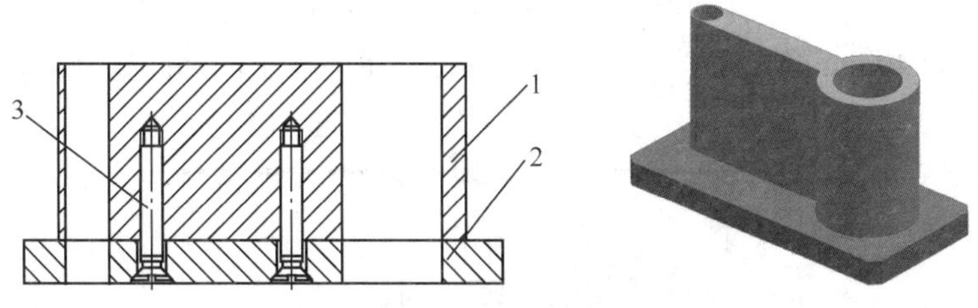

1—顶件块；2—台肩垫板；3—沉头螺钉

图1-117　顶件块与台肩垫板结构

将推件块放置在落料凹模孔内，在合模状态时，顶件块处于下压状态，台肩垫板上端面与落料凹模下端面之间要有间隙，间隙距离比制件的顶出行程多0.5～1mm。台肩垫板与冲孔凸模固定板之间也要留有空间，即台肩垫板下端面与冲孔凸模固定板上端面在合模状态时有一定的间隙。顶杆直接接触台肩垫板，并在冲孔凸模固定板和下模座设计顶杆运动孔。在下模座中间攻内螺纹盲孔，以便安装弹顶器螺柱。下模顶件装置的安装如图1-118所示。

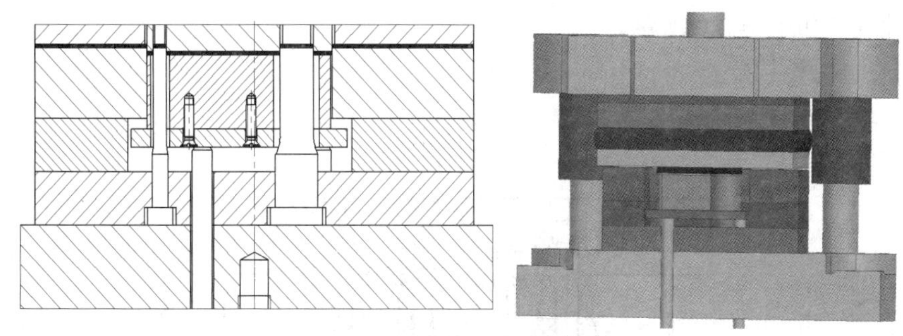

图1-118　下模顶件装置安装位置与结构

（19）安装标准紧固件。参照图1-24与图1-25进行紧固螺钉和定位销钉的安装。根据凹模厚度为20mm，查表1-36和表1-38，选用M8的内六角圆柱头螺钉和直径为8mm的圆柱销钉作为紧固件。

下模座、冲孔凸模固定板、垫块厚度之和为70mm，M8内六角螺钉头部高度为8mm，螺钉贯穿下模座、固定板、垫块，与落料凹模螺纹连接，拧入凹模螺纹距离为凹模厚度的1/2～1/3，即为7～10mm，则可确定螺钉长度为

$$70-8+(7\sim10)=69\sim72(\text{mm})$$

因此选用标准长度为70mm的M10内六角圆柱头螺钉用于下模中的凹模固定。

下模定位销选用直径为8mm的圆柱销，长度为75mm，贯穿整个下模部分，定位凹模，如图1-119所示。

卸料螺钉安装在上模，穿过上模座、垫板、凸凹模固定板、弹性元件，与卸料板连接，选用长度为45mm的M8的圆柱头内六角卸料螺钉。

上模紧固螺钉的作用是紧固凸凹模固定板，螺钉穿过上模座、垫板与凸凹模固定板连接，上模座和上垫板厚度之和为40mm，螺钉头部尺寸为8mm，固定板厚度为15mm，拧入固定

板螺纹的距离为其厚度的1/2～1/3，即为5～8mm，则可确定螺钉长度为

$$40-8+(5\sim8)=37\sim40(\mathrm{mm})$$

可选用长度为40mm的M8圆柱头内六角螺钉固定上模中的凸凹模固定板。

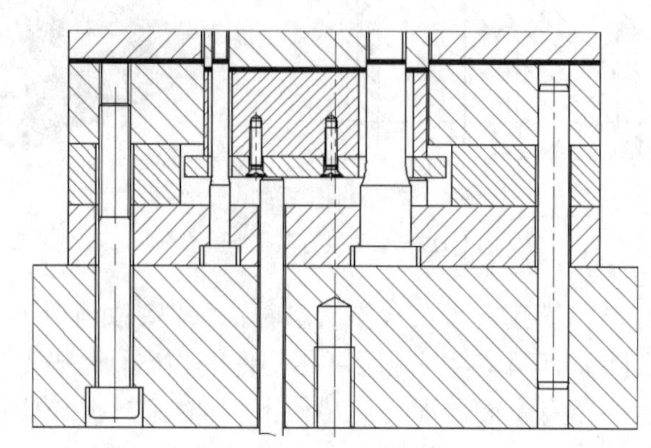

图1-119 下模紧固标准件安装

上模定位销钉长度可略大于紧固销钉，可选用45mm长圆柱销钉。选用M4的开槽平端紧定螺钉紧固旋入式模柄，起到防止模柄转动的作用。安装导料销对板料送料进行导向。上模各紧固件安装如图1-120所示。

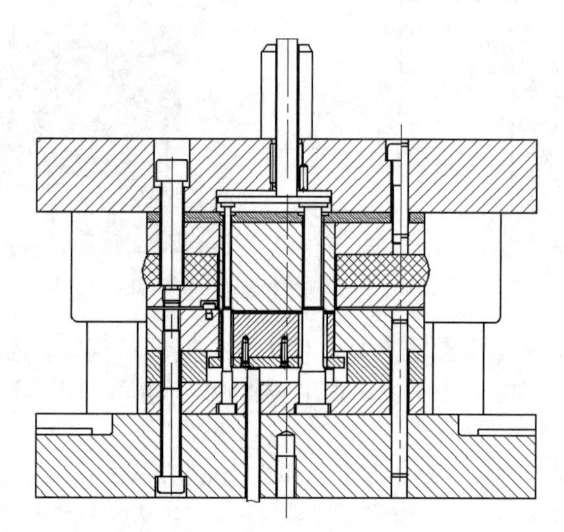

图1-120 上模紧固件与定位零件安装完成后模具结构示意图

连接片制件正装冲裁复合模具结构设计完成后，进行冲压模具总成装配图的绘制，如图1-121所示。本套模具工作部分零件尺寸公差带等级，孔类尺寸可采用H7，轴类尺寸可采用h6设计。模具的冲孔凸模零件图可参考图1-122，凸凹模零件图参考图1-123，落料凹模零件图参考图1-124，冲孔凸模固定板零件图参考图1-125，凸凹模固定板零件图参考图1-126。

6. 连接片制件正装冲裁复合模具零件材料选用

本任务制件为材料是2A12的冲孔落料件，厚度为1mm，产量10万件，属于中等批量生产，制件形状简单、规则，根据冲压模具零件材料选用原则，确定冲孔凸模、落料凹模和凸凹模材料为Cr12MoV。冲裁模具其他主要结构零件可查表1-48进行材料选用。

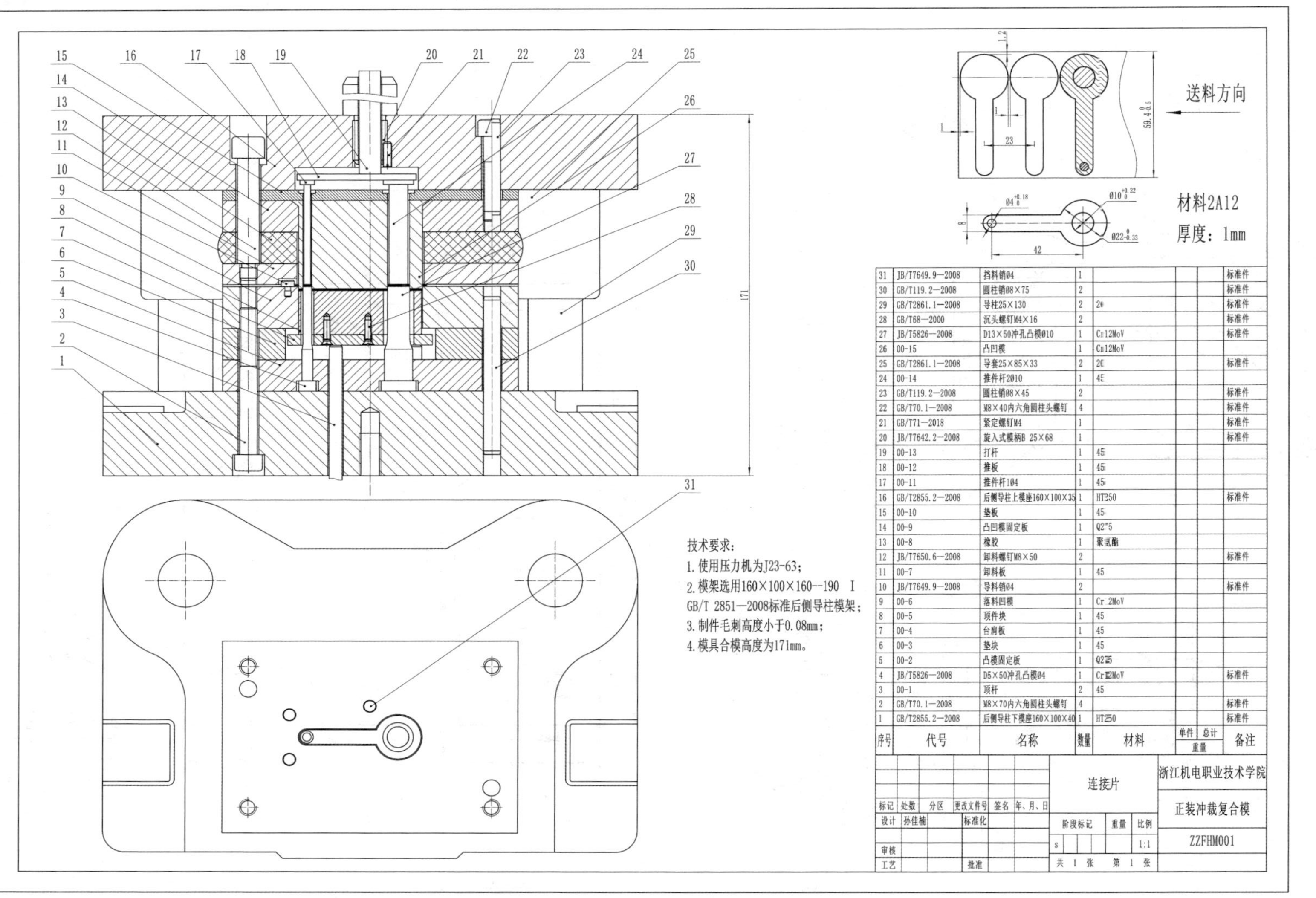

序号	代号	名称	数量	材料	单件重量	总计重量	备注
31	JB/T7649.9—2008	挡料销Ø4	1				标准件
30	GB/T119.2—2008	圆柱销Ø8×75	2				标准件
29	GB/T2861.1—2008	导柱25×130	2	20			标准件
28	GB/T68—2000	沉头螺钉M4×16	2				标准件
27	JB/T5826—2008	D13×50冲孔凸模Ø10	1	Cr12MoV			标准件
26	00-15	凸凹模	1	Cr12MoV			
25	GB/T2861.1—2008	导套25×85×33	2	20			标准件
24	00-14	推件杆Ø10	1	45			
23	GB/T119.2—2008	圆柱销Ø8×45	2				标准件
22	GB/T70.1—2008	M8×40内六角圆柱头螺钉	4				标准件
21	GB/T71—2018	紧定螺钉M4	1				标准件
20	JB/T7642.2—2008	旋入式模柄B 25×68	1				标准件
19	00-13	打杆	1	45			
18	00-12	推板	1	45			
17	00-11	推件杆Ø4	1	45			
16	GB/T2855.2—2008	后侧导柱上模座160×100×35	1	HT250			标准件
15	00-10	垫板	1	45			
14	00-9	凸凹模固定板	1	Q235			
13	00-8	橡胶	1	聚氨酯			
12	JB/T7650.6—2008	卸料螺钉M8×50	2				标准件
11	00-7	卸料板	1	45			
10	JB/T7649.9—2008	导料销Ø4	2				标准件
9	00-6	落料凹模	1	Cr12MoV			
8	00-5	顶件块	1	45			
7	00-4	台肩板	1	45			
6	00-3	垫块	1	45			
5	00-2	凸模固定板	1	Q235			
4	JB/T5826—2008	D5×50冲孔凸模Ø4	1	Cr12MoV			标准件
3	00-1	顶杆	2	45			
2	GB/T70.1—2008	M8×70内六角圆柱头螺钉	4				标准件
1	GB/T2855.2—2008	后侧导柱下模座160×100×40	1	HT250			标准件

图 1-121　正装冲裁复合模具装配图

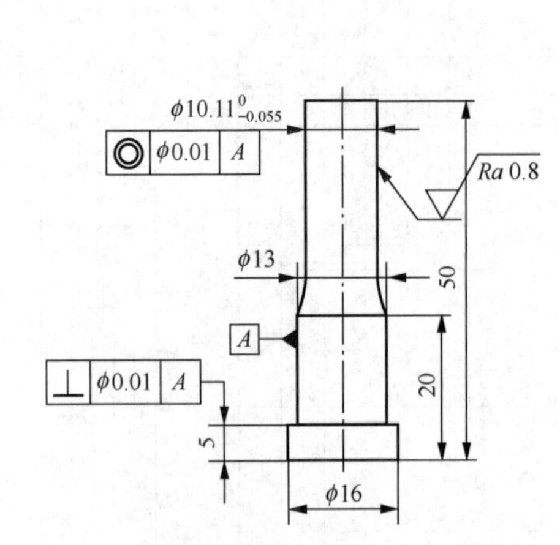

技术要求：
1.材料为Cr12MoV；
2.热处理硬度为58～60HRC；
3.选用JB/T 5826—2008标准改制；
4.数量为1件。

图 1-122　冲孔凸模

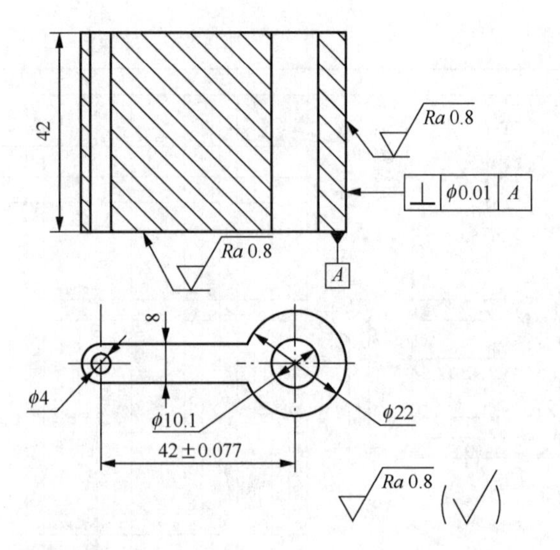

技术要求：
1.材料为Cr12MoV；
2.热处理硬度为58～60HRC；
3.凸凹模实际刃口尺寸配作，保证双面间隙为0.100～0.140mm；
4.数量为1件。

图 1-123　凸凹模

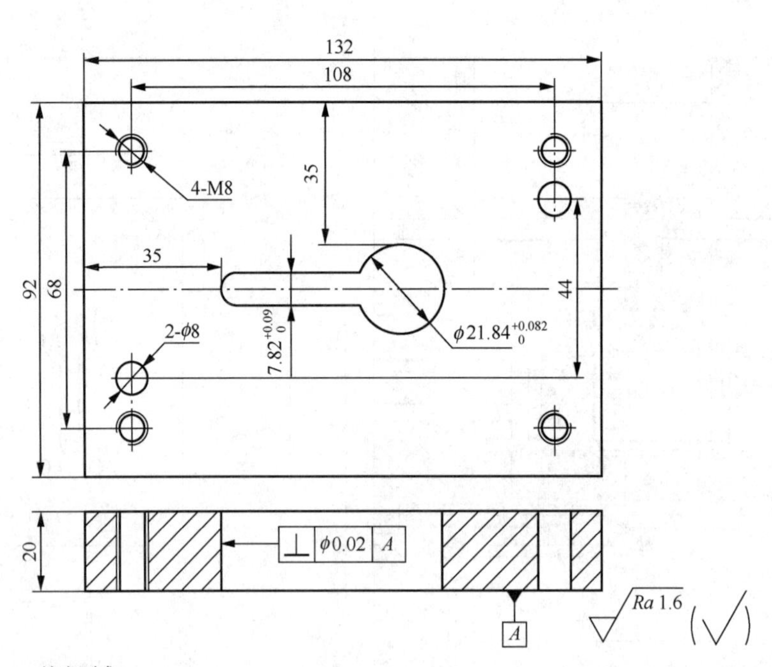

技术要求：
1.材料为Cr12MoV；
2.热处理硬度为60～62HRC；
3.凹模板上、下表面平行度为0.005mm；
4.数量为1件。

图 1-124　落料凹模

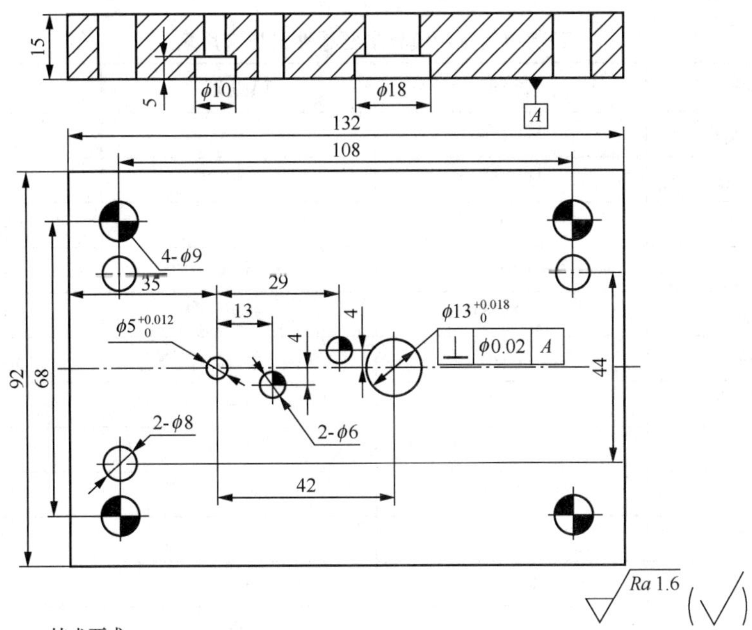

技术要求:
1.材料为Q275;
2.板上、下两面平行度为0.05mm;
3.型孔采用慢走丝加工，对底面的垂直度为0.02mm;
4.数量为1件。

图 1-125　冲孔凸模固定板

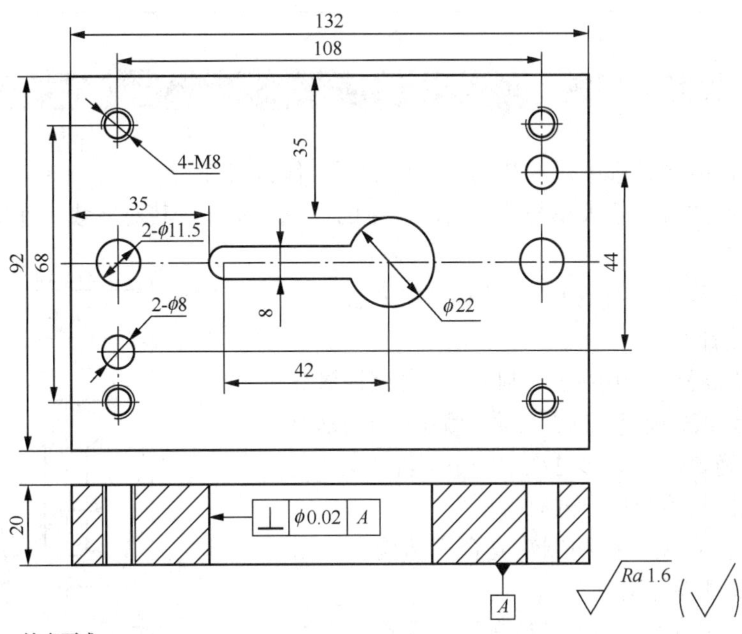

技术要求:
1.材料为Q275;
2.板上、下两面平行度为0.05mm;
3.型孔采用慢走丝加工，对底面的垂直度为0.02mm;
4.数量为1件。

图 1-126　凸凹模固定板

本任务模具的主要零件的材料和热处理要求，见表1-55。

表1-55　　正装冲裁复合模具主要零件材料选用表

零件名称	材料	热处理	硬度
后侧导柱上模座	HT250	—	—
后侧导柱下模座	HT250	—	—
导柱	20	淬火	56～58HRC
导套	20	淬火	58～60HRC
落料凹模	Cr12MoV	淬火	60～62HRC
冲孔凸模	Cr12MoV	淬火	58～60HRC
卸料板	Q275	—	—
Q275	—	—	—
凸凹模	Cr12MoV	淬火	58～60HRC
垫板	45	—	—
冲孔凸模固定板	Q275	—	—
凸凹模固定板	Q275	—	—
打杆	45	—	—
推杆	45	—	—
顶件块	45	—	—
顶杆	45	—	—

1.6 思考与习题

1-1　在冲裁成形过程中，冲裁制件的切断面有什么特征？

1-2　试讨论冲裁间隙大小与冲裁断面质量的关系，并分析其对冲裁制件质量、冲裁力和模具寿命的影响。

1-3　确定冲裁凸、凹模刃口尺寸有哪些方法？它们的应用条件是什么？

1-4　如何提高材料利用率？材料利用率如何计算？

1-5　在进行冲裁排样设计时，可采用哪些排样方法？

1-6　如何确定冲裁成形过程中的总的冲压力？

1-7　冲裁模具的卸料方式有哪些？

1-8　正装复合模结构和倒装复合模结构在应用和模具结构上有哪些不同？

1-9　分析夹片制件（图1-127）的冲裁成形工艺性。

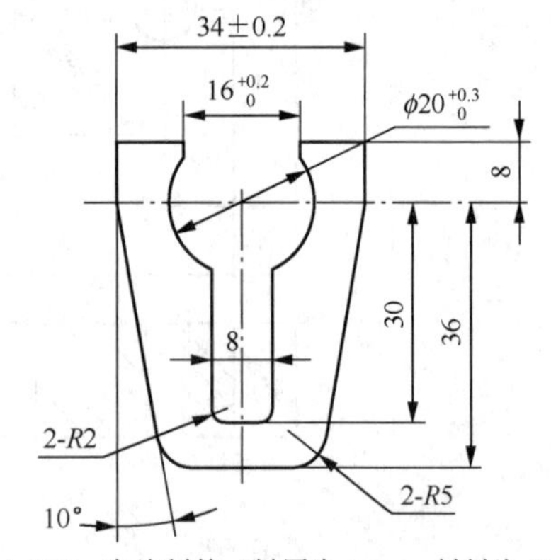

图1-127　夹片制件（料厚为1mm，材料为08F）

1-10　试确定和设计夹片制件（图1-127）落料模具的工作零件刃口尺寸、刃口间隙、工件排样图。

1-11　设计表1-56中各冲裁制件的冲裁复合模具，要求进行冲裁工艺的分析和计算、模具工作零件的三维建模和二维工程图绘制，模具总装结构的三维建模和二维工程图绘制。

表 1-56　　冲裁制件尺寸和模具设计要求

序号	冲裁制件图	材料	厚度	模具结构要求
1	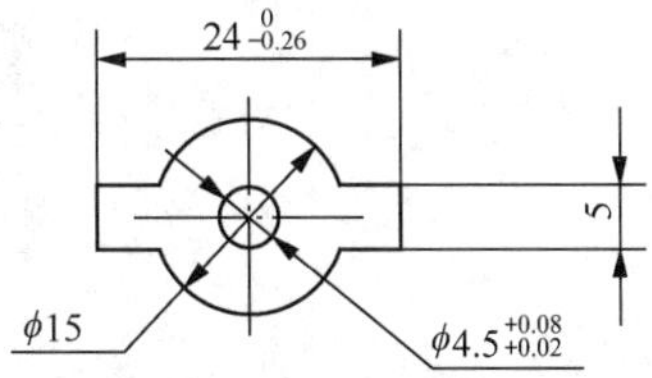 $24_{-0.26}^{0}$　5　$\phi15$　$\phi4.5_{+0.02}^{+0.08}$	08Al	2mm	倒装复合模
2	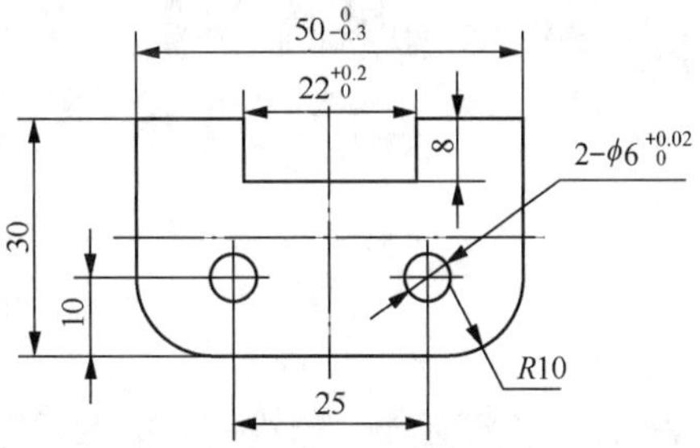 $50_{-0.3}^{0}$　$22_{0}^{+0.2}$　8　$2\text{-}\phi6_{0}^{+0.02}$　30　10　R10　25	H62（软）	1mm	正装复合模
3	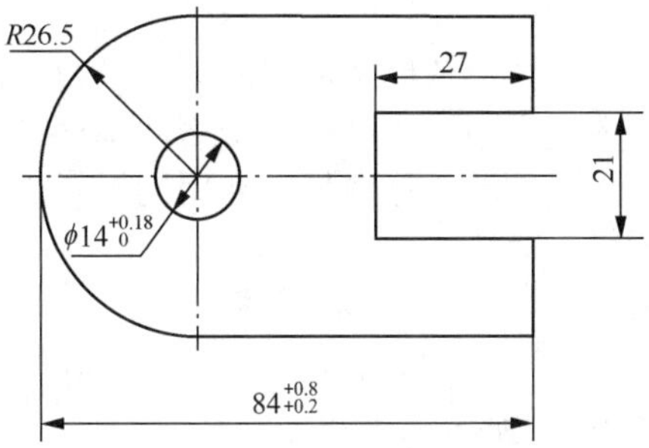 R26.5　27　21　$\phi14_{0}^{+0.18}$　$84_{+0.2}^{+0.8}$	80F	1mm	倒装复合模
4	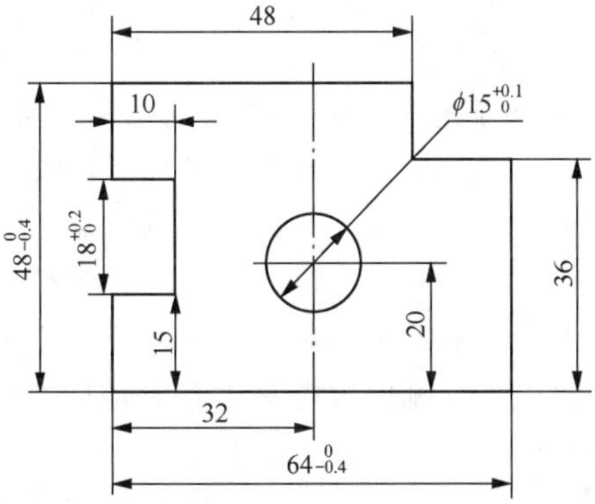 48　10　$\phi15_{0}^{+0.1}$　$48_{-0.4}^{0}$　$18_{0}^{+0.2}$　36　20　15　32　$64_{-0.4}^{0}$	H68（软）	1mm	正装复合模

项目 2

弯曲成形工艺与模具设计

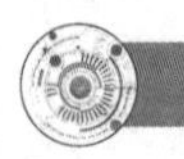

2.1 项目导入

将金属板料、棒料、管材或型材等弯曲成一定的角度和曲率，从而获得所需要的空间立体形状的冲压工艺称之为弯曲成形。在实际的生产中，大型的钣金弯曲制件，如开关板、电气控制柜外壳、表盘、操作台外壳、电气柜等零件的成形多依靠专用的板料折弯机、板料折边机甚至专用的成形卷板机进行生产。一般机电与家电、电器结构件等产品的弯曲制件的批量生产要采用单工序弯曲模具或多工位弯曲模具在压力机上完成。本项目将以单工序弯曲模具设计为例讲解弯曲成形工艺及模具设计流程。

知识点微课：

扫描二维码学习弯曲成形工艺课程。

扩展阅读：

C919 飞机是我国首款完全按照国际先进适航标准研制的单通道大型干线客机，具有我国完全的自主知识产权，打破了空客和波音两家航空公司在民用航空领域的垄断，是中国民用航空制造的骄傲。对于国产大飞机 C919 来说，其 80%的零件都是第一次设计生产，其中不乏冲压成形制件及模具。在国产大飞机制造的过程中，涌现出一大批中国工匠。杭州西子航空工业有限公司的钣金工人李永国便是其一，他的团队完成了带有弯曲成形结构的 RAT 舱门（应急发电机舱门）、APU 舱门（辅助动力装置舱门）的制造工艺，实现了高强风载荷飞机舱门制造的国产化。

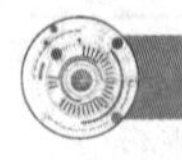

2.2 学习目标

【知识目标】

◎了解弯曲成形工艺特征。

◎掌握弯曲成形工艺分析方法。

◎掌握弯曲制件展开尺寸、回弹和弯曲力的计算方法。

【能力目标】

◎能对弯曲制件进行工艺分析。

◎能分析与解决弯曲制件成形时的回弹、偏移等质量问题。

◎能够设计单工序弯曲模具结构。

【素质目标】

◎培养工匠精神和国家荣誉感、责任感及使命感。

◎培养认真负责、严谨细致、一丝不苟的工作作风。

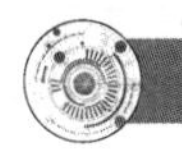

2.3　项目分析

本项目制件为支撑架结构件，该制件为典型的弯曲成形制件，总体外形呈“几”字形，结构对称。中间有一个直径为 10mm 圆孔，两边各有两个直径为 6mm 的安装孔。该弯曲制件材料为 10 钢，厚度为 2.2mm。制件内形尺寸有精度要求。制件为中等批量生产，产量为 2 万件。支撑件模具设计任务见表 2-1。

表 2-1　　支撑件模具设计任务

<table>
<tr><td>制件图示</td><td>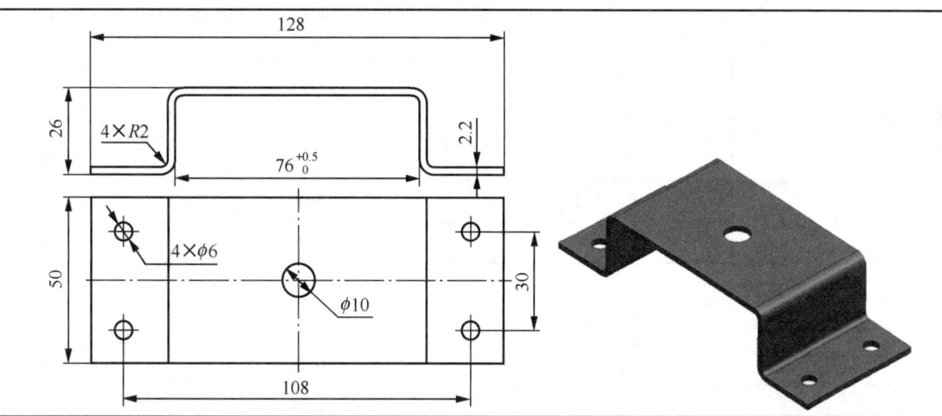</td></tr>
<tr><td>项目说明</td><td>经分析该制件成形工序为：①落料、冲孔（冲中间 10mm 圆孔）；②弯曲中间两角使之呈 U 形；③弯曲外侧的两角使其呈“几”字形；④冲 4 个直径为 6mm 的圆孔。该制件的成形工序如图所示。本项目需完成改制件的第二个工序—U 形件两角弯曲模具的设计。
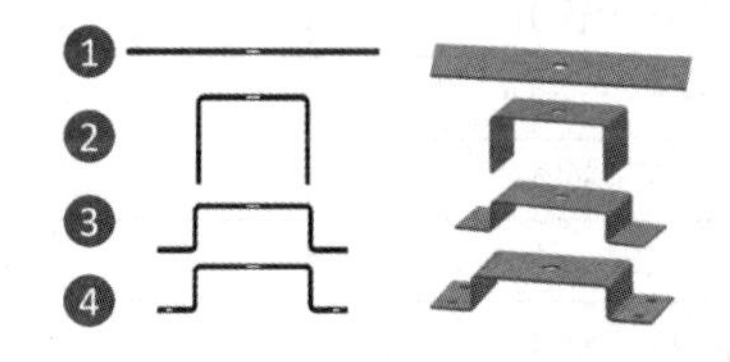</td></tr>
</table>

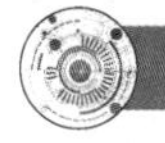

2.4　相关知识

一、弯曲制件的工艺性

弯曲制件的工艺性是指弯曲成形制件对冲压工艺的适应性。具有良好工艺性的弯曲制件，不仅能简化弯曲工艺过程和模具结构，而且能提高弯曲制件的成形精度并节省材料。

1. 弯曲制件的结构工艺性

（1）弯曲半径 r。弯曲制件的半径要适宜，弯曲半径过大，成形后回弹大，弯曲制件的精度差；若弯曲半径过小，则容易造成弯裂。在弯曲成形过程中，板料弯曲不发生破坏的条件下，所能弯成零件内表面的最小圆角半径称为最小弯曲半径 r_{min}，并用它来表示弯曲时的成形极限。板料是否会发生弯裂，主要与弯曲半径 r 及板料厚度 t 有关。

弯曲制件的弯曲线与板料的纤维方向（纹向）垂直时，可具有较小的最小弯曲半径，反之，制件的弯曲线与板料的纤维方向平行时，其最小弯曲半径较大。

为使弯曲制件不产生弯裂，弯曲制件的内圆角半径应大于表 2-2 所列的最小弯曲半径（r_{min}）的数值。否则应采用多次弯曲并增加中间退火工艺，或者在弯曲角内侧压槽后再进行弯曲。

表 2-2　常用材料的最小弯曲半径（摘自 JB/T 5109—2001 和 GB/T 3190—2008）（单位：mm）

材料		弯曲线与轧制纹向垂直	弯曲线与轧制纹向平行
08F、08Al		0.2t	0.4t
10、15、Q195		0.5t	0.8t
20、Q215A、Q235A		0.8t	1.2t
25、30、35、40、Q235A、10Ti		1.3t	1.7t
1Cr18Ni9	I（冷作硬化）	0.5t	2.0t
	BI（半冷作硬化）	0.3t	0.5t
	R（软）	0.1t	0.2t
65Mn	T（特硬）	3.0t	6.0t
	Y（硬）	2.0t	4.0t
H62	Y（硬）	0.3t	0.8t
	Y2（半硬）	0.1t	0.2t
	M（软）	0.1t	0.1t
HPb59-1	Y（硬）	1.5t	2.5t
	M（软）	0.3t	0.4t
QBe2	Y（硬）	0.8t	1.5t
	M（软）	0.2t	0.2t
1050A、1035	HX8（硬）	0.7t	1.5t
	O（软）	0.1t	0.2t
5A05、5A06、3A21	HX8（硬）	2.5t	4.0t
	O（软）	0.2t	0.3t
2A12	T4（淬火后自然时效）	2.0t	3.0t
	O（软）	0.3t	0.4t
7A04	T9（淬火后人工时效）	2.0t	3.0t
	O（软）	1.0t	1.5t

注：1．表中 t 为板料厚度，mm。

2．表中数值适用于下列条件：原材料为供货状态，90°V 形校正弯曲，毛坯板厚小于 20mm，宽度大于 3 倍板厚，毛坯剪切断面的光亮带在弯曲的外侧。

（2）弯曲制件弯边高度 h。当制件弯曲成直角时，为了使弯曲边有较好的变形稳定性，保证工件的弯曲质量，必须使弯边高度 h（图 2-1）满足下式：

$$h > r+2t \tag{2-1}$$

式中：t——弯曲制件的板厚；

r——内圆角半径。

如果 $h<r+2t$，则需要压槽或者增加弯边高度，弯曲后再将其切除。或者在弯曲前进行压槽。

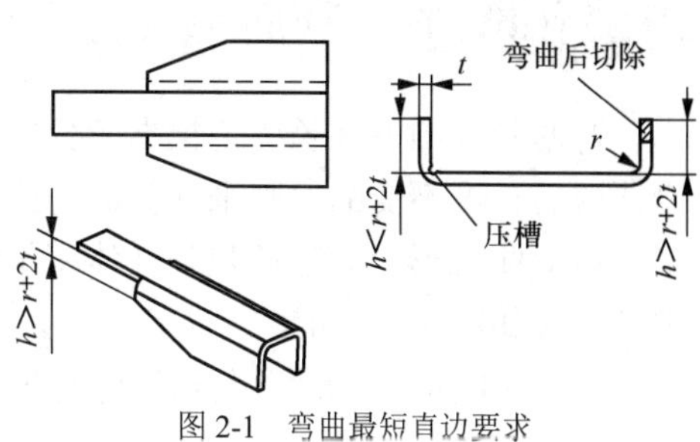

图 2-1　弯曲最短直边要求

（3）弯曲制件的孔边距 l。当弯曲有孔的毛坯时，如果孔位过于靠近弯曲区，则弯曲时孔的形状会发生变化。为了避免这种缺陷的出现，必须使孔处于变形区之外，如图 2-2（a）所示，从孔边到弯曲边的距离 l 应符合如下公式：

$$当板料厚度\ t<2\text{mm}\ 时，l \geqslant t \tag{2-2}$$

$$当板料厚度\ t>2\text{mm}\ 时，l \geqslant 2t \tag{2-3}$$

如果孔边至弯曲半径 r 中心的距离 l 过小，为防止弯曲时孔变形，可在弯曲线上冲工艺孔或切槽，如图 2-2（b）、（c）所示。如果冲压制件孔的精度要求较高，则应弯曲后再冲孔。

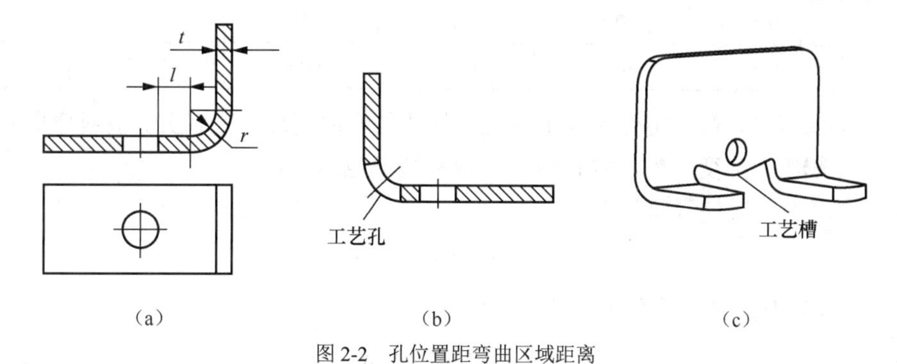

（a）　（b）　（c）

图 2-2　孔位置距弯曲区域距离

2. 弯曲制件的精度

对弯曲制件的精度要求应合理，一般弯曲制件的长度尺寸公差等级在 IT13 级以下，角度公差大于 15′。一般弯曲制件的长度自由公差和角度自由公差见表 2-3。

表 2-3　弯曲制件的长度自由公差和角度自由公差　（单位：mm）

弯曲制件的长度自由公差							
长度尺寸		>3～6	>6～18	>18～50	>50～120	>120～260	>120～500
材料厚度	≤2	±0.3	±0.4	±0.6	±0.8	±1.0	±1.5
	>2～4	±0.4	±0.6	±0.8	±1.2	±1.5	±2.0
	>4	—	±0.8	±1.0	±1.5	±2.0	±2.5

弯曲制件的角度自由公差

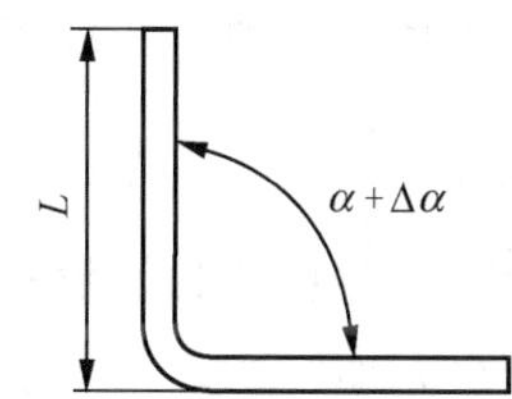

L/mm	≤6	>6～10	>10～18	>18～50	>30～50	>50～80	>80～120	>120～180
Δα	±3°	±2°30′	±2°	±1°30′	±1°15′	±1°	±50′	±40′

二、弯曲制件毛坯长度

弯曲制件的毛坯长度是根据应变中性层在弯曲前后长度不变的原则来计算的。应变中性层可用弯曲成形前后毛坯和制件体积不变的原则确定，如图 2-3 所示。

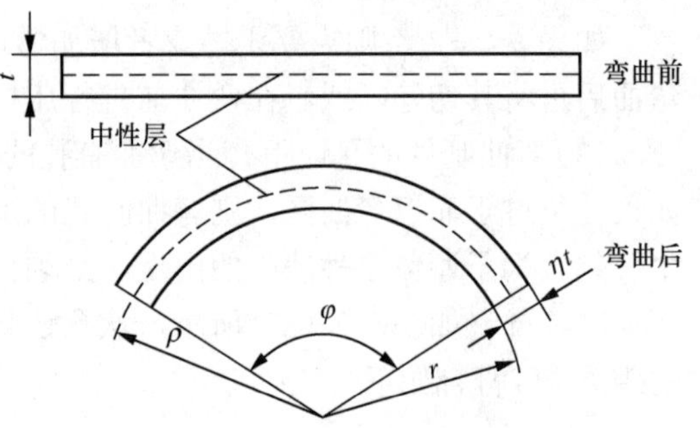

图 2-3　应变中性层示意图

弯曲后中性层的曲率半径可以通过下式求出：

$$\rho=\left(r+\frac{\eta t}{2}\right)\eta \qquad (2\text{-}4)$$

式中：r——弯曲后的内圆角半径，mm。

t——材料厚度，mm。

η——弯曲时板料厚度变薄系数，见表 2-4。

表 2-4　板料厚度变薄系数 η 值

r/t	0.1	0.5	1	2	5	>10
η	0.8	0.93	0.97	0.99	0.998	1.0

由式（2-4）可知，弯曲制件应变中性层 ρ 的值与弯曲变形程度有关。板料弯曲时会引起板料变薄，r/t 越小，应变中性层内移越多，板料变薄也越严重。

在实际生产中，板料弯曲时应变中性层的曲率半径可按下式计算：

$$\rho=r+xt \qquad (2\text{-}5)$$

式中：x——应变中性层位移系数，见表 2-5。

表 2-5　应变中性层位移系数 x

r/t	0.1	0.2	0.3	0.4	0.5	0.6	0.7	0.8	1.0	1.2
x	0.21	0.22	0.23	0.24	0.25	0.26	0.28	0.30	0.32	0.33
r/t	1.3	1.5	2.0	2.5	3.0	4.0	5.0	6.0	7.0	≥8.0
x	0.34	0.36	0.38	0.39	0.40	0.42	0.44	0.46	0.48	0.50

根据弯曲制件的结构形状不同，弯曲圆角半径和弯曲方法不同，毛坯尺寸的计算方法也不尽相同。

1. 弯曲圆角半径 $r\geqslant 0.5t$ 的弯曲制件

这类弯曲制件的展开长度是根据弯曲前后应变中性层长度不变的原则进行计算的，其展开长度等于直边部分的长度和弯曲部分应变中性层展开长度之和，如图 2-4 所示，具体计算步骤如下。

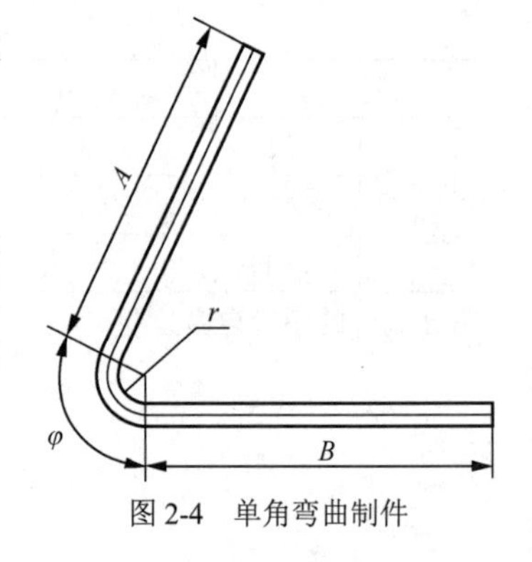

图 2-4　单角弯曲制件

（1）算出直线段 A、B…的长度。

（2）根据 r/t，由表 2-5 查出应变中性层的位移系数 x 值。

（3）计算应变中性层曲率半径：$\rho=r+xt$。

（4）根据 ρ 与弯曲角 φ 的值计算弯曲区圆弧的展开长度，如式（2-6）。要将所有弯曲区域的展开长度分别计算出来。

$$l=\frac{\pi\varphi}{180°}\rho=\frac{\pi\varphi}{180°}\times(r+xt) \tag{2-6}$$

（5）计算毛坯总长度。将弯曲制件所有的直边的长度和弯曲区的展开长度进行求和计算。

$$l_z=A+B+\cdots+l_1+l_2+\cdots \tag{2-7}$$

2. 弯曲圆角半径 $r<0.5t$ 的弯曲制件

小圆角半径的弯曲制件或无圆角半径的弯曲制件，由于弯曲时弯曲处材料变薄严重，因此，按体积相等原则计算出的毛坯尺寸还需加以修整。表 2-6 列出了这一类弯曲制件的毛坯尺寸的计算公式。

表 2-6　　$r<0.5t$ 的弯曲制件坯料长度的计算公式

简图	计算公式	简图	计算公式
	$l_z=l_1+l_2+0.4t$		$l_z=l_1+l_2+l_3+0.6t$ 一次同时弯曲两个角
	$l_z=l_1+l_2-0.43t$		$l_z=l_1+2l_2+3l_3+t$ 一次同时弯曲四个角
			$l_z=l_1+2l_2+2l_3+1.2t$ 分两次弯曲四个角

3. 铰链式弯曲制件毛坯尺寸的计算

铰链式弯曲制件如图 2-5 所示。对于铰链内弯曲半径 $r=(0.6\sim0.35)t$ 的弯曲制件，常用推卷的方法弯曲成形。在卷圆的过程中，材料受到挤压和弯曲的作用，因此，板料会适当地增厚，导致应变中性层的外移，此时毛坯长度可按下式进行近似计算：

$$l_z=l+5.7r+4.7x_1t \tag{2-8}$$

式中：l ——铰链件直线段长度；

r ——铰链件内弯曲半径；

x_1 ——卷圆时应变中性层位移系数，查表 2-7。

表 2-7　　卷圆时应变中性层位移系数 x_1 值

r/t	>0.5～0.6	>0.6～0.8	>0.8～1	>1～1.2	>1.2～1.5	>1.5～1.8	>1.8～2	>2～2.2	>2.2
x_1	0.76	0.73	0.7	0.67	0.64	0.61	0.58	0.54	0.5

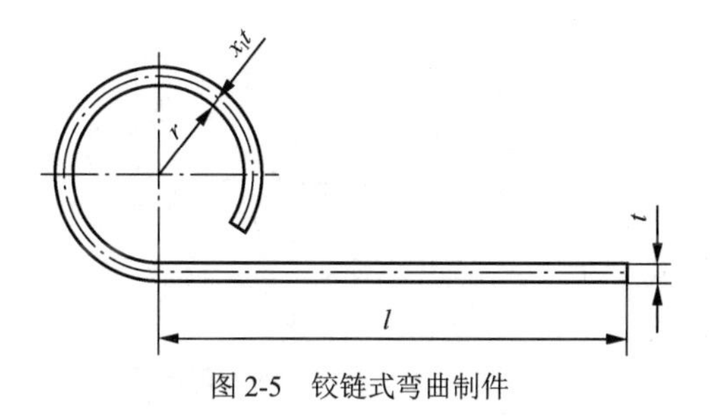

图 2-5　铰链式弯曲制件

知识点微课：

扫描二维码学习弯曲制件展开尺寸计算课程。

三、弯曲成形常见质量问题分析

在实际生产中，弯曲制件除了出现回弹之外，还会出现弯裂、偏移等质量问题，根据所出现质量问题的不同，应进行产生原因的分析，并采用相应的解决办法，保证弯曲制件的成形质量。

1. 弯裂

弯曲过程中外层材料受拉，当相对弯曲半径小于最小相对弯曲半径 r_{min}/t 值时，外层材料会开裂。弯裂除了与材料本身有关之外，还与弯曲毛坯两侧边缘的加工状态、弯曲线与轧制方向的角度等因素有关。弯裂的解决办法如下。

> **知识点微课：**
> 扫描二维码学习弯裂的控制课程。

（1）选用表面质量好、无缺陷的材料。

（2）在设计弯曲制件结构时，应使工件的弯曲半径 r 大于制件材料的最小弯曲半径 r_{min}，防止弯曲时由于变形程度过大产生裂纹。当弯曲制件有 $r<r_{min}$ 的结构要求时，则应采用两次或多次弯曲工艺，最后一次以校正工序达到工件圆角半径要求。对于较脆的材料或者厚料，还可采用加热弯曲。

（3）弯曲时，应尽可能使弯曲线与材料的纤维方向垂直（见图 2-6）。对于需要双向弯曲的工件，应尽可能使弯曲线与纤维方向成 45°，如图 2-6（c）所示。

（4）弯曲时毛刺会引起应力集中而使工件裂开，如图 2-7 所示。因此应把有毛刺一侧放在弯曲的内侧。

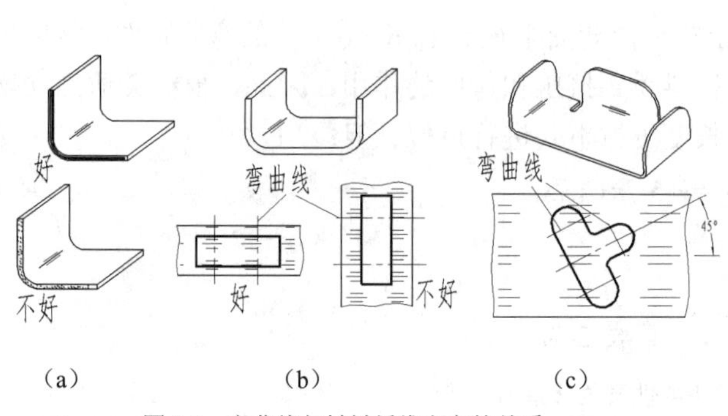

图 2-6　弯曲线与材料纤维方向的关系

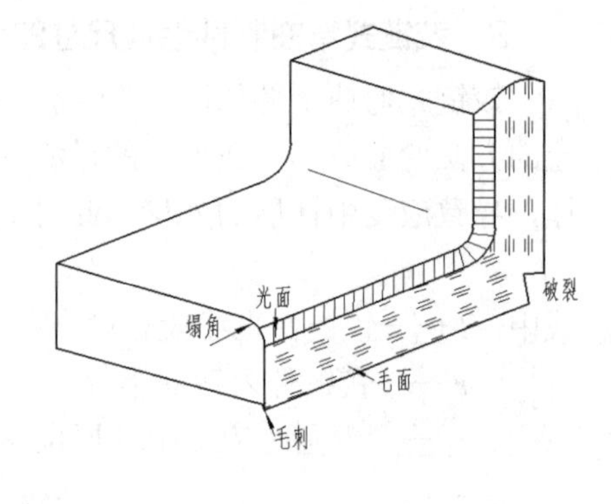

图 2-7　弯曲制件表面对弯曲质量的影响

2. 偏移

弯曲过程中，毛坯沿模具凸模圆角处滑移时，会受到摩擦阻力，由于毛坯各边所受到的阻力可能不等，因而使其产生偏移，对于不对称工件，这种现象更为突出，从而造成工件边长不符合图样要求，如图 2-8 所示。

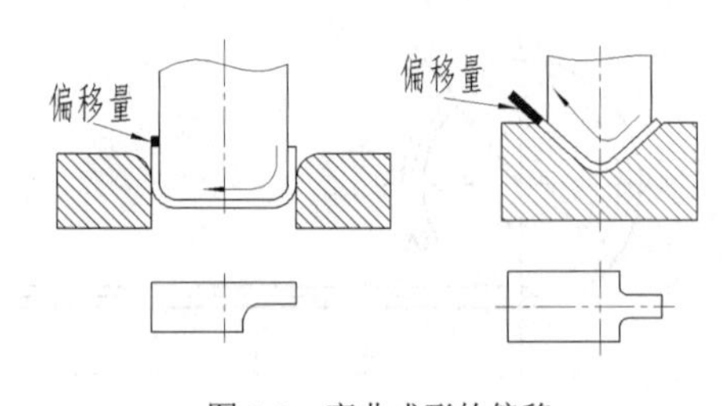

图 2-8　弯曲成形的偏移

常用克服弯曲偏移的措施有以下几种。

（1）在模具设计时采用压料装置，使毛坯在压紧的状态下进行弯曲成形，这样不仅能够防止毛坯滑动，而且能得到底部较平的工件，如图 2-9 所示。

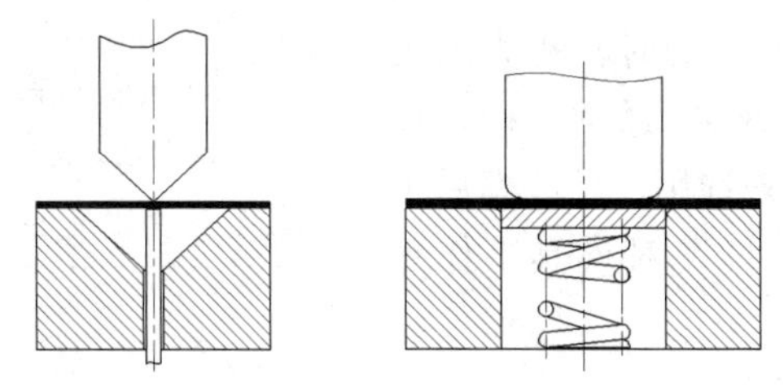
图 2-9　采用压料装置防止毛坯滑动

（2）要设计合理的定位板（外形定位）或者定位销（工艺孔定位），保证毛坯在模具中定位可靠，如图 2-10 所示。对于某些弯曲制件，工艺孔和压料板可同时使用。

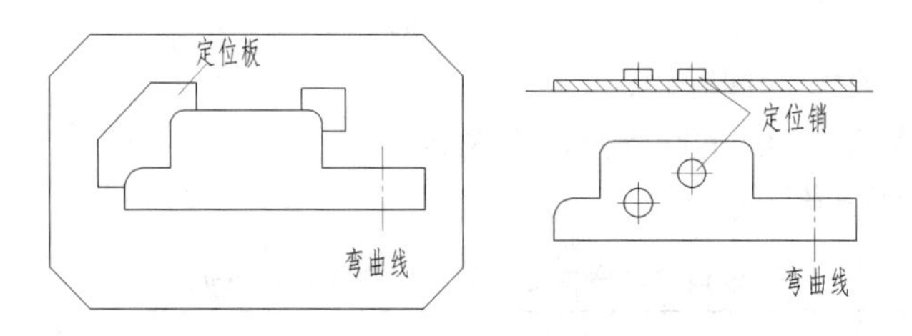

图 2-10　弯曲制件的定位

（3）拟订工艺方案时，可将尺寸不大的非对称形状的弯曲制件组合成对称形状，弯曲后再切断，如图 2-11 所示，这样坯料在压弯时受力平衡，有利于防止产生偏移。

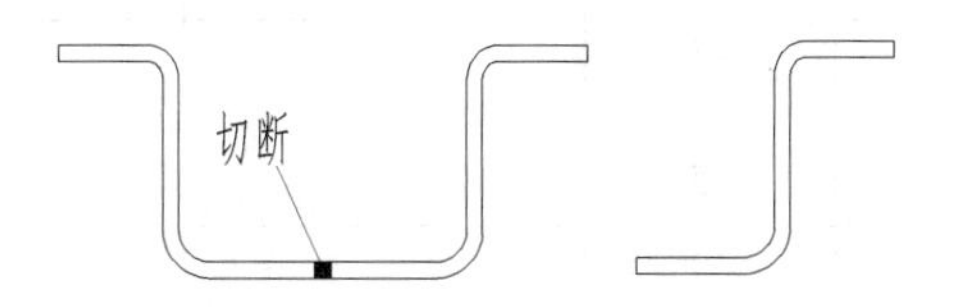

图 2-11　将弯曲制件组合成对称形状

3. 回弹

金属板料在塑性弯曲时，伴随着弹性变形，因此，当制件弯曲后就会产生回弹，如图 2-12 所示，回弹后弯曲半径和弯曲角度都发生了改变。弯曲制件的曲率变化量和角度变化量均称为弯曲制件的回弹量。

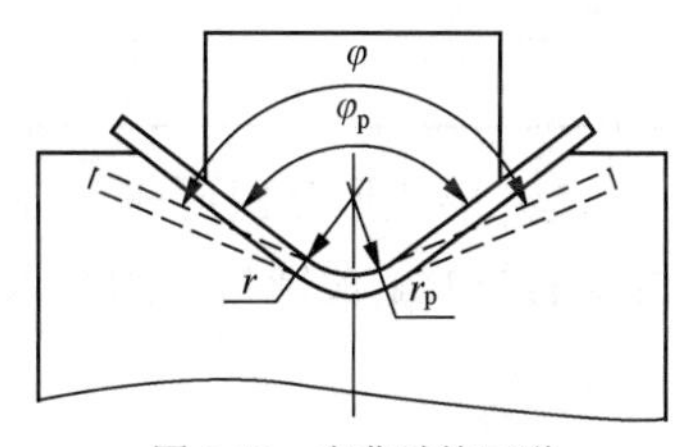

图 2-12　弯曲时的回弹

回弹的发生会导致制件的弯曲角和弯曲半径与模具相应的几何参数不一致，弯曲回弹是弯曲成形不可避免的现象，将直接影响弯曲制件的精度，必须加以控制。

回弹的大小通常用弯曲制件的弯曲半径或弯曲角与凸模相应半径或角度的差值来表示，即

$$\Delta\varphi = \varphi - \varphi_p \tag{2-9}$$

$$\Delta r = r - r_p \tag{2-10}$$

式中：$\Delta\varphi$、Δr ——弯曲角与弯曲半径的回弹值；

φ、r ——弯曲制件的弯曲角与弯曲半径；

φ_p、r_p ——凸模的角度和圆角半径。

通常 $\Delta\varphi$、Δr 为正值，称为正回弹。但在校正某些弯曲时，也会出现负回弹。

（1）影响弯曲回弹的因素。影响弯曲制件回弹量的因素很多。材料的力学性能、板料的

厚度、弯曲半径的大小以及弯曲时校正力的大小等因素都会影响弯曲回弹量。通常在模具设计时，按经验总结的数据来选用，经试模后再根据实际弯曲制件的质量情况对模具工作零件加以修正。

知识点微课：

扫描二维码学习弯曲回弹及影响因素课程。

（2）弯曲回弹值的确定。

① 大变形自由弯曲（r/t<5～8）时，由于变形程度大，回弹后仅弯曲角发生了改变。当弯曲角度为90°时，查表2-8确定。当弯曲角不为90°时，回弹角应做如下修订：

$$\Delta\varphi_x = \frac{\varphi \times \Delta\varphi_{90^\circ}}{90} \tag{2-11}$$

式中：$\Delta\varphi_x$——弯曲角为x的回弹角；

$\Delta\varphi_{90^\circ}$——弯曲角为90°的回弹角，查表2-8；

φ——制件的弯曲角。

表2-8　单角自由弯曲90°时的平均回弹角$\Delta\varphi_{90^\circ}$

材料	r/t	平均回弹角		
		t<0.8mm	t=0.8～2mm	t>2mm
软钢 σ_b=350MPa 黄铜 σ_b=350MPa 铝和锌	<1 1～5 >5	4° 5° 6°	2° 3° 4°	0° 1° 2°
中等硬度钢 σ_b=400～500MPa 硬黄铜 σ_b=350～400MPa 硬青铜	<1 1～5 >5	5° 6° 8°	2° 3° 5°	0° 1° 3°
硬钢 σ>550MPa	<1 1～5 >5	7° 9° 12°	4° 5° 7°	2° 3° 6°
硬铝2A12	<2 2～5 >5	2° 4° 6°30′	3° 6° 10°	4°30′ 8°30′ 14°

② 小变形自由弯曲（r/t>10）时，由于弯曲半径较大，回弹量大，故弯曲半径及弯曲角度均有变化。根据材料的有关参数，用下列公式计算回弹补偿时弯曲凸模的圆角半径及角度。

$$r_p = \frac{1}{1/r + 3\sigma_s / Et} \tag{2-12}$$

$$\varphi_p = 180^\circ - \frac{r}{r_p}(180^\circ - \varphi) \tag{2-13}$$

式中：φ、r——弯曲制件的弯曲角与弯曲半径；

φ_p、r_p——凸模的角度和圆角半径；

σ_s——材料的屈服强度，MPa；

E——材料的弹性模量，MPa；

t——材料的厚度，mm。

（3）减小回弹的措施。在实际生产中要完全消除弯曲回弹是不可能的，但可以采用一些设计方法或者工艺措施来减小、补偿回弹所造成的尺寸偏差，以提高弯曲制件的精度，具体方式可参考表 2-9。

表 2-9　　减少弯曲回弹的措施

采用方式	减少回弹的说明	图示
改进弯曲制件的设计	（1）尽量避免设计弯曲制件有过大的相对弯曲半径（r/t）。在结构允许的情况下，在弯曲区压制加强筋，以提高零件的刚度，抑制回弹。 （2）尽量选用 σ_s/E 小、力学性能稳定和板料厚度变化较小的材料	
采用适当的弯曲工艺	采用校正弯曲代替自由弯曲	
	对冷作硬化的材料须先退火，使其屈服点 σ_s 降低。对于回弹较大的材料必要时可采用加热弯曲	
	采用拉弯工艺成形弯曲半径较大、变形程度较小的制件，使板料在弯曲之前承受一定的大于材料屈服极限的拉应力，随后在拉应力作用的同时进行弯曲	F　F
合理设计弯曲模具结构	对于较硬的材料［如 45、50、Q275、H62（硬）等］，可根据回弹值对模具工作部分的形状和尺寸进行修正	φ　φ_p
设计回弹补偿	对于较软材料（Q215、Q235、10、20 等），其回弹角小于 5°时，可在模具上做出补偿角并选取较小的凸、凹模间隙	$\beta_{补}$　$Z/2=t_{min}$
凸模端部结构设计	对于厚度在 0.8mm 以上的软材料，其相对弯曲半径较小的制件，可将凸模设计为图示结构，使凸模的作用力集中在变形区域，以改变应力状态达到减小回弹的目的。缺点是可能会产生压痕	r_T　$(0.8\sim0.1)t$　$r_T+(1.5\sim2)t$
	在弯曲制件直边端部纵向加压，使弯曲变形的内、外区都成为压应力区而减少回弹，同时也可以得到精确的弯边高度的制件	
软模弯曲成形	用橡胶或者聚氨酯代替金属凹模减少弯曲回弹，通过弯曲时调节凸模压入橡胶或者聚氨酯凹模的深度控制弯曲力的大小，以获得满足精度要求的弯曲制件	

四、弯曲力

弯曲力的大小不仅与毛坯尺寸、材料的力学性能、凹模支点的距离、弯曲半径及模具结构有关，还与弯曲方式有很大的关系。在实际生产中常用经验公式计算弯曲力，作为工艺与模具设计以及选用压力机的根据。

知识点微课：

扫描二维码学习弯曲力课程。

V 形件的自由弯曲力为

$$F_{自}=\frac{0.6KBt^2Rm}{r+t} \tag{2-14}$$

式中：$F_{自}$——冲压形成结束时的自由弯曲力，N；

B——弯曲制件的宽度，mm；

r——弯曲制件的内弯曲半径，mm；

t——弯曲制件的材料厚度，mm；

Rm——弯曲制件的抗拉强度，MPa；

K——安全系数，一般取 K=1.3；

校正弯曲力计算公式为

$$F_{校}=Aq \tag{2-15}$$

式中：$F_{校}$——校正弯曲时的弯曲力，N；

A——校正部分在垂直于凸模运动方向上的投影面积，mm^2；

q——单位面积校正力，MPa，其值见表 2-10。

若弯曲模具有顶件装置或者压料装置，其顶件力 F_D（或者压料力 F_Y）可近似取自由弯曲力的 30%～80%，即

$$F_D(F_Y)=(0.3\sim0.8)F_{自} \tag{2-16}$$

压力机的标称压力可按弯曲合力的 1.1～1.3 倍确定。

$$P=(1.1\sim1.3)F_{\Sigma} \tag{2-17}$$

表 2-10　单位面积校正力 q　（单位：MPa）

材料	材料厚度 t/mm			
	≤1	>1~3	>3~6	>6~10
铝	10～20	20～30	30～40	40～50
黄铜	20～30	30～40	40～60	60～80
10、15、20 钢	30～40	40～60	60～80	80～100
30、35 钢	40～50	50～70	70～100	100～120

五、弯曲制件的工序设计

弯曲制件的工序安排是在弯曲工艺分析和计算后进行的一项工艺设计工作。除形状简单

的弯曲制件外，许多弯曲制件都需要经过几次弯曲成形才能达到最后要求。为此，必须正确确定工序的先后顺序。弯曲工序顺序确定的一般原则如下。

知识点微课：

扫描二维码学习弯曲工序安排课程。

（1）对于形状简单的弯曲制件，如 V 形件、U 形件、Z 形件等，尽可能一次弯成。

（2）多工序弯曲一般应先弯外端弯角，后弯内角，且前次弯曲必须为后次弯曲留有可靠的定位基准，后次弯曲不应影响前次弯曲的精度，如图 2-13 所示。

（3）弯曲角和弯曲次数多的制件，以及非对称形状制件和有孔或有切口的制件等，由于弯曲很容易发生变形或出现尺寸误差，为此，最好在弯曲之后再切口或冲孔。

（4）非对称弯曲制件应尽可能采用成对弯曲，如图 2-14 所示。

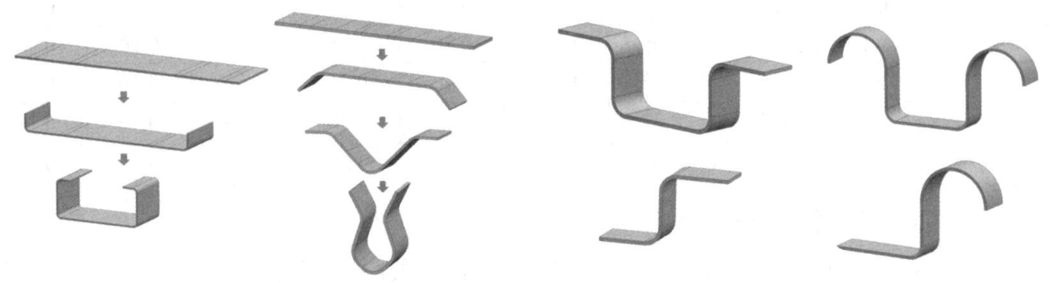

图 2-13　先弯曲两端再弯曲中间　　　　图 2-14　成对弯曲成形

（5）对于批量大、尺寸小的制件，如电子产品中的接插件，为了提高生产率，应采用有冲裁、弯曲和切断等多工序的连续冲压工艺成形，即采用多工位级进模具进行成形加工，如图 2-15 所示。

图 2-15　冲裁、弯曲、切断连续工艺成形

六、弯曲成形模具结构设计

1. 弯曲凸、凹模间隙设计

弯曲凸、凹模的间隙 Z（见图 2-16）要设计合理。若间隙过大，则回弹越大，弯曲制件的误差越大；若间隙过小，则会使弯曲制件直边的料厚减薄或者出现划痕。

生产中，U 形件弯曲模具的凸、凹模单边间隙 Z 一般可按如下公式确定。

弯曲非铁金属时：　$Z=t_{min}+ct$　（2-18）

弯曲钢铁材料时：　$Z=t_{max}+ct$　（2-19）

式中：Z——弯曲凸、凹模的单边间隙，mm；

t ——弯曲制件的材料厚度（公称尺寸），mm；

t_{min}、t_{max} ——弯曲制件材料的最小厚度和最大厚度，mm；

c ——间隙系数，见表 2-11。

表 2-11　U 形弯曲制件凸、凹模的间隙系数 c

弯曲制件高度 H/mm	材料厚度 t/mm								
	≤0.5	0.6～2	2.1～4	4.1～5	≤0.5	0.6～2	2.1～4	4.1～5	7.6～12
	弯曲制件宽度 B≤2H				弯曲制件宽度 B>2H				
10	0.05	0.05	0.04	—	0.10	0.10	0.08	—	—
20	0.05	0.05	0.04	0.03	0.10	0.10	0.08	0.06	0.06
35	0.07	0.05	0.04	0.03	0.15	0.10	0.08	0.06	0.06
50	0.10	0.07	0.05	0.04	0.20	0.15	0.10	0.06	0.06
75	0.10	0.07	0.05	0.05	0.20	0.15	0.10	0.10	0.08
100	—	0.07	0.05	0.05	—	0.15	0.10	0.10	0.08
150	—	0.10	0.07	0.05	—	0.20	0.15	0.10	0.10
200	—	0.10	0.07	0.07	—	0.20	0.15	0.15	0.10

2. 弯曲凸、凹模横向尺寸计算

弯曲凹模和凸模横向尺寸计算与工件尺寸的标注有关。一般原则是：标注弯曲制件外形尺寸时，以凹模为基准件，间隙取在凸模上；标注弯曲制件内形尺寸时，以凸模为基准件，间隙取在凹模上，如图 2-17 所示。凸、凹模横向尺寸的计算如下。

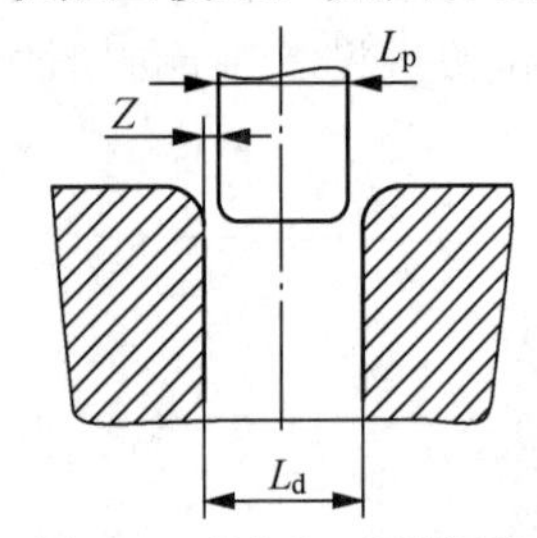

图 2-16　弯曲凸、凹模间隙

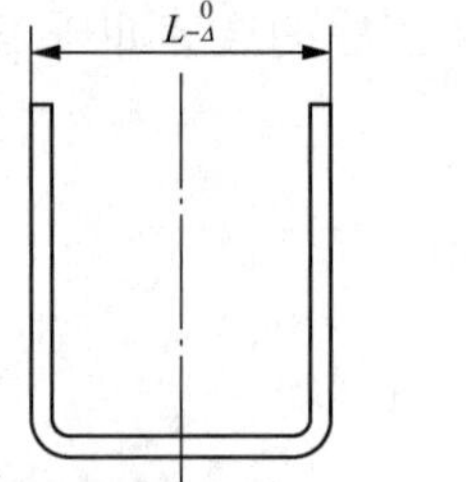

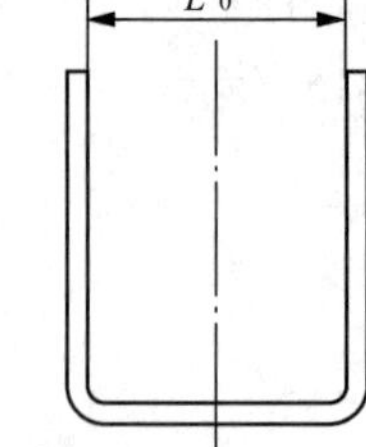

图 2-17　弯曲制件尺寸标注

标注弯曲制件外形尺寸时有

$$L_d = (L_{max} - 0.75\Delta)_{\ 0}^{+\delta_d} \tag{2-20}$$

$$L_p = (L_d - 2Z)_{-\delta_p}^{\ 0} \tag{2-21}$$

标注弯曲制件内形尺寸时有

$$L_p = (L_{min} + 0.75\Delta)_{-\delta_p}^{\ 0} \tag{2-22}$$

$$L_d = (L_p + 2Z)_{\ 0}^{+\delta_d} \tag{2-23}$$

式中：L_p、L_d——弯曲凸、凹模横向尺寸；

L_{max}、L_{min}——弯曲制件的横向上极限尺寸、下极限尺寸；

Δ——弯曲制件的横向尺寸公差；

δ_p、δ_d——弯曲凸、凹模的制造公差，可采用 IT7～IT9 级精度，一般取凸模精度比凹模精度高一级，但是要保证 $\delta_d/2+\delta_p/2+t_{max}$ 的值在最大允许间隙范围内；

Z ——凸、凹模单边间隙。

3. 弯曲凸、凹模圆角半径设计

（1）凸模圆角半径 r_p。当制件的相对圆角半径 r/t 较小时，一般凸模的工作圆角半径 r_p 等于弯曲制件的内侧弯曲半径 r，但不能小于材料允许的最小弯曲半径值。当相对圆角半径 $r/t>10$ 时，应该考虑回弹，将凸模圆角半径加以修正如图 2-18 所示。

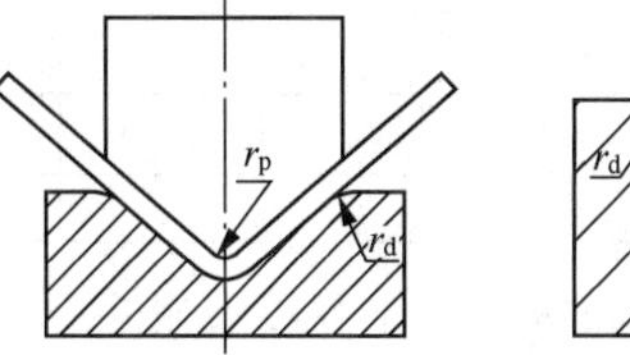

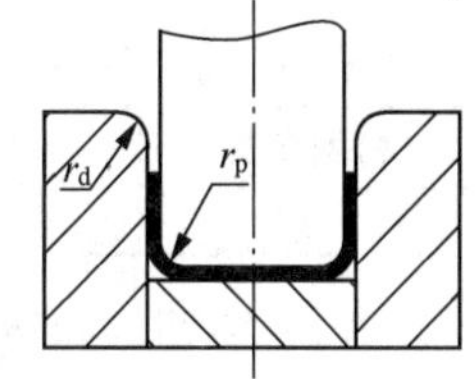

图 2-18　弯曲凸、凹模圆角半径

（2）凹模圆角半径 r_d。凹模圆角半径不能过小，以免材料表面擦伤，甚至出现压痕，影响模具寿命。同时弯曲成形的凹模两边的圆角半径应一致，否则会引起偏移。

在实际生产中，凹模圆角半径通常根据材料的厚度来选取：

当 $t<2\text{mm}$，　$r_d=(3\sim6)t$　（2-24）

当 $t=2\sim4\text{mm}$，　$r_d=(2\sim3)t$　（2-25）

当 $t>4\text{mm}$，　$r_d=2t$　（2-26）

4. 凹模深度设计

弯曲凹模的深度设计要适当。若过小，则工件两端的自由部分太多，弯曲制件回弹大，不平直，影响零件质量；若过大，则多消耗模具钢材，且需要较大的压力行程。

V 形件弯曲时，凹模深度 L_0 及底部最小厚度 h 的取值可查表 2-12 确定。

表 2-12　弯曲 V 形件的凹模深度及底部最小厚度值　（单位：mm）

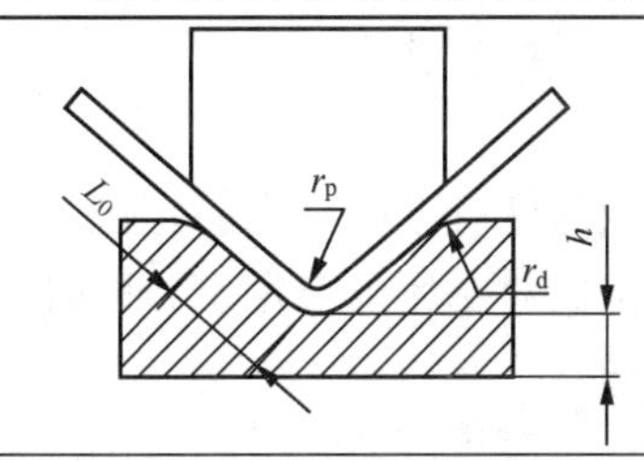

弯曲制件边长 L	材料厚度 t					
	≤2		>2～4		>4	
	h	L_0	h	L_0	h	L_0
10～25	20	10～15	22	15	—	—
>25～50	22	15～20	27	25	32	30
>50～75	27	20～25	32	30	37	35
>75～100	32	25～30	37	35	42	40
>100～150	37	30～35	42	40	47	50

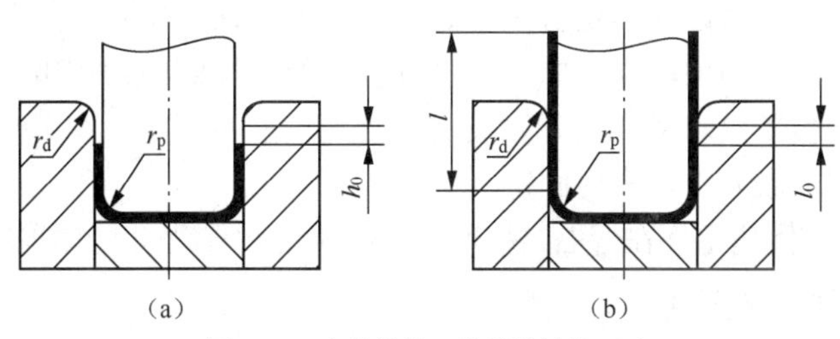

图 2-19　弯曲模具工作零件结构尺寸

弯曲U形件时，若弯曲边高度较小（弯边高度小于50mm）或要求两边平直，则凹模深度应大于工件的高度，如图2-19（a）所示，设计时可参考表2-13。

表2-13　凹模直边高度 h_0　（单位：mm）

材料厚度	≤1	1～2	2～3	3～4	4～5	5～6	6～7	7～8	8～10
h_0	3	4	5	6	8	10	15	20	25

如果弯曲边较大，对平直度要求不高，可以在弯曲合模状态，使部分直边高出凹模，如图2-19（b）所示，设计时参考表2-14。

表2-14　U形件弯曲模具的凹模深度 l_0　（单位：mm）

弯曲制件边长 l	材料厚度 t				
	≤1	>1～2	>2～4	>4～6	>6～10
≤50	15	20	25	30	35
>50～75	20	25	30	35	40
>75～100	25	30	35	40	40
>100～150	30	35	40	50	50
>150～200	40	45	55	65	65

5. 弯曲模具结构设计基本原则

弯曲模的结构形式很多，可根据弯曲制件形状、精度要求、板料力学性能、生产批量和经济性等因素进行设计和选用。弯曲模具结构设计一般遵循以下原则。

知识点微课：

扫描二维码学习典型弯曲模具结构课程。

（1）毛坯放置在模具上时必须保证有准确可靠的定位。可尽量利用工件上的孔或在毛坯上设计出定位工艺孔或考虑用定位板对毛坯外形定位。同时应设置压料装置压紧毛坯，以防止弯曲过程中毛坯发生偏移和窜动。

（2）采用多道工序弯曲时，各工序尽可能采用同一定位基准。

（3）弯曲坯料应使弯曲工序的弯曲线与材料纤维方向垂直或成一定的夹角，应使坯料的冲裁断裂带处于弯曲制件的内侧。

（4）弹性材料的准确回弹值需要通过试模，并对凸、凹模进行修正后确定，因此模具的结构要便于拆卸。

（5）为了减小回弹，当模具弯曲到下死点时，应尽量使弯曲制件在模具中得到校正。

（6）弯曲模具的凹模圆角应光滑，凸、凹模的间隙要适当，不宜过小，以尽量减少工件在弯曲过程中的拉长、变薄和划伤等现象。

（7）弯曲模具应充分考虑模具是否具有足够的自身刚性，增强模具有关零件的刚度，以合理的模具结构保证制件精度。当弯曲过程中有较大的水平侧向力作用于模具上时，应设计侧向力平衡挡块等结构予以均衡。当分体式凹模受到较大的侧向力作用时，不能采用定位销承受侧向力，要将凹模嵌入下模座内固定。

（8）模具结构不应阻碍毛坯在弯曲过程所产生的转动和移动，以免影响零件的尺寸和形状。

6. 典型弯曲模具结构形式

常用的板料弯曲制件形状有开式［图2-20（a）］和闭式［图2-20（b）］两种。对于闭式弯曲制件，一般都要用多模、多工序弯曲成形，特别是一些局部重叠或者整体重叠压合后弯曲的闭式弯曲制件，一般很难用单工序弯曲模具一次成形。

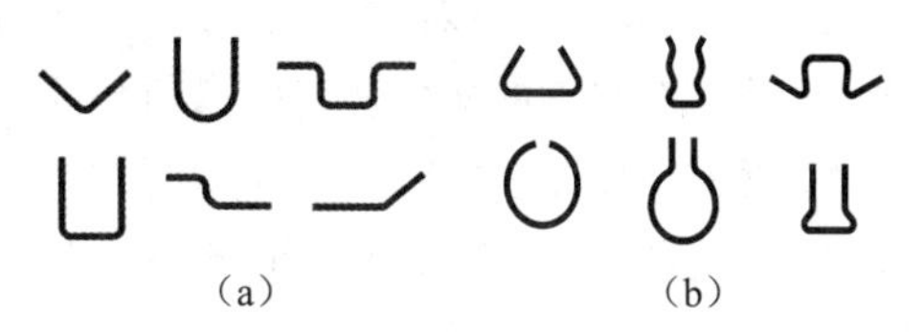

图 2-20　开式弯曲形状与闭式弯曲形状

（1）开式弯曲制件成形模具结构口部敞开且口部是整个弯曲制件最大宽度的开式弯曲制件，一般可进行无心弯曲成形，仅需要一个弯曲凸模和凹模，而且多数可一次弯曲成形。这种弯曲制件尽管有的具有多个弯角，但仍然可以用单工序弯曲模具弯曲成形。其典型结构形式如图 2-21 所示。

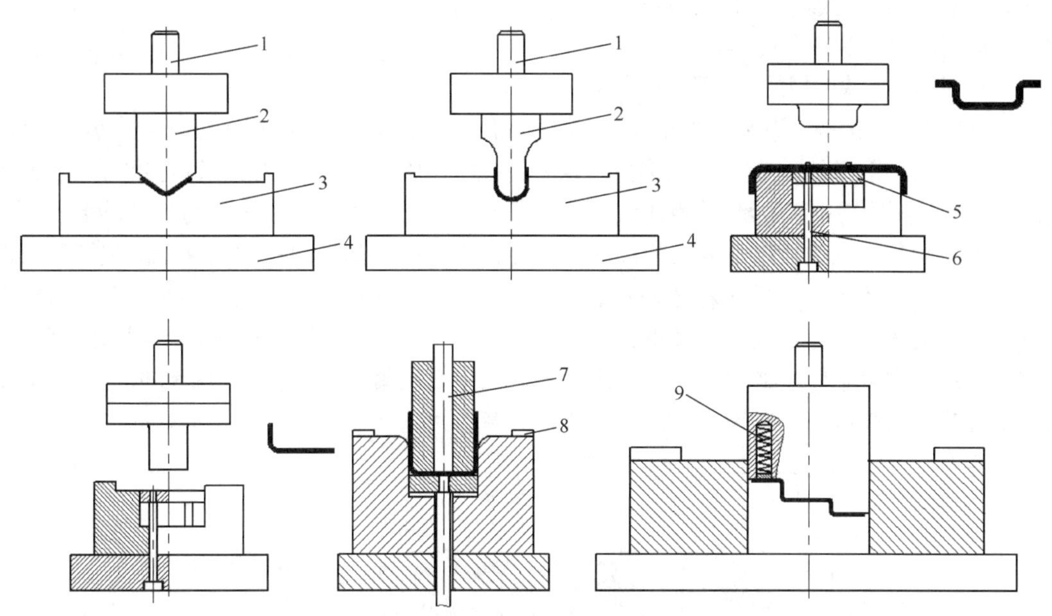

1—模柄；2—凸模；3—凹模；4—下模座；5—顶件板；6—顶杆；7—推杆；8—定位板；9—弹簧

图 2-21　开式弯曲制件常用弯曲模具的典型结构形式

开式弯曲制件常用单工序弯曲模具成形，根据弯曲制件结构和弯曲成形特点设计工作零件，坯料事先要用落料模或者剪板机冲裁获得。有时要经过校平、清理、去毛刺等工序后才能进行弯曲成形。如果大量生产，可采用多工位连续冲压成形，开式弯曲制件只要弯边长度不要过大，可以在连续模工作空间弯曲成形，并可直接用条料或者带料一模成形冲压。

一般精度的 V 形、L 形等开式弯曲制件可参考图 2-21 所示弯曲模结构或类似的弯曲模具弯曲成形。对于精度较高的单角弯曲制件，可采用折板式弯曲模具结构，如图 2-22 所示。弯曲角可按照需要设计凸模角度或者折板垫角，由于弯曲凸模与凹模在弯曲过程中始终紧贴弯曲零件表面，故无压痕。该冲模弯曲属于校正弯曲，弯曲制件不仅表面平整，而且回弹小。如果在试弯后按实测回弹量修正弯曲凸模和折板旋转角度等，则可获得更高精度的弯曲制件。

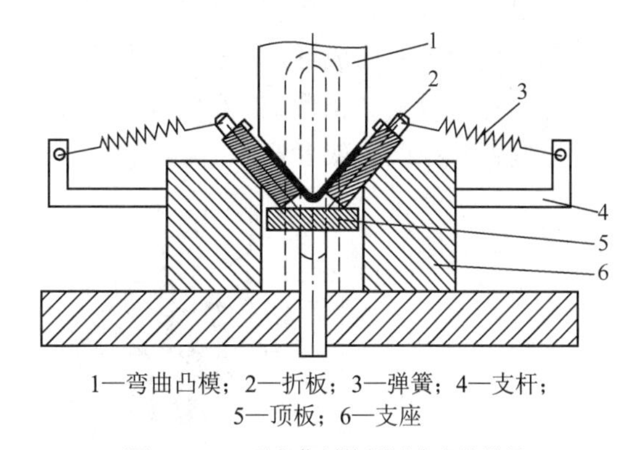

1—弯曲凸模；2—折板；3—弹簧；4—支杆；5—顶板；6—支座

图 2-22　V 形弯曲制件折板式弯曲模具

与 V 形件等单角弯曲相比，U 形件由于有两个弯曲角同时成形，所以弯曲成形难度大大增加，尤其是一些不对称的U形件弯曲成形。一些U形件的弯角及其内弯角半径的大小对回弹影响较大。随着弯曲角度的变化及弯边长度的差异以及弯曲精度要求的不同，弯曲模具结构形式也不断变化。在弯曲模具结构设计上可通过设计活动侧压块凹模或者斜楔传动水平成形侧向压紧凹模等形式提高U形件或近似U形件的成形质量和尺寸精度，如图2-23和图2-24所示。

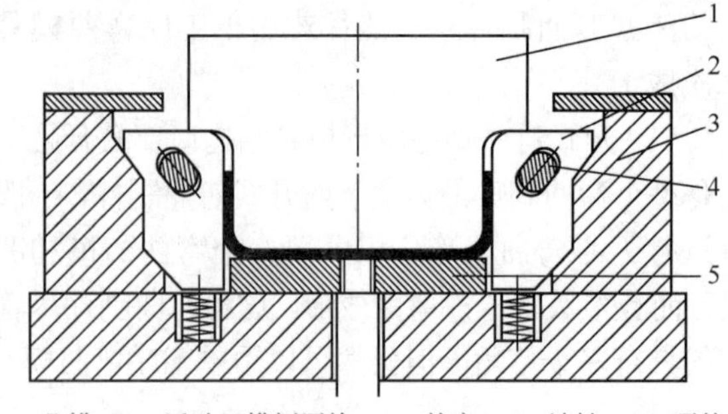

1—凸模；2—活动凹模侧压块；3—基座；4—销轴；5—顶件器

图2-23 带活动侧压块凹模的U形件弯曲模具

具有活动侧压块凹模的U形件弯曲模具（见图2-23），活动侧压块对弯曲制件具有校正作用，成形时可使弯曲制件两个弯曲边的回弹减小。工作时，凸模下行，首先与毛坯接触，准备完成U形成形，随之凸模肩部压住活动凹模侧压块向下。由于斜面作用使活动凹模侧压块向中心滑动，对弯曲制件两侧施加压力，起到校正作用。

对于形状复杂且线性尺寸要求较高的弯曲制件，先采用弹压卸料的高精度冲裁模具获得较高尺寸精度的坯料，然后可采用水平侧压成形方式弯曲成形，如图2-24所示。毛坯入模靠定位销插入毛坯中心孔定位，上模下行后，凸模与凹模将坯料压紧，同时，斜楔从两侧沿水平方向驱动斜楔水平侧压滑块，使其沿水平方向向中心压紧冲弯，将弯曲制件成形，当上模回程上升时，斜楔脱开，斜楔水平侧压滑块在弹簧作用下复位。

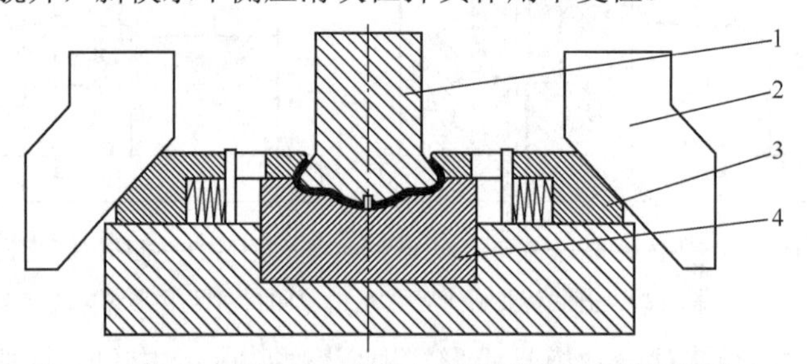

1—凸模；2—斜楔；3—斜楔水平侧压滑块；4—固定凹模

图2-24 斜楔传动水平侧向压紧弯曲模具

（2）闭式弯曲制件成形模具结构设计。口部闭合、首尾相接或者接近相接的闭式弯曲制件，其最大宽度在其口部以外的中部或者底部。这类弯曲制件除了叠合或接近叠合的以外，一般都采用弯芯弯曲成形。弯芯可确保弯曲成形更为精准，图2-25所示为一些常见的闭式弯曲制件的弯曲模具结构形式。有的模具用凸模作为弯芯，有的模具结构中单独设有弯芯结构，成形后制件包在凸模或者弯芯上。

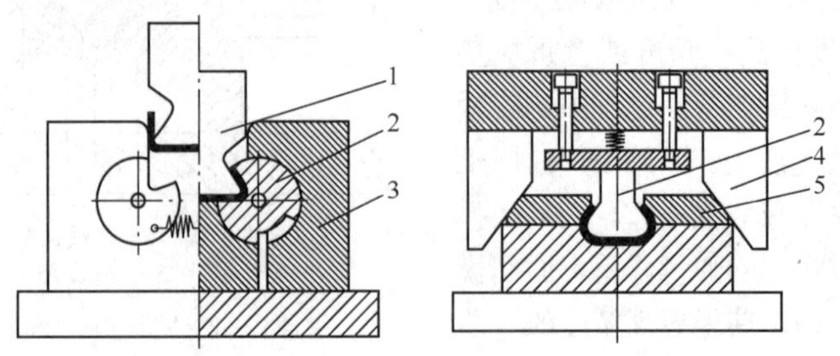

1—凸模（弯芯）；2—摆动块（摆动凹模）；3—凹模框；4—斜楔；5—斜楔滑块；6—摆动凸模

图2-25 闭式弯曲制件的弯曲模具典型结构

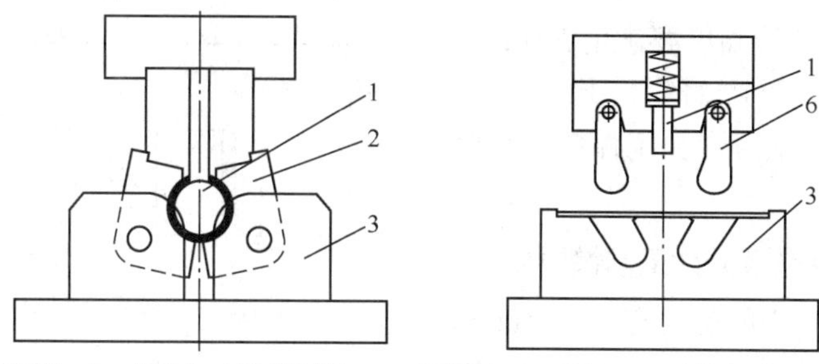

1—凸模（弯芯）；2—摆动块（摆动凹模）；3—凹模框；4—斜楔；5—斜楔滑块；6—摆动凸模

图 2-25　闭式弯曲制件的弯曲模具典型结构（续）

闭式弯曲制件口部较小，甚至有些制件的口部为闭合状，需要在弯曲过程中横向施加冲弯作用力，使工件包在弯芯或者凸模上成形。这类弯曲模具采用摆动夹、摆动块或旋转轴结构的旋动弯曲凹模，比开式弯曲制件弯曲模具多了一个横向施力冲弯的动作，结构要略复杂。

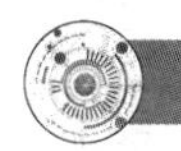

2.5　项目实施

一、支撑架弯曲工艺性分析

本项目弯曲工序成形制件形状简单，结构对称，材料为 10 钢，厚度为 2.2mm，材料的塑性较好，适合进行弯曲成形，如图 2-26 所示。

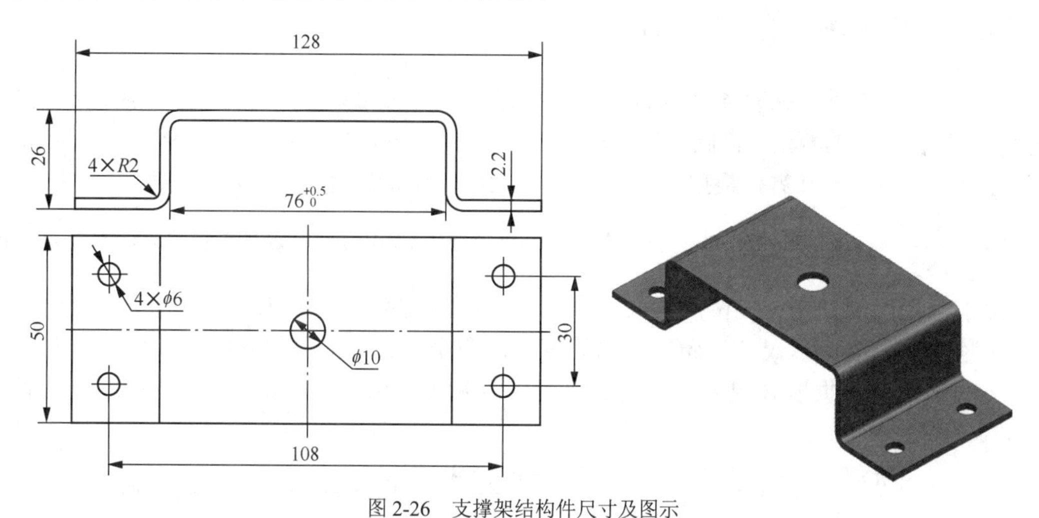

图 2-26　支撑架结构件尺寸及图示

1. 判断弯曲半径是否符合工艺性要求

本项目的弯曲制件一共有 4 个弯曲区，4 个弯曲区的相对弯曲内圆角半径均为 2mm，查表 2-2 可知，10 钢最小弯曲半径为 $0.5t$，即 1.1mm，而 2mm>1.1mm，制件内圆角半径大于最小圆角半径要求，所以在弯曲成形过程中不会出现弯裂。

2. 判断弯曲制件最小弯边高度是否符合工艺性要求

根据本项目弯曲制件的结构，可计算弯曲制件最小弯边高度（图 2-27）为

$$26-2\times2.2=21.6(\text{mm})$$

根据式（2-1），弯边高度要满足 $h>r+2t$，即弯曲制件的任意弯边的高度均要大于 $2+2t=6.4$（mm），本项目弯曲制件弯边高度均符合工艺性要求。

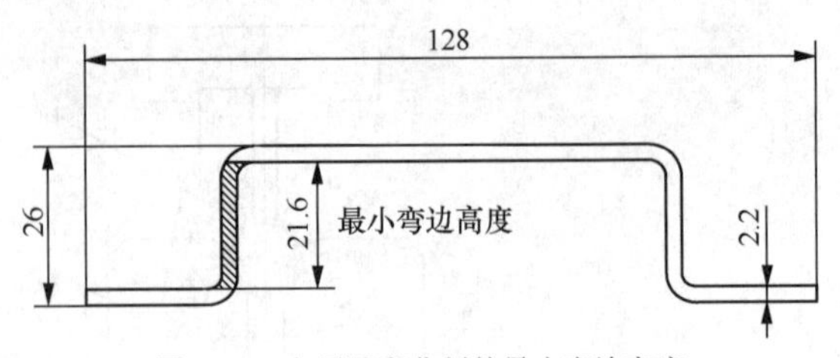

图 2-27　本项目弯曲制件最小弯边高度

3. 判断孔边距是否符合工艺性要求

本项目弯曲制件中间部位有一个 10mm 的孔，根据工序安排，该孔为弯曲前冲孔工序所得，孔边距为33mm，大于 $2t=2\times2.2=4.4$（mm），因此弯曲时不会发生畸变。另外，该圆孔可作为弯曲时的定位孔，可以保证坯料在弯曲模具内准确定位，防止在弯曲过程中坯料偏移。而制件两边的 4 个直径为 6mm 圆孔是在弯曲成形之后冲出的。因此，本项目弯曲制件孔结构符合工艺性要求。

4. 弯曲制件形状、尺寸精度工艺性分析

本项目弯曲制件形状对称，制件的宽度为 50mm，大于 $3t=6.6$mm，因此不会产生宽度方向截面畸变。弯曲制件弯曲边都没有相邻或者单边局部弯曲，因此也不存在根部弯裂的可能。

制件图样中 76mm 尺寸处公差等级为 IT13 级，其余尺寸均没有标注公差，按未注公差等级 IT14 级处理，因此满足弯曲工艺对精度等级的要求。

通过上述分析可知本项目制件符合弯曲成形的工艺性要求，可以设计弯曲成形模具实现该制件的批量化生产。

二、支撑架弯曲制件展开尺寸计算

本项目弯曲制件一共有 4 个弯曲区、5 个直边段（图 2-28），长度为 l_1 的一段，长度为 l_2 的两段，长度为 l_3 的两段。内圆角半径均为 $R2$，材料厚度为 2.2mm，$r/t\approx0.9$，查表 2-5 取应变中性层位移系数 $x=0.31$，根据式（2-6）、式（2-7）计算弯曲制件展开长度为

$$L=4\times\left[\frac{\pi\times90}{180}\times(2+0.31\times2.2)\right]+(76-4)+(128-76-4.4-4)+2\times(26-4.4-4)\approx167.64(\text{mm})$$

由于该弯曲制件是经过两次弯曲工序成形的，因此不仅要计算第一弯曲工序——U 形件的两角弯曲时的成形尺寸，还要单独计算外部两个弯曲区局部展开时的尺寸，即两个 l_2 段弯边的展开。根据展开尺寸计算公式可得展开后 U 形件高度尺寸，展开后的 U 形件如图 2-29 所示。

$$L'=\left(\frac{\pi\times90}{180}\times(2+0.31\times2.2)\right)+\frac{128-76-4.4-4}{2}+(26-2.2-2)\approx47.81(\text{mm})$$

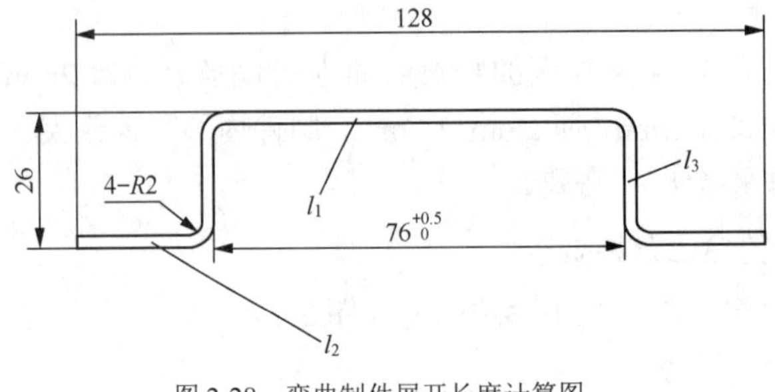

图 2-28　弯曲制件展开长度计算图

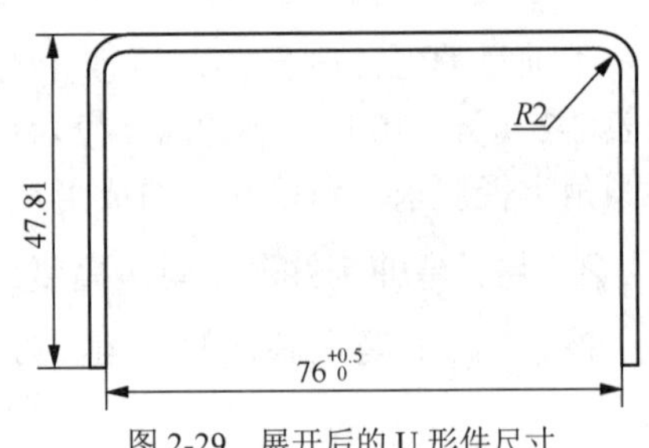

图 2-29　展开后的 U 形件尺寸

模具数字化设计：

扫描二维码学习数字化计算弯曲制件展开尺寸的方法，得到图 2-30 所示展开长度精确尺寸。

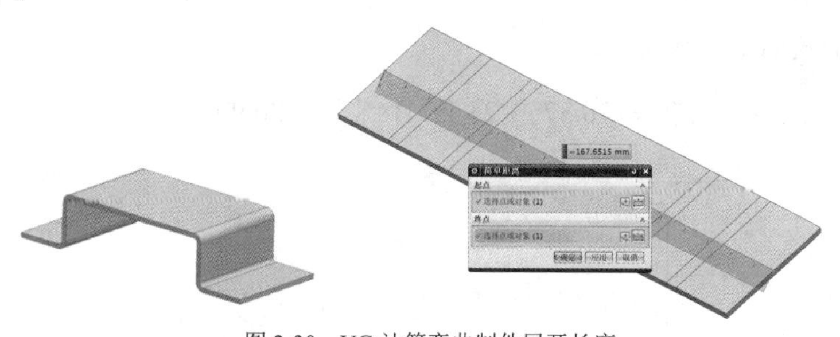

图 2-30 UG 计算弯曲制件展开长度

三、支撑架弯曲回弹与弯曲力计算

本项目弯曲制件 r/t=2/2.2≈0.9，属于大变形弯曲。材料 10 钢为软钢，查表 2-8 所示可知，弯曲回弹角近似为 0°。

本项目中弯曲制件共有 4 处弯曲区域，弯曲宽度为 50mm，因此弯曲力计算如下。

自由弯曲力为

$$F_1=\frac{0.6KBt^2Rm}{r+t}\times 4=\frac{0.6\times 1.3\times 50\times 2.2^2\times 350}{2+2.2}\times 4=62920(\mathrm{N})$$

然后计算校正弯曲力。

投影面积： $128\times 50=6\,400(\mathrm{mm}^2)$

查表 2-10，取 q 为 50MPa，则校正弯曲力为

$$F_{校}=Aq=6\,400\times 50=320000(\mathrm{N})$$

因此总的弯曲力为

$$F=62\,920+3200000=382920(\mathrm{N})$$

标称压力为

$$P=1.2\times 382920=459504(\mathrm{N})$$

查附表 E-1，确定选用压力机型号为 JC23-63。

四、支撑架首次单工序弯曲模具结构设计

1. 弯曲工作零件尺寸计算

（1）弯曲凸、凹模间隙。本项目 U 形弯曲制件材料厚度为 2.2mm，U 形件弯曲工序中有两处弯曲成形区域，弯曲宽度为 50mm，弯曲的高度都是 47.81mm，$B\leqslant 2H$，查表 2-11，取 c=0.05，根据式（2-19）计算间隙为

$$Z=t_{\max}+ct=2.2+0.05\times 2.2=2.31(\mathrm{mm})$$

（2）弯曲凸、凹模横向尺寸计算。本项目 U 形弯曲制件标注的是内形尺寸，因此以凸模为基准件，间隙取在凹模上，凸、凹模制造公差 δ_{p}、δ_{d} 分别为−0.030 和+0.046，凸模制造公

差等级为 IT7 级，凹模制造公差等级为 IT8 级（查附表 D-1）。

凸模横向尺寸（见图 2-31）计算为

$$L_p = (L_{min} + 0.75\Delta)_{-\delta_p}^{\ 0} = (76 + 0.75 \times 0.5)_{-0.030}^{\ 0} = 76.375_{-0.030}^{\ 0}$$

凹模横向尺寸（图 2-31）计算为

$$L_d = (L_p + 2Z)_{\ 0}^{+\delta_d} = (76.375 + 2 \times 2.31) {}_{\ 0}^{+0.046} = 80.995_{\ 0}^{+0.046}$$

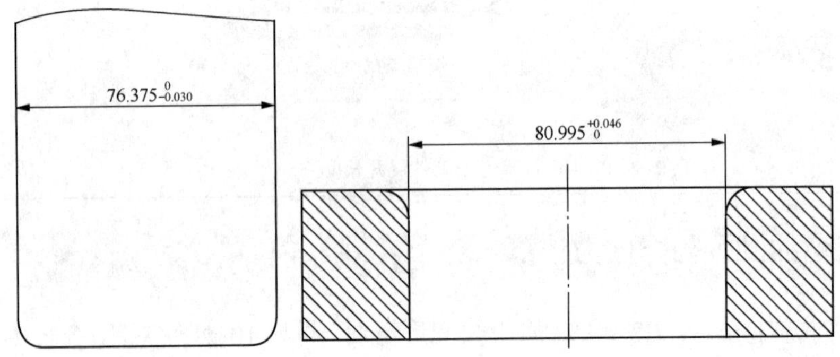

图 2-31　弯曲凸模、凹模横向尺寸及公差

（3）弯曲凸、凹模圆角半径设计。本项目中，由于制件 r/t=0.9，相对较小，因此凸模圆角半径可取于制件内圆角半径 $R2$；凹模圆角半径根据式（2-24）可取 $R6$。

（4）凹模深度设计。本项目中，U 形弯曲制件弯边高度为 47.81mm，小于 50mm，属于较短的弯曲直边，材料厚度为 2.2mm，查表 2-13 确定 h_0 为 5mm。

2. 弯曲凹模结构设计

（1）凹模的高度尺寸。如图 2-32 所示，弯曲凹模的高度 H 为凹模圆角半径 r_d、h_0、弯边高度 l 之和：

$$H = r_d + h_0 + l = 6 + 5 + 47.81 = 58.81(\text{mm})$$

取整：H=60mm。

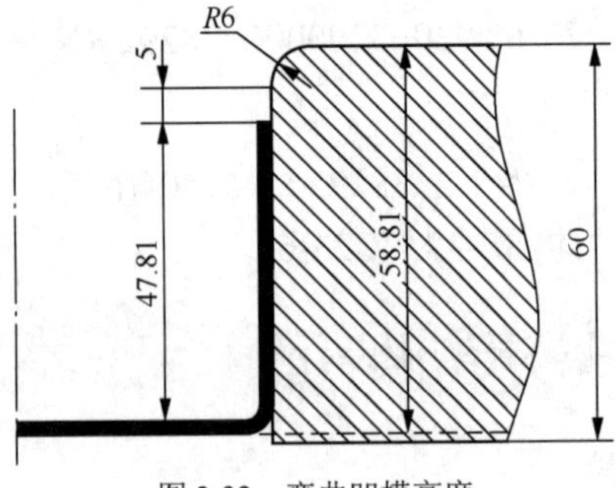

图 2-32　弯曲凹模高度

（2）凹模的周界尺寸。凹模的周界尺寸要参考弯曲制件的展开尺寸，另外还要考虑在凹模上安装坯料定位销钉或者定位板，因此要预留出安装尺寸，可以参考图 2-33 所示进行设计。

查表 1-36，根据凹模的厚度选用紧固螺钉规格。本项目可选用直径为 10mm 的定位销钉，因此凹模的长度尺寸 L 设计计算为

L=167.64+10+40=217.64（mm），可取为 220mm

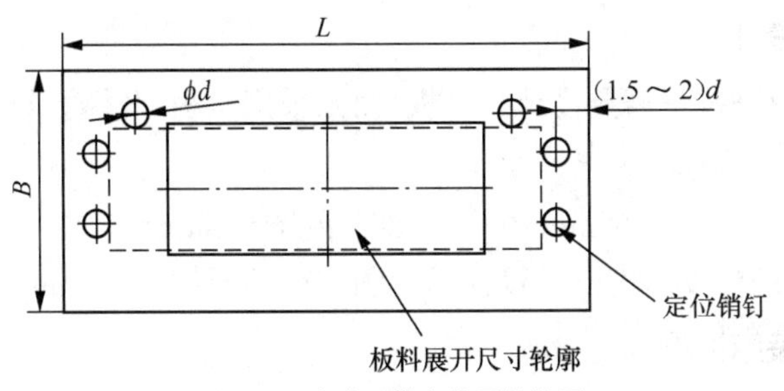

图 2-33　弯曲凹模定位零件位置

凹模宽度尺寸 B 设计计算为

$$B=50+10+40=100(\text{mm})$$

根据上述各设计参数得到弯曲凹模零件基本结构，如图 2-34 所示。

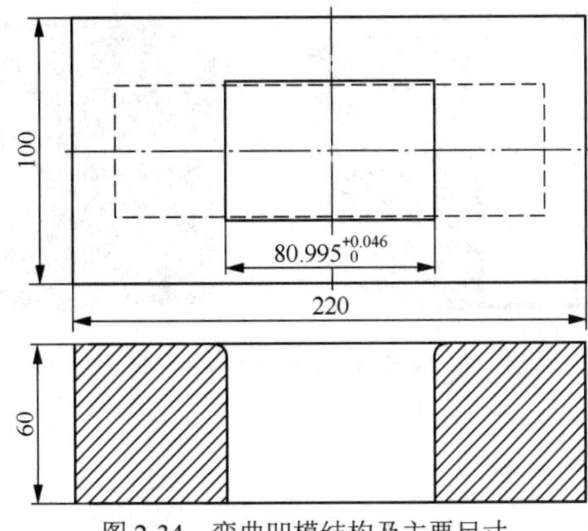

图 2-34　弯曲凹模结构及主要尺寸

3. 弯曲凸模结构设计

本项目中，凸模的整体高度由 3 部分组成，即合模时，凸模进入凹模的深度、上模板与凹模的安全距离和凸模固定板的高度。安全距离一般为 15～20mm。本项目中凸模进入凹模的深度为 60−2.2=57.8(mm)，安全距离取 15mm，凸模固定板厚度为 36mm，因此设计凸模的总体高度计算为

$$57.8+15+36=108.8(\text{mm})$$

可取整为 110mm。凸模结构如图 2-35 所示。

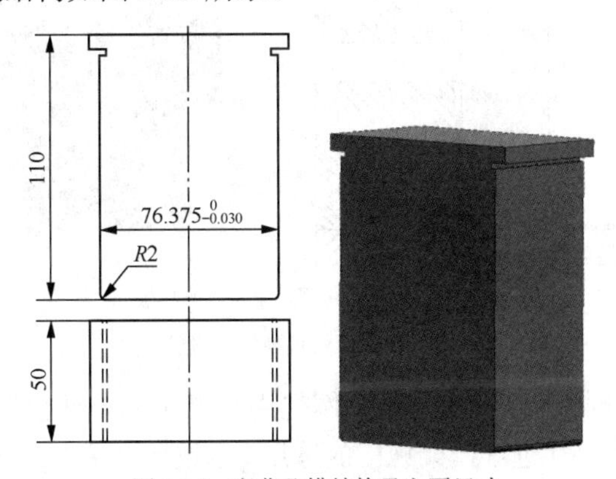

图 2-35　弯曲凸模结构及主要尺寸

4. 凸模固定板设计

弯曲凹模为整体结构，不需要设计固定板。而凸模固定板尺寸可设计为凹模厚度的60%～80%，则凸模固定板的厚度计算为

$$60\text{mm}\times(60\%\sim80\%)=36\sim48\text{mm}$$

从降低装模高度的角度考虑，可设计凸模固定板的厚度为36mm。

5. 弯曲模具总装结构设计

（1）工作零件的装配设计。在合模状态时，弯曲凸模压弯板料进入凹模内弯曲成形，弯曲凸模、凸模固定板、凹模、弯曲制件装配结构如图2-36所示。

模具数字化设计：

扫描二维码学习凸模、凹模、固定板建模。

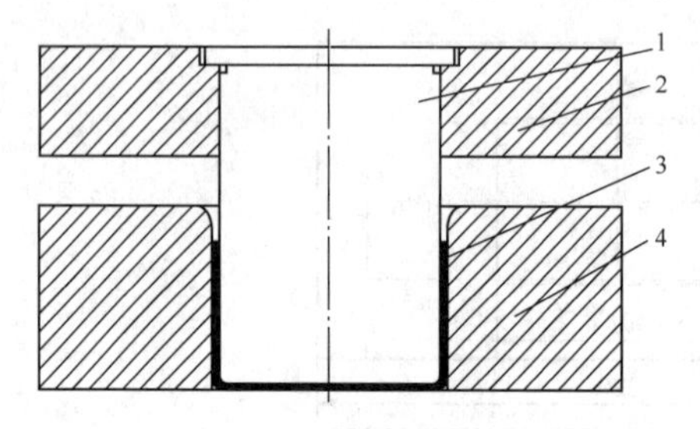

1—弯曲凸模；2—凸模固定板；3—弯曲制件；4—弯曲凹模

图2-36　合模状态弯曲凸、凹模位置

（2）顶件板设计。弯曲成形完成后，制件靠顶件板（顶件板也起到压料板作用）将成形好的弯曲制件顶出凹模，顶件板在成形制件的下方，顶件板的顶出距离要大于凹模深度1～2mm，以确保制件顺利顶出。顶件板上安装定位销，利用上一道工序冲裁出的直径10mm的圆孔将板料定位，防止弯曲时板料偏移。顶件板厚度设计为10～15mm，本例取12mm。在合模状态时，顶件板与下模座上表面留有2～4mm的距离。顶件板下方安装垫板，厚度为15mm。其安装结构如图2-37所示。

模具数字化设计：

扫描二维码学习压料顶件装置设计。

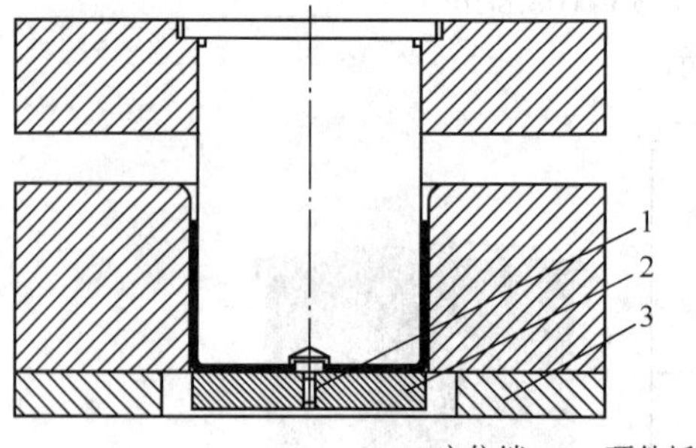

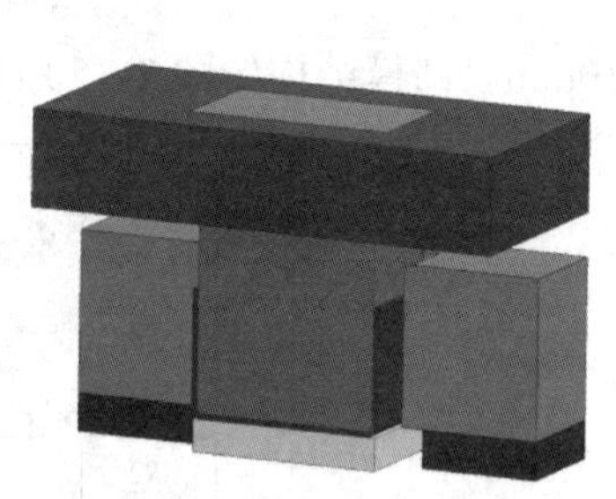

1—定位销；2—顶件板；3—垫板

图2-37　压料顶件结构设计

（3）标准模架的设计与选用。本设计案例选用标准中间导柱模架。

首先根据凹模周界的尺寸进行模架规格的选用，本设计案例中凹模周界尺寸为L=200mm，B=100mm。

查附表 B-3 选用尺寸 L=200mm、B=100mm，闭合高度 190～225mm，I 级精度的中间导柱模架。

模具数字化设计：

扫描二维码学习上、下模座安装。

选用模架的标记如下：

200×100×190～225 I GB/T 2851—2008

选定模架规格后，继续查附表 B-3 选上、下模座的尺寸，上模座厚 40mm，下模座厚 50mm。

上模座尺寸及结构参数见附表 B-4，查选、计算得到导套安装孔中心距为 S=250mm，R=42mm，计算上模座总长为

250+2×42=334(mm)

上模架的两个导套安装孔尺寸分别为 38mm、42mm；根据上述结构尺寸。根据模架规格表中的导柱、导套尺寸规格选用导柱、导套标准件，本项目中导柱规格分别为 25mm×180mm、28mm×180mm。导套规格为 25mm×90mm×38mm、28mm×90mm×38mm。设计完成后的效果如图 2-38 所示。

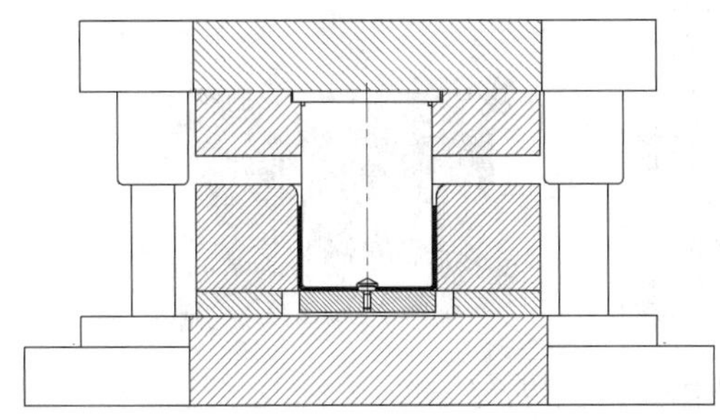

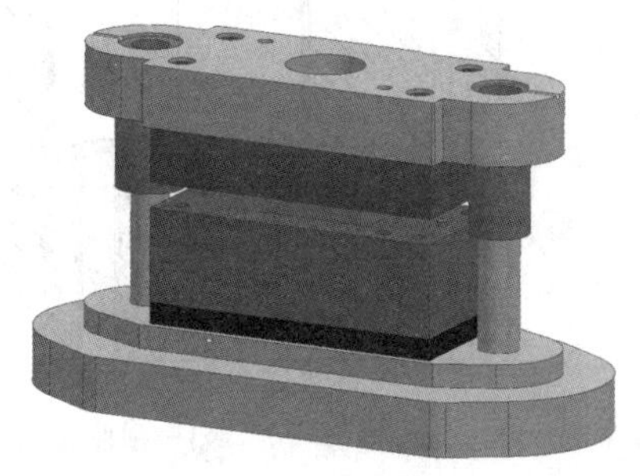

图 2-38 上、下模座和导向标准件安装

（4）设计与安装模柄。由于不设计推出装置，可选用压入式模柄（查附表 C-1）。根据压力机型号 JC23-35 模柄孔尺寸为 60mm，选用直径为 60mm、长度为 110mm 的压入式模柄。为防止压入式模柄转动，安装直径 8mm 的防转销，如图 2-39 所示。

模具数字化设计：

扫描二维码学习模柄建模与安装。

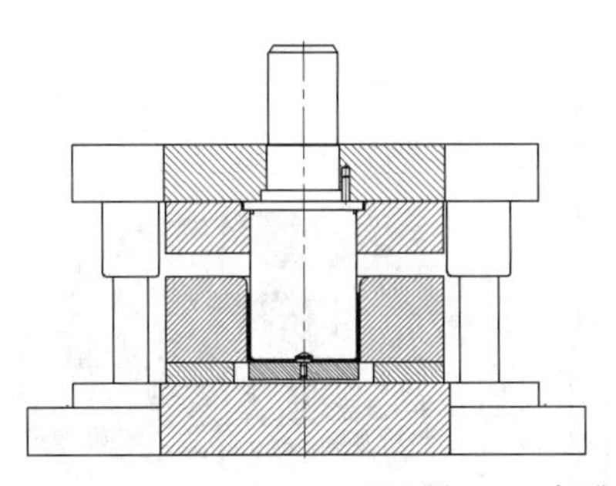

图 2-39 标准模柄零件安装

（5）安装紧固件。选用 M10 圆柱头内六角螺钉和直径为 10mm 的圆柱销作为紧固件，参考项目 1 紧固件安装方式和尺寸参数进行安装。下模紧固件安装在下模座，穿过垫板紧固

模具数字化设计：

扫描二维码学习导柱、导套和紧固件建模安装。

弯曲凹模。上模紧固件安装在上模座，紧固凸模固定板。安装结构如图 2-40 所示。

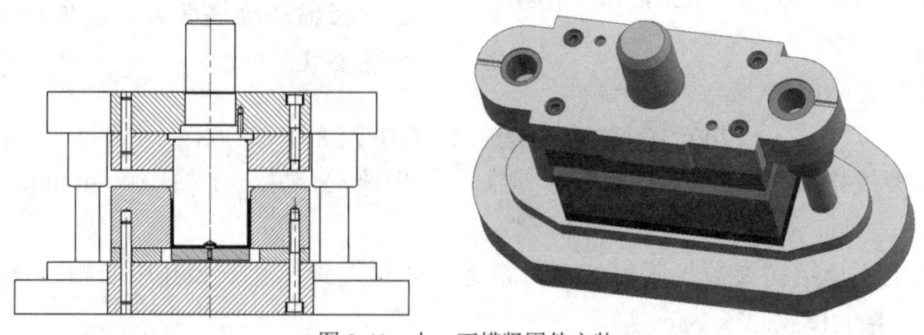

图 2-40　上、下模紧固件安装

（6）安装顶杆。开模时，成形制件留在弯曲凹模，由顶杆顶出顶件板再将制件顶出凹模。顶出力靠安装在下模下方的弹顶器提供，下模座中心设计弹顶器的螺纹安装孔，如图 2-41 所示。

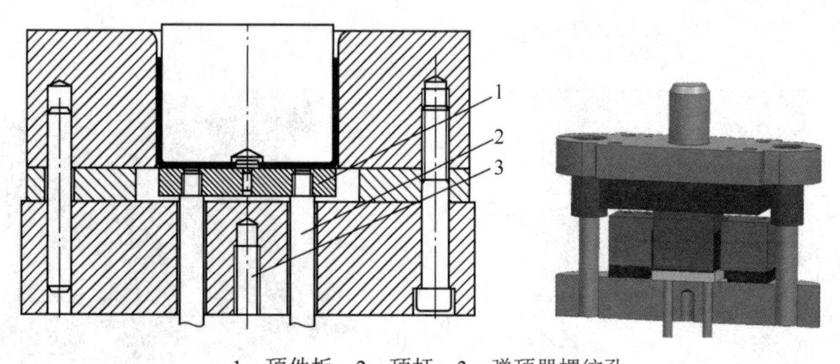

1—顶件板；2—顶杆；3—弹顶器螺纹孔

图 2-41　安装顶杆

（7）设计定位销。在凹模上安装定位销，根据弯曲制件坯料的展开长度确定定位销的安装位置，如图 2-42 所示。注意，在安装完定位销后，需要检查模具在合模状态时，凸模固定板是否会碰到定位销，如果碰到则要在凸模固定板上开避让槽。

模具数字化设计：

扫描二维码学习定位销和顶件零件建模与安装。

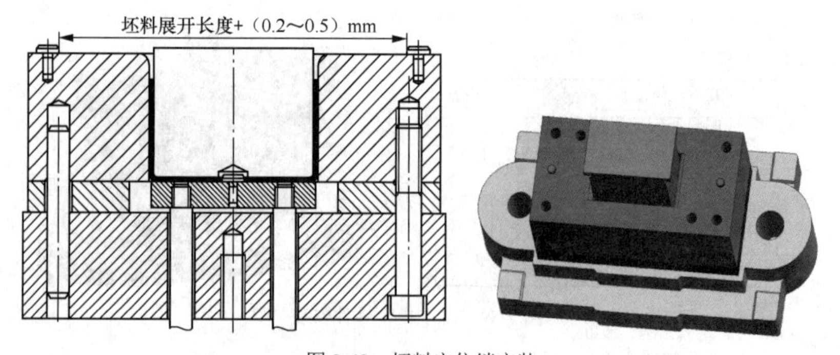

图 2-42　坯料定位销安装

支撑架首次单工序弯曲模具结构设计完成后，进行冲压弯曲模具总成装配图的绘制，可参考图 2-43。本套模具工作部分零件尺寸公差带等级，孔类尺寸可采用 H7，轴类尺寸可采用 h6 设计，弯曲凸模零件图参考图 2-44，弯曲凹模零件图参考图 2-45。

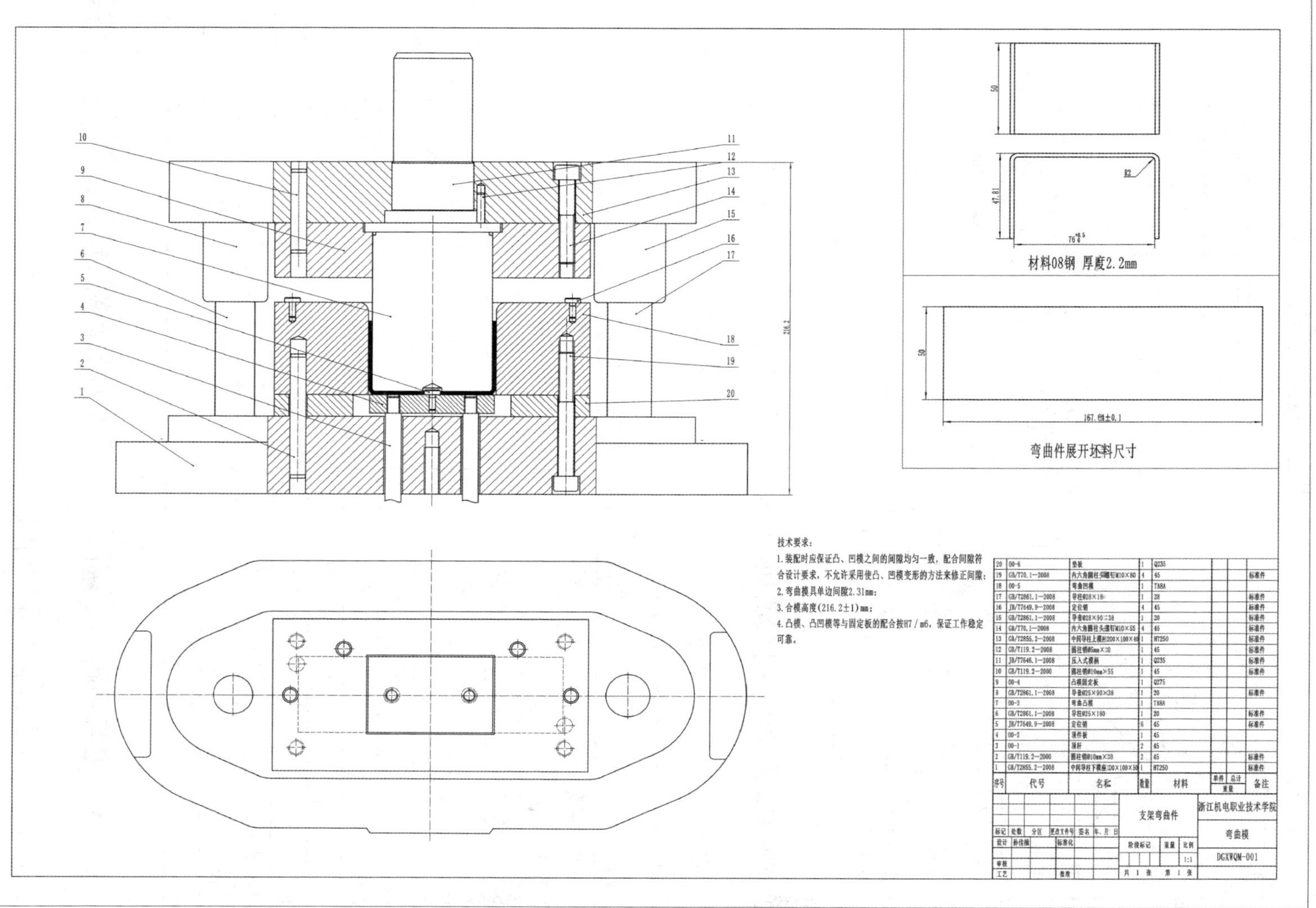

序号	代号	名称	数量	材料	单件重量	总计重量	备注
20	00-6	垫板	1	Q235			
19	GB/T70.1—2008	内六角圆柱头螺钉M10×80	4	45			标准件
18	00-5	弯曲凹模	1	T8A			
17	GB/T2861.1—2008	导柱Ø28×18	1	28			标准件
16	JB/T7649.9—2008	定位销	4	45			标准件
15	GB/T2861.1—2008	导套Ø28×90×38	1	20			标准件
14	GB/T70.1—2008	内六角圆柱头螺钉M10×55	4	45			标准件
13	GB/T2855.2—2008	中间导柱上模座200×100×40	1	HT250			标准件
12	GB/T119.2—2008	圆柱销Ø5mm×20	1	45			标准件
11	JB/T7646.1—2008	压入式模柄	1	Q235			标准件
10	GB/T119.2—2000	圆柱销Ø10mm×55	1	45			标准件
9	00-4	凸模固定板	1	Q275			
8	GB/T2861.1—2008	导套Ø25×90×38	1	20			标准件
7	00-3	弯曲凸模	1	T8A			
6	GB/T2861.1—2008	导柱Ø25×180	1	20			标准件
5	JB/T7649.9—2008	定位销	6	45			标准件
4	00-2	顶件板	1	45			
3	00-1	顶杆	2	45			
2	GB/T119.2—2000	圆柱销Ø10mm×20	2	45			标准件
1	GB/T2855.2—2008	中间导柱下模座200×100×50	1	HT250			标准件

图 2-43　支撑架首次单工序弯曲模具装配图

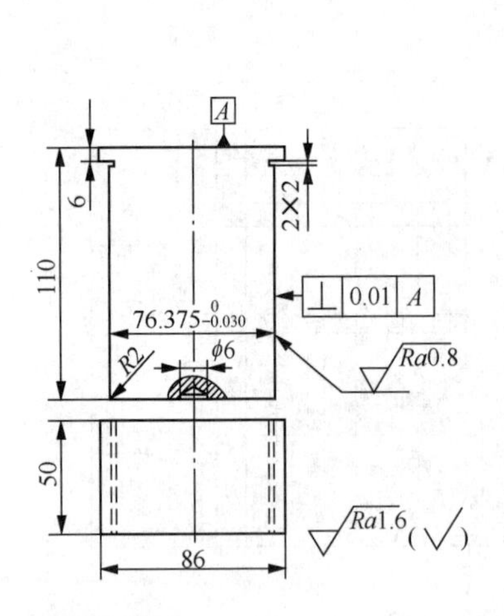

技术要求：
1.材料为T8A；
2.热处理硬度为58～60HRC；
3.数量为1件。

图 2-44　弯曲凸模

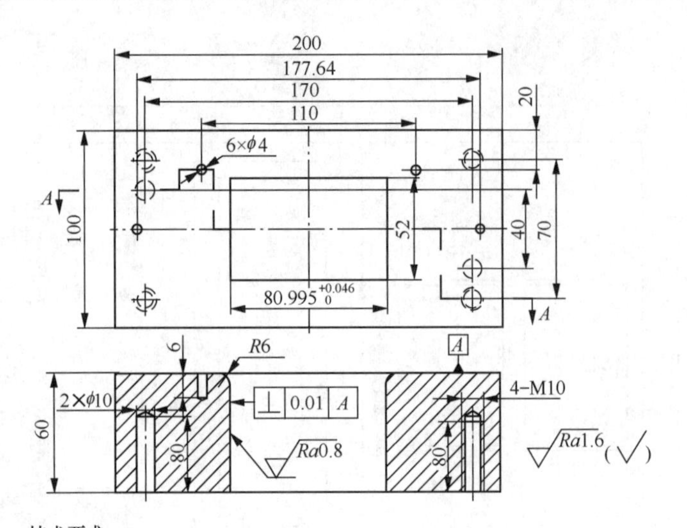

技术要求：
1.材料为T8A；
2.热处理硬度为60～62HRC；
3.数量为1件。

图 2-45　弯曲凹模

五、支撑架首次单工序弯曲模具零件材料选用

根据冲压模具零件材料选用原则，确定本项目弯曲模具主要零件的材料。各模具零部件所选用材料及相关热处理要求见表 2-15。

表 2-15　弯曲模具主要零件材料选用表

零件名称	材料	热处理	硬度
后侧导柱上模座	HT250	—	—
后侧导柱下模座	HT250	—	—
导柱	20	淬火	56～58HRC
导套	20	淬火	58～60HRC
弯曲凸模	T8A	淬火	58～60HRC
弯曲凹模	T8A	淬火	60～62HRC
冲孔凸模固定板	Q275	—	—
垫板	Q235	—	—
凸凹模固定板	Q275	—	—
顶件板	45	—	—
顶杆	45	—	—

2.6 思考与习题

2-1　冲压弯曲成形的变形有哪些特征？

2-2　弯曲变形程度用什么来表示？弯曲成形的极限变形程度受哪些因素的影响？

2-3　弯曲变形产生回弹的原因是什么？应采取什么措施来减少回弹？

2-4　弯曲过程中坯料产生偏移的原因有哪些？如何减少和克服偏移？

2-5　简述弯曲制件的结构工艺性。

2-6　计算图 2-46 和图 2-47 所示弯曲制件的坯料展开长度。

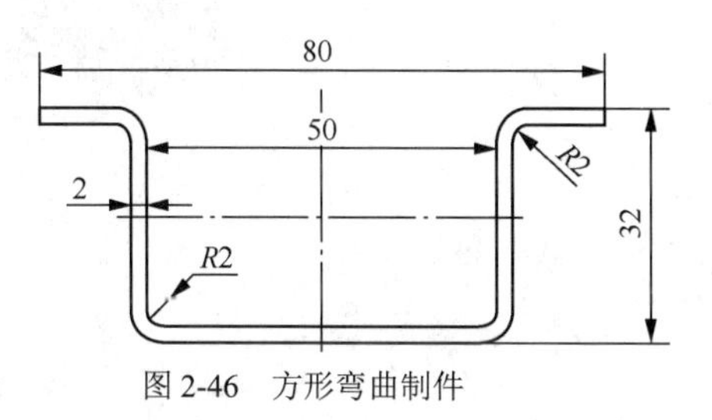

图 2-46　方形弯曲制件

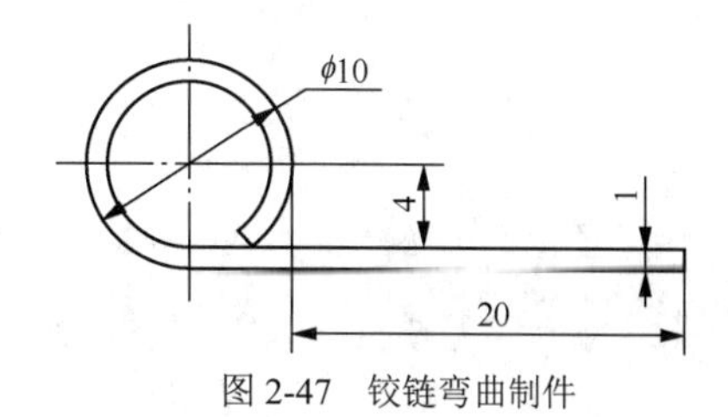

图 2-47　铰链弯曲制件

2-7　设计表 2-16 中各弯曲制件的弯曲成形模具，要求进行弯曲工艺的分析和计算、模具工作零件的三维建模和二维工程图绘制、弯曲模具总装结构的三维建模和二维工程图绘制。

表 2-16　弯曲制件尺寸和模具设计要求

序号	弯曲制件图	材料	厚度	模具结构要求
1		Q235	1.5mm	自由弯曲模具
2		08Al	2mm	自由弯曲模具

项目 3

拉深成形工艺与模具设计

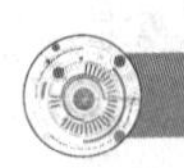

3.1 项目导入

冲压拉深工艺也称为拉延或者拉伸工艺，是把冲裁或者剪裁成一定形状的板料、坯料利用拉深成形模具，在冲压力的作用下使板料变成各种形状的空心制件，或者将半成品的空心件继续拉深成更深的空心制件的一种冲压成形工艺方法。

与刃口类冲压模依靠使板料发生断裂或者局部断裂得到制件不同，拉深工艺和弯曲工艺的模具都属于型腔类模具，此类模具使板料在模腔内受到冲压力的作用，使其所受应力超过屈服强度，经过塑性变形后而成一定的形状。本项目将以圆筒形制件拉深模具设计为例，深入了解拉深工艺和拉深模具的相关知识和设计流程。

知识点微课：

扫描二维码学习拉深成形过程初识课程。

扩展阅读：

2018 年 11 月，中国主导制定的 ISO/DIS 21223《冲模术语》（ISO/DIS 21223 Tools for pressing— Vocabulary）国际标准草案获投票通过，该标准是中国提出并主导制定的第一个模具领域 ISO 国际标准项目，由全国模具标准化技术委员会（SAC/TC33）提交标准草案，ISO/TC29/SC8 归口并组织制定。该项标准界定了冲模的常用术语，适用于模具制造商、用户、检验检测机构、行业协会、海关等对冲模常用术语的理解和使用，对于教培、出版等行业也具有重要作用。冲压模具标准的输出，实现了中国模具行业从追赶者到领先者的转变。中国模具工作者拥有的不仅仅是对于模具技术的执着，更多的是在发展过程中所表现出来的敢于突破、敢于创新的精神，以及为追赶而付出的超过常人十倍、百倍的努力。

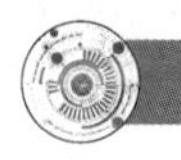

3.2　学习目标

【知识目标】

◎了解拉深成形工艺特征。

◎掌握拉深成形工艺中的主要问题及相关解决方法。

◎掌握拉深系数和拉深成形次数的计算方法。

【能力日标】

◎能对圆筒形拉深制件进行工艺尺寸参数计算。

◎能分析拉深成形工艺、工序与模具结构的关系。

◎能够设计筒形制件拉深模具结构。

【素质目标】

◎培养诚信、科学、严谨的工作态度和精益求精的精神。

◎培养技术独立自主意识，具备冲压专业责任感和使命感。

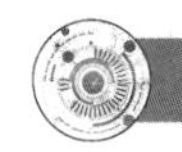

3.3　项目分析

本项目制件为小电机壳体零件，该制件为典型的无凸缘圆筒形拉深制件，要求保证内形直径尺寸，而对成形过程厚度变化要求不高。该制件高度公称尺寸 32 为未注公差尺寸，内形公称直径尺寸 58 的精度等级为 IT12 级。材料为 08Al，厚度为 1mm。无凸缘圆筒模具设计任务见表 3-1。

表 3-1　无凸缘圆筒模具设计任务

图示	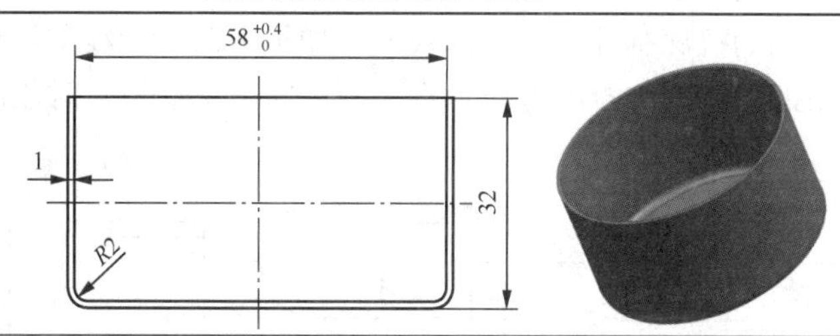
项目说明	无凸缘圆筒形制件的拉深过程和模具结构有以下特点。 所用模具的工作零件——凸模和凹模，没有冲裁模具工作零件那样锋利的刃口，拉深模具中的工作零件普遍都具有较大的光滑圆角。冲压过程没有产生与坯料的分离，只有拉深成形。制件的形状与尺寸取决于拉深模具的结构。拉深模具结构（如是否采用压边圈）要根据具体的工艺分析而定

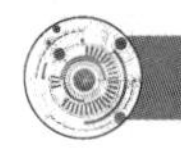

3.4　相关知识

一、拉深制件的工艺性

拉深制件的工艺性是指要成形该种制件所采用拉深成形工艺的难易程度。良好的工艺性应使材料消耗少、工序数少、模具结构简单、加工容易、产品质量稳定、废料少和操作方便等。

1. 拉深制件材料要求

用于拉深成形的材料应具有良好的拉深性能，要求塑性高、屈强比小、板厚方向性系数大、板平面方向性系数小等特点。屈强比越小，一次拉深允许的极限变形程度就越大，拉深性能越好。一般用于拉深成形的钢板，其材料的屈强比不应大于 0.66。

2. 拉深制件的结构工艺性

（1）拉深制件的形状应尽量简单、对称，并且能一次拉深成形。因此，拉深制件的高度要尽可能小，以便能够通过 1～2 次拉深工序成形。圆筒形零件一次拉深可达到的高度见表 3-2。需要多次拉深时，在保证表面质量的前提下，应允许内、外表面存在拉深过程中可能产生的痕迹。

表 3-2　一次拉深的极限高度

材料	软铝	硬铝	黄铜	软钢
相对拉深高度 h/d	0.73～0.75	0.60～0.65	0.75～0.80	0.68～0.72

（2）轴对称拉深制件在圆周方向上的变形是均匀的，模具加工也容易，其工艺性好。其他形状的拉深制件应尽量避免急剧的轮廓变化。

（3）如图 3-1 所示，有凸缘的拉深制件，如果 $d_凸>1.5d$，如图 3-1（a）所示，则凸缘直径过大，成形困难，需要 4～5 个拉深工序，还要中间退火后方可成形。如果 $d_凸<1.5d$，如图 3-1（b）所示，则无须退火，1～2 个拉深工序便可成形。因此，拉深制件的各部分尺寸比例要恰当，应尽量避免设计凸缘宽和深度大的拉深制件。

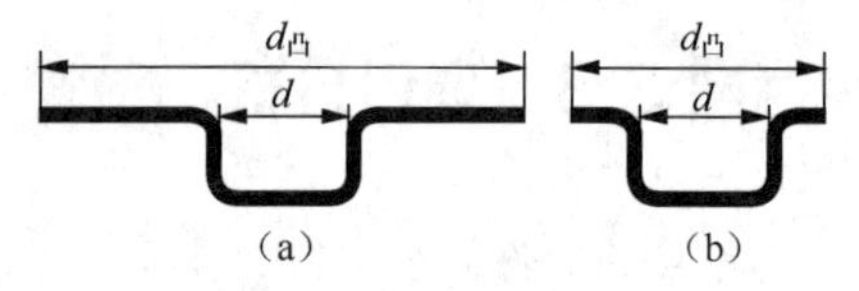

图 3-1　拉深凸缘尺寸

（4）凸缘断面与直壁断面最好形状相似且凸缘宽度一致［图 3-2（a）］。如果凸缘宽度不一致［图 3-2（b）］，则不仅拉深困难、工序较多，而且还需放宽切边余量，增加金属消耗。对于凸缘面上有下凹的拉深制件［图 3-2（c）］，如果下凹的轴线与拉深方向一致，则可以同时拉深成形；若下凹的轴线与拉深方向垂直，则只能在最后校正时压出。

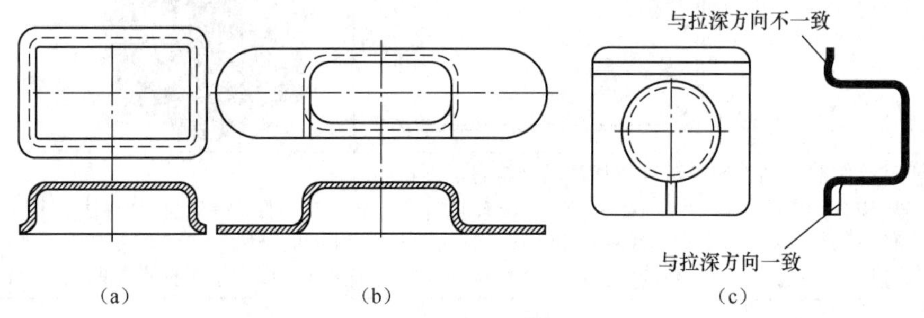

图 3-2　凸缘面上有下凹的拉深制件

（5）拉深制件的圆角半径应尽量大一些。拉深制件底与壁之间、凸缘与壁之间，矩形件的四周壁间的圆角半径（图 3-3）应满足 $r_1\geqslant t$，$r_2\geqslant 2t$，$r_3\geqslant 3t$，否则，应增加整形工序。

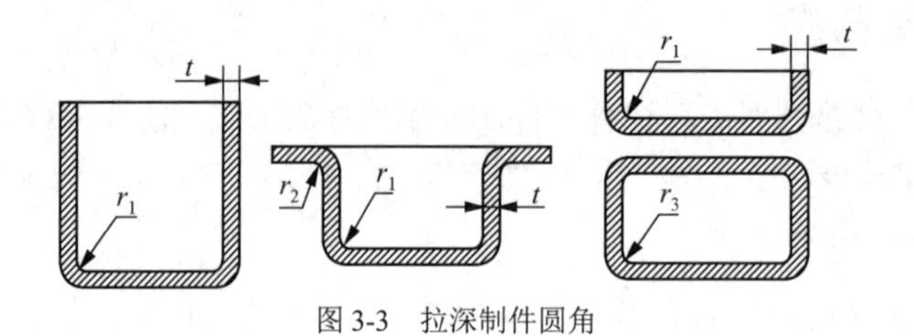

图 3-3　拉深制件圆角

对于方盒形件，如图 3-4 所示，当其角部的圆角半径 $r=(0.05\sim0.20)B$（B 为方盒形件短边宽度）时，拉深制件高度 $H<(0.3\sim0.8)B$，可一次性拉深成形。

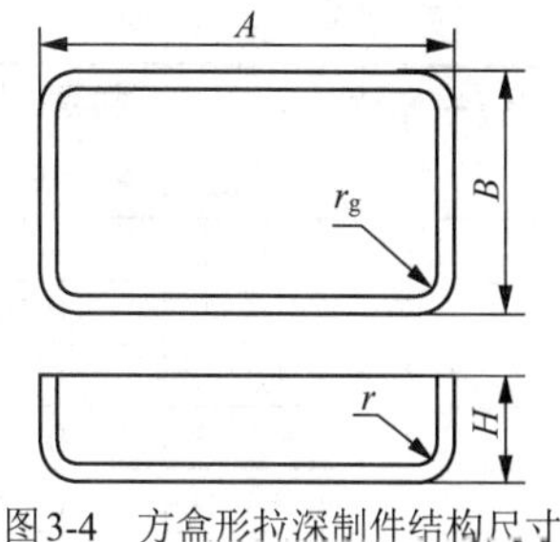

图 3-4　方盒形拉深制件结构尺寸

（6）拉深制件上的孔位置要合理布置。拉深制件上的孔位置应与主要结构面（凸缘面）设置在同一平面上，或使孔壁垂直于该平面，以便冲孔与修边同时在一道工序中完成，如图 3-5 所示。

拉深制件的侧壁有孔时，如图 3-6 所示，只有当孔与底边或者凸缘的距离 $h>2d+t$ 时才有可能冲出，否则只能采用钻孔方式加工。拉深制件凸缘上的孔距应为

$$D_1 \geqslant (d_1 + 3t + 2r_2 + d) \tag{3-1}$$

拉深制件底部孔径应为

$$d \leqslant d_1 - 2r_1 - t \tag{3-2}$$

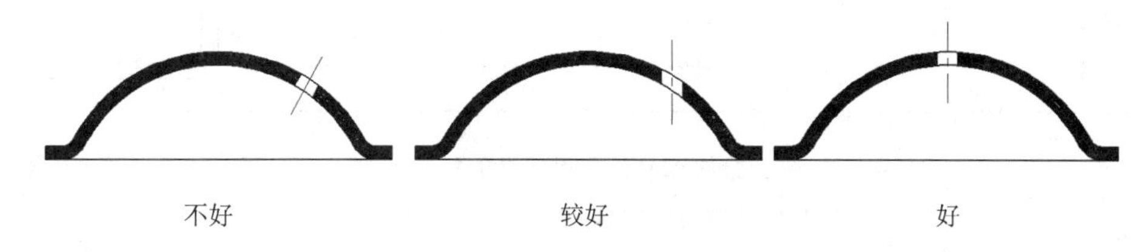

图 3-5　拉深制件孔方向

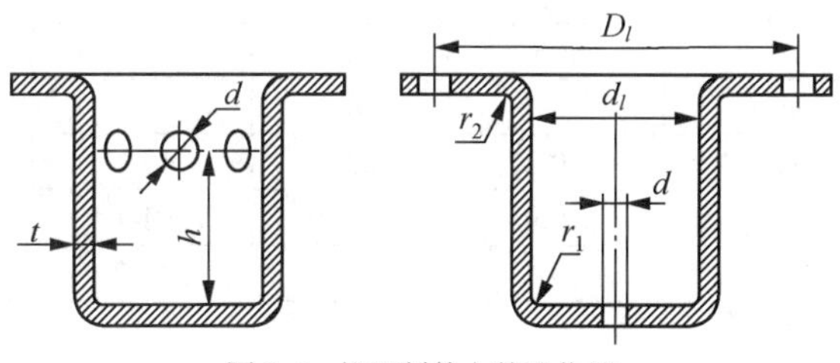

图 3-6　拉深制件上的孔位置

（7）需要多次拉深时，在保证表面质量的前提下，应允许内、外表面存在拉深过程中可能产生的痕迹。在保证装配要求的前提下，应允许拉深制件侧壁有一定的斜度。

3. 拉深制件精度要求

知识点微课：

扫描二维码学习拉深制件结构工艺性要求课程。

一般情况下，拉深制件的尺寸公差等级应在 IT13 级以下，不宜高于 IT11 级。对于精度要求高的拉深制件，应在拉深后增加整形工序或者用机械加工的方法保证较高精度尺寸。由于材料的各向异性的影响，拉深制件的口部或者凸缘的外缘一般不整齐，出现凸耳现象，需要增加切边工序。圆筒形拉深制件径向、高度尺寸的极限偏差值和带凸缘圆筒形拉深制件高度尺寸的极限偏差值分别见表 3-3～表 3-5。

要考虑拉深制件厚度的不均匀现象。拉深制件由于各处变形不均匀，壁厚公差要求一般不应超过拉深工艺壁厚变化规律。不变薄拉深上下壁厚变化在（1.2～0.75）t（t 为板料厚度）。

表 3-3　　圆筒形拉深制件径向尺寸的极限偏差　　（单位：mm）

板料厚度 t	拉深制件直径 d			板料厚度 t	拉深制件直径 d			附图
	≤50	>50～100	>100～300		≤50	>50～100	>100～300	
0.5	±0.12	—	—	2.0	±0.40	±0.50	±0.70	
0.6	±0.15	±0.20	—	2.5	±0.45	±0.60	±0.80	
0.8	±0.20	±0.25	±0.30	3.0	±0.50	±0.70	±0.90	
1.0	±0.25	±0.30	±0.40	4.0	±0.60	±0.80	±1.00	
1.2	±0.30	±0.35	±0.50	5.0	±0.70	±0.90	±1.10	
1.5	±0.35	±0.40	±0.60	6.0	±0.80	±1.00	±1.20	

表 3-4　　圆筒形拉深制件高度尺寸的极限偏差　　（单位：mm）

材料厚度 t	拉深制件高度的基本尺寸 h					附图
	≤18	>18～30	>30～50	>50～80	>80～120	
≤1	±0.5	±0.6	±0.7	±0.9	±1.1	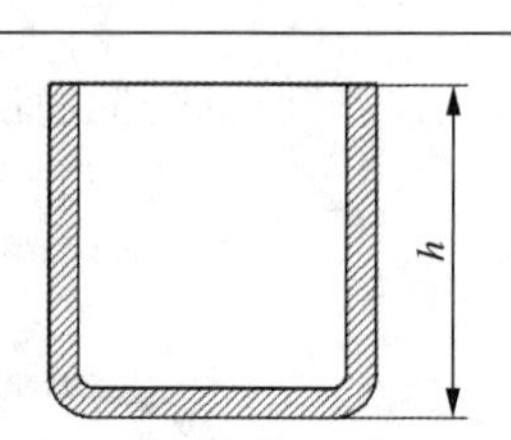
>1～2	±0.6	±0.7	±0.8	±1.0	±1.3	
>2～3	±0.7	±0.8	±0.9	±1.1	±1.5	
>3～4	±0.8	±0.9	±1.0	±1.2	±1.8	
>4～5	—	—	±1.2	±1.5	±2.0	
>5～6	—	—	—	±1.8	±2.2	

表 3-5　　带凸缘拉深制件高度尺寸的极限偏差　　（单位：mm）

材料厚度 t	拉深制件高度的基本尺寸 h					附图
	≤18	>18～30	>30～50	>50～80	>80～120	
≤1	±0.3	±0.4	±0.5	±0.6	±0.7	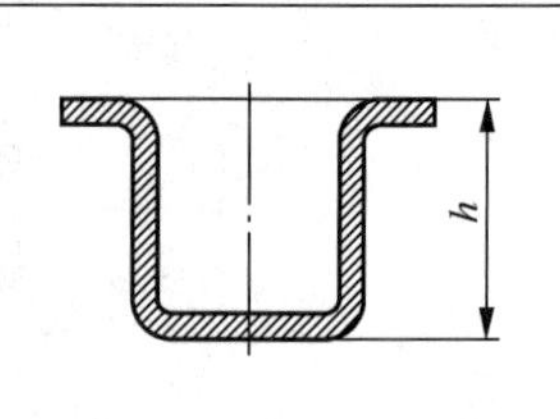
>1～2	±0.4	±0.5	±0.6	±0.7	±0.8	
>2～3	±0.5	±0.6	±0.7	±0.8	±0.9	
>3～4	±0.6	±0.7	±0.8	±0.9	±1.0	
>4～5	—	—	±0.9	±1.0	±1.1	
>5～6	—	—	—	±1.1	±1.2	

注：本表为未经整形所达到的数值。

二、拉深制件坯料尺寸

准确地计算坯料的尺寸和形状才能保证在拉深成形后得到合格的制件。若拉深坯料尺寸过小，会造成拉深成形后制件“缺料”，产品不合格；若坯料尺寸过大，则浪费材料，且由于压边区域过大，压边力过大，可能产生拉裂等质量问题。计算拉深坯料的尺寸一般遵循形状相似原则并预留切边余量。

1. 确定切边余量

预留切边余量是考虑坯料在拉深过程中所受到摩擦力不均匀或者材料的平面方向性等因素，在拉深后零件的口部或凸缘周边一般都不是十分平齐，必须将边缘的不平部分切除。因此在计算坯料尺寸时，需要在拉深制件的高度方向或者带凸缘的零件的凸缘直径上添加切边余量。其值可参考表 3-6 和表 3-7。

确定切边余量后，在计算坯料尺寸时，一定要将切边余量加入原拉深制件尺寸中。例如，无凸缘圆筒高度加高，有凸缘圆筒件，凸缘直径加大。计算回转体拉深制件坯料时，由于坯料均为圆形，其坯料直径可通过查表 3-8 中的计算公式来确定。计算时，拉深制件的尺寸均按照厚度中线尺寸计算，但当板料厚度小于等于 1mm 时，也可以按零件图标注的内形或者外形尺寸计算。

表 3-6　　无凸缘圆筒拉深制件的切边余量 ΔH　　（单位：mm）

工件高度 H	工件相对高度 H/d				附图
	>0.5～0.8	>0.8～1.6	>1.6～2.5	>2.5～4	
≤10	1.0	1.2	1.5	2	
>10～20	1.2	1.6	2	2.5	
>20～50	2	2.5	3.3	4	
>50～100	3	3.8	5	6	
>100～150	4	5	6.5	8	
>150～200	5	6.3	8	10	
>200～250	6	7.5	9	11	
>250	7	8.5	10	12	

注：1．对于高拉深制件必须规定中间修边工序。

2．材料厚度小于 0.5mm 的薄材料做多次拉深时，应按表值增加 30%。

表 3-7　　带凸缘圆筒拉深制件的切边余量 ΔR　　（单位：mm）

工件高度 H	凸缘相对直径 d_t/d				附图
	≤1.5	>1.5～2	>2～2.5	>2.5	
≤25	1.8	1.6	1.4	1.2	
>20～50	2.5	2.0	1.8	1.6	
>50～100	3.5	3.0	2.5	2.2	
>100～150	4.3	3.6	3.0	2.5	
>150～200	5.0	4.2	3.5	2.7	
>200～250	5.5	4.6	3.8	2.8	
>250	6	5	4	3	

注：1．对于高拉深制件必须规定中间修边工序。

2．材料厚度小于 0.5mm 的薄材料做多次拉深时，应按表值增加 30%。

2. 常用回转体的坯料尺寸计算

在确定修边余量后，可将修边余量值加到要计算回转体的高度或者凸缘末端，并以加入修边余量后的尺寸来计算回转体拉深制件的坯料尺寸。常见回转体拉深制件坯料直径的计算公式见表 3-8。

知识点微课：

扫描二维码学习圆筒形拉深制件坯料展开尺寸计算课程。

表 3-8　　常见回转体拉深制件坯料直径的计算公式

序号	零件形状	坯料直径 D
1		$D=\sqrt{d_1^2+4d_2h+6.28rd_1+8r^2}$ 或 $D=\sqrt{d_2^2+4d_2H-1.72rd_2-0.56r^2}$

续表

序号	零件形状	坯料直径 D
2	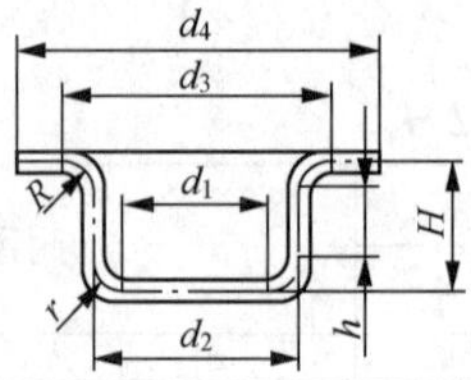	当 $r \neq R$ 时， $D=\sqrt{d_1^2+6.28rd_1+8r^2+4d_2h+6.28Rd_2+4.56R^2+d_4^2-d_3^2}$ 当 $r=R$ 时， $D=\sqrt{d_4^2+4d_2H-3.44rd_2}$
3	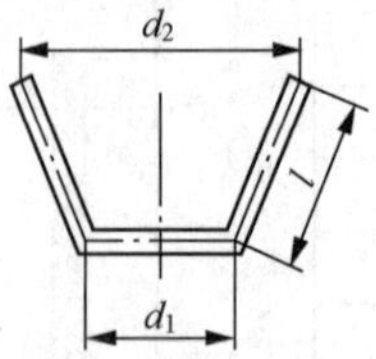	$D=\sqrt{d_1^2+2l(d_1+d_2)}$
4	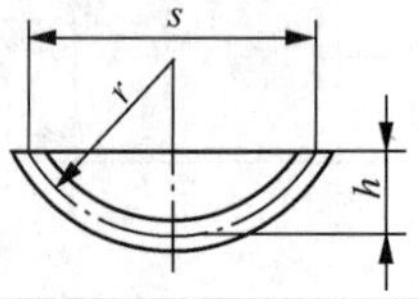	$D=\sqrt{8rh}$ 或 $D=\sqrt{8s^2+4h^2}$
5	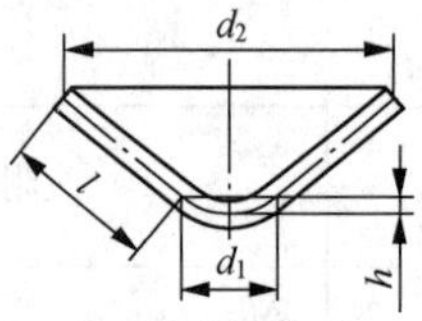	$D=\sqrt{d_1^2+4h^2+2l(d_1+d_2)}$
6	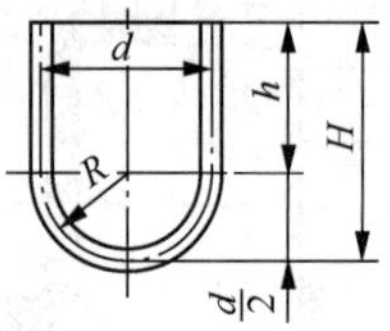	$D=1.414\sqrt{d^2+2dh}$ 或 $D=2\sqrt{dH}$
7	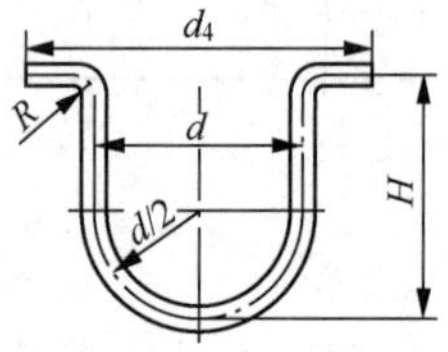	$D=\sqrt{8r^2+4dH-4dr-1.72dR+0.56R^2+d_4^2-d^2}$
8	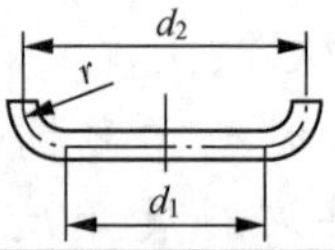	$D=\sqrt{d_1^2+2r(\pi d_1+4r)}$

注：1．尺寸按制件材料厚度中心层尺寸计算。

2．对于厚度小于 1mm 的拉深制件，可不按制件材料厚度中心层尺寸计算，而根据制件外壁尺寸计算。

3．对于部分未考虑制件圆角半径的计算公式，在有圆角半径时坯料尺寸的计算结果会偏大，故在此情况下，可不考虑或少考虑修边余量。

三、拉深系数与拉深次数

在拉深工艺中，由于拉深制件的高度与直径的比值不同，有些拉深制件可以一次拉深成形，而有些高大的拉深制件，则需要采用多次拉深的方法成形。在制订拉深工艺和设计拉深模具时，通常都将拉深系数作为计算的依据，以确定拉深次数。

拉深系数 m 是每次拉深后圆筒件直径与拉深前坯料（或工序件）直径的比值，如图 3-7 所示。

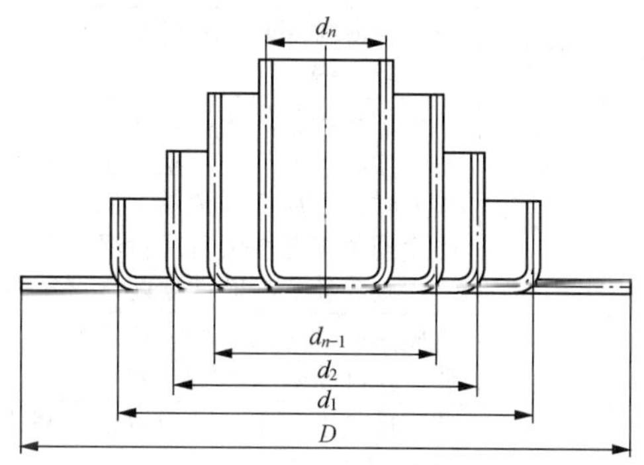

图 3-7　多次拉深变形情况

第一次拉深的拉深系数：

$$m_1 = \frac{d_1}{D} \tag{3-3}$$

第二次拉深的拉深系数：

$$m_2 = \frac{d_2}{d_1} \tag{3-4}$$

第 n 次拉深的拉深系数：

$$m_n = \frac{d_n}{d_{n-1}} \tag{3-5}$$

总拉深系数 $m_{总}$ 表示从坯料直径 D 拉深至 d_n 的总变形程度，即

$$m_{总} = \frac{d_n}{D} = \frac{d_1}{D}\frac{d_2}{d_1}\frac{d_3}{d_2}\cdots\frac{d_{n-1}}{d_{n-2}}\frac{d_n}{d_{n-1}} = m_1 m_2 m_3 \cdots m_{n-1} m_n \tag{3-6}$$

由此可见，拉深系数 m 永远小于 1，而且其值越小，表示变形程度越大。在制订拉深工艺时，如果拉深系数取得过小，就会使拉深制件起皱、拉裂或者严重地变薄。因此，为了保证拉深工艺的顺利进行，就必须使拉深系数大于一定的数值，这个数值下的极限拉深系数用符号“[m]”表示。

材料的力学性能、材料的相对厚度 t/D、摩擦与润滑条件、模具的几何参数、拉深的速度、拉深制件的形状等因素都会影响极限拉深系数。各因素对拉深系数的具体影响参考表 3-9。

表 3-9　　各因素对拉深系数 m 的影响

序号	因素	对拉深系数的影响
1	材料的内部组织及力学性能	拉深制件的材料塑性好，组织均匀，晶粒大小适当，屈强比小，板材拉深性能好，可以采用较小的 m 值。多次拉深中，由于拉深后材料产生冷作硬化，塑性降低，所以 m 值在第一次拉深时最小，以后各次拉深时逐次增加，只有当工序间增加了退火工序，才可再取较小的拉深系数
2	材料的相对厚度 t/D	材料相对厚度 t/D 值是一个重要影响因素。t/D 越小，拉深中越容易失稳而起皱。t/D 越大，拉深时越不易起皱，因此拉深系数 m 取小些；反之，拉深系数 m 要大一些

续表

序号	因素	对拉深系数的影响
3	拉深方式（用或不用压边圈）	用压边圈拉深时，材料不易起皱，*m* 可取小些；不用压边圈时，*m* 要取大些
4	凹模与凸模圆角半径	凹模圆角半径较大时，圆角处弯曲力小，且金属容易流动，摩擦阻力小，材料流动阻力小，*m* 值可取小些。但凹模圆角半径太大时，毛坯在压边圈下的压边面减小，容易起皱。 凸模圆角半径较大时，拉深系数 *m* 可小些，如凸模圆角半径过小，则易使危险断面变薄，严重时会导致破裂
5	模具情况	若模具间隙正常，表面粗糙度小，硬度高，可改善金属流动条件，拉深系数 *m* 可小一些
6	润滑条件	使用适当的润滑剂，可降低材料表面摩擦力及摩擦热，拉深系数 *m* 可小一些
7	拉深速度	一般情况，拉深速度对拉深系数 *m* 影响不大。但对于复杂大型拉深制件，由于变形复杂且不均匀，若拉深速度过高，会使局部变形加剧，不易向邻近部位扩展，而导致拉深制件破裂。另外，对速度敏感的金属（如钛合金、不锈钢、耐热钢），拉深速度大时，拉深系数 *m* 应适当加大

极限拉深系数的数值一般是在一定的拉深条件下用试验方法得出的，见表 3-10 和表 3-11。

表 3-10　　圆筒形件的极限拉深系数（带压边圈）

极限拉深系数	坯料相对厚度 *t/D*					
	2.0%～1.5%	<1.5%～1.0%	<1.0%～0.6%	<0.6%～0.3%	<0.3%～0.15%	<0.15%～0.08%
$[m_1]$	0.48%～0.50%	0.50%～0.53%	0.53%～0.55%	0.55%～0.58%	0.58%～0.60%	0.60%～0.63%
$[m_2]$	0.73%～0.75%	0.76%～0.78%	0.76%～0.78%	0.78%～0.79%	0.79%～0.80%	0.80%～0.82%
$[m_3]$	0.76%～0.78%	0.78%～0.79%	0.79%～0.80%	0.80%～0.81%	0.81%～0.82%	0.82%～0.84%
$[m_4]$	0.78%～0.80%	0.80%～0.81%	0.81%～0.82%	0.82%～0.83%	0.83%～0.85%	0.85%～0.86%
$[m_5]$	0.80%～0.82%	0.82%～0.84%	0.84%～0.85%	0.85%～0.86%	0.86%～0.87%	0.87%～0.88%

注：1. 凹模圆角半径较大时［$r_{凹}$=（8～15）*t*］，拉深系数取较小值；凹模圆角半径较小时［$r_{凹}$=（4～8）*t*］，拉深系数取较大值。

2. 表中拉深系数适用于 08 钢、10 钢、15Mn 钢与软黄铜 H62、H68。当拉深塑性更大的金属时，可取比表中小 1.5%～2%的数值，而当拉深塑性较小的金属时，应比表中数值增大 1.5%～2%。

表 3-11　　圆筒形件的极限拉深系数（不带压边圈）

极限拉深系数	坯料相对厚度 *t/D*				
	1.5%	2.0%	2.5%	3.0%	>3.0%
$[m_1]$	0.65%	0.60%	0.55%	0.53%	0.50%
$[m_2]$	0.80%	0.75%	0.75%	0.75%	0.70%
$[m_3]$	0.84%	0.80%	0.80%	0.80%	0.75%
$[m_4]$	0.87%	0.84%	0.84%	0.84%	0.78%
$[m_5]$	0.90%	0.87%	0.87%	0.87%	0.82%
$[m_6]$	—	0.90%	0.90%	0.90%	0.85%

注：表中拉深系数适用于 08 钢、10 钢及 15Mn 钢等材料。

在拉深过程中，凸缘部分材料受压应力作用，当材料较薄或压应力过大时，一旦失去稳定，就会起拱弯曲，其情况与压杆受压失去稳定而弯曲相似，使材料产生皱折，在凸缘的整个周围产生波浪形的连续弯曲，称为“起皱”。为了防止拉深过程中制件边缘或凸缘起皱，常在拉深模具中采用压边圈。拉深时是否采用压边圈，可以按表3-12来判断。

表3-12 采用或者不采用压边圈的条件

拉深方法	首次拉深		以后各次拉深	
	t/D	m_1	t/d_{n-1}	m_n
采用压边圈	<1.5%	<0.6%	<1.0%	<0.8%
可采用也可不采用压边圈	1.5%～2.0%	0.6%	1.0%～1.5%	0.8%
不采用压边圈	>2.0%	>0.6%	>1.5%	>0.8%

注：t为材料厚度（mm）；D为毛坯直径（mm）；d_{n-1}为第$n-1$次拉深后的制件直径（mm）；m_1、m_n分别为第一次、第n次拉深的拉深系数。

拉深次数是依据各次拉深的拉深系数确定的。从表3-10或表3-11中，查出极限拉深系数$[m_1]$，$[m_2]$，…，然后从第一道工序开始依次算出各次拉深工序件的直径，即$d_1=[m_1]D$，$d_2=[m_2]d_1$，$d_n=[m_n]d_{n-1}$，直到$d_n \leqslant d$，即当计算所得直径d_n稍小于或者等于拉深制件所要求的直径d时，计算的次数即为拉深次数。

知识点微课：

扫描二维码学习拉深系数课程。

四、拉深力与压料力

1. 拉深力

影响拉深力的因素较为复杂，因此在实际生产中多采用经验公式计算拉深力。对于圆筒形件，首次拉深的拉深力为

$$F' = K_1 \pi d_1 t \sigma_b \tag{3-7}$$

以后各次拉深的拉深力为

$$F_i = K_2 \pi d_i t \sigma_b \quad (i=2,3,4,\cdots,n) \tag{3-8}$$

式中：d_i——各次拉深工序件的直径，mm；

t——板料厚度，mm；

σ_b——拉深制件的抗拉强度，MPa；

K_1、K_2——修正系数，与拉深系数有关，见表3-13。

表3-13 修正系数K_1、K_2的数值

m_1	0.55	0.57	0.60	0.62	0.65	0.67	0.70	0.72	0.75	0.77	0.80	—	—	—
K_1	1.0	0.93	0.86	0.79	0.72	0.66	0.60	0.55	0.50	0.45	0.40	—	—	—
$m_2,\cdots,m_n$	—	—	—	—	—	—	0.70	0.72	0.75	0.77	0.80	0.85	0.90	0.95
K_2	—	—	—	—	—	—	1.0	0.95	0.90	0.85	0.80	0.70	0.60	0.50

2. 压料力

在拉深过程中，如果材料的相对厚度较小，变形程度较大，则在凸缘变形区容易失稳起皱。防止起皱的主要方法是采用在该区域施加轴向压料力的压料装置。在确定使用压料装置后，就需要确定压料力，压料力大小要设计合理，如果过大，会增大坯料拉入凹模的拉力，导致危险面破裂；压料力不足，则不能防止凸缘起皱。所以，要保证在坯料变形区不起皱的前提下，尽量选用较小的压料力。压料力可按如下经验公式计算。

任何形状的拉深制件：

$$F_{Y} = Ap \tag{3-9}$$

式中：F_Y——压料力，N；

A——压边圈下坯料的投影面积，mm^2；

p——单位面积压料力，MPa，见表 3-14。

知识点微课：

扫描二维码学习拉深力与压力机选用课程。

表 3-14　单位面积压料力

材料	单位面积压料力 p/ MPa	材料	单位面积压料力 p/ MPa
铝	0.8～1.2	软钢（<0.5mm）	2.5～3.0
纯铜、硬铝（退火）	1.2～1.8	镀锡钢	2.5～3.0
黄铜	1.5～2.0	耐热钢	2.8～3.5
软钢（t>0.5mm）	2.0～2.5	高合金钢、不锈钢、高锰钢	3.0～4.5

在实际的生产中，按如下经验公式确定压力机的标称压力。

浅拉深：

$$F_{g} \geqslant (1.6 \sim 1.8) F_{\Sigma} \tag{3-10}$$

深拉深：

$$F_{g} \geqslant (1.8 \sim 2.0) F_{\Sigma} \tag{3-11}$$

式中：F_{Σ}——冲压合力，N。

五、拉深成形常见质量问题分析

在拉深成形过程中，影响拉深制件质量的因素有很多，比较常见的拉深工艺问题包括平面凸缘部分起皱、筒壁危险断面拉裂、口部或凸缘边缘不整齐、筒壁表面拉伤、拉深制件存在较大的尺寸和形状误差等。其中，起皱和拉裂是拉深成形工艺过程中两个主要的质量问题。

1. 拉深起皱

起皱是指拉深过程中，凸缘平面部分的材料沿切向产生波浪形的拱起，如图 3-8 所示。在拉深过程中，凸缘部分的材料受到很大的切向压力，这种压力会使凸缘平面边缘失去塑性稳定而产生纵向的弯曲，特别是压应力较大，而坯料的相对厚度 t/D（t 为材料厚度，D 为坯料直径）较小时，整个凸缘部分产生波浪形的连续弯曲。

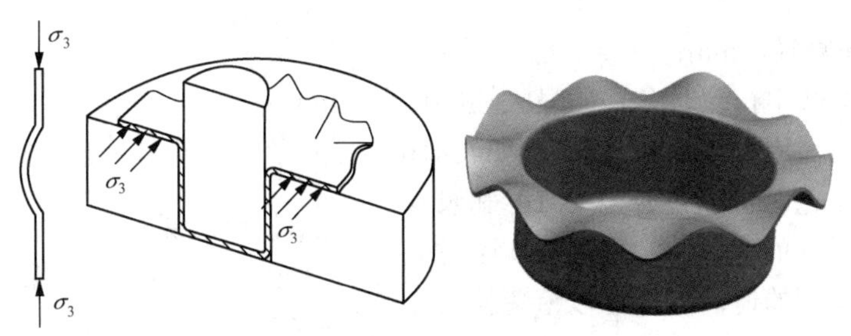

图 3-8　拉深制件起皱

影响起皱的因素主要有坯料的相对厚度 t/D、拉深系数 m 和模具工作部分的几何形状参数等。坯料的相对厚度 t/D 越小，坯料的抗失稳性能越差，越容易起皱；相反，相对厚度 t/D 越大，越不易起皱。拉深系数 m 越小，拉深变形越大，压应力也越大，凸缘的宽度也越大，抗失稳能力越差，越容易起皱。

为防止起皱，需要加压边力。压边力由模具上的压料装置提供。压料装置使坯料凸缘区在凹模平面与压边圈之间通过，如图 3-9 所示。

毛坯严重起皱后，不仅有损拉深制件的质量，而且常常由于起皱后的毛坯不易由凸模和凹模之间的间隙内通过，以致增大了拉深力，如果拉深的某些条件不当（如压边力过小），则会导致毛坯件不能通过凸模和凹模之间的间隙而将制件拉断。即使是对于轻微起皱的毛坯，虽然可能勉强地通过凸模和凹模之间的间隙，但也会在零件的侧壁上留下起皱的痕迹，影响拉深制件的表面质量。

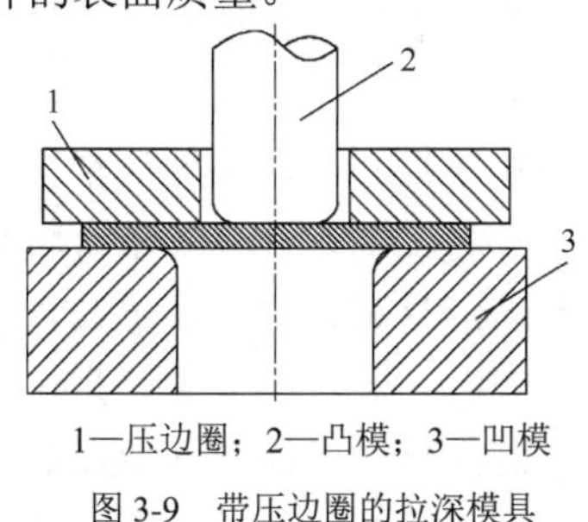

1—压边圈；2—凸模；3—凹模

图 3-9　带压边圈的拉深模具

知识点微课：

扫描二维码学习起皱的控制课程。

2. 拉深拉裂

当拉深力过大、筒壁材料的应力达到抗拉强度时，筒壁将被拉裂，如图 3-10 所示。拉裂主要出现在筒壁部分与底部圆角的交界面附近，这个位置材料厚度减薄最为严重，是发生拉裂的危险断面。

筒壁危险断面是否会被拉裂，取决于拉深力的大小和筒壁材料的强度。在实际的生产中，常用增大凸、凹模圆角半径、适当降低拉深力、增加拉深次数、在压边圈底部或者凹模上涂润滑油等方法来避免拉裂的产生。

图 3-10　拉深制件拉裂

一般圆筒件拉深的成形极限主要由拉裂来确定，成形极限用极限拉深比 LDR 表示：

$$\mathrm{LDR}=\frac{D}{d} \tag{3-12}$$

式中：d ——凸模直径，mm；

D ——不会产生拉裂时允许的最大坯料直径，mm。

目前生产中习惯用拉深系数 $m=d/D$ 来表示拉深成形极限，两者关系为：$m=d/D=1/\mathrm{LDR}$。

在设计拉深工艺时可通过查表 3-10 和表 3-11 来确定拉深系数的值，通常采用的实际拉深系数大于表中所列的值，这样可以避免拉裂的产生。

知识点微课：

扫描二维码学习拉裂的控制课程。

六、拉深成形模具结构设计

拉深工序与冲裁工序相比，有以下几个不同特点。首先，拉深凸模和凹模有圆角而不是呈尖刃状。其次，拉深模具的凸模不一定置于模具上模部分。凸模安装于上模部分的拉深模具为正装式结构，凸模安装于下模部分的为倒装式结构。将拉深方向始终不变的称为正拉深；在拉深工序中，拉深凸模从已拉深制件的外部、底部反向加压，将原有拉深制件的内表面翻转为外表面的工序称为反拉深。

知识点微课：

扫描二维码学习拉深模具的结构课程。

1. 拉深模具设计要点

在设计拉深模具时，由于拉深工艺的特殊要求，除了应考虑到与其他模具一样的设计方法和步骤以外，还需要考虑如下特点。

（1）拉深圆筒形制件时，应考虑到料厚、材料、模具圆角半径（r_p、r_d）等情况。根据合理的拉深系数和以后各次拉深的拉深系数确定拉深工序。拉深工艺的计算要求有较高的准确性，从而拉深凸模长度的确定必须满足工件拉深高度的要求，且在拉深凸模上必须有一定尺寸要求的通气孔。

（2）要分析成形件的形状、尺寸有没有超过加工极限的部分。二次拉深及以后各次拉深工序用的凸模长度（包括本工序中拉深工件的高度与压边圈高度）比较长，选用凸模材料时须考虑热处理时的弯曲变形。同时需注意凸模在固定板上的定位、紧固的可靠性。

（3）在带凸缘件的拉深工序中，工件的高度取决于上模的行程，使用中为便于模具的调整，最好在模具上设计行程限制装置。当压力机在下止点位置时，模具应在限程的位置闭合。

（4）设计落料、拉深复合模时，由于落料凹模的磨损比拉深凸模的磨损要快，所以落料凹模上应预先加大磨损余量。普通落料凹模应高出拉深凸模 2～6mm。

（5）设计非旋转体工件（如矩形）的拉深模具时，其凸模和凹模在模板上的装配位置必须准确可靠，以防止松动后发生旋转、偏移影响工件的质量，严重时还会损坏模具。

（6）因回弹、扭曲、局部变形等缺陷所产生的弹性变形难以保证零件形状的精度，此时应采取胀形成形措施。

（7）对于形状复杂、经多次拉深的零件（如矩形盒状零件），很难计算出准确的毛坯形状和尺寸。因此，在设计模具时，往往先做出拉深模具，经试压确定合适的毛坯形状和尺寸后再制作落料模，并在拉深模具上为定形的毛坯安装定位装置，同时要预先考虑到使后面工序定位稳定的措施。

（8）压边圈与毛坯接触的一面要平整，不应有孔和槽。否则在拉深时毛坯起皱会陷到孔或槽里，引起拉裂。

2. 拉深模具工作零件结构设计

拉深模具的凸、凹模是整个模具的主要工作零件，凸、凹模的设计主要有对凹模的圆角半径 r_d，凸模圆角半径 r_p，拉深凸、凹模之间的单边间隙 Z，拉深凸模直径 D_p，拉深凹模直径 D_d 等尺寸的设计，如图 3-11 所示。在进行拉深模具凸、凹模工作零件尺寸计算时，拉深制件的尺寸公差只在最后一次拉深时考虑。拉深制件口部的外径尺寸接近相应的凹模工作部分尺寸；而拉深制件底部的内径则接近相应的凸模工作部分的尺寸。

拉深凸模与凹模的结构形式取决于拉深制件的形状、尺寸以及拉深方法、拉深次数等工艺要求。不同的结构形式对拉深变形的情况、变形程度的大小及产品的质量均有不同的影响。

（1）无压料装置的拉深模具工作零件结构形式。图 3-12（a）所示为无压料装置的拉深模第一次拉深时所用的凸、凹模结构，图 3-12（b）所示为无压料装置的拉深模具以后各次拉深所用的凸、凹模结构。凹模的圆角形式有圆弧形、锥形和渐开线形，其中圆弧形最为常见，加工工艺性好，而锥形和渐开线形抗失稳起皱比较有利，但加工相对复杂，主要用于拉深系数较小的拉深工序。

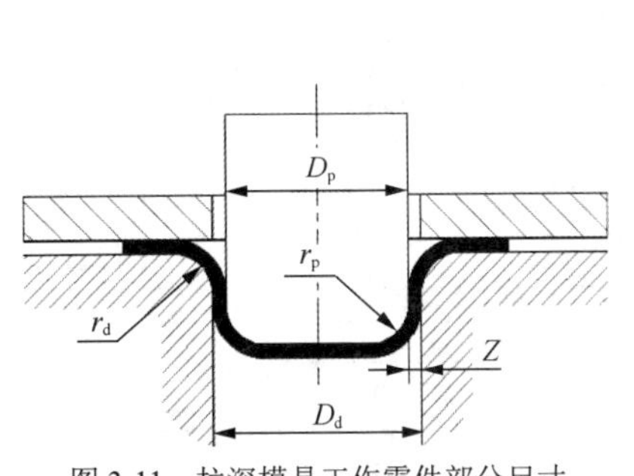

图 3-11　拉深模具工作零件部分尺寸

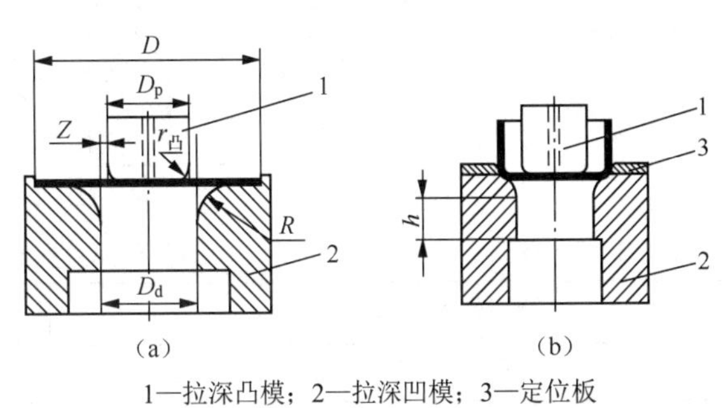

1—拉深凸模；2—拉深凹模；3—定位板

图 3-12　无压料装置拉深模具工作部分结构

（2）带压料装置的拉深模具工作零件结构形式。图 3-13 所示为带压料装置的拉深模的凸、凹模结构，其中图 3-13（a）所示为带压料装置拉深模具首次拉深的结构，图 3-13（b）、（c）所示为带压料装置拉深模具以后各次拉深的结构。图 3-13（a）、（b）的拉深凸、凹模具有圆角结构，通常用于拉深直径 $d \leqslant 100$mm 的拉深制件。图 3-13（c）的凸、凹模具有锥角结构，用于拉深直径 $d \geqslant 100$mm 的拉深制件。采用带有锥角的凸模和凹模具有改善金属流动、减少变形抗力、材料不易变薄等优点，此外还可以减轻拉深坯料反复弯曲变形程度，提高拉深制件侧壁质量，使拉深制件在下次工序中定位更加准确。

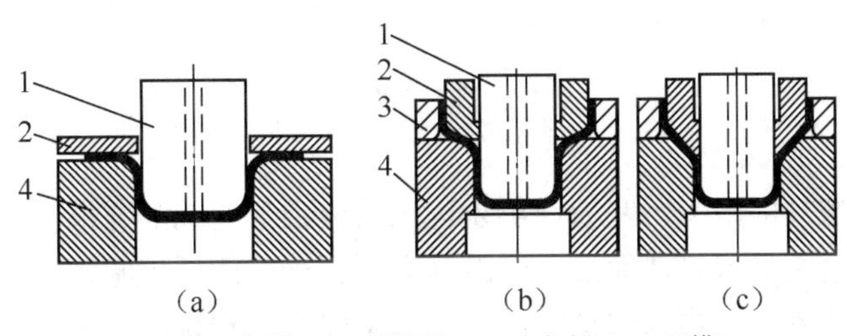

1—拉深凸模；2—压边圈；3—定位板；4—凹模

图 3-13　带压料装置拉深模具工作部分结构

在设计拉深模具工作部分结构时，要注意前后两道工序的冲模在形状和尺寸上的协调，使前道工序得到的工序制件形状有利于后道工序的成形。比如压边圈的形状和尺寸应与前道工序凸模的相应部分相同。拉深凹模的锥面角度也要与前道工序的凸模锥角一致。

为了便于取出拉深成形后的制件，拉深凸模应钻有通气孔。通气孔尺寸可查表 3-15。

表 3-15　通气孔尺寸　（单位：mm）

拉深凸模直径	≤50	50～100	100～200	>200
通气孔直径	5	6.5	8	9.5

（3）拉深凹模结构形式。一般拉深凹模上有一个带圆角的孔，如图 3-14 所示。圆角以下的直壁部分 h 是使金属板料受力变形形成圆筒形侧壁、产生滑动的区域。h 值应尽量地取小些。但是，若 h 过小，则在拉深过程结束后伴随有较大的回弹，使冲件在整个高度上各部分的尺寸不能保持一致；而若 h 过大，则又容易使冲件侧壁在与凹模洞口直壁部分滑动时摩擦增大而造成过分变薄。h 可根据表 3-16 进行取值。

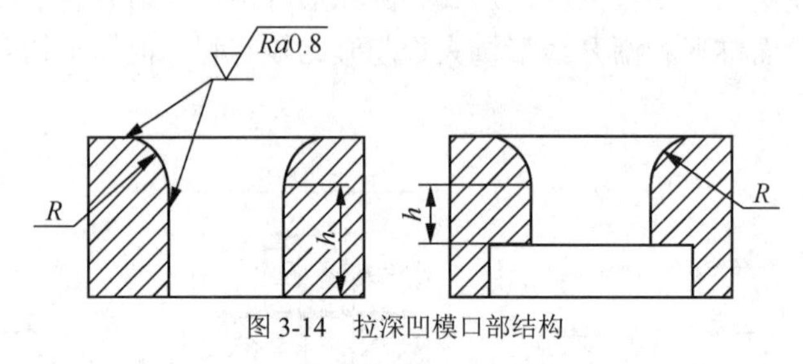

图 3-14　拉深凹模口部结构

表 3-16　凹模孔部直壁部分高度 h　（单位：mm）

拉深工艺	h
普通拉深	9～13
精度要求较高的拉深	6～10
变薄拉深	2～6

对于不用压边圈结构形式模具的凹模，在口部可以做成带台肩结构，如图 3-15 所示，以保证坯料的正确定位。但是，此种结构形式的模具修磨却不太方便。

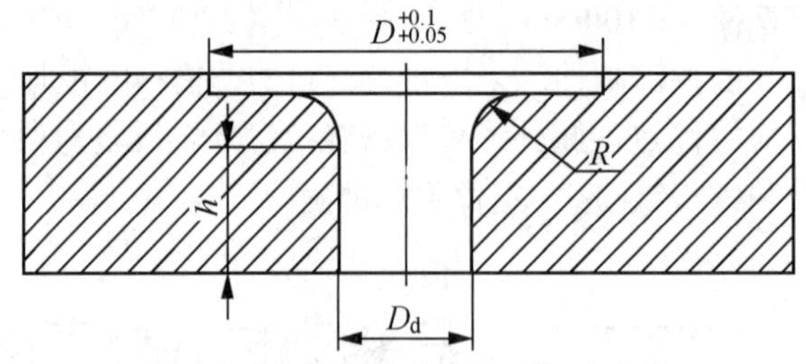

图 3-15　不采用压力装置的凹模口部结构

为了减少金属流动的阻力，凹模口部还可以做成锥形的或渐开线形的，如图 3-16 所示。这时，拉深毛坯的过渡形状呈曲面形，因而具有更强一些的抵抗塑性失稳的能力，使得起皱的趋向有所减小。此外，用锥形凹模拉深时，由于建立了对拉深变形更为有利的条件，如凹模圆角半径造成的摩擦阻力和弯曲变形的阻力都减到最低的程度，凹模锥面对毛坯变形区的作用力也有助于使它产生切向压缩变形等，拉深所需的作用力要小些，因而可以采用较小的拉深系数。锥形孔口角度一般为 30°～60°。在和凹模表面以及内孔面相接的地方用光滑的圆角相连接。锥形孔上口的直径一般要比坯料的直径小 2～10mm（$<3t$）。如果上口太大，则坯料不易放正；而若上口太小，则锥形孔就不起作用。

如果正装拉深模具结构采用下出件方式，则当拉深完成后，由于金属塑性变形中回弹的作用，使拉深制件的口部略增大。这时，在凹模口部直壁部分的下端应做成尖锐的直角或锐角，如图 3-17 所示。这可使得在凸模回程时，冲件会被锐缘角挂住而钩下。如果下端为圆角或角部变钝，则冲件仍然会包在凸模上，并随着凸模一起上升。

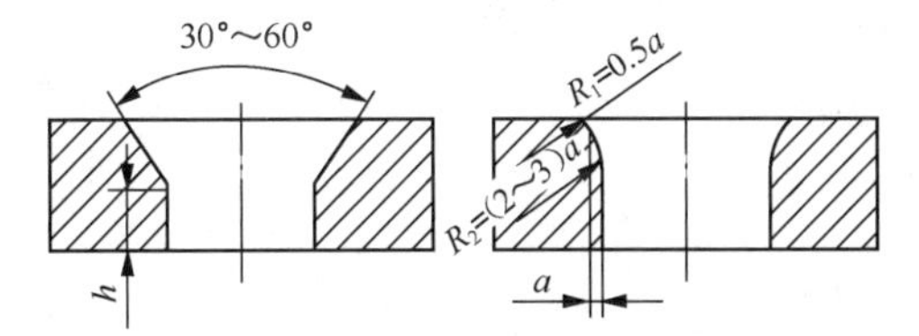

图 3-16　锥形和渐开线形凹模孔口

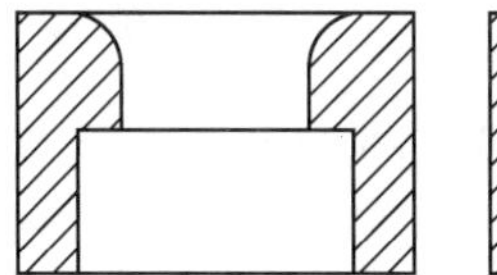

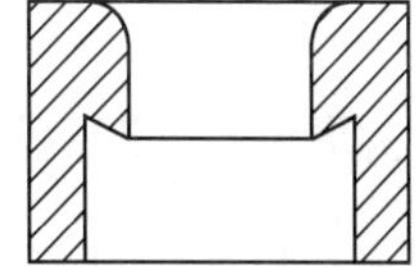

图 3-17　拉深凹模下端口部结构形式

以无凸缘圆筒拉深制件为例，拉深凹模的高度确定和拉深模具的结构有关。正装拉深模拉深完成后，制件直接从下模座型孔出件；倒装拉深模具拉深完成后，需要用推件装置将制件从凹模孔内向下推出。两种形式的凹模高度如图 3-18 所示。正装拉深模在拉深成形时，要将制件完全推出凹模直壁（工作尺寸）区域，而倒装拉深模在拉深成形时，则不能将凹模制件顶出凹模直壁区域。否则成形之后，由于拉深制件的回弹，将使制件推出困难。

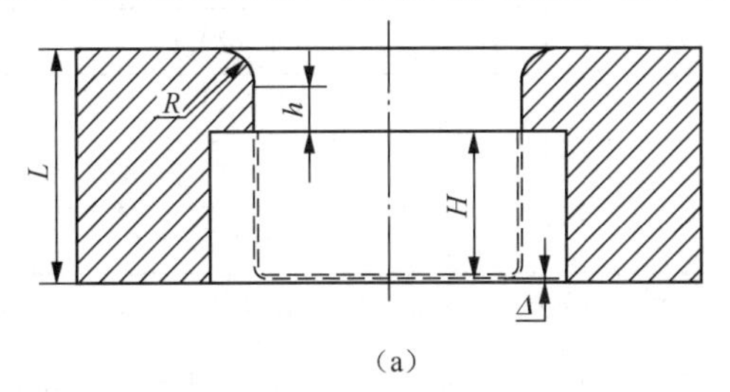

（a）

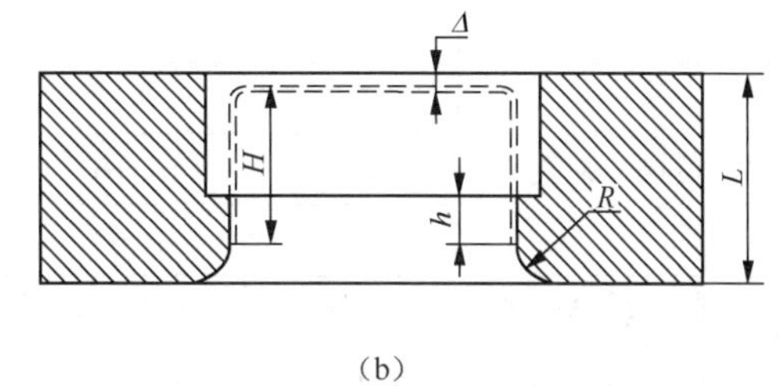

（b）

图 3-18　拉深凹模高度示意图

正装拉深模下出件型拉深凹模的高度为

$$L=R+h+H+\varDelta$$

倒装拉深模推出件型拉深凹模的高度为

$$L=R+H+\varDelta$$

式中：L——凹模的高度，mm；

R——凹模圆角半径，mm；

H——拉深制件的高度，mm；

h——凹模直壁的高度，mm；

$\varDelta$——预留量，一般取 2～6mm，正装拉深模可取较小值，倒装拉深模取较大值。

知识点微课：

扫描二维码学习拉深凸模和凹模的结构形式课程。

（4）拉深凸、凹模圆角半径。凸、凹模圆角半径对拉深制件的影响很大。毛坯经过凹模圆角进入凹模时，受到弯曲和摩擦作用。凹模圆角半径 r_d 过小时，因径向拉力较大，易使拉深制件表面划伤或者产生断裂；r_d 过大时，由于悬空面积增大，使压边面积减少，易起内皱。因此，合理选择凹模圆角半径极为重要。一般情况下，只要拉深变形区不起皱，凹模圆角半

径应尽量取大值，这不但有利于减小拉深力，还可以延长凹模寿命。

首次拉深凹模圆角半径可按下式计算：

$$r_{d_1}=0.8\sqrt{(D-d)t} \tag{3-13}$$

式中：r_{d_1}——凹模圆角半径；

D——坯料直径；

d——凹模内径（当工件厚度 $t\geqslant1$mm 时，也可取首次拉深时工件厚度中线的尺寸）；

t——材料厚度。

以后各次拉深，凹模圆角半径应逐渐减少时，一般可按以下关系确定：

$$r_{d_i}=(0.6\sim0.9)r_{d_{(i-1)}}\quad(i=2, 3, \cdots, n) \tag{3-14}$$

盒形件拉深凹模圆角半径按下式计算：

$$r_{d_i}=(4\sim8)t \tag{3-15}$$

r_d 也可以根据拉深制件的材料种类与厚度参考表 3-17 确定。

表 3-17　拉深凹模圆角半径 r_d 的数值

拉深制件材料	料厚 t/mm	r_d
钢	<3	（10～6）t
	3～6	（6～4）t
	>6	（4～2）t
铝、黄铜、纯铜	<3	（8～5）t
	3～6	（5～3）t
	>6	（3～1.5）t

注：对于第一次拉深和较薄的材料，应取表中的上限值；对于以后各次拉深和较厚的材料，应取表中的下限值。

以上计算所得凹模圆角半径，均应符合 $r_d\geqslant2t$ 的拉深工艺性要求。对于带凸缘的圆筒形件，最后一次拉深的凹模圆角半径还应与零件的凸缘圆角半径相等。

凸模圆角半径 r_p 对拉深也有影响。若 r_p 过大，则会使坯料悬空部分增大，易产生底部变薄和内起皱现象。

首次拉深圆角半径按下式计算：

$$r_{p_1}=(0.7\sim1.0)r_{d_1} \tag{3-16}$$

以后各次拉深的凸模半径可按下式计算：

$$r_{p_{(i-1)}}=\frac{d_{i-1}-d_i-2t}{2}\ (i=3, 4,\cdots, n) \tag{3-17}$$

式中：d_{i-1}、d_i——第 i-1 次和第 i 次拉深工序件的直径。

最后一次拉深时，凸模圆角半径应与拉深制件底部圆角半径 r 相等。但当拉深制件底部圆角半径小于拉深工艺要求值时，凸模圆角半径应按工艺要求（$r\geqslant t$）确定，然后通过增加整形工序得到拉深制件要求的圆角半径。

（5）拉深凸、凹模间隙。拉深模具的凸、凹模间隙对拉深制件的质量和模具的寿命有重要影响。决定模具间隙时，不仅应考虑材质、板料厚度及其厚度公差，同时还必须考虑到拉深制件的尺寸精度以及粗糙度等之间的关系。如果模具的间隙过小，拉深时虽然可能得到平直而又光滑的零件，但毛坯在通过间隙时产生的校直与变薄变形均会引起较大的拉深力，致使零件的侧壁变薄现象严重，甚至会使零件破损。此外，毛坯与模具表面之间的接触压力加大，也会增加模具的磨损；若间隙过大，则对毛坯的校直作用就比较小，成形的制件由于回弹的作用将会产生较大的畸变。

对于无压料装置的拉深模具，其凸、凹模单边间隙可按下式计算确定：

$$Z=(1\sim1.1)t_{\max} \tag{3-18}$$

式中：Z——凸、凹模的单边间隙；

$t_{\max}$——材料厚度的上极限尺寸。

对于末次拉深或者精度要求较高的拉深制件，系数取 1～1.1 中的较小值；对于首次拉深和中间各次拉深或者精度要求不高的拉深制件，系数取 1～1.1 中的较大值。

对于有压料装置的拉深模具，凸、凹模单边间隙可按表 3-18 确定。

表 3-18　有压料装置的凸、凹模单边间隙值 Z

总拉深次数	拉深工序	单边间隙	总拉深次数	拉深工序	单边间隙
1	第一次拉深	（1～1.1）t	4	第一、二次拉深	$1.2t$
2	第一次拉深	$1.1t$		第三次拉深	$1.1t$
	第二次拉深	（1～1.05）t		第四次拉深	（1～1.05）t
3	第一次拉深	$1.2t$	5	第一、二、三次拉深	$1.2t$
	第二次拉深	$1.1t$		第四次拉深	$1.1t$
	第三次拉深	（1～1.05）t		第五次拉深	（1～1.05）t

注：1．t 为材料厚度，取材料允许偏差中间值。
2．对拉深精度要求较高的零件，最后一次拉深的单边间隙 $Z=t$。

对盒形件拉深模具，其凸、凹模的单边间隙可根据盒形件精度确定。当精度要求较高时，$Z=$（0.9～1.05）t；当精度要求不高时，$Z=$（1.1～1.3）t。最后一次拉深取较小值。另外，由于盒形件拉深时坯料在角部变厚较多，因此圆角部分的间隙应较直边部分的间隙大 $0.1t$。

（6）拉深凸、凹模工作尺寸及公差。在拉深模具设计过程中，最后一次拉深，即末次拉深是直接决定拉深制件尺寸与精度的关键工艺。相较于拉深中间工序的凸、凹模尺寸，最后一次拉深的凸、凹模工作部分尺寸的设计尤其重要。

在确定最后一次拉深凸、凹模工作部分尺寸时，一般认为拉深制件口部外径尺寸接近于相应的凹模工作部分尺寸；而拉深制件底部的内径则接近于相应凸模工作部分尺寸。故在具体的设计与计算时，要根据拉深制件所标注的外径或者内径尺寸不同，分别考虑采用凸模还是凹模为基准，并根据制件的使用情况，考虑模具的磨损、制造公差以及拉深制件回弹等因素。

当拉深制件标注外形尺寸时［图 3-19（a）］，则

$$D_{\mathrm{d}}=(D_{\max}-0.75\varDelta)_{0}^{+\delta_{\mathrm{d}}} \tag{3-19}$$

$$D_{\mathrm{p}}=(D_{\max}-0.75\varDelta-2Z)_{-\delta_{\mathrm{p}}}^{0} \tag{3-20}$$

当拉深制件标注内形尺寸时［图 3-19（b）］，则

$$d_{\mathrm{p}}=(d_{\min}+0.4\varDelta)_{-\delta_{\mathrm{p}}}^{0} \tag{3-21}$$

$$d_{\mathrm{d}}=(d_{\min}+0.4\varDelta+2Z)_{0}^{+\delta_{\mathrm{d}}} \tag{3-22}$$

式中：D_{d}、d_{d}——凹模工作尺寸；

D_p、d_p ——凸模工作尺寸；

D_{max}、d_{min} ——拉深制件的最大外形尺寸和最小内形尺寸；

Z ——凸、凹模的单边间隙；

δ_p、δ_d ——凸、凹模的尺寸公差，可按公差等级 IT6～IT9 确定，也可查表 3-19 确定。

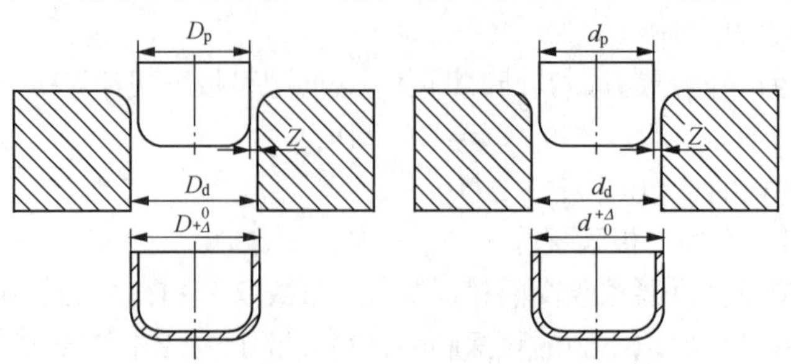

（a）拉深制件标注外形尺寸　（b）拉深制件标注内形尺寸

图 3-19　拉深制件尺寸与凸、凹模工作尺寸

表 3-19　拉深凸、凹模尺寸制造公差　（单位：mm）

材料厚度 t	拉深制件直径					
	≤20		>20～100		>100	
	δ_d	δ_p	δ_d	δ_p	δ_d	δ_p
≤0.5	0.02	0.01	0.03	0.02	—	—
0.5～1.5	0.04	0.02	0.05	0.03	0.18	0.05
>1.5	0.06	0.04	0.08	0.05	0.10	0.06

对于首次拉深和中间各次拉深模具，因工序尺寸无严格要求，所以其凸、凹模工作尺寸取相应工序的工序件尺寸即可。若以凹模为基准，则

知识点微课：

扫描二维码学习拉深凸模和凹模的结构参数设计课程。

$$D_d = D_{\ 0}^{+\delta_d} \tag{3-23}$$

$$D_p = (D - 2Z)_{-\delta_p}^{\ 0} \tag{3-24}$$

式中：D ——各次拉深工序件的公称尺寸。

3. 拉深模具压料装置设计

在拉深过程中，如果材料的相对厚度较小，变形程度较大，则在凸缘变形区容易失稳起皱。防止起皱的主要方法是采用在该区域施加轴向力的压料装置。目前，生产中常用的压料装置有弹性压料装置和刚性压料装置。

（1）弹性压料装置。在单动压力机上进行拉深时，多采用弹性压料装置来产生压料力。常用的弹性压料装置有弹簧、橡胶和气垫，如图 3-20 所示。

这 3 种压料装置的压料力-行程曲线如图 3-21 所示。从图中可以看出，橡胶和弹簧的压料力随着凸模行程的增加而增大，恰好与拉深过程中所需压料力相反，这是因为拉深过程中，起皱是发生在拉深开始的时候，所以所需压料力较大，而随着拉深的进行，起皱风险逐渐降低，拉裂的风险逐渐增大，所需压料力减小。因此使用橡胶和弹簧会增大拉裂的风险性。

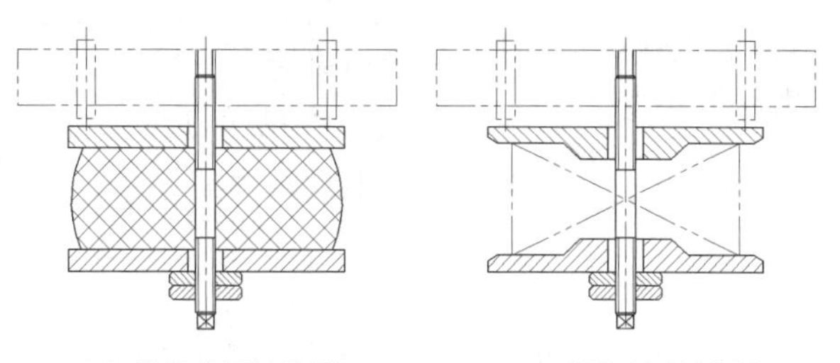
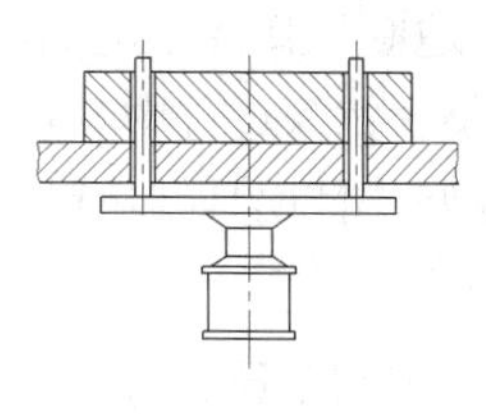

（a）橡胶式压料装置　　（b）弹簧式压料装置　　（c）气垫式压料装置

图 3 20　弹性压料装置

一般橡胶式压料装置中应选用软橡胶，并使其厚度不小于拉深工作行程的 5 倍，以保证相对压缩量不会过大。对于弹簧式压料装置，应选用总压缩量大、压力随压缩量的增大而缓慢增大的规格，这两种压料装置结构简单，常用于中小型压力机上的浅拉深成形。气垫式压料装置的压料力不随工作行程而变化，压料效果好，但其结构较为复杂。

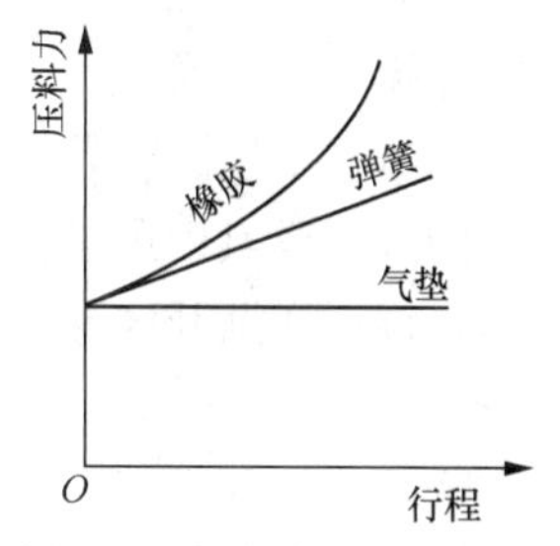

图 3-21　各种弹性压料装置的压料力-行程曲线

压边圈是压料装置的关键零件，常见结构形式有平面形、锥形和弧形，如图 3-22 所示。一般的拉深模具采用平面形压边圈；锥形压边圈能降低极限拉深系数，其锥角与锥形凹模锥角相对应，主要用于拉深系数较小的拉深制件；当坯料相对厚度较小，拉深制件凸缘小且圆角半径较大时，则采用带弧形的压边圈。

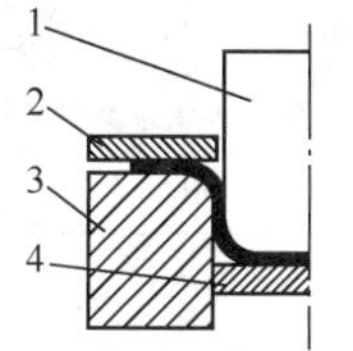

（a）平面形压边圈　（b）锥形压边圈　（c）弧形压边圈

1—拉深凸模；2—压边圈；3—凹模；4—顶板

图 3-22　压边圈的结构形式

在拉深过程中，压料力需要始终保持均衡，并要防止坯料被过分压紧，特别是拉深材料较薄或带有凸缘的零件时，可采用带限位装置的压边圈，如图 3-23 所示。限位柱可使压边圈和凹模之间始终保持一定的距离 s。带凸缘零件的拉深，$s=t+(0.05\sim1)$mm；铝合金零件的拉深，$s=1.1t$；钢板零件的拉深，$s=1.2t$（t 为板料厚度）。

（2）刚性压料装置。刚性压料装置一般设置在双动压力机上用的拉深模具中。如图 3-24 所示，压边圈装在外滑块上，拉深凸模装在内滑块上。拉深开始后外滑块首先进行压料，随后内滑块进行拉深。压料作用是通过调整压边圈与凹模平面之间的间隙获得的，考虑拉深过程中坯料凸缘区的厚度增加，这一间隙应略大于板料厚度。

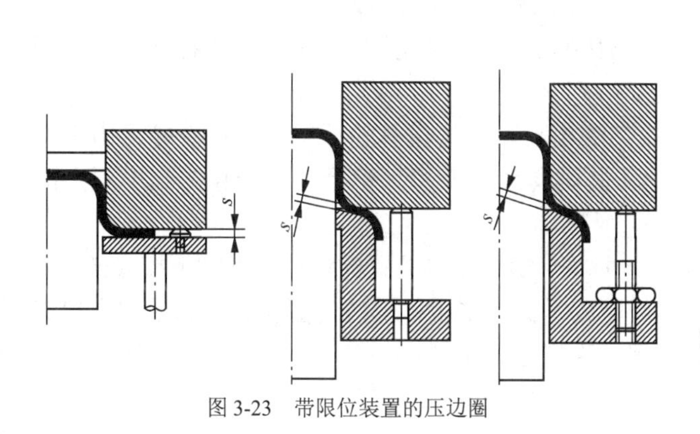

图 3-23　带限位装置的压边圈

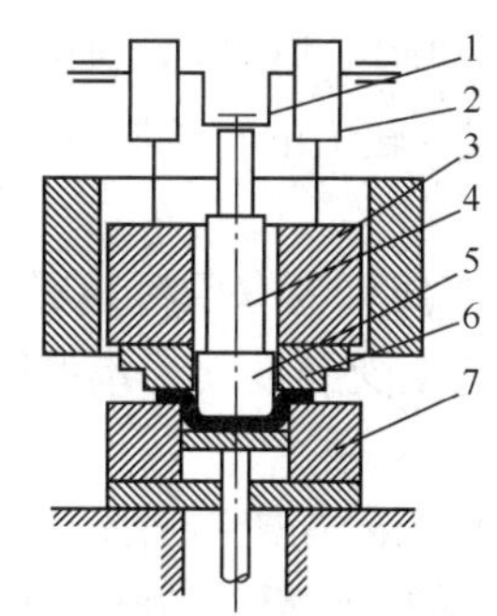

1—曲轴；2—凸轮；3—外滑块；4—内滑块；5—拉深凸模；6—压边圈；7—凹模

图 3-24　刚性压料装置

刚性压边圈与弹性压边圈的结构形式基本相同，但在整个拉深过程中其压料力保持不变，压料效果较好，且模具结构简单。

知识点微课：

扫描二维码学习拉深模具压料装置设计课程。

4. 典型拉深模具结构

用平板毛坯拉深成形为圆筒形或设定的立体形状，关键在于用合理的模具结构，使成形过程中，坯料能够受到控制和约束，在施加压力的过程中，坯料按预期形状成形，且不破裂、不起皱。在合理设计拉深系数、拉深次数、各次拉深坯料的尺寸等工艺参数之后，才能进行拉深模具结构设计。

（1）正拉深模具结构。正拉深时，拉深模具工作零件可采用图 3-25 或图 3-26 所示结构。有些拉深模具中可根据工艺需要不设置压边圈，凹模的结构形式除了平面形之外，还有圆弧形、锥形和渐开线形等。

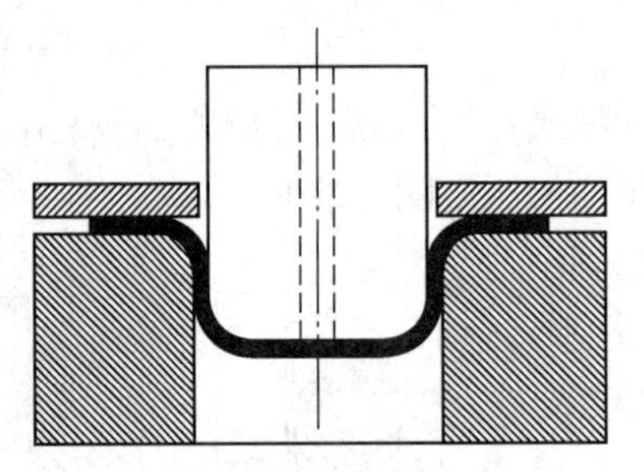

（a）首次拉深模具结构形式

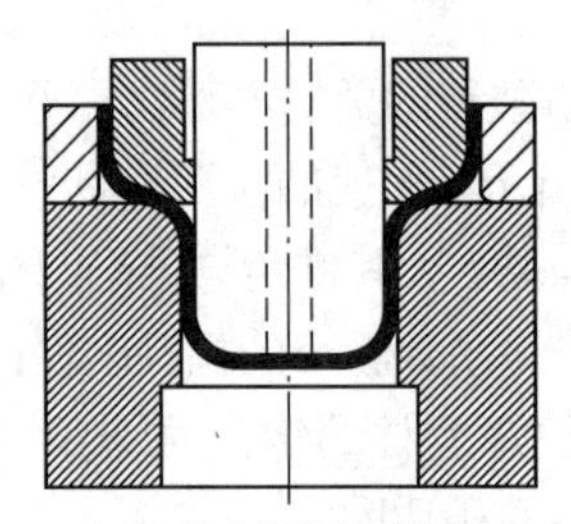

（b）以后各次拉深模具结构形式

图 3-25　正拉深模具结构形式（中、小型拉深制件）

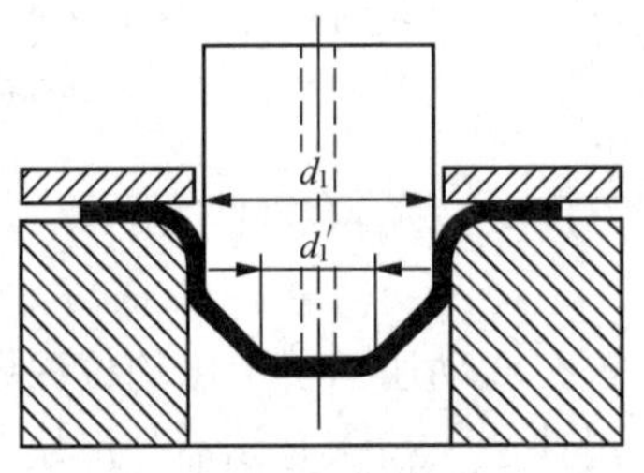

（a）首次拉深模具结构形式

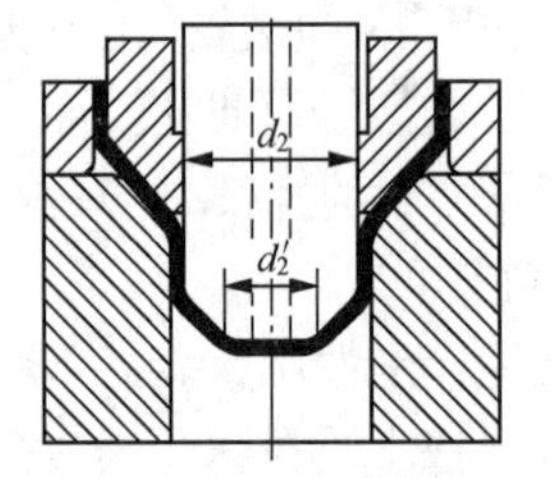

（b）以后各次拉深模具结构形式

图 3-26　正拉深模具结构形式（尺寸较大的拉深制件）

对于一般中、小型拉深制件，常用图 3-25 所示的模具结构形式。

对于尺寸较大的拉深制件（制件直径 d>100mm），多采用图 3-26 所示的拉深模具结构形式。

图 3-27 所示为有压料装置的正装首次拉深模具。拉深模具的压料装置在上模，由于弹性元件的高度受到模具结构的限制，因此正装结构形式的拉深模具适用于拉深高度不大的零件。

图 3-28 所示为带锥形压边圈的倒装首次拉深模具，压料装置的弹性元件在下模底部，工作行程可以较大，用于拉深高度较大、料较薄的零件。采用锥形压边圈压边可有效防止拉深制件的凸缘处起皱，此种模具结构形式应用较为广泛。

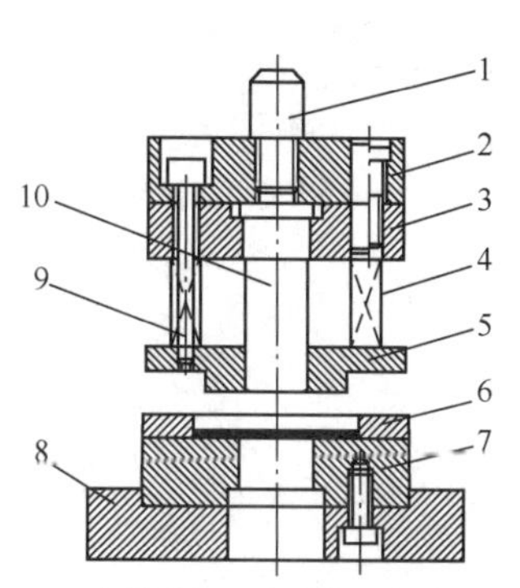

1—模柄；2—上模座；3—凸模固定板；4—弹簧；
5—压边圈；6—定位板；7—凹模；8—下模座；
9—卸料螺钉；10—凸模

图3-27　带压料装置的正装首次拉深模具

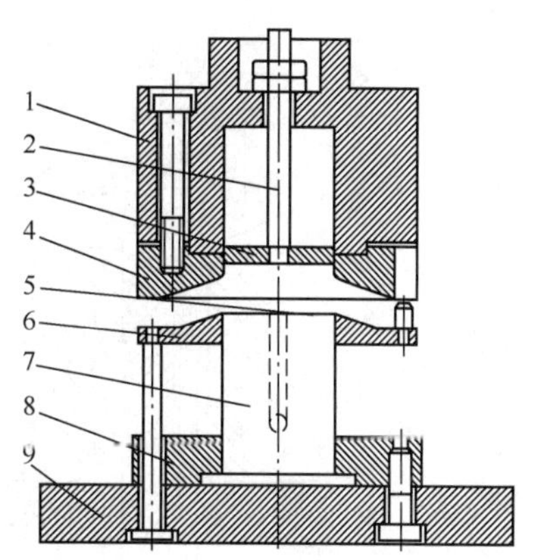

1—模柄兼上模座；2—打杆；3—推件块；4—凹模；
5—限位柱；6—锥形压边圈；7—凸模；
8—凸模固定板；9—下模座

图3-28　带锥形压边圈的倒装首次拉深模具

（2）反拉深模具结构。反拉深是指拉深方向与前一次拉深方向相反，是将第一次拉深后的半成品倒放在第二次拉深（反拉深）的拉深凹模上，如图3-29所示。在拉深过程中，毛坯材料发生翻转，将第一次拉深时所得半成品的外表面变成反拉深成形后制件的内表面。由于在反拉深时毛坯与凹模圆角的接触角较大，$\alpha \approx 180°$（一般正拉深时，$\alpha \approx 90°$），所以材料沿凹模流动的摩擦阻力引起的径向拉应力比正拉深时要大。这样不仅减小了引起起皱现象的切向应力，而且因拉应力的作用使板料紧贴在凸模表面，使其更好地按凸模的形状成形。反拉深的拉深系数一般要比普通拉深方法小10%～15%。

此外，在反拉深过程中，由于把原来应力大的内表面翻转成为外表面，毛坯侧壁反复弯曲的次数减少，引起的材料硬化程度比正拉深时有所降低，其残余应力也要比正拉深方法有所减小，因此可使冲件的形状更为准确，表面粗糙度和零件的尺寸精度则均会有所提高。

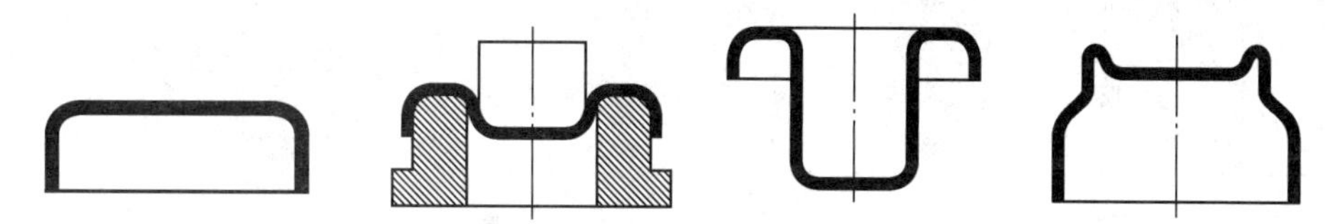

图3-29　反拉深成形过程

反拉深也更适用于有双重侧壁的拉深制件，图3-30所示为反拉深模具结构。模具工作时，坯料依靠凹模定位，上模下行，压料板首先将坯料压紧，然后依靠压料板的作用，凸凹模将坯料自上而下拉深进入凹模内，并开始接触到反拉深凸模上表面，随着上模不断下行，反拉深凸模与凸凹模共同作用，制件之前正向拉深的外表面被反拉深凸模不断翻转，拉深变成内表面，最后拉深成筒形制件。

（3）无凸缘拉深制件拉深模具典型结构。无凸缘拉深制件的拉深模具虽然结构简单，但很具有代表性。无导向敞开式正装结构无凸缘筒形拉深制件拉深模具结构如图3-31所示，该模具没有压边装置，因此适用于拉深变形程度不大、相对厚度（t/D）较大的零件。凹模采用硬质合金压装在凹模套圈内，然后用锥形压块紧固在通用下模座内，硬质合金模比Cr12凹模的寿命提高近5倍。毛坯由定位板定位，模具没有专用卸件装置。靠工件口部位拉深后弹性恢复张开，在凹模上行时被凹模下底面刮落。为了保证装模过程中的间隙均匀，还附有一个专用的校模定位圈，工作时，应将校模定位圈拿开。

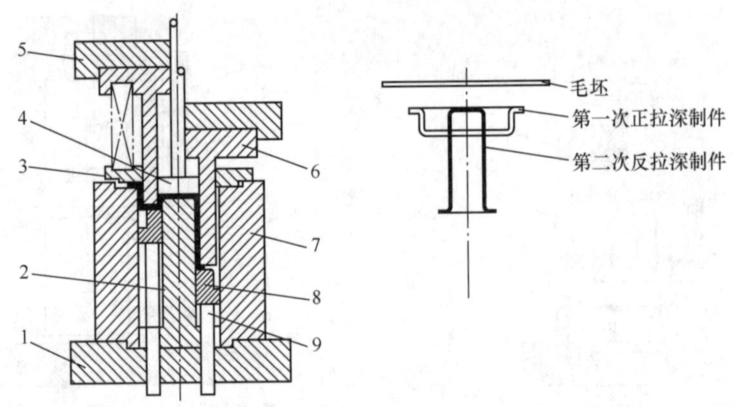

1—下模座；2—反拉深凸模；3、8—压料板；4—推件器；5—上模座；6—凸凹模；7—凹模；9—顶杆

图 3-30　筒形件反拉深模具

图 3-32 所示为无导向敞开式倒装结构无凸缘筒形件拉深模具。与正装拉深模具相比，倒装式拉深模具结构更加紧凑，因为可以利用下模的弹顶器进行压边，且压力和行程都较大，模具中的压边圈既起到压边作用也起顶件作用，此外还起到毛坯定位作用。模具可使用刚性推件装置，推件块可作为拉深制件底部的成形凹模，因此拉深成形结束时，推件块上顶面必须与模柄下面刚性接触。凹模采用硬质合金，以提高模具寿命。

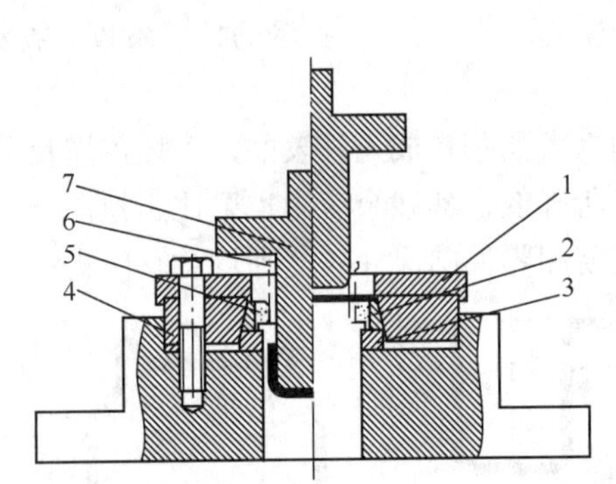

1—定位板；2—凹模套圈；3—垫板；4—锥孔压板；
5—凹模；6—装模定位圈；7—凸模

图 3-31　无凸缘筒形件拉深模具典型结构

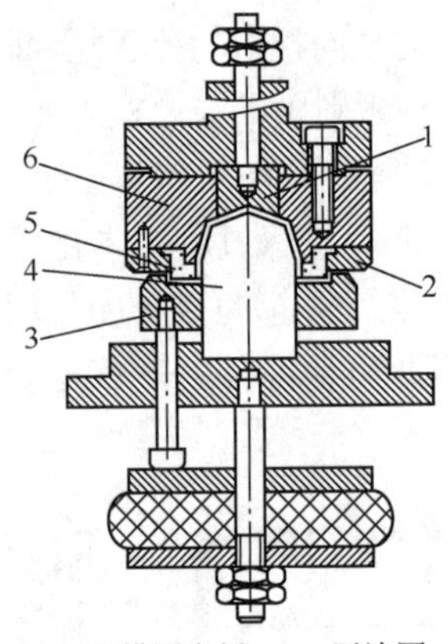

1—推件块；2—凹模固定板；3—压边圈；4—凸模；
5—凹模镶块；6—凹模组合件

图 3-32　无导向敞开式倒装结构无凸缘筒形件拉深模具

（4）带凸缘拉深制件拉深模具典型结构。随着拉深制件凸缘对直径比值（$d_凸/d$）大小即凸缘宽度大小及成形工艺不同，拉深模具在结构设计上也有相应的改变。

当 $d_凸/d \leqslant 1.4$ 的窄凸缘拉深制件成形时，根据其筒形部分的高度与其直径 d 的比值，确定是一次拉深成形，还是多次拉深成形。当 $h/d>0.6$ 时，往往在一次拉深中难以完成，h/d 值越大，需要拉深次数越多。窄凸缘成形在首次和前几次拉深成形过程中可以不用考虑。而只在最后成形前 2～3 次拉深过程中，留出锥面压边圆弧，压平后变成窄凸缘，这种多次拉深成形工艺所用的拉深模具与无凸缘拉深制件相同。而当 $h/d<0.6$ 且可一次拉深成形时，在多数情况下，都直接用条料在落料拉深复合模上一次拉深成形。其模具典型结构如图 3-33 所示。该模具为有凸缘的筒形件落料拉深复合模。该工件可采用单列有搭边排样，适用板材条料，一次落料、拉深成形。整个模具为正装复合模结构（凸凹模安装在上模部分），弹性卸料板安装在上模座上，简化了冲模结构并缩小了冲模的闭合高度，为拉深制件模上卸料出件留出了足够的

空间。通常情况下，冲模开启后，上、下模的空间距离必须大于拉深制件的高度，才能使其顺利地出模，因此冲模行程 H_0 应大于拉深制件高度 $H_{件}$ 两倍以上，一般可按下式进行设计：

$$H_0 \geqslant (2.1 \sim 2.5) H_{件} \tag{3-25}$$

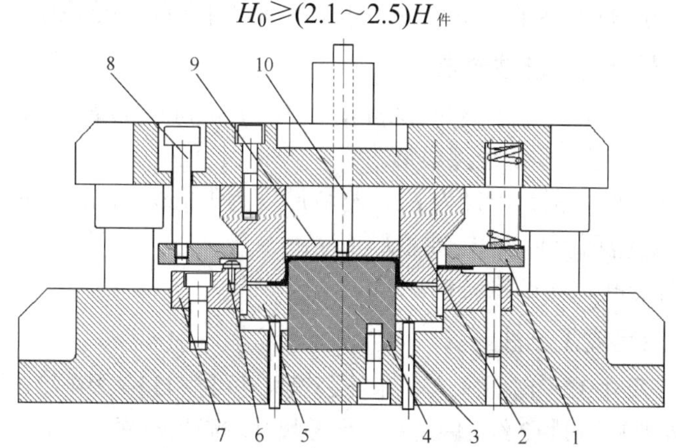

1—卸料板；2—凸凹模；3—顶杆；4—拉深凸模；5—压边圈；6—定位销；7—落料凹模；8—卸料螺钉；9—推件块；10—打杆

图 3-33　带凸缘筒形件落料拉深复合模

由落料凹模、压边圈、拉深凸模等构成的下模，直接下沉式嵌入安装于下模座中，不仅有效地压缩了冲模的闭合高度，更为主要的是提高了制模工艺性和冲模的整体刚性和稳定性。这种结构可在加工机床上一次装夹，完成下模座嵌装台阶沉孔的加工，使其具有最佳的同轴度。由于落料凹模、压边圈、拉深凸模总体外形均为圆柱形，可在车床上按配合要求精加工到位，并研磨抛光完成加工。

当 $d_凸/d$>1.4～3 的宽凸缘拉深制件成形时，由于这类拉深制件凸缘宽度大，因此必然采用有压边圈拉深，而且首次拉深就达到要求的凸缘直径 $d_凸$。以后各次拉深凸缘直径不变，靠缩小拉深制件直径增加高度。因此，这类宽凸缘拉深制件的凸缘是在首次拉深中成形的。如图 3-34 所示，该模具为滑动导向导柱模架落料拉深复合模结构，这种单工位落料拉深复合模的结构形式设计已经趋于标准化，普遍适用于材料厚度为 1～3mm 的中小型圆筒形零件拉深成形。在具体设计时，可根据材料厚度和拉深零件的大小，将刚性卸料板改成弹性卸料板。

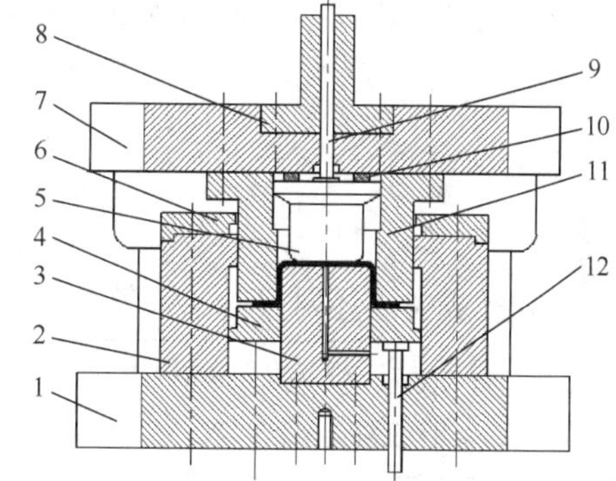

1—下模座；2—落料凹模；3—拉深凸模；4—压边圈；5—推件块；6—卸料板；7—上模座；8—模柄；9—打杆；10—调整用空心垫板；11—凸凹模；12—顶杆

图 3-34　落料拉深复合模

如果制件料厚较大、凸缘较宽，其首次拉深高度不宜过大，以 $h<0.5d$ 的浅拉深为宜。

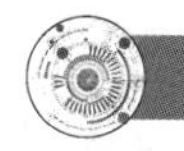

3.5　项目实施

一、电机壳体拉深工艺性分析

根据拉深成形的工艺性要求，对本项目拉深成形制件的工艺性进行具体的定量分析与计算。

1. 判断制件材料是否符合拉深工艺性要求

该拉深制件所选用材料为08Al，材料塑性较好，材料屈服强度为180MPa，抗拉强度为360MPa，屈强比为0.545（小于0.66），满足拉深成形对拉深材料的要求。

2. 分析拉深制件结构工艺性要求

（1）该拉深制件为圆筒件，高度为32mm，直径为58mm，h/d=32mm/58mm=0.55。查表3-2，0.55<0.68～0.72，可以一次拉深成形。

（2）该拉深制件底部内圆角半径为$R2$，材料厚度为1mm，2mm>1mm，满足拉深制件圆角半径要求，可直接拉深得到，不需要整形工序。

（3）该拉深制件无孔、无凸缘结构。

3. 判断拉深制件精度工艺性要求

该拉深制件高度尺寸32为未注公差，未注公差尺寸可按IT14级精度成形。内形尺寸58有精度要求，查公差表得知为IT12级，因此该制件各尺寸均满足拉深工序对制件公差精度的要求。

综上所述，本项目拉深制件满足拉深工艺性要求，可以设计拉深模具进行批量化生产。

二、电机壳体拉深坯料尺寸计算

本项目制件厚度为1mm，可按厚度中线尺寸计算坯料直径。

（1）确定切边余量。制件厚度中线高度为：32−0.5=31.5(mm)，中线直径为：58+1=59(mm)，H/d=31.5mm/59mm≈0.53，查表3-6确定切边余量为2mm。

（2）确定计算式中的各参数值，表3-8各式中的各计算参数为

$$d_1 = 58 - 4 = 54(\text{mm})$$
$$d_2 = 58 + 1 = 59(\text{mm})$$
$$h = 32 + 2 - 1 - 2 = 31(\text{mm})$$
$$r = 2 + 0.5 = 2.5(\text{mm})$$

（3）计算拉深坯料尺寸。计算坯料直径为

$$D = \sqrt{d_1^2 + 4d_2h + 6.28rd_1 + 8r^2} = \sqrt{54^2 + 4\times59\times31 + 6.28\times2.5\times54 + 8\times2.5^2}$$
$$\approx 105.8(\text{mm})$$

模具数字化设计：

扫描二维码学习数字化计算拉深制件坯料尺寸的方法，得到图3-35所示拉深坯料展开线形状和尺寸。

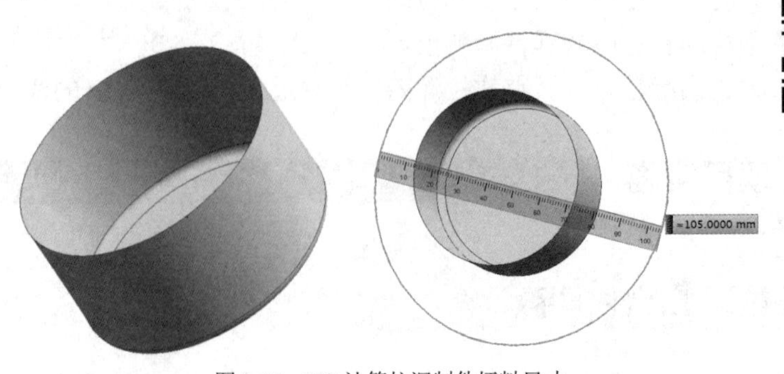

图3-35　UG计算拉深制件坯料尺寸

三、电机壳体拉深次数计算

本项目中，拉深制件的坯料尺寸为 105.8mm，厚度为 1mm，相对厚度 t/D（%）为 0.9%，查表 3-12 确定采用压边圈。查表 3-10 确定极限拉深系数$[m_1]$为 0.53，因此第一次拉深的极限直径为

$$d_1 = [m_1] \times D = 0.53 \times 105.8 = 56.074(\text{mm})$$

而拉深制件要求直径 d（中线尺寸）为 59mm，即 $d_1<d$，因此一次拉深即可成形。确定实际拉深系数 m 为

$$m = \frac{d}{D} = \frac{59}{105.8} \approx 0.56$$

四、电机壳体拉深力计算

本项目中，拉深系数为 0.56，查表 3-13，大致确定修边系数 K_1 为 0.96。材料厚度为 1mm，08Al 钢的抗拉强度取 360MPa，拉深制件中线直径为 60mm。拉深制件一次拉深成形，因此根据式（3-7）计算拉深力为

$$F = K_1 \pi d_1 t \sigma_\text{b} = 0.96 \times 3.14 \times 60 \times 1 \times 360 \approx 65\ 111.04(\text{N})$$

压料面积为

$$A = 3.14 \times [(105.8/2)^2 - (60/2)^2] \approx 5961(\text{mm}^2)$$

查表 3-14 单位面积的压料力为 2MPa，则

$$F_\text{Y} = Ap = 5961 \times 2 = 11\,922(\text{N})$$

总冲压力为

$$F_\Sigma = F + F_\text{Y} = 65\,111.04 + 11\,922 = 77\,033.04(\text{N})$$

压力机的标称压力值为

$$F_\text{g} = 1.6 \times F_\Sigma = 1.6 \times 77\,033.04 \approx 123\,252.9(\text{N})$$

查附表 E-1，可选用开式可倾压力机，型号为 J23-16F。

五、电机壳体单工序拉深模具工作零件设计

1. 拉深凸、凹模圆角半径

本项目中，由于采用一次拉深成形，因此凸模圆角半径等于拉深制件的底部圆角半径，即 r_p=2mm。

凹模圆角半径按式（3-13）计算为

$$r_{\text{d}_1} = 0.8\sqrt{(D-d)t} = 0.8 \times \sqrt{(105.8-59) \times 1} \approx 6.84(\text{mm})$$

凹模圆角半径可取整为 8mm。

2. 拉深凸、凹模间隙

本项目中，拉深制件一次拉深成形，精度要求一般，拉深过程中有压料装置，因此，查表 3-18 可知单边间隙 Z=(1～1.1)t，系数取 1.05，则 Z=1.05×1=1.05(mm)。

3. 拉深凸、凹模工作尺寸及公差

本项目中拉深制件标注内形尺寸，因此拉深凸、凹模工作尺寸和公差可按式（3-21）计

算。拉深凸模尺寸为

$$d_p = (d_{min} + 0.4\varDelta)_{-\delta_p}^{\ 0} = (58 + 0.4 \times 0.4)_{-0.03}^{\ 0} = 58.16_{-0.03}^{\ 0}$$

单边间隙值 Z 为 1.05mm，拉深凹模尺寸为

$$d_d = (d_{min} + 0.4\varDelta + 2Z)_{\ 0}^{+\delta_d} = (58.16 + 2 \times 1.05)_{\ 0}^{+0.05} = 60.26_{\ 0}^{+0.05}$$

4．拉深凹模的结构

根据上述凹模结构设计原则进行本项目凹模结构设计，本项目采用倒装拉深模具结构形式。凹模圆角半径 r 为 8mm，查表 3-16 取直壁尺寸 h 为 10mm，预留量 $\varDelta$ 取 5mm，拉深制件外形高度为 32mm，则凹模的高度 L=8+32+3=45（mm）。凹模整体直径考虑坯料尺寸为 105.8mm 以及定位零件的安装，取 140mm。凹模结构及尺寸如图 3-36 所示。

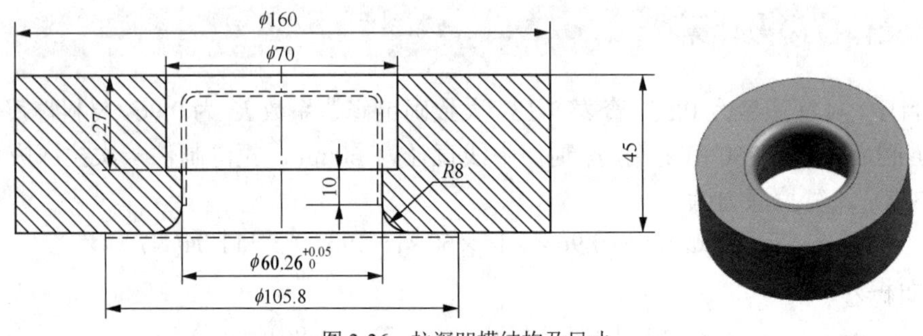

图 3-36　拉深凹模结构及尺寸

5．拉深凸模的结构

拉深凸模的高度由进入凹模的深度 h_3、压边圈的厚度 h_2、凸模固定板的厚度 h_1，以及合模后的安全距离（或是弹性元件合模后的压缩尺寸）h_a 组成，即 $L=h_1+h_2+h_3+h_a$，如图 3-37 所示。凸模固定板可按凹模厚度的 60%～80%选取，凹模厚度为 43mm，因此凸模固定板厚度可取 28mm，压边圈厚度取 12mm，合模后安全距离取 20mm，凸模进入凹模深度为凹模圆角半径 R8 与拉深制件内形高度 31mm 之和：31+8=39（mm）。为保证拉深回弹较小，在设计时可再让凸模进入凹模深度多一些，因此进入量可取 40mm。

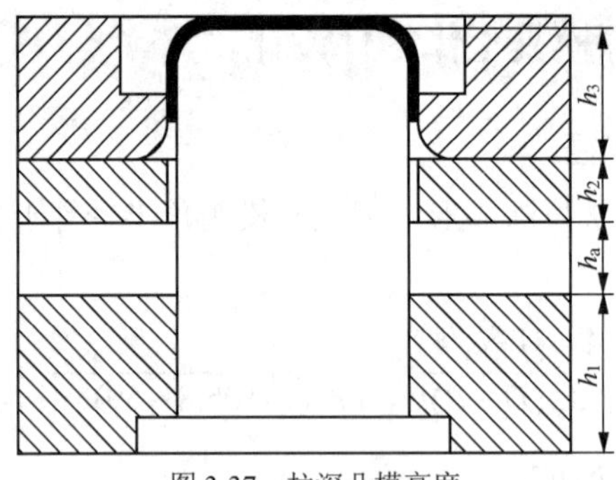

图 3-37　拉深凸模高度

因此拉深凸模长度为

$$L=h_1+h_2+h_3+h_a=28+12+20+40=100(\text{mm})$$

为防止拉深后卸料时出现真空，造成制件不易脱离凸模，卸料困难，要设计拉深凸模的通气孔。通气孔位于拉深凸模中心，通气孔尺寸可查表 3-15。根据凸模直径选用直径为 6.5mm 通气孔。凸模结构及尺寸如图 3-38 所示。

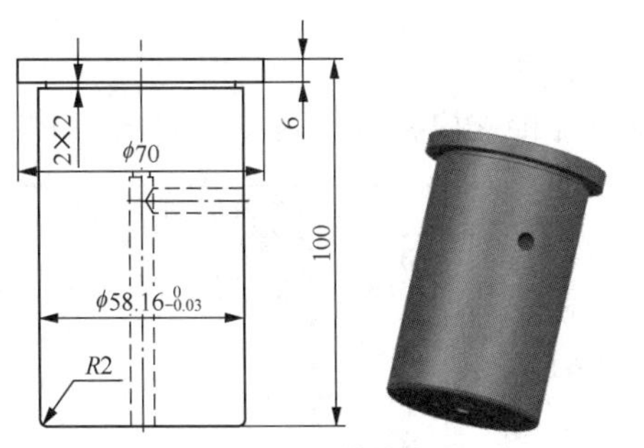

图 3 38　拉深凸模结构及尺寸

模具数字化设计：

扫描二维码学习拉深模具工作零件设计。

六、电机壳体拉深模具总装结构设计

1. 工作零件的装配

带压边装置的拉深模具结构一般可分为正装式和倒装式两种，如图 3-39 所示。正装拉深模具结构特点为：拉深凸模和弹性元件装在上模，因此凸模一般较长，适宜拉深深度不大的零件，弹性元件一般为弹簧和橡胶，压边圈兼有卸料作用。压料力由模具内的弹性元件提供，如果模具结构较小，而弹性元件尺寸较大，则不能满足使用要求。

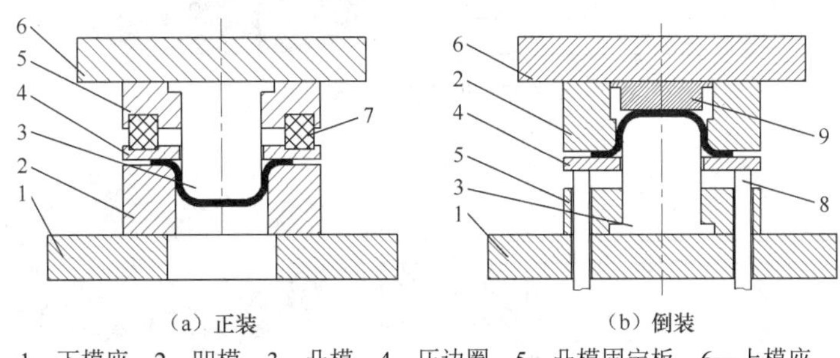

（a）正装　　（b）倒装

1—下模座；2—凹模；3—凸模；4—压边圈；5—凸模固定板；6—上模座；7—弹性元件；8—顶杆；9—推件块

图 3-39　拉深模具结构形式

倒装拉深模具结构中，凹模固定在上模座，并设计推件装置，凸模固定在下模座，弹性压料装置也在下模一侧。可由安装在模具内的弹性元件提供压料力，也可由外置的弹顶器通过顶杆为压边圈提供压料力，相较于正装拉深模，可提供较大的压料力。

模具数字化设计：

扫描二维码学习凸模固定板建模。

本项目采用倒装拉深模具结构，合模时工作零件的装配位置如图 3-40 所示。

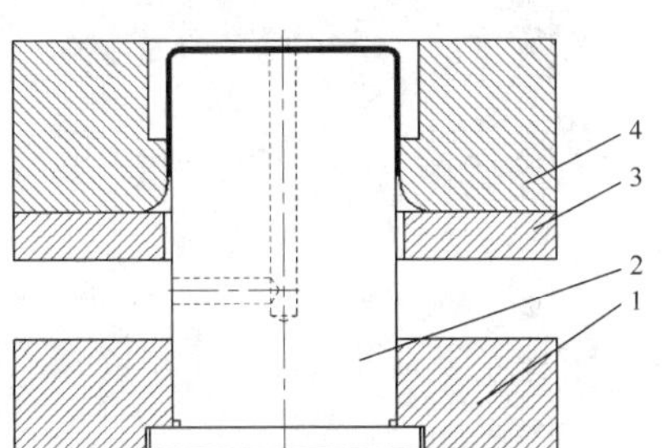

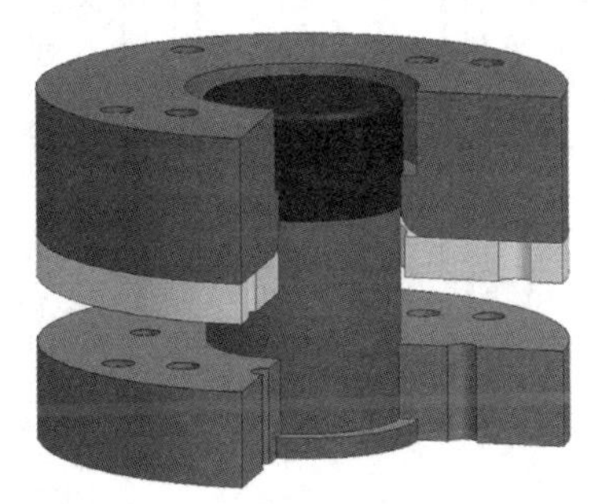

1—凸模固定板；2—凸模；3—压边圈；4—凹模

图 3-40　合模状态工作零件的装配位置

2. 推件装置的设计

拉深完成后，制件留在上模的凹模孔内，需要设计推件块将成形制件推出。推件块的推出距离 h_T 是凸模进入凹模深度 h_3 与材料厚度 t 之和，即 $h_T=h_3+t$。

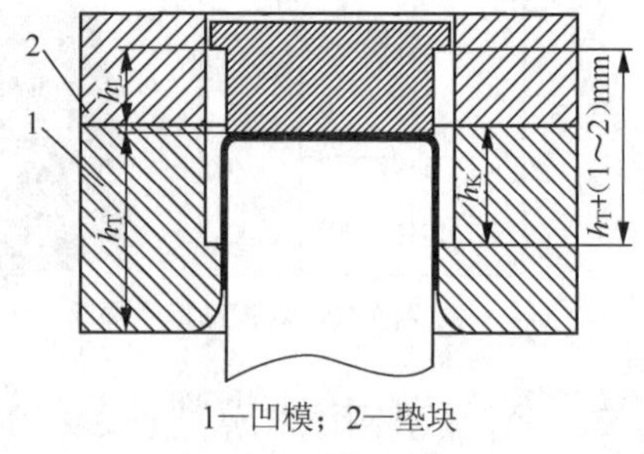

1—凹模；2—垫块

图 3-41　推件块结构位置

本项目中，凸模进入凹模的深度 h_3 为 40mm，材料厚度 t 为 1mm，因此推件距离 h_T 为 41mm。如图 3-41 所示，推件块台肩下部的厚度 h_L 可以根据推出距离 h_T 和凹模直壁后的孔口高度 h_K 计算得到，即 $h_L=h_T-h_K+(1\sim2)$mm。

垫块厚度根据推件块尺寸进行设计，在合模状态时推件块上端面与垫块上端面留有 2～4mm 的距离。根据上述原则设计推件块与垫块的结构与尺寸如图 3-42 和图 3-43 所示。

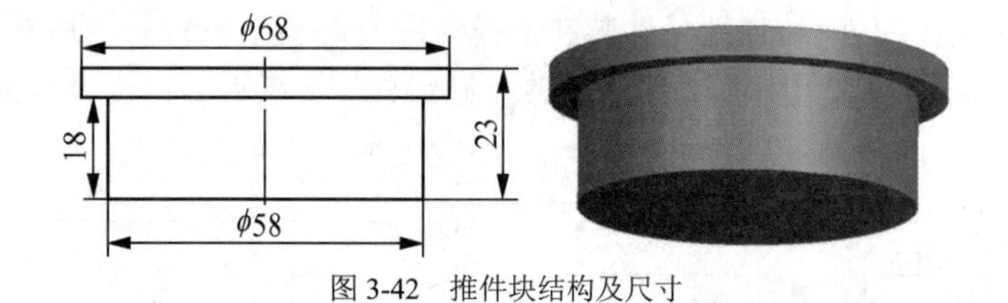

图 3-42　推件块结构及尺寸

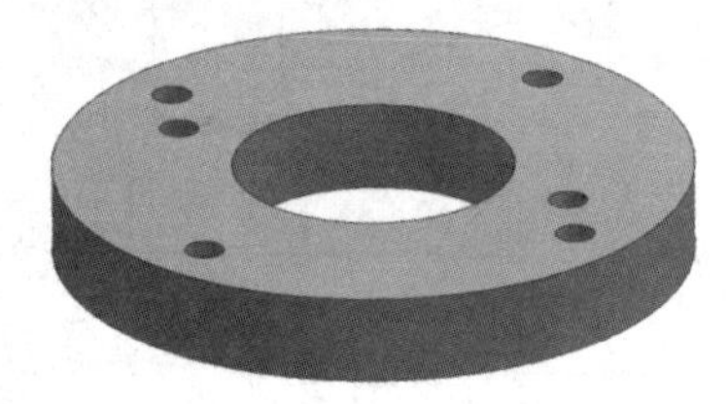

图 3-43　垫块结构及尺寸

设计安装推件块与垫块。垫块安装在拉深凹模的上方，推件块安装在垫块内部，在合模时，垫块处于被顶起状态，设计完成后的模具结构如图 3-44 所示。

模具数字化设计：

扫描二维码学习拉深模具压边圈和推件装置建模设计。

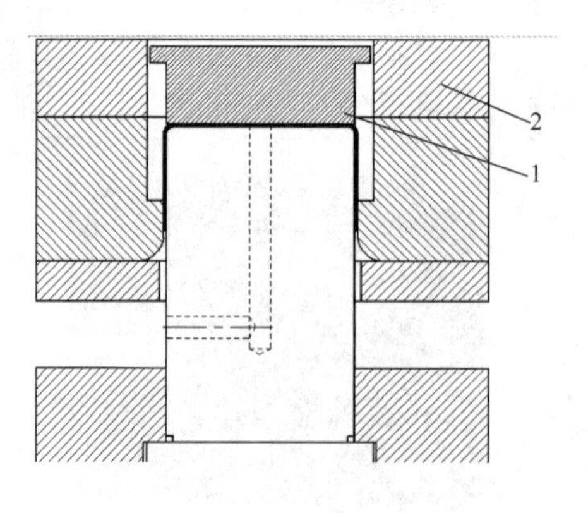

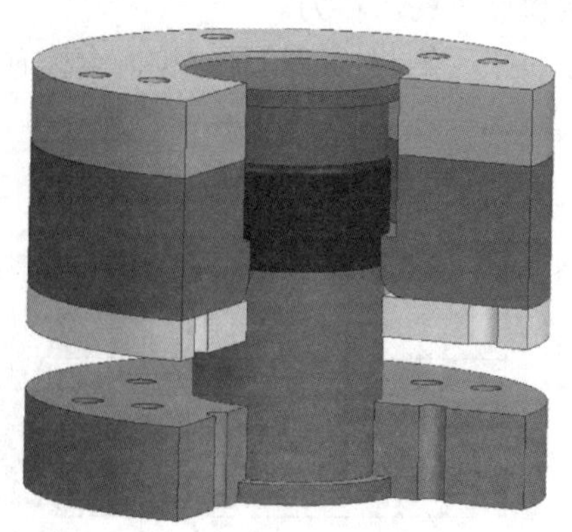

1—垫板；2—推件块

图 3-44　垫块与推件块安装结构

3．标准模架的设计与选用

本设计案例选用标准中间导柱圆形模架。

首先根据凹模周界的尺寸进行模架规格的选用，本设计案例中凹模周界直径尺寸为160mm。

查附表 B-5 选用直径为 160mm、闭合高度为 210～255mm、I 级精度的中间导柱圆形模架。

选用模架的标记如下：

滑动导向模架中间导柱圆形模架 160×(210～255)　I　GB/T 2851—2008

选定模架规格后，继续查附表 B-5 选上、下模座的尺寸，上模座厚 45mm，下模座厚 55mm。

上模座尺寸及结构参数见附表 B-6，查选、计算得到导套安装孔中心距为 S=215mm、R=45mm，可计算上模座总长为 215+2×45=305(mm)。

上模架的两个导套安装孔尺寸分别为 42mm、45mm。根据模架规格表中的导柱、导套尺寸规格选用导柱、导套标准件。本项目中导柱规格分别为 28×170、32×170，导套规格为 28×110×38、32×110×38。

安装标准模架结构如图 3-45 所示。

> **模具数字化设计：**
> 扫描二维码学习拉深模具模架安装。

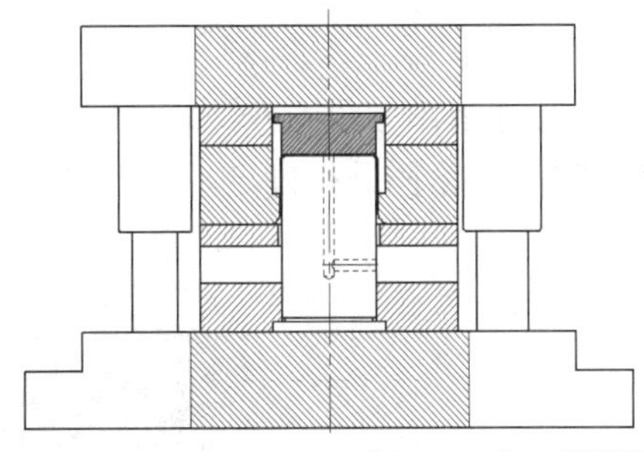

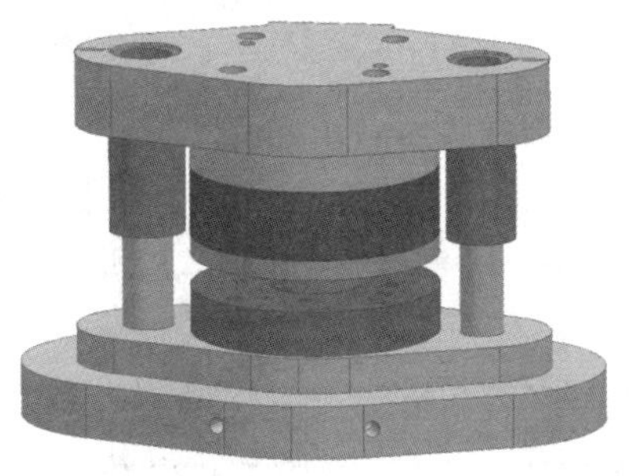

图 3-45　上、下模座及导向标准件安装

4．设计与安装模柄

根据所选用压力机的模柄孔尺寸选用模柄，可选用凸缘式模柄。本项目中选用压力机型号为 J23-16F，查附表 E-1，模柄孔尺寸为 40mm，选用 d=40mm 的 B 型旋入式模柄，查附表 C-2 可得模柄具体尺寸参数。选用 M6 的紧定螺钉防转，安装完成后如图 3-46 所示。

> **模具数字化设计：**
> 扫描二维码学习拉深模具模柄安装。

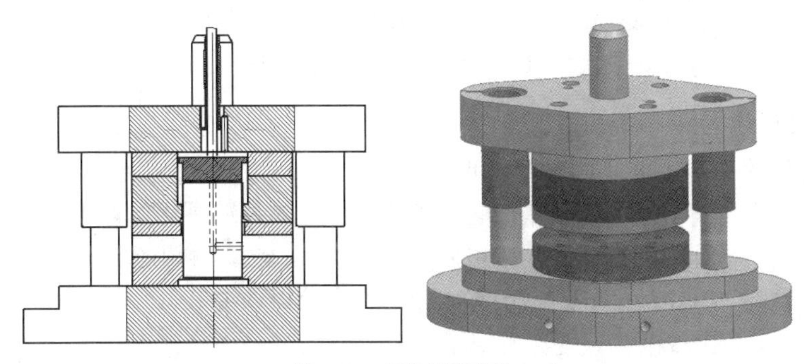

图 3-46　标准模柄安装

5．安装下模压边圈顶杆、限位螺钉和紧固件

压边圈压边力可以由弹顶器提供，安装限位螺钉进行限位和简单导向。拉深模具中压边装置的运动方式类似冲裁模具中的卸料板装置，因此限位螺钉也可选用表 1-40 中标准内六角圆柱头卸料螺钉。根据开模时压边圈下端面至下模座上端面的距离确定限位螺钉长度，如图 3-47 所示，本项目在开模状态时，可以测量出设计中压边圈下表面与下模座上端面距离为 88mm，因此可选用 90mm 长的标准圆柱头内六角卸料螺钉，起到限位、导向作用。

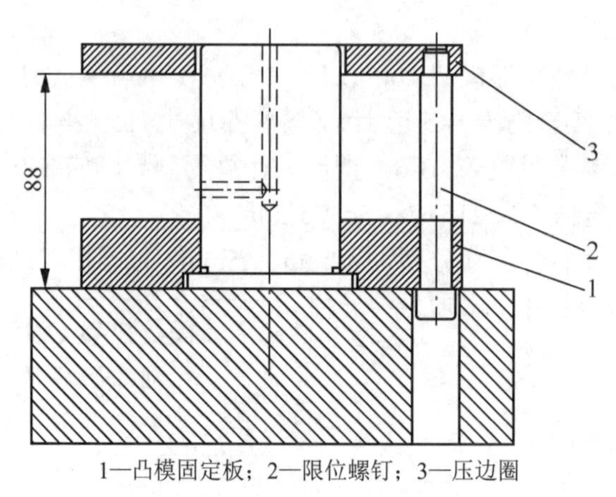

1—凸模固定板；2—限位螺钉；3—压边圈

图 3-47　压边圈工作行程

选用 M10 圆柱头内六角螺钉和直径 10mm 的圆柱销作为紧固件，参考项目 1 紧固件安装方式和尺寸参数进行安装。下模紧固件安装在下模座，紧固凸模固定板。上模紧固件穿过垫板紧固拉深凹模。安装结构如图 3-48 所示。

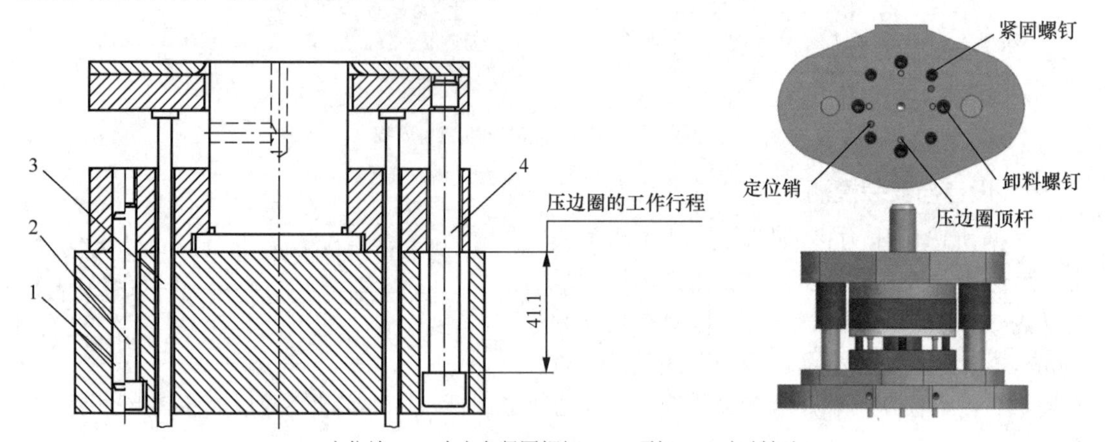

1—定位销；2—内六角紧固螺钉；3—顶杆；4—卸料螺钉

图 3-48　下模紧固件、顶杆和卸料螺钉

6．安装上模紧固件

上模紧固件的作用主要是固定拉深凹模，安装位置与下模紧固件位置相对，紧固螺钉和定位销钉安装在上模座上，并穿过垫板与凹模连接，穿过垫板处要留有间隙，如图 3-49 所示。

模具数字化设计：

扫描二维码学习拉深模具紧固件安装。

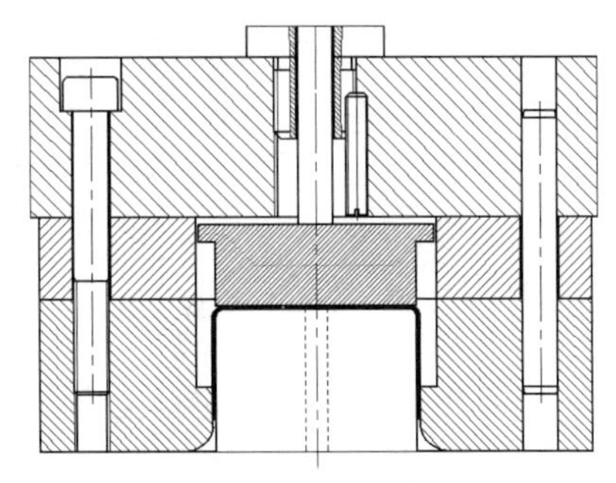

图 3-49　上模紧固件安装

7. 设计定位销

在压边圈上安装定位销，根据拉深制件坯料的尺寸确定定位销的安装位置，并在拉深凹模上设计避让孔，如图 3-50 所示。

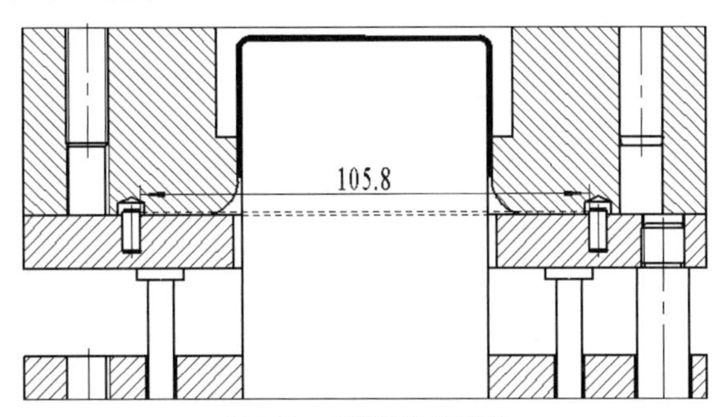

图 3-50　坯料定位销安装

电机壳体拉深模具结构设计完成后，进行冲压拉深模具总成装配图的绘制，参考图 3-51。本套模具工作部分零件尺寸公差带等级，孔类尺寸可采用 H7，轴类尺寸可采用 h6 设计。拉深凸模零件图参考图 3-52，拉深凹模零件图参考图 3-53。

七、电机壳体拉深模具材料选用

根据冲压模具零件材料选用原则，确定本项目弯曲模具主要零件的材料，见表 3-20。

表 3-20　电机壳体拉深模具主要零件材料选用表

零件名称	材料	热处理	硬度
后侧导柱上模座	HT250	—	—
后侧导柱下模座	HT250	—	—
导柱	20	淬火	56～58HRC
导套	20	淬火	58～60HRC
拉深凸模	Cr12MoV	淬火	58～60HRC
拉深凹模	Cr12MoV	淬火	60～62HRC
凸模固定板	Q275	—	—
垫板	Q235	—	—
压边圈	Q275	—	—
推件块	45	—	—
顶杆	45	—	—

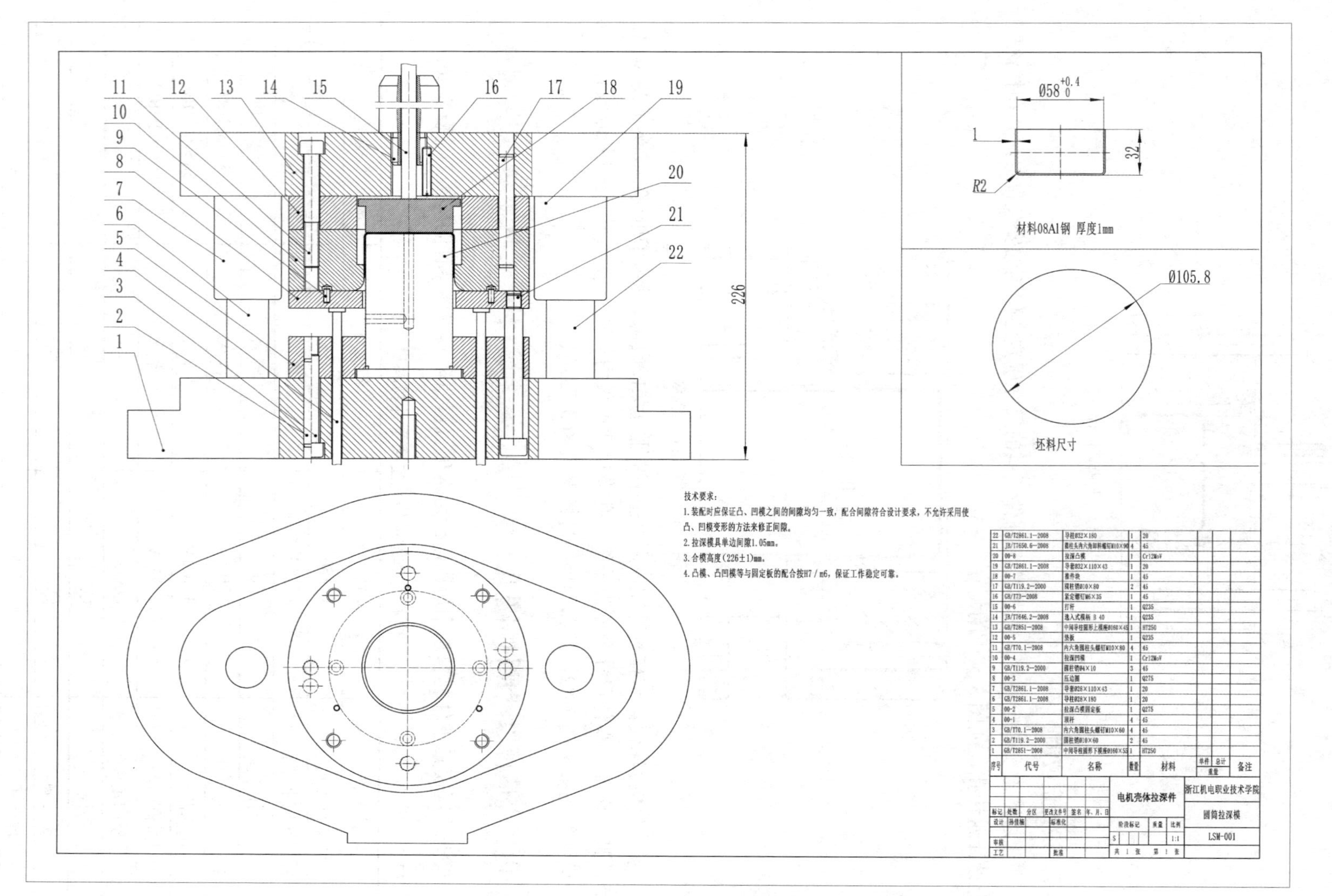

图 3-51　电机壳体拉深模具装配图

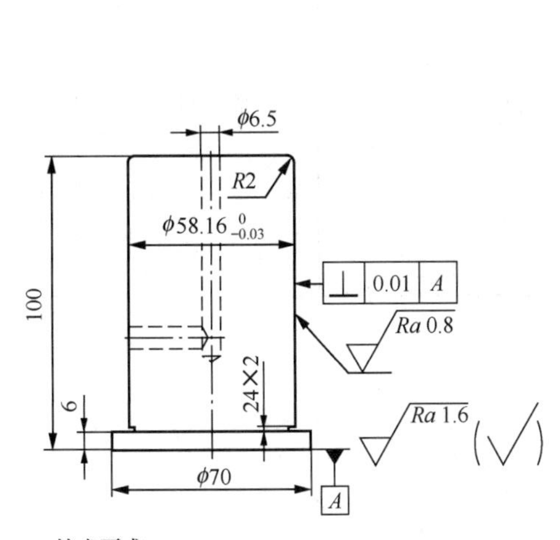

技术要求:
1.材料为Cr12MoV;
2.热处理硬度为58～60HRC;
3.数量为1件。

图 3-52 拉深凸模

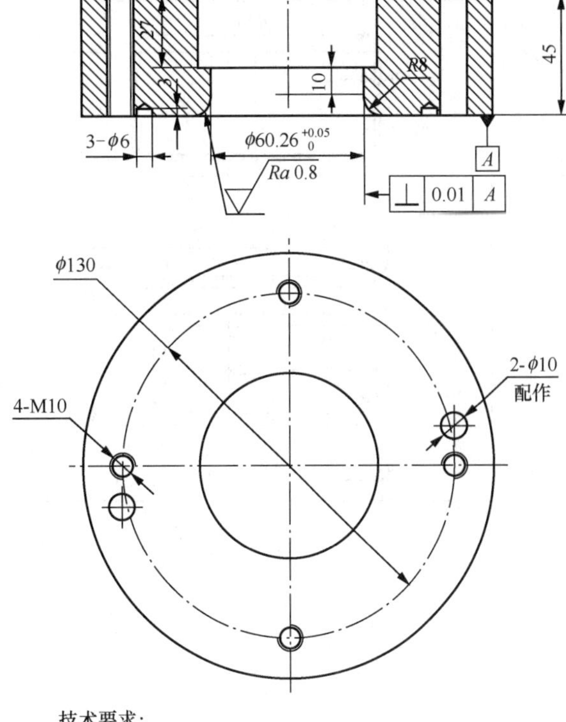

技术要求:
1.材料为Cr12MoV;
2.热处理硬度为60～62HRC;
3.数量为1件。

图 3-53 拉深凹模

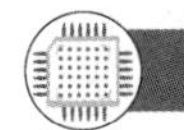

3.6 思考与习题

3-1 拉深成形工艺的变形有哪些特点？常用于成形哪些类型的制件？

3-2 拉深过程中主要存在哪些质量问题？如何加以控制？

3-3 为什么要用两次、三次或多次拉深成形？

3-4 拉深制件展开坯料尺寸的计算遵循什么原则？

3-5 何为拉深系数？影响拉深系数的因素有哪些？

3-6 计算图 3-54 所示制件的拉深成形过程中的工艺尺寸。

3-7 设计表 3-21 中各拉深制件的拉深成形模具，要求进行拉深工艺的分析和计算、模具工作零件的三维建模和二维工程图绘制、模具总装结构的三维建模和二维工程图绘制。

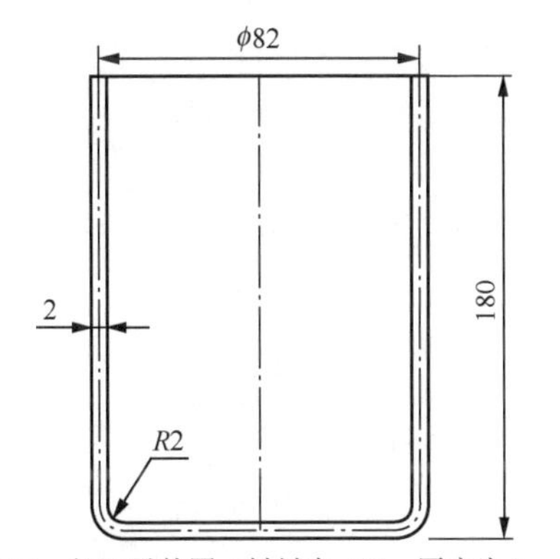

图 3-54 拉深零件图（材料为 08F，厚度为 2mm）

表 3-21　　拉深制件尺寸和模具设计要求

序号	拉深制件图	材料	厚度	模具结构要求
1	φ70, 1, R5, 30	08Al	1mm	圆筒制件首次拉深模具
2	R4, 7, 2, R4, 20, 44	08Al	2mm	方形制件浅拉深模具

下篇

冲压模具数字化设计

项目 4

冲裁复合模具数字化设计

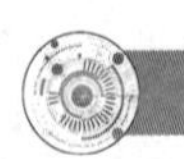

4.1 项目导入

UG NX 是一款工程设计类软件，广泛应用于机械设计、模具设计、机电产品开发等领域。本项目基于 UG NX 在建模环境中进行复合模结构设计，通过制件的建模、模具零部件的创建以及工程图的绘制，较为完整地完成一套冲压模具的结构设计建模任务，使读者初步掌握冲压模具数字化设计的基本建模流程和思路。本项目是在建模环境下完成冲压模具主要零部件的结构设计，对于上下模座、螺钉紧固件等标准件采用了标准件先装配导入、再提升成“体”的操作方式，保证冲压模具所有的零件均在同一个“PART”内呈现，相较于装配方式，其模具设计思路更加清晰，操作更为简单，有利于快速掌握冲模的数字化设计技能。

扩展阅读：

制造业是国家经济命脉所系。自 2010 年以来，我国制造业已连续多年位居世界前列，制造业大国地位进一步巩固。我国已建成门类齐全、独立完整的现代工业体系，工业经济规模居全球首位。我国工业拥有 41 个大类、207 个中类、666 个小类，是世界上工业体系最为健全的国家之一。在 500 种主要工业产品中，有 40%以上产品的产量居世界第一。制造业数字化转型全面提速，重点领域数控化率由 2012 年的 24.6%提高到 2021 年的 60.1%，数字化研发设计工具普及率由 48.8%提高到 73%。制造业数字化转型确实是关系到生存和发展的“必修课”。数字化已经成为推进中国制造向中国创造转变、中国速度向中国质量转变、制造大国向制造强国转变，推动制造业高质量发展的重要手段。

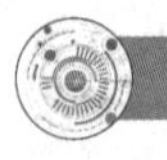

4.2 学习目标

【知识目标】

◎了解冲裁复合模具数字化设计基本流程。

◎掌握冲裁复合模具结构数字化建模方法。

◎掌握冲裁复合模具总装工程图数字化创建方法。

【能力目标】

◎能够进行数字化冲压模具结构建模设计。

◎能够进行冲裁模具标准件的数字化调用与装配。

◎能够细化冲裁模具数字化结构设计、模具装配和工程图绘制。

【素质目标】

◎培养良好的职业道德和敬业精神。

◎培养崇德向善、诚实守信、精益求精的职业态度。

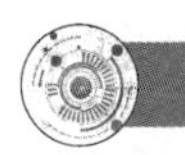

4.3　项目分析

本项目制件为带有冲孔结构特征的平直冲裁制件，分析冲裁工艺性，并在完成刃口尺寸计算的基础上进行冲裁正装复合模的三维数字化建模设计。该制件材料为 08F，板料厚度为 1mm，尺寸公差等级为 IT14 级。单孔垫板制件单工序冲裁模设计任务见表 4-1。

表 4-1　　单孔垫板制件单工序冲裁模具设计任务

图示	 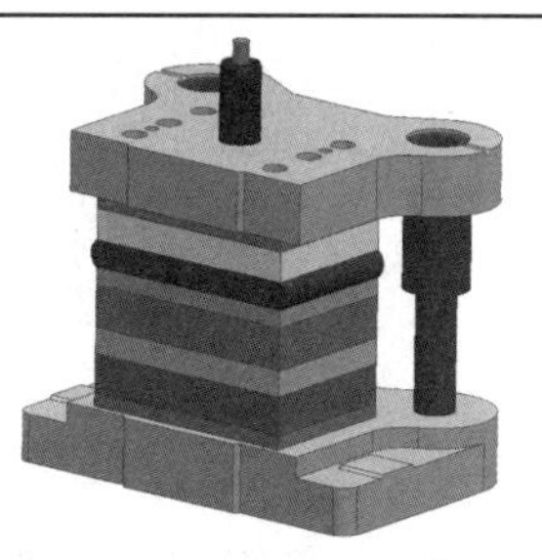
项目说明	进行三维数字化设计的模具结构要合理、可靠，强度足够，要与生产实际紧密结合。数字化模型必须真实反映冲裁复合模具的各个零件的结构、尺寸和装配位置关系。确定模具所用模架、紧固件等标准件的参数、数量。重视所设计零件的加工工艺性。冲裁复合模具结构上的螺孔部分要清楚表达，准确表达模座上的内六角螺钉、圆柱销、卸料螺钉的安装孔位。完成模具总装工程图的设计

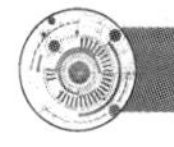

4.4　冲裁制件建模

一、新建项目

打开 UG NX 软件，选择【新建】命令，在弹出的【新建】对话框中，设置新建文件名的名称并设置保存文件夹的路径，如图 4-1 所示，设置完成后，单击【确定】按钮，进入建模环境。UG NX 10.0 版本可以设置中文的文件名和保存路径。

二、制件建模

（1）单击【拉伸】命令图标，弹出【拉伸】对话框，如图 4-2 所示。

（2）在【拉伸】对话框中单击【绘制截面】命令图标，设置坐标系 *X-Y* 平面为草绘平面，绘制图 4-3 所示冲裁制件尺寸。

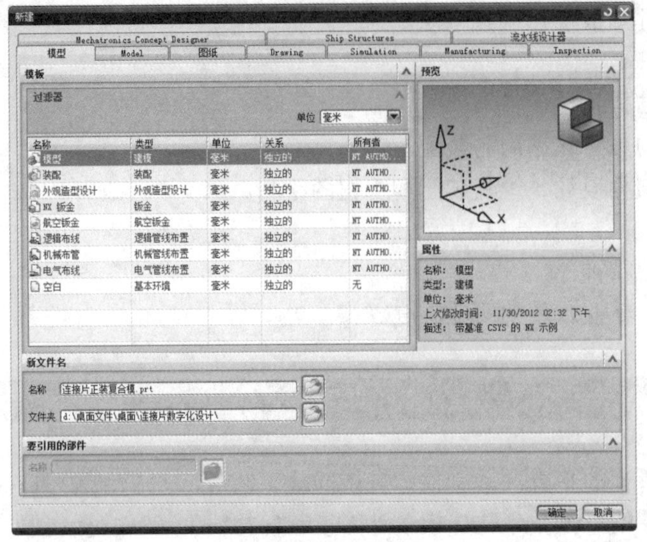

图 4-1 【新建】对话框

图 4-2 【拉伸】对话框

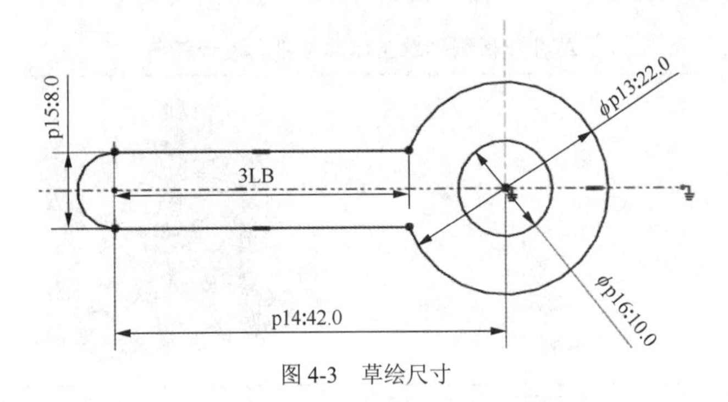

图 4-3 草绘尺寸

（3）草绘完成后，单击【完成草绘】命令图标，退出草绘。

（4）在【拉伸】对话框中设置结束距离为 1，创建厚度为 1mm 的冲裁制件。完成冲裁制件建模，如图 4-4 所示。

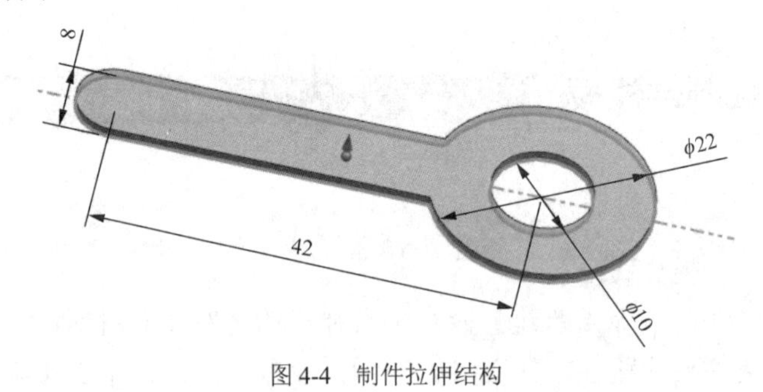

图 4-4 制件拉伸结构

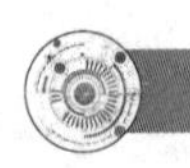

4.5 冲裁复合模具结构建模设计

一、落料凹模结构设计

（1）单击【拉伸】命令图标，单击冲裁制件的下表面作为截面的草绘平面（*Z* 轴正方向为正表面)，如图 4-5 所示。

（2）进入草绘模式，单击【投影】命令图标，选取制件外轮廓曲线，进行投影。

（3）单击【矩形】命令图标，参考图 4-6 所示尺寸，绘制矩形作为落料凹模周界。

（4）草绘完成后，单击【完成草绘】命令图标，退出草绘。

（5）在【拉伸】对话框中设置【开始】距离为−1，【结束】距离为 24，【布尔】选项为“无”，如图 4-7 所示。完成落料凹模的建模，如图 4-8 所示。

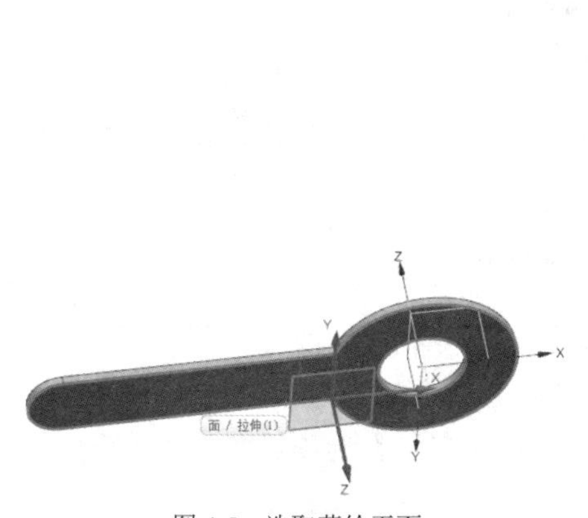

图 4-5　选取草绘平面

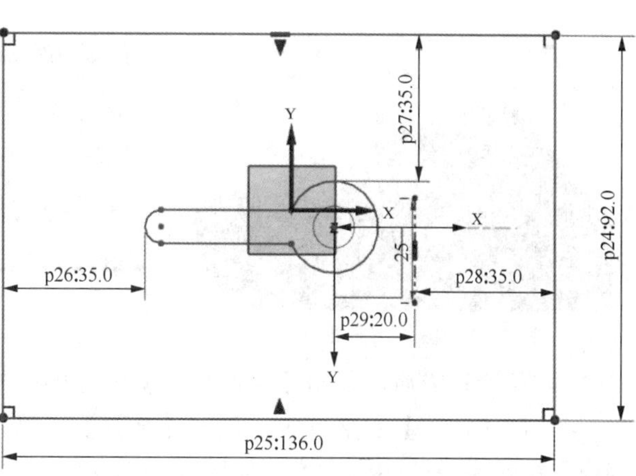

图 4-6　绘制凹模矩形尺寸

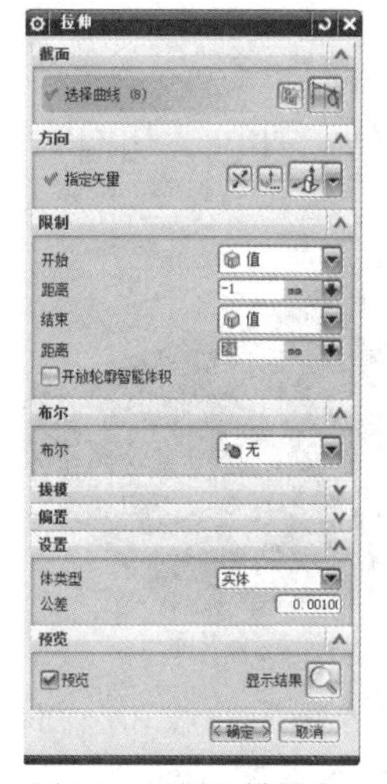

图 4-7　设置凹模厚度

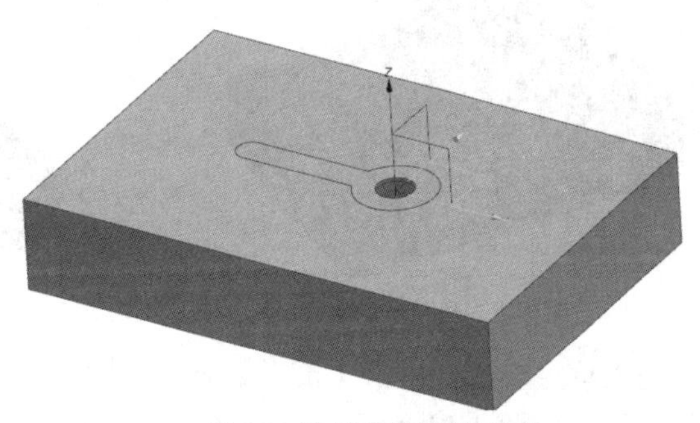

图 4-8　拉伸完成凹模的建模

（6）单击选中刚刚建模完成的凹模，然后在菜单栏中选择【编辑】命令，在打开的菜单中单击【对象显示】命令（组合键为 Ctrl+J），在弹出的【编辑对象显示】对话框中设置颜色，便于后续各零件区分，如图 4-9 所示。建议后续每完成一个零件的建模，就采用此命令对其颜色进行修改，便于模具各部分零件的区分和操作。

图 4-9　修改凹模模型显示颜色

二、凸凹模结构设计

（1）单击【拉伸】命令图标，选择制件上表面作为截面草绘平面，如图 4-10 所示。

（2）进入草绘模式，单击【投影】命令图标，选取制件外轮廓线和ϕ10mm 圆轮廓线，作为拉伸截面，如图 4-11 所示。完成后，单击【投影曲线】对话框中的【确定】按钮，完成投影线选取。

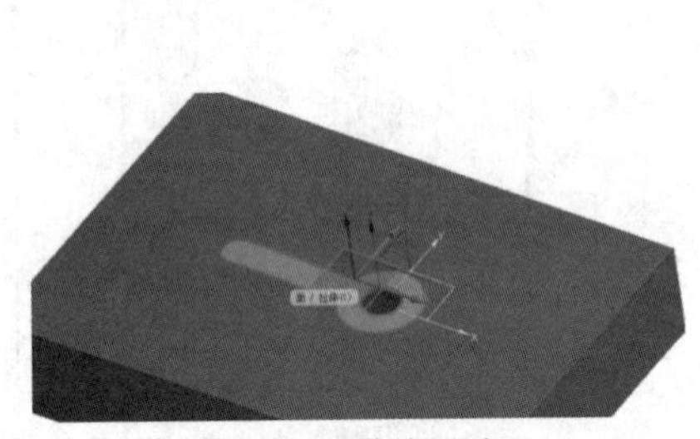

图 4-10　选择草绘平面（一）

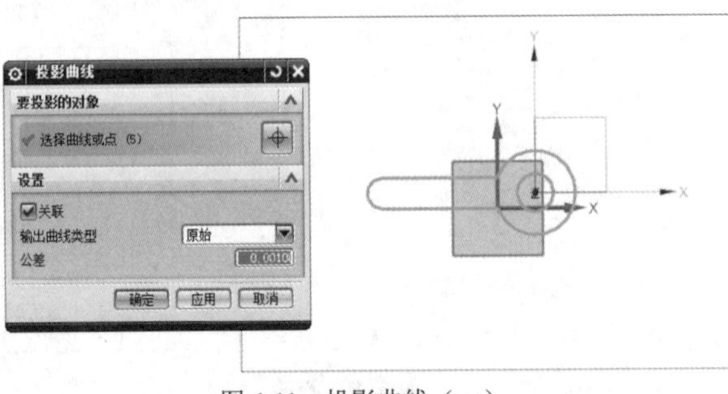

图 4-11　投影曲线（一）

（3）草绘完成后，单击【完成草绘】命令图标，退出草绘。

（4）在【拉伸】对话框中，设置【结束】距离为 44.5,【布尔】选项设置为“无”，单击【确定】按钮完成凸凹模建模，如图 4-12 所示。

三、凸凹模固定板结构设计

（1）单击【拉伸】命令图标，选择凸凹模上表面作为截面草绘平面，如图 4-13 所示。

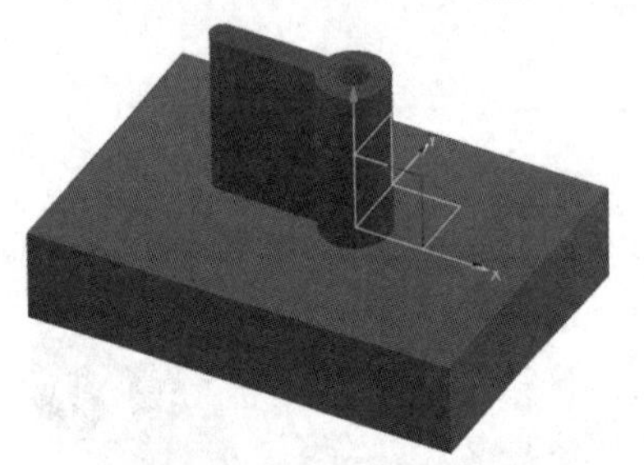

图 4-12　凸凹模建模

图 4-13　选择草绘平面（二）

（2）进入草绘模式，单击【投影】命令图标，选取凹模周界矩形曲线和凸凹模外轮廓曲线进行投影，如图 4-14 所示。草绘完成后，单击【完成草绘】命令图标，退出草绘。

（3）在【拉伸】对话框中，设置【结束】距离为 18,【布尔】选项设置为“无”。如图 4-15 所示，完成凸凹模固定板建模。

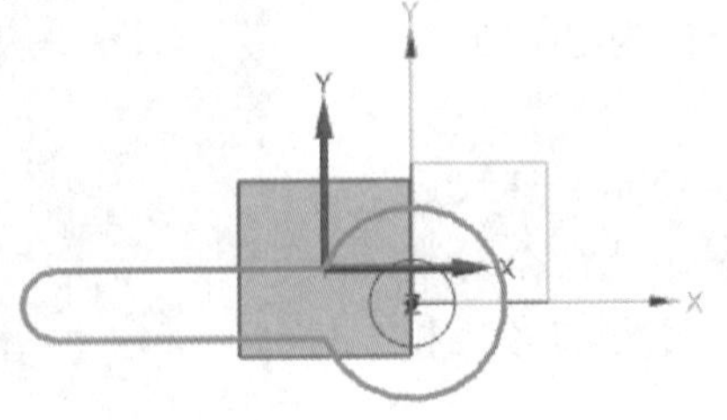

图 4-14　投影曲线（二）

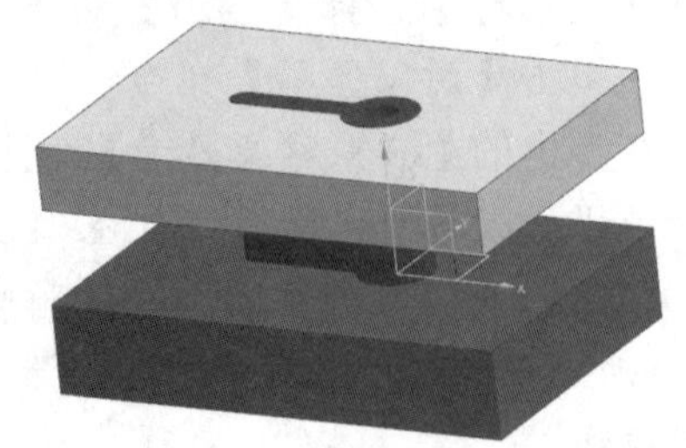

图 4-15　完成凸凹模固定板建模

四、卸料板结构设计

（1）单击【拉伸】命令图标，选择落料凹模上表面作为截面草绘平面，如图 4-16 所示。

（2）进入草绘模式，单击【偏置曲线】命令图标，选取凸凹模外轮廓线，设置偏置距离为 0.5，如图 4-17 所示。

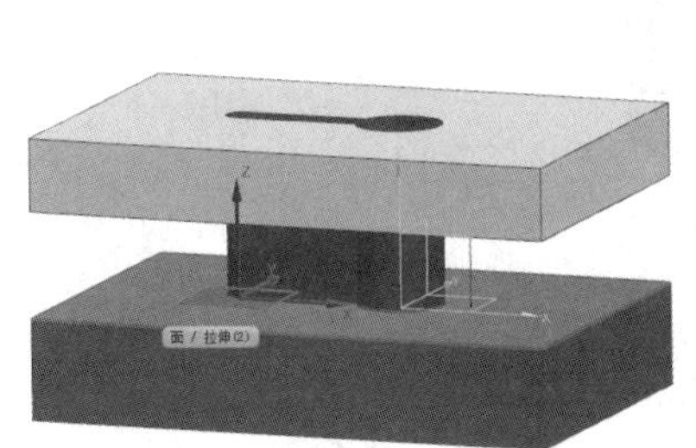
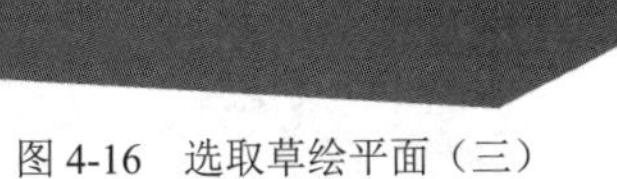

图 4-16　选取草绘平面（三）

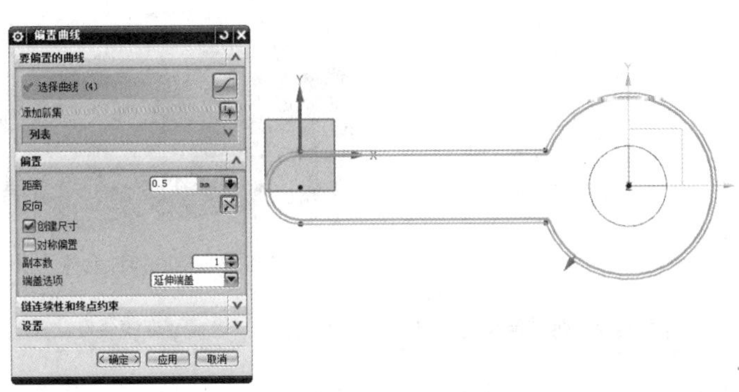

图 4-17　偏置曲线

（3）单击【投影】命令图标，选择凹模周界矩形曲面，如图 4-18 所示。草绘完成后，单击【完成草绘】命令图标，退出草绘。

（4）在【拉伸】对话框中，设置【开始】距离为 1，【结束】距离为 11，【布尔】选项设置为“无”，完成卸料板建模，如图 4-19 所示。

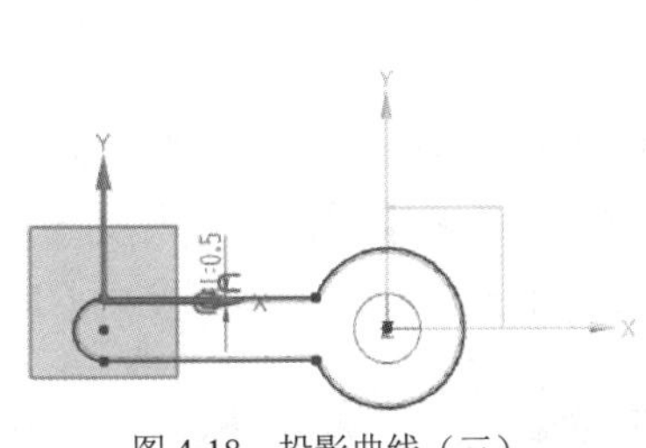

图 4-18　投影曲线（三）

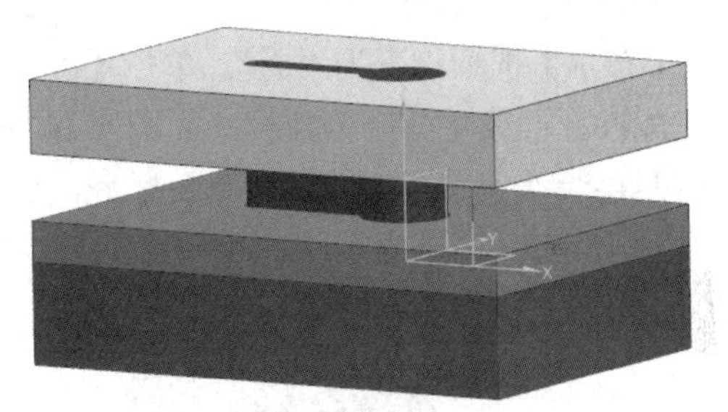

图 4-19　完成卸料板建模

五、弹性元件结构设计

（1）单击【拉伸】命令图标，选择卸料板上表面作为截面草绘平面，如图 4-20 所示。

（2）进入草绘模式，单击【投影】命令图标，选取凸凹模外轮廓线和凹模周界矩形曲线进行投影，如图 4-21 所示。草绘完成后，单击【完成草绘】命令图标，退出草绘。

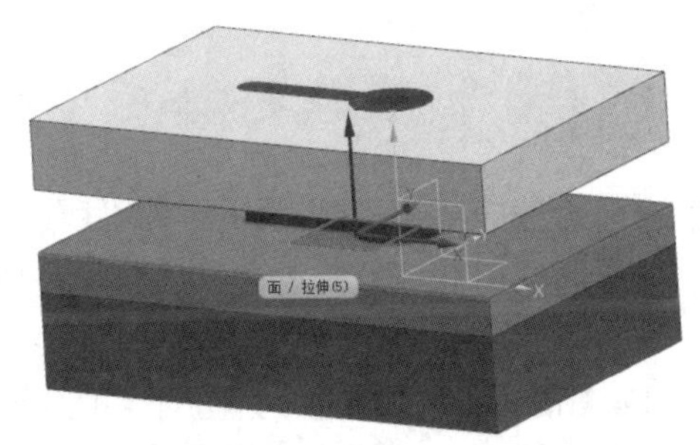

图 4-20　选择草绘平面（四）

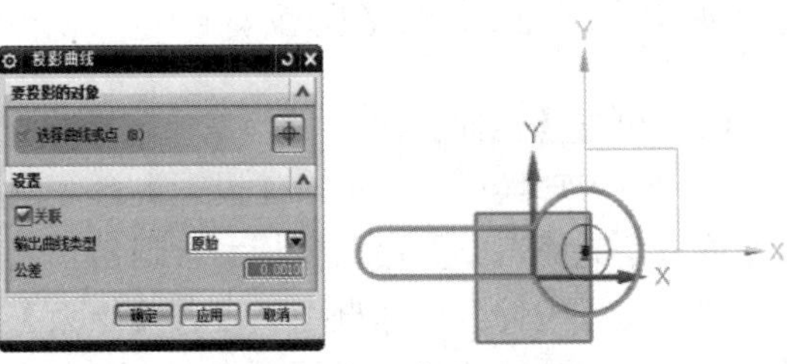

图 4-21　投影曲线（四）

（3）在【拉伸】对话框中设置【结束】距离为 15.5,【布尔】选项设置为“无”，单击【确定】按钮完成模型创建。

（4）由于模具为合模状态，因此弹性元件可以建模为压缩状态，为便于后续操作进行区分，可再使用【拉伸】命令图标，创建弹性元件弧形结构，如图 4-22 所示。

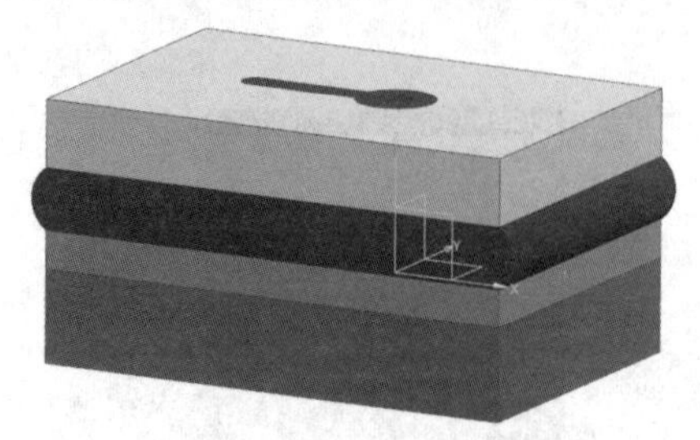

图 4-22 橡胶弹性元件建模

六、冲孔凸模结构设计

（1）单击【拉伸】命令图标，选择制件上表面为截面草绘平面，如图 4-23 所示。

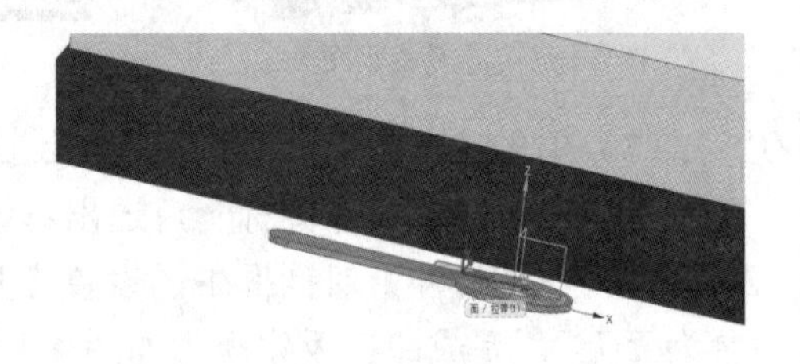

图 4-23 选取草绘平面（五）

（2）进入草绘模式，单击【投影】命令图标，选取制件ϕ10 圆孔曲线。完成后，单击【完成草绘】命令图标，退出草绘。

（3）在【拉伸】对话框中，设置【结束】距离为 63,【布尔】选项设置为“无”。单击【确定】按钮，完成冲孔凸模主体结构建模，如图 4-24 所示。

（4）再一次使用【拉伸】命令图标，创建冲孔凸模的挂台结构。挂台结构为圆形，直径尺寸为 13mm，高度为 5mm。创建完成后，在【拉伸】对话框中将【布尔】选项设置为“求和”，完成挂台的建模，如图 4-25 所示（注意：整个冲孔凸模加上挂台的总体长度为 63mm）。

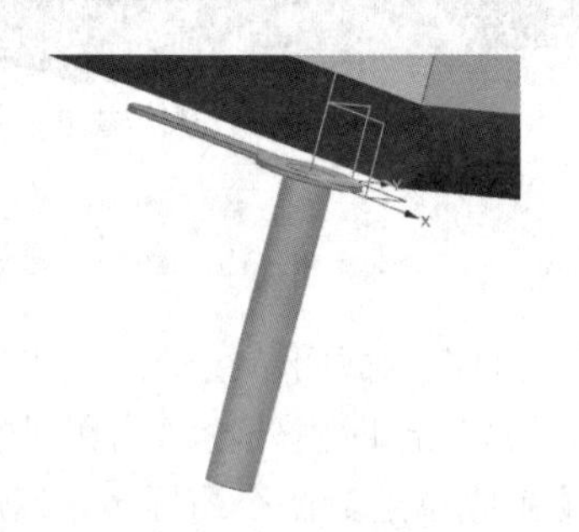

图 4-24 冲孔凸模建模

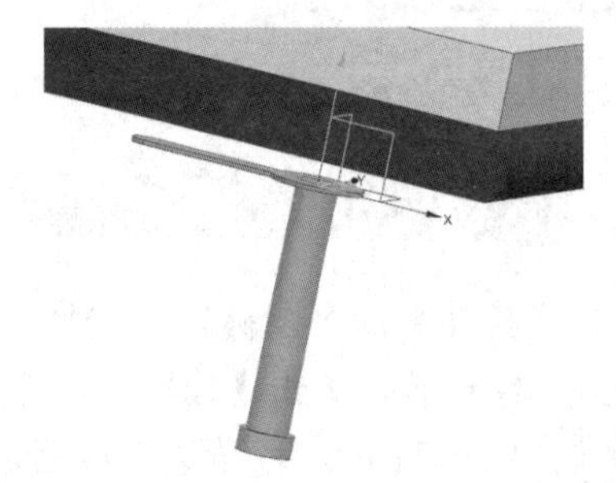

图 4-25 挂台建模

七、冲孔凸模固定板结构设计

（1）单击【拉伸】命令图标，选择冲孔凸模下表面为截面草绘平面，如图 4-26 所示。

（2）进入草绘模式，单击【投影】命令图标，选取凹模周界矩形曲线进行投影。完成后，单击【完成草绘】命令图标，退出草绘。

（3）在【拉伸】对话框中，设置【结束】距离为 23,【布尔】选项设置为“无”。完成凸模固定板主体结构建模，如图 4-27 所示。

（4）打开【插入】菜单，再单击【组合】中的【减去】命令，弹出【求差】对话框，【目标】中单击选择刚刚创建的凸模固定板，【工具】中单击选择冲孔凸模，【设置】中选中“保存工具”复选框，完成凸模固定板安装孔结构建模，如图 4-28 所示。

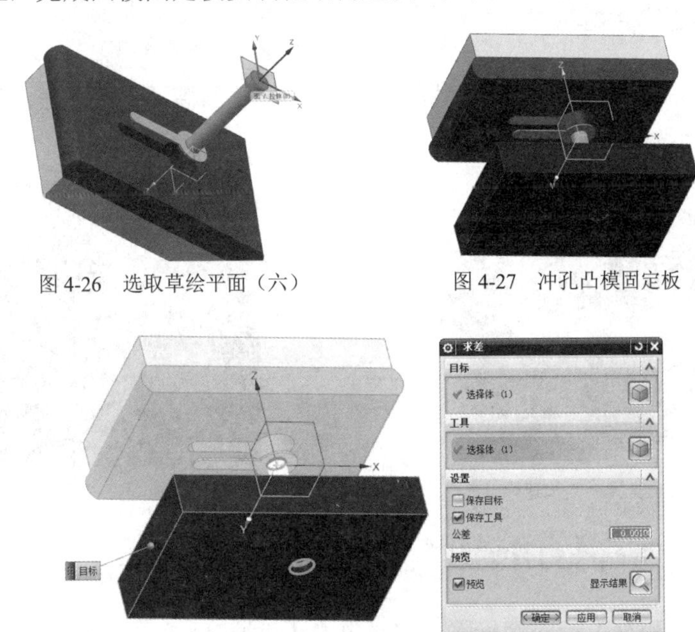

图 4-26　选取草绘平面（六）　　图 4-27　冲孔凸模固定板

图 4-28　修改冲孔凸模固定板

八、支撑板结构设计

（1）单击【拉伸】命令图标，选择落料凹模下表面为截面草绘平面，如图 4-29 所示。

（2）进入草绘模式，单击【矩形】命令图标，绘制尺寸为图 4-30 所示的两个草绘矩形（外矩形也可使用【投影】命令，投影凹模板外轮廓创建）。完成后，单击【完成草绘】命令图标，退出草绘。

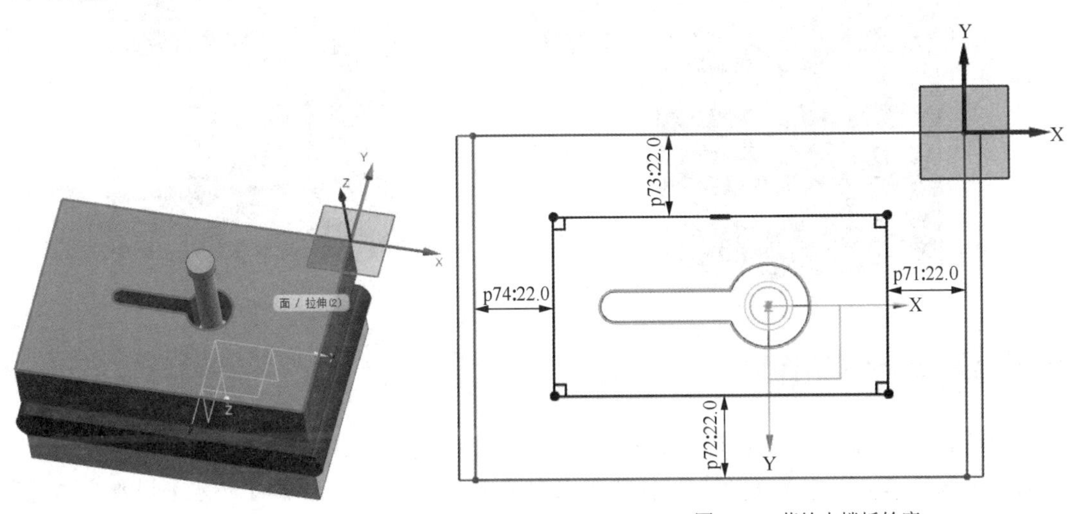

图 4-29　选取草绘平面（七）　　图 4-30　草绘支撑板轮廓

（3）在【拉伸】对话框中，设置【结束】距离为 15，【布尔】选项为“无”。完成后如图 4-31 所示。

九、上、下垫板结构设计

使用【拉伸】命令，分别在凸凹模固定板上面和冲孔凸模固定板下面创建上、下垫板结构，厚度均为 8mm，如图 4-32 所示。

图 4-31　支撑板结构建模

图 4-32　上、下垫板建模

十、冲裁模具上、下模座组件安装

（1）单击【添加组件】命令图标，在弹出的【添加组件】对话框中，单击【打开】命令图标，调入上模座。完成后单击【确定】按钮。

（2）单击【装配约束】命令图标，在弹出的【装配约束】对话框中，【类型】选择为“接触对齐”，完成上模座下表面与上垫板表面接触安装。

（3）在【装配约束】对话框中，【类型】选择为“距离”，约束调整安装位置，使上模板在 X 方向对称，Y 方向在模板安装周界尺寸中间，完成后如图 4-33 所示。

（4）参考上模座安装步骤，完成下模座的安装，约束方式与上模座一致，完成后如图 4-34 所示。

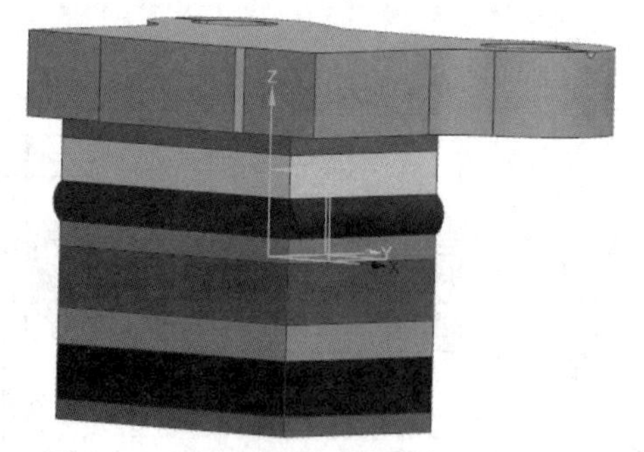

图 4-33　安装上模座

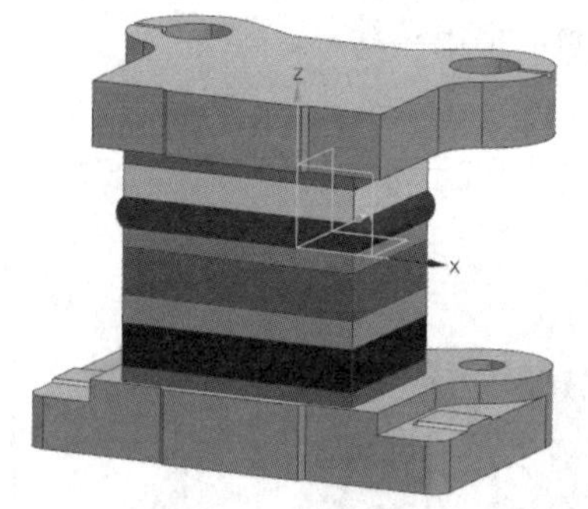

图 4-34　安装下模座

十一、导柱、导套结构设计

使用【拉伸】命令，根据标准导柱、导套结构尺寸进行建模，导套上表面与上模座上表面留出 2mm 距离，导柱下表面与下模座下表面留出 3mm 距离。注意【布尔】设置为“无”，完成后如图 4-35～图 4-38 所示。

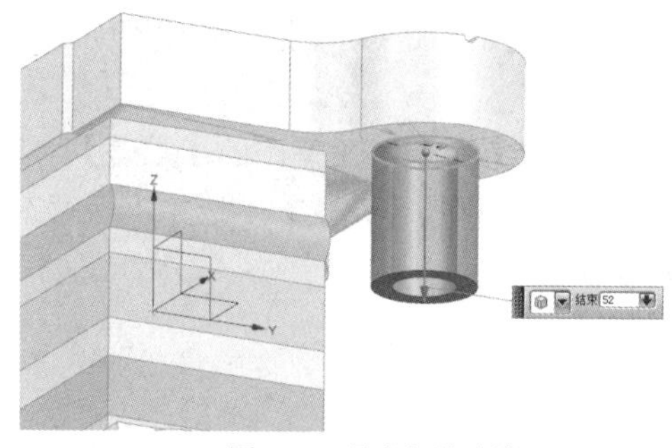

图 4-35　导套拉伸建模

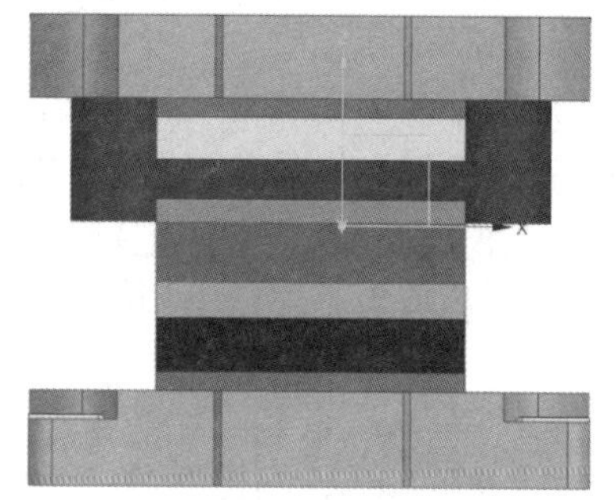

图 4-36　完成导套结构

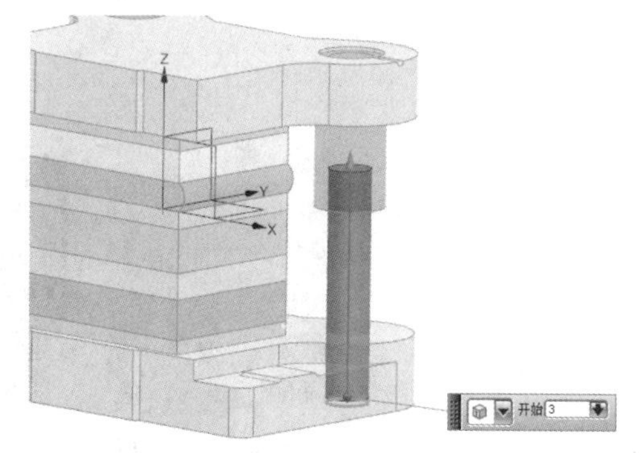

图 4-37　导柱拉伸建模

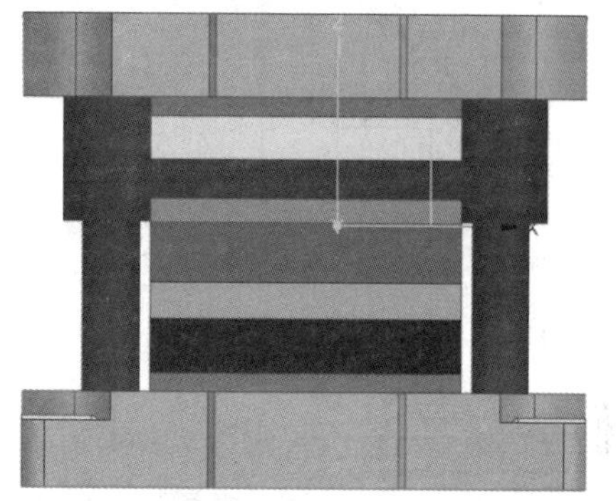

图 4-38　完成导柱结构

十二、模柄结构设计

（1）在【插入】菜单中，单击【关联复制】中的【提升体】命令，如图 4-39 所示，弹出【提升体】对话框，单击选择上、下模座分别进行提升体操作。

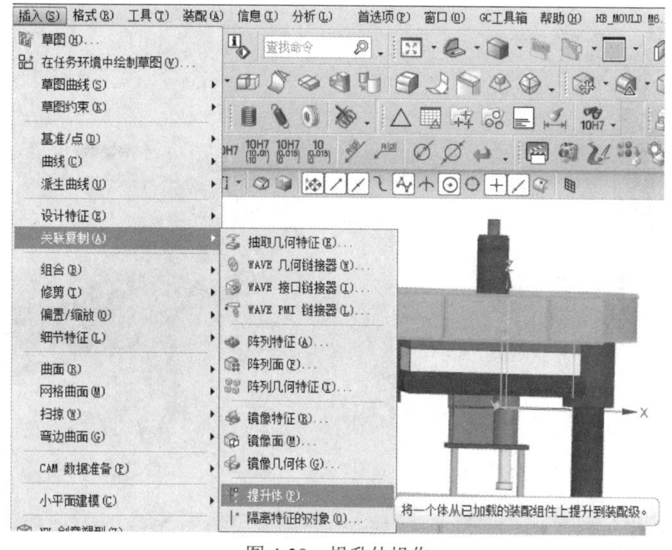

图 4-39　提升体操作

（2）单击【装配导航器】命令图标，在装配导航器中删去装配调入的上、下模座组件，防止后续操作中对其进行误选（如果删除后，上、下模座消失，使用组合键 Ctrl+Shift+B 操作两次即可）。

（3）提升体操作完成后，可在总成结构中对上模座结构进行修改，使用【拉伸】命令，创建上模座模柄安装孔结构，尺寸如图 4-40 所示。

（4）在【插入】菜单中，单击【组合】中的【减去】命令，在弹出的【求差】对话框中，【目标】选上模座板，【工具】选择刚刚建模完成的模柄模型，【设置】中选中“保存工具”复选框，完成上模座板中模柄结构建模，如图 4-41 所示。

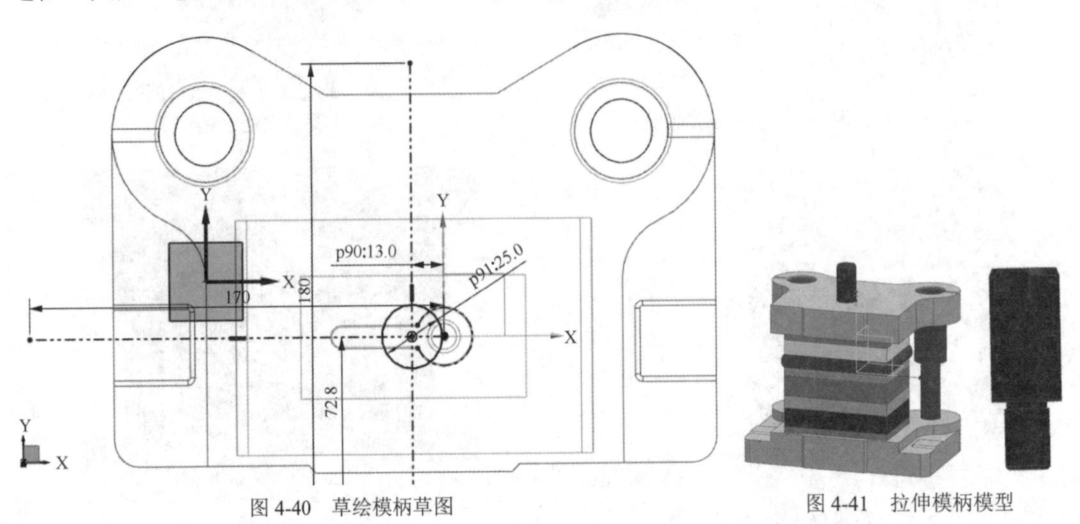

图 4-40 草绘模柄草图

图 4-41 拉伸模柄模型

十三、冲孔废料推件机构设计

（1）使用【拉伸】命令，分别创建打杆、推板、推件杆。

（2）在【插入】菜单中，选择【组合】中的【减去】命令，对上述 3 个零件所通过的各个模板进行布尔运算修建，为推件机构预留出空间，建模完成后，如图 4-42 和图 4-43 所示。

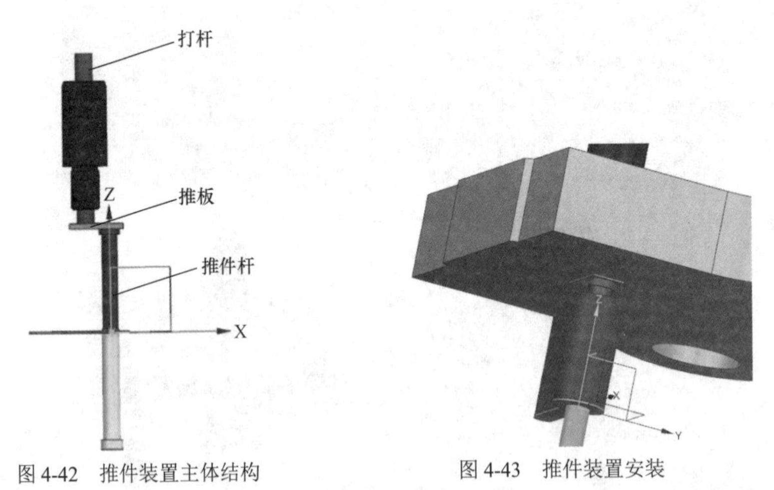

图 4-42 推件装置主体结构

图 4-43 推件装置安装

十四、顶件机构设计

（1）单击【拉伸】命令图标，以在冲裁完成制件的下表面为草绘平面。

（2）进入草绘模式，单击【偏置曲线】命令图标，以凹模刃口曲线为基准，向内偏置 1mm，如图 4-44 和图 4-45 所示。注意合模状态时，顶件块高度要高于凹模厚度。

（3）使用【拉伸】命令，在顶件块下方创建托板，托板后续可用螺钉与顶件块连接，厚度为 3～5mm，如图 4-46 所示。

（4）使用【拉伸】命令，在托板下方创建两个顶杆，该顶杆要穿过下模座，其作用是弹顶器传递的复位弹力通过顶杆传递到托板上，带动顶件块将冲裁后的制件顶出。建模完成后，如图 4-47 所示。

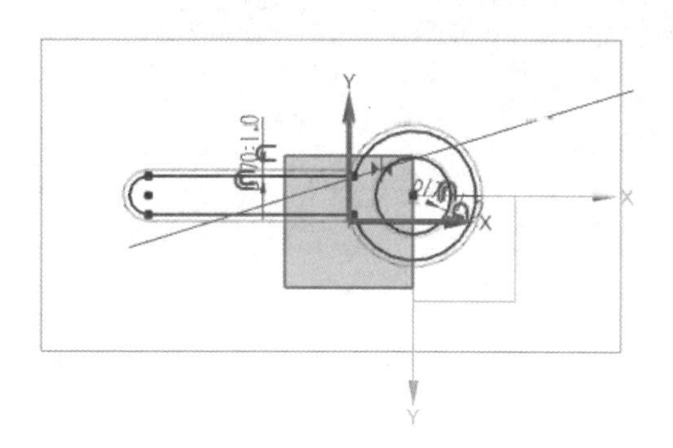

图 4-44　顶件块草图

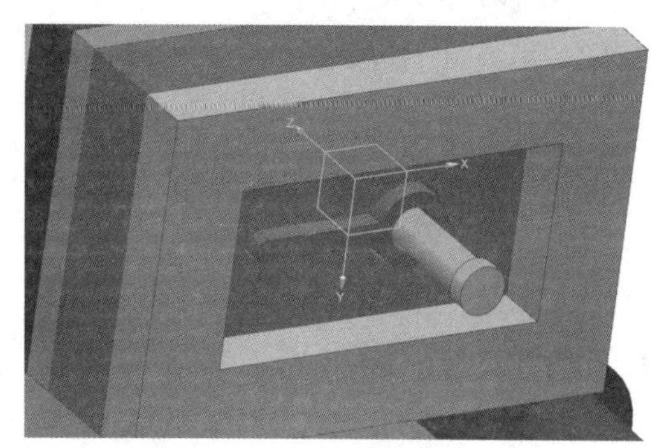

图 4-45　顶件块建模

图 4-46　顶件装置零件

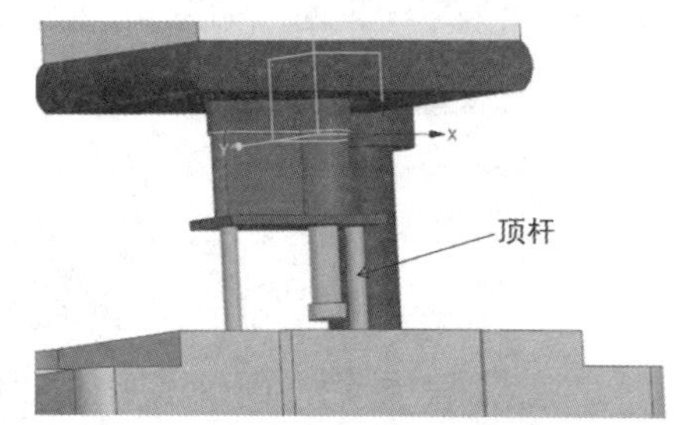

图 4-47　顶杆拉伸建模

十五、为活动零件设计避让空间

（1）首先单击【拉伸】命令图标，将【拉伸】对话框的【布尔】选项设置为“求差”，在上模座板底部开出推板活动空间，四周间隙预留 2～4mm，如图 4-48 所示。

（2）继续使用【拉伸】命令，将【拉伸】对话框的【布尔】选项设置为“求差”，修改上模座板零件结构，设计出打杆活动通道，如图 4-49 所示，单边留出 1～2mm；根据模柄安装螺纹尺寸，设计出模柄旋合安装孔。

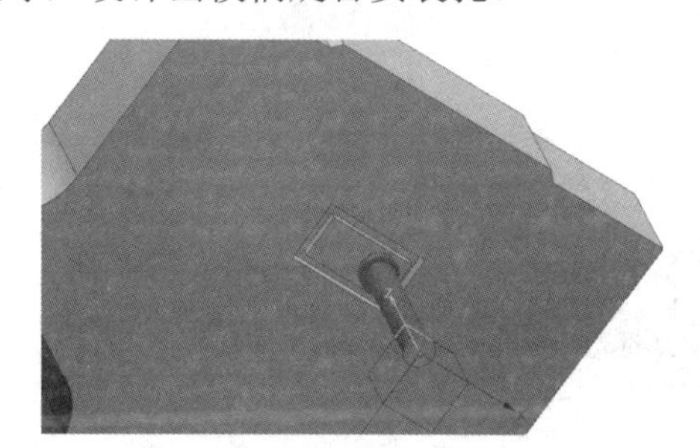

图 4-48　推板预留空间

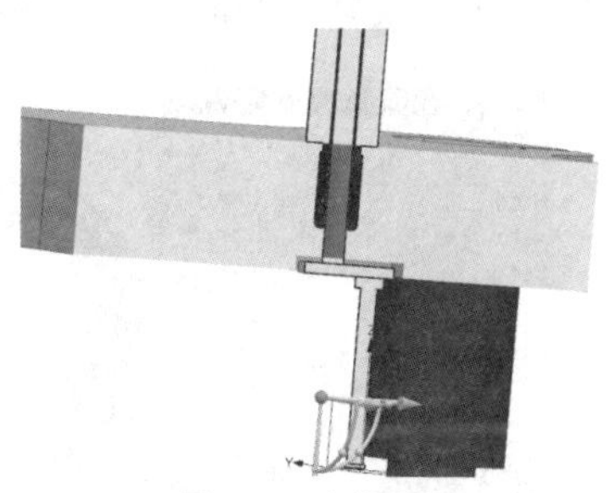

图 4-49　打杆通道

（3）继续使用【拉伸】命令，设置【布尔】选项为“求差”，修改上垫板结构，为推板预留出活动空间，如图 4-50 所示。

（4）最后用相同的方法，修改下模结构中的凸模固定板、下模垫板、下模座，为顶杆留出空间，如图 4-51 所示。

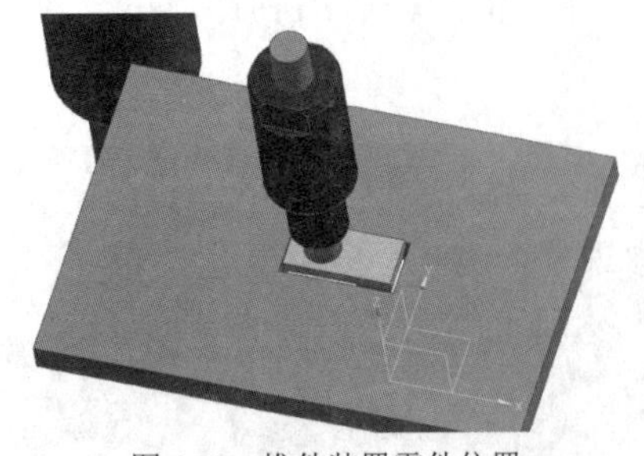
图 4-50　推件装置零件位置

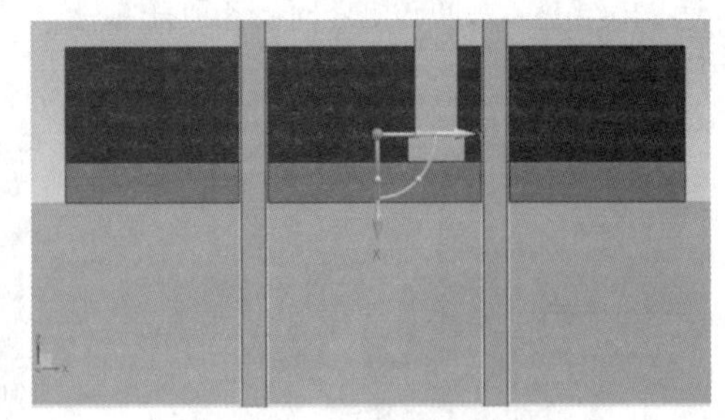
图 4-51　顶杆活动空间

十六、凸凹模结构修改

（1）首先单击【拉伸】命令图标，在【拉伸】对话框中将【布尔】选项设置为“求和”，选择凸凹模上表面为草绘平面，如图 4-52 所示。

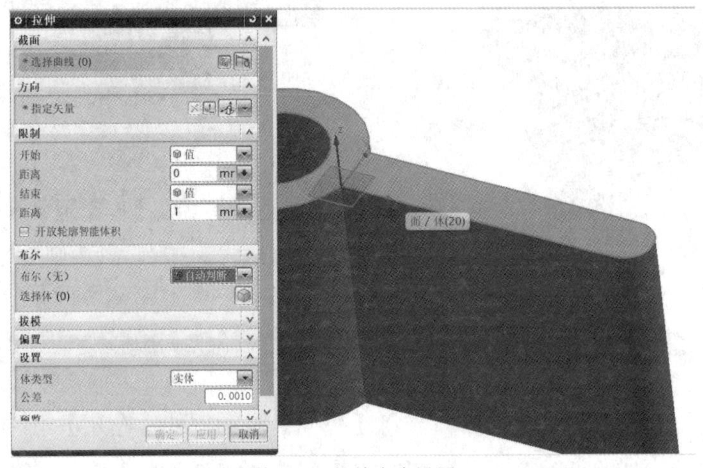

图 4-52　拉伸命令设置

（2）进入草绘模式，单击【偏置曲线】命令图标，选择凸凹模外轮廓线为偏置线，在【偏置曲线】对话框中，设置偏置【距离】为 3，单击【确定】按钮完成，如图 4-53 所示。完成后，单击【完成草绘】命令图标，退出草绘。

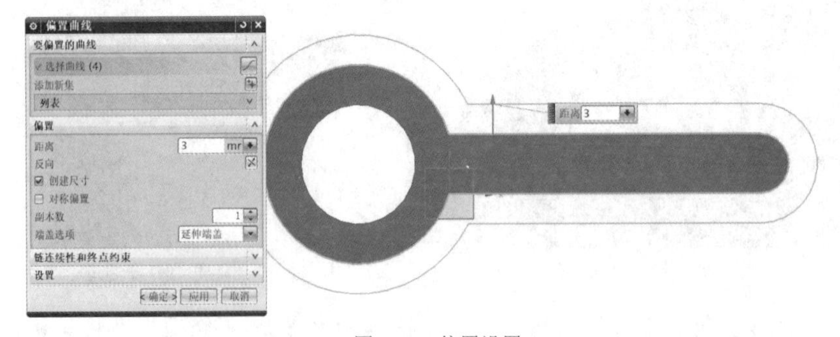

图 4-53　偏置设置

（3）在【拉伸】对话框中，设置【结束】距离为 3，单击【方向】命令图标，调整拉伸方向为凸凹模实体外侧，如图 4-54 所示。单击【确定】按钮完成挂台基体创建。

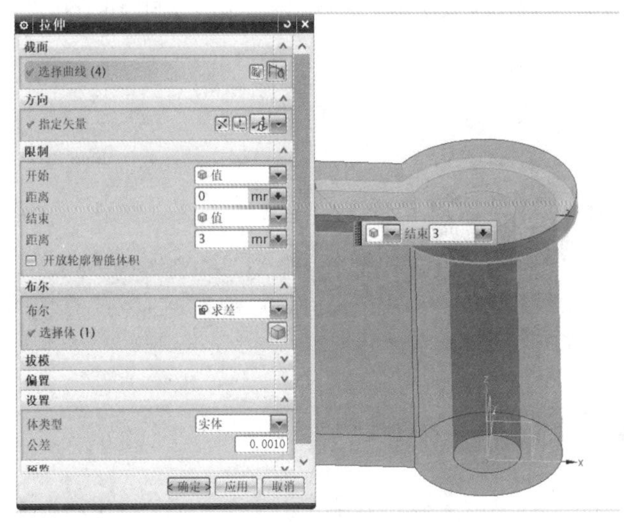

图 4-54　创建挂台基体

（4）单击【倒斜角】命令图标，在【倒斜角】提示框中设置【结束】距离为 3，选择挂台与凸凹模相交的边为倒斜角边线，如图 4-55 所示。

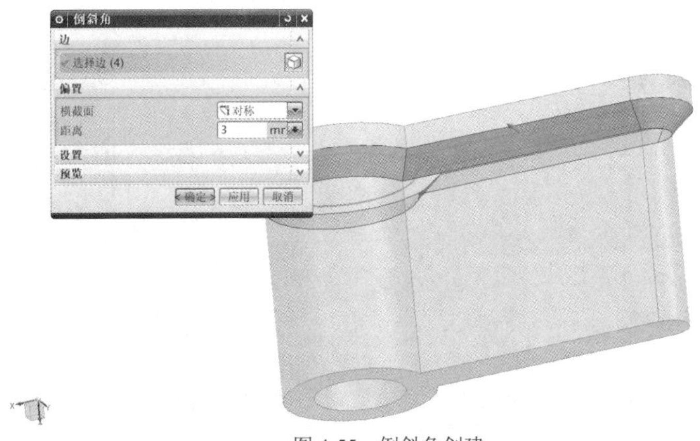

图 4-55　倒斜角创建

（5）使用【拉伸】命令，去除挂台竖直部分，只保留刚刚建模的倒斜角结构，如图 4-56 和图 4-57 所示。

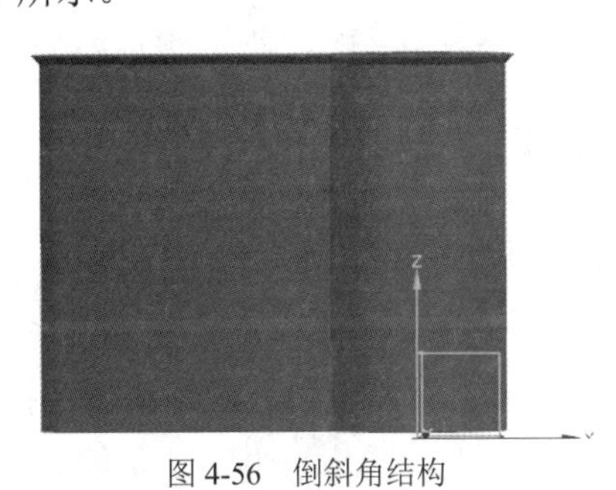

图 4-56　倒斜角结构

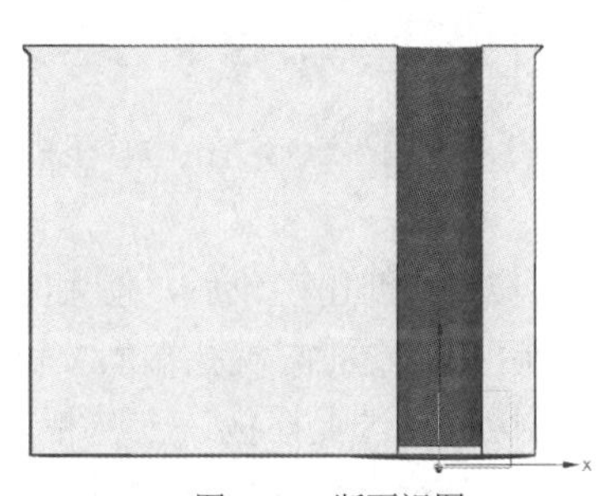

图 4-57　断面视图

（6）在【插入】菜单中，单击【组合】中的【减去】命令，弹出【求差】对话框，在【目标】中选择凸凹模固定板，【工具】中选择修改后的带有铆接斜面的凸凹模，【设置】中选中“保存工具”复选框。完成固定板安装孔结构修改，如图 4-58 和图 4-59 所示。

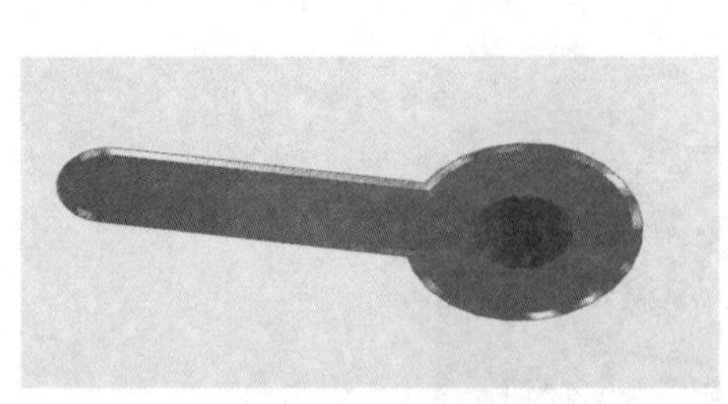

图 4-58　重合干涉

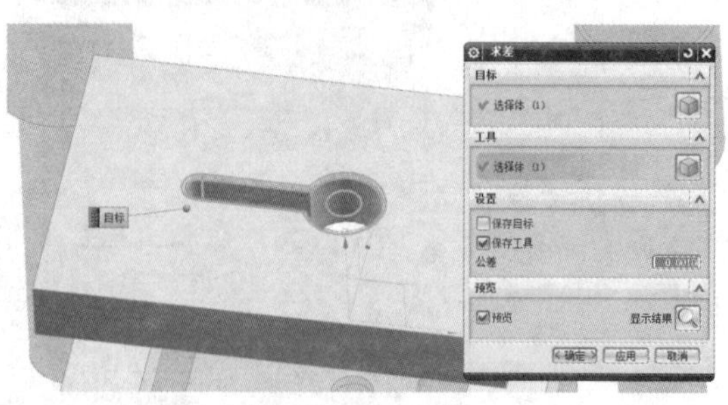

图 4-59　布尔运算

十七、创建下模座弹顶器螺纹安装孔

（1）在【插入】菜单中，单击【基准/点】中的【点】命令，在弹出的【点】对话框的【类型】中选择“两点之间”，如图 4-60 所示。在两个顶杆连线直线的中点处创建基准点。

（2）单击【孔】命令图标，使用【孔】命令选择此基准点，创建螺纹安装孔，如图 4-61 所示。

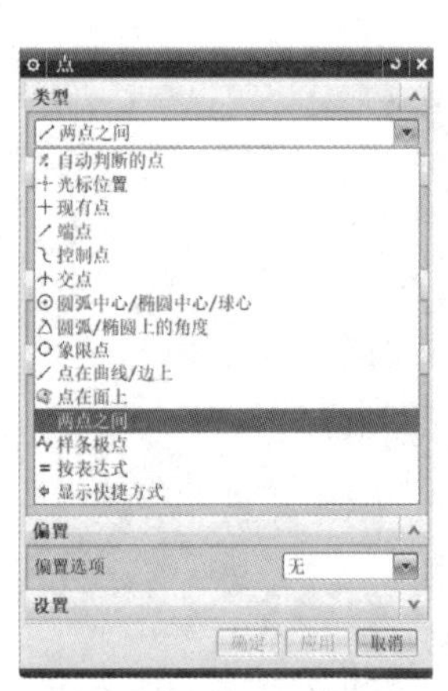

图 4-60　【点】对话框设置

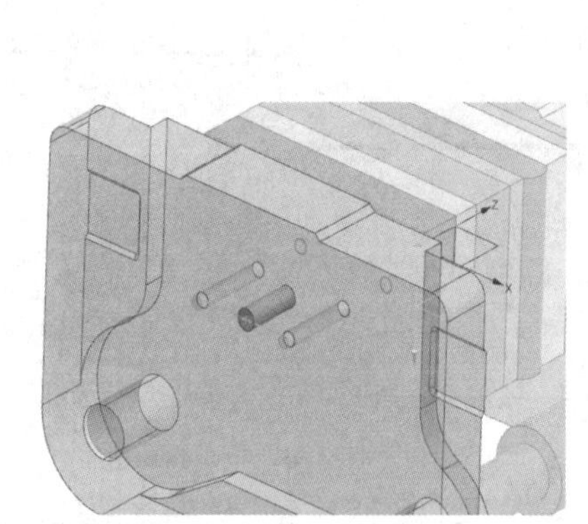
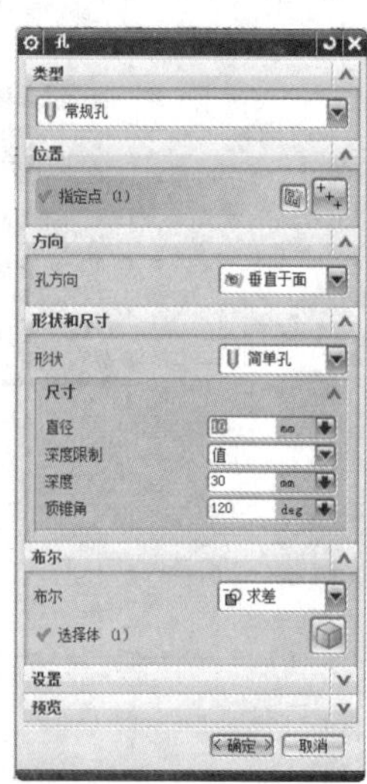

图 4-61　下模座弹顶器螺纹孔

十八、安装卸料螺钉

（1）使用【拉伸】命令，在上模座板上创建卸料螺钉安装的沉孔和螺钉安装孔，如图 4-62 所示。

（2）螺钉安装孔创建完成后，使用【添加组件】命令，安装改制建模好的卸料螺钉。注意在合模状态螺钉头下端面与沉孔端面要留有间隙。另一侧的卸料螺钉也按此方法安装完成。

（3）卸料螺钉穿过上模板、上垫板、凸凹模固定板、橡胶，最后与卸料板连接，卸料螺钉完成安装后，要对上述各板结构进行修剪，单边留出 0.5～1mm 间隙，如图 4-63 所示。

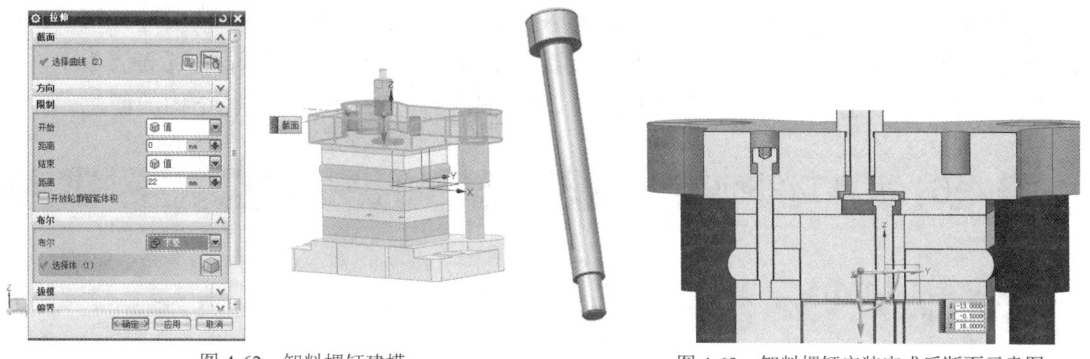

图 4-62　卸料螺钉建模　　　　图 4-63　卸料螺钉安装完成后断面示意图

十九、安装紧固件

（1）使用【拉伸】命令，在上模板分别创建螺钉紧固件的沉头安装孔位和销钉安装孔位。

（2）安装孔位创建完成后，安装紧固螺钉和定位销钉，如图 4-64 和图 4-65 所示。紧固螺钉穿过上模板、上垫板与凸凹模固定板旋合。

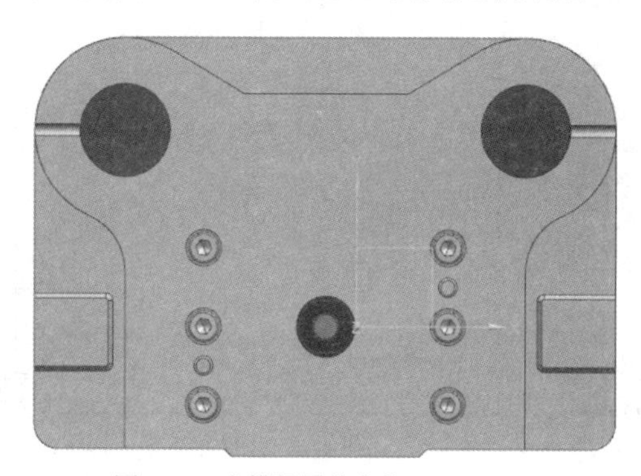

图 4-64　上模紧固件安装

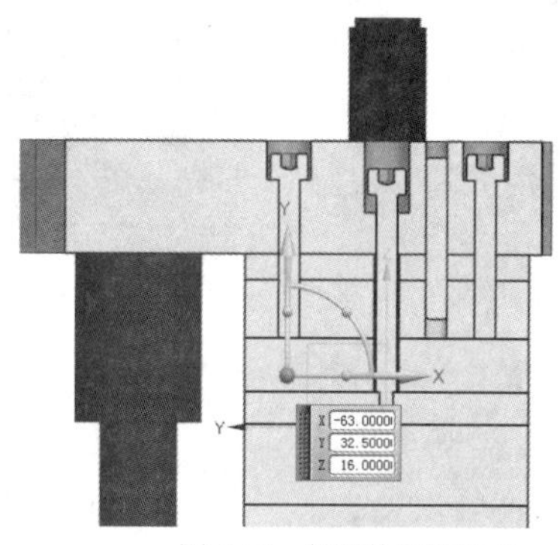

图 4-65　紧固件安装断面

（3）使用相同方法安装下模部分的紧固件，紧固件包括内六角紧固螺钉和圆柱销，如图 4-66 所示。

二十、设计导料销和挡料销

（1）使用【拉伸】命令，在落料凹模上创建导料销和挡料销，位置根据排样尺寸和搭边选取值确定，如图 4-67 所示。

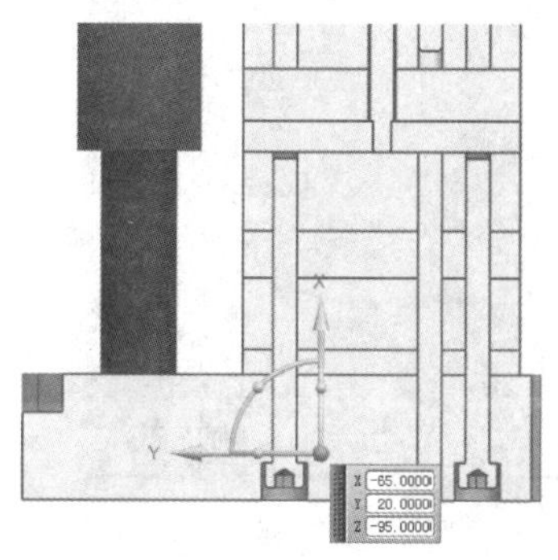

图 4-66　下模紧固件安装

图 4-67　定位销、挡料销建模

（2）在【插入】菜单中，单击【组合】中的【减去】命令，对落料凹模板进行修改，在【求差】对话框中，【目标】选择落料凹模，【工具】选择挡料销和导料销，在【设置】中，选中“保存工具”复选框，完成在落料凹模上导料销和挡料销的相应安装孔结构的创建。

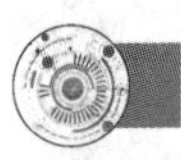

4.6 模具工程图设计

一、创建图纸页

（1）单击【启动】选项里面的【制图】模块，如图 4-68 所示。然后单击【新建图纸页】命令图标，在弹出的【图纸页】对话框中，【大小】设置为“使用模板”，根据模具尺寸选用图幅大小，本设计可选用 A1 图幅尺寸，如图 4-69 所示。

（2）单击【文件】菜单的【导入】中的【部件】命令，将符合国家标准装配图用图框导入新建空白图纸页，如图 4-70 所示。

图 4-68 进入制图模块

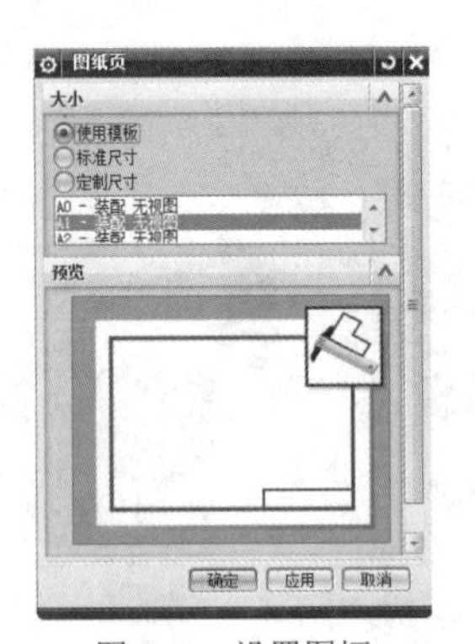

图 4-69 设置图幅

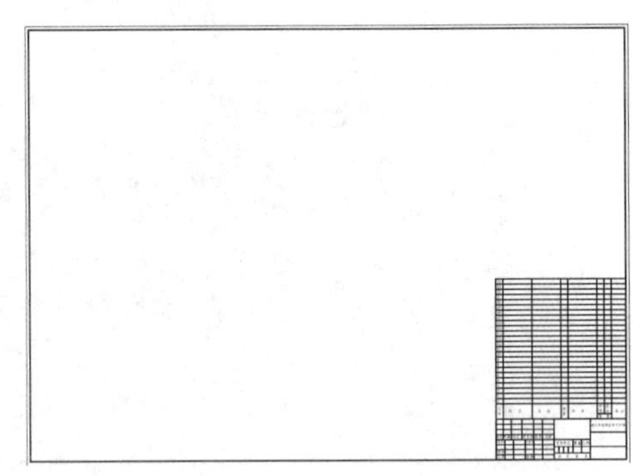

图 4-70 导入空白图纸页

二、创建基本视图

（1）在制图模式下，单击【插入】菜单的【视图】中的【基本】命令，在打开的【基本视图】对话框中，选择模型文件（前面建好的三维总装模型），调整模型摆放方向，如图 4-71 所示，创建完成总装工程图中的俯视图。

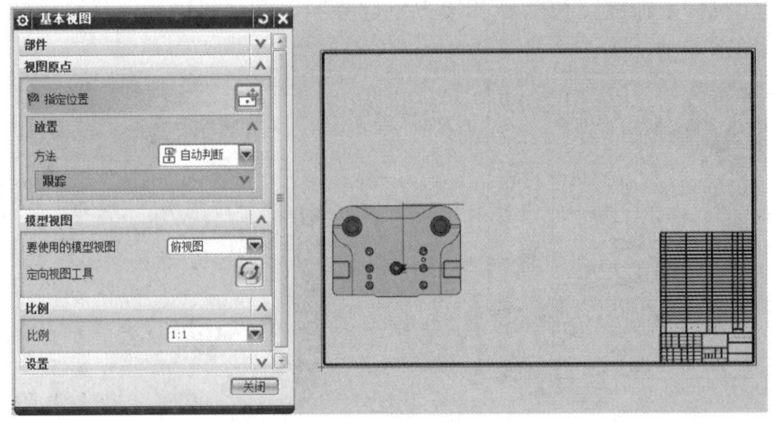

图 4-71 放置基本视图

（2）单击【编辑】菜单的【显示和隐藏】中的【显示和隐藏】命令，在弹出的【显示和隐藏】对话框中隐藏小平面体、草图、基准平面、坐标系等，如图 4-72 所示。

（3）单击【插入】菜单的【视图】中的【剖视图】命令，弹出【剖视图】对话框，如图 4-73 所示。在俯视图中图 4-74 所示位置，创建阶梯剖的截面线段，并将剖视图竖直向上放置，如图 4-75 所示。

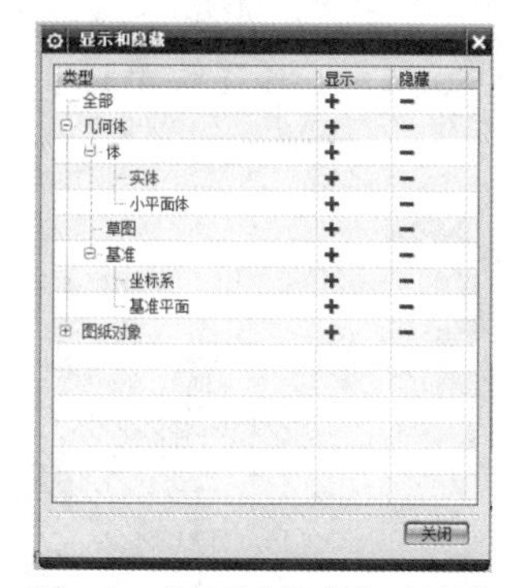

图 4-72　【显示和隐藏】对话框

图 4-73　【剖视图】对话框（一）

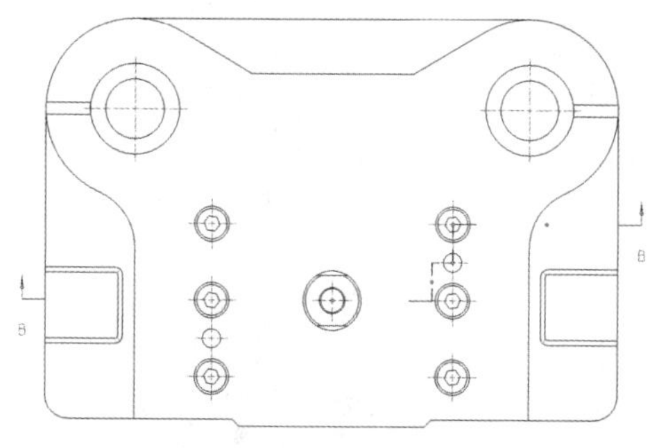

图 4-74　创建剖切线

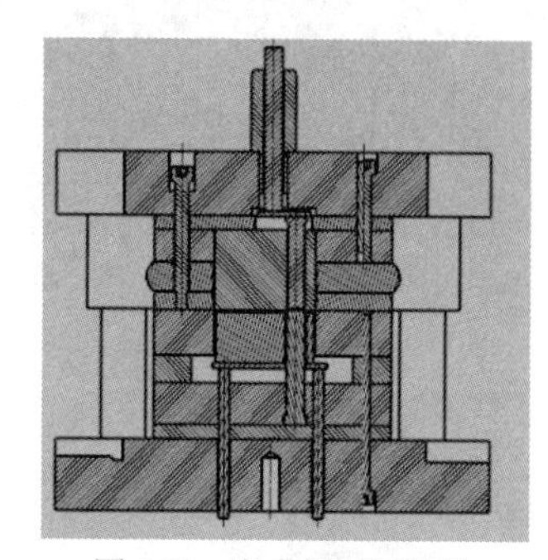

图 4-75　完成剖视图草图

（4）选择创建完成的剖视图边框，鼠标右击选择【编辑】快捷菜单命令，如图 4-76 所示，在弹出的【剖视图】对话框中对【非剖切】项进行设置，选择不需要剖切表达的零件（一般为螺钉紧固件、回转体形状的零件和凸模），如图 4-77 所示。

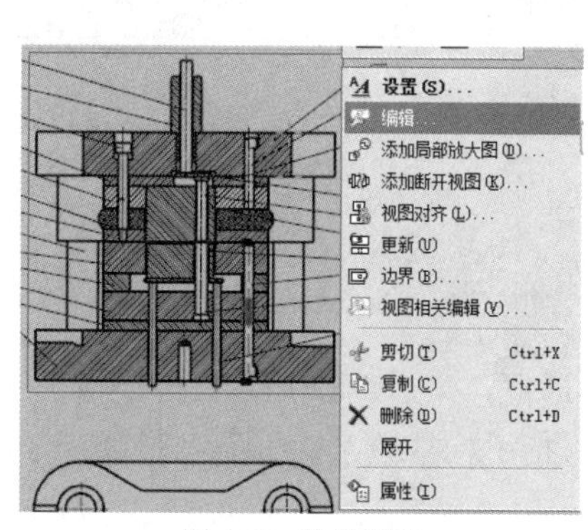

图 4-76　编辑视图

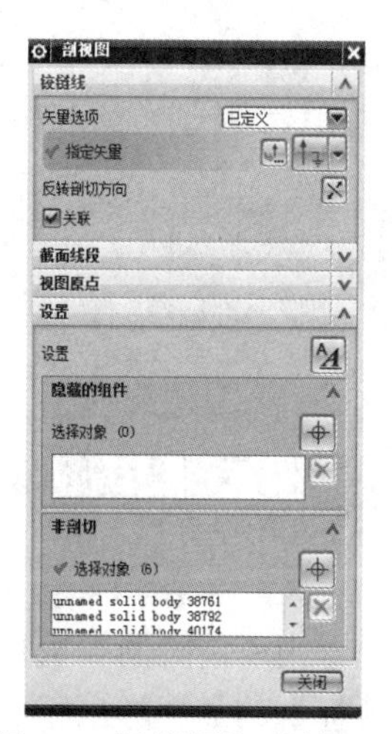

图 4-77　【剖视图】对话框（二）

三、修改工程图

（1）单击选择剖视图边框，单击【活动草图视图】命令图标，如图 4-78 所示。UG 工程图模式中，把某个视图设置为活动草图视图，即可绘制相应的线，并且可以捕捉到端点或者圆心。

（2）单击【直线】命令图标，绘制螺钉与圆柱销的中心线段，如图 4-79 所示。选择刚刚绘制的线段，单击【编辑和显示】命令图标，如图 4-80 所示。在【编辑对象显示】对话框中，修改线段的颜色、线型和宽度，如图 4-81 所示。

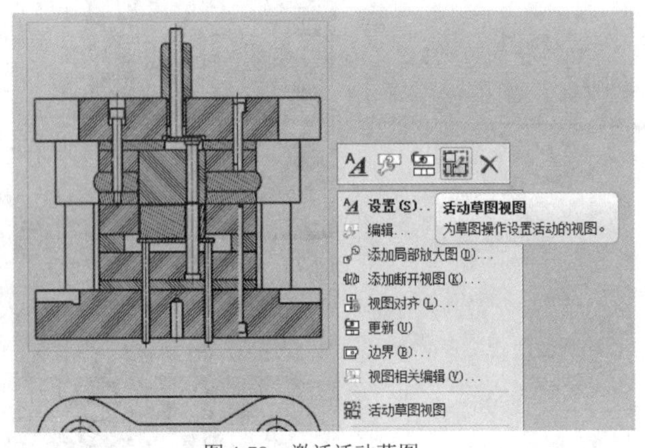

图 4-78　激活活动草图

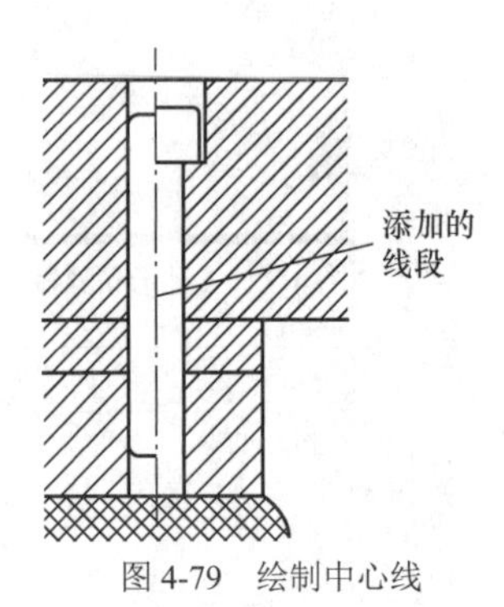

图 4-79　绘制中心线

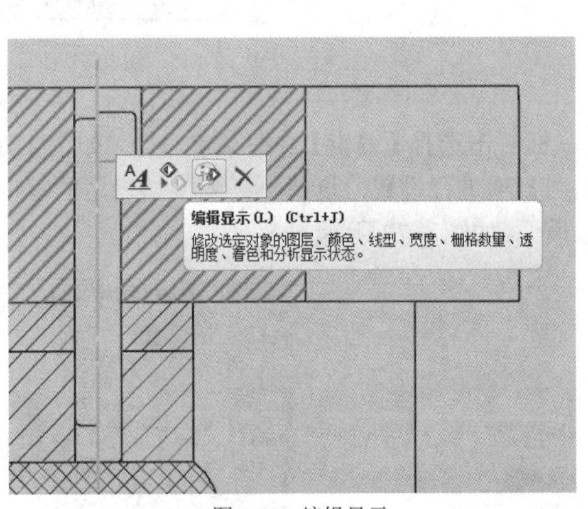

图 4-80　编辑显示

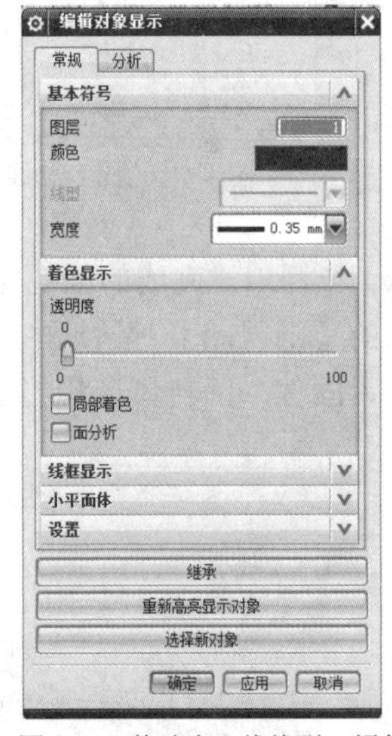

图 4-81　修改中心线线型、颜色

四、添加总装工程图注释指引

单击【注释】命令图标A，弹出【注释】对话框，如图 4-82 所示，指定指引线起点位置，在样式中设置指引箭头的类型和大小，同时输入指引标号数字，如图 4-83 所示。采用此方法将所有需要标识的零件加上标号。

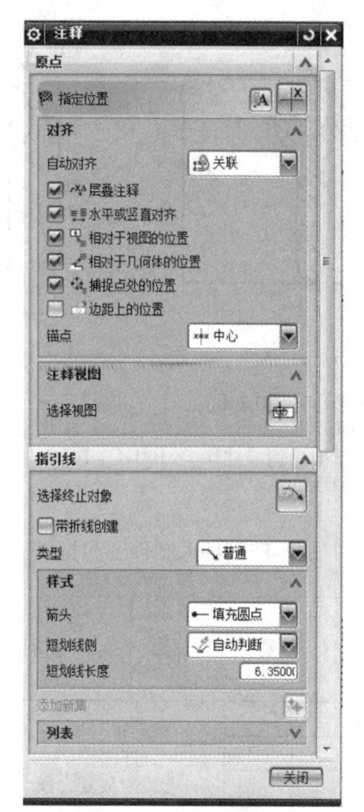

图 4-82 【注释】对话框

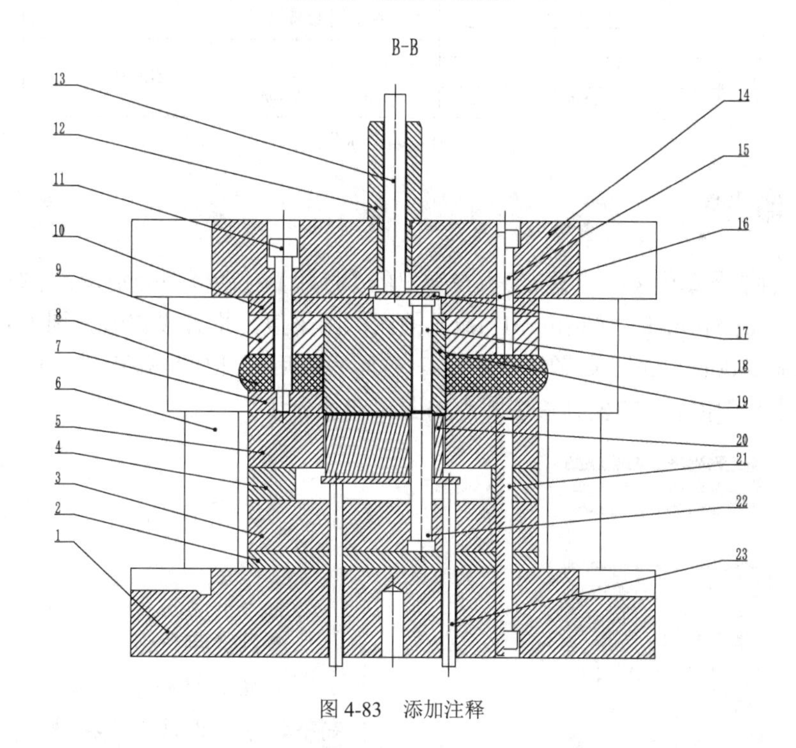

图 4-83　添加注释

五、在工程图中添加排样图、零件图和编辑明细表

单击【插入】菜单【视图】中的【基本】命令，分别选择外部做好的排样和制件模型，导入总装工程图中，并对其进行尺寸标注和添加技术要求注释，如图 4-84 所示。编辑标题栏和材料明细表，如图 4-85 所示。

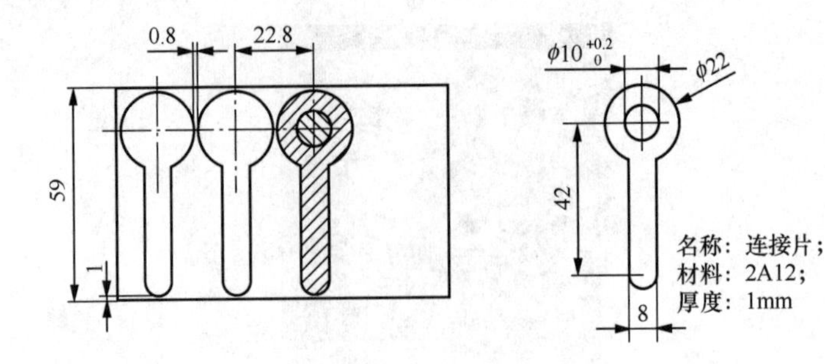

技术要求：
1.冲裁刃口双面间隙最小值为0.2mm；
2.使用压力机为J23-10；
3.模架选用滑动导向模架后侧导柱160×100×（140～170）I GB/T 2851—2008；
4.制件毛刺高度小于0.05mm。

图 4-84　插入制件图和排样

序号	代号	名称	数量	材料	单件	总计	备注
					重量		

						连接片 正装冲裁复合模		浙江机电职业技术学院
标记	处数	分区	更改号	签名	日期			连接片
设计			标准化			更改标记	数量	比例
审核								ZZFHMOO
工艺			批准			共1页	第1页	

图 4-85　编辑标题栏

六、出图打印设置

单击【文件】菜单中【打印】命令，在弹出的【打印】对话框中分别设置【宽度】“Custom Thin”　“Custom Normal”“Custom Thick”的比例因子值，推荐设置值分别为 0.6、0.8、1，【打印机】选择 Adobe PDF，如图 4-86 所示。打印完成后打开模具总装图 PDF 格式文件，可查看 UG 制图环境中完成的模具总装图，如图 4-87 所示。

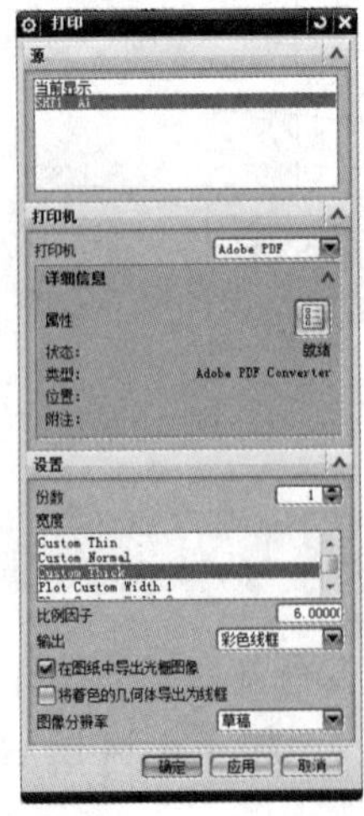

图 4-86 【打印】对话框

模具数字化设计：
扫描二维码学习本项目完整数字化设计建模操作。

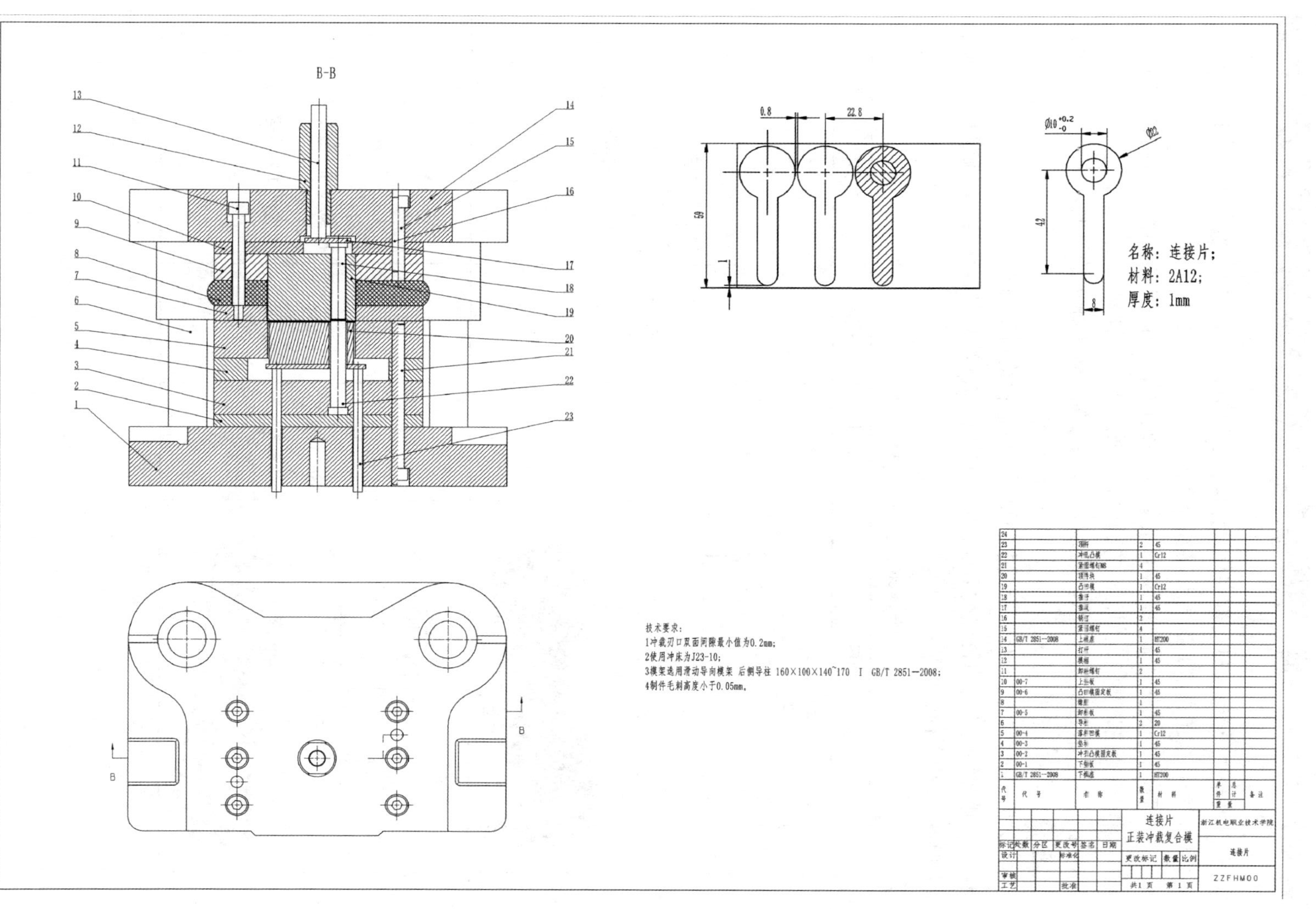

图 4-87　UG 制图完成的模具总装图效果

4.7 思考与习题

4-1　在基于“一个 PART”数字化设计模具总装结构的方法中，使用【拉伸】命令创建模具零件时，为什么【布尔】选项要设置为“无”？

4-2　如何修改创建的各个模板零件的颜色，以便在总装结构中进行零部件结构区分？

4-3　固定板的安装孔应采用什么方式进行快速、方便创建？

4-4　在模具总装结构数字化建模过程中使用【提升体】命令的目的是什么？如何使用【提升体】命令？

4-5　如何在制图模式下对工程图中的视图线条进行绘制和修改？

4-6　使用数字化设计方法创建表 4-2 中各冲裁制件的冲裁复合模具，完成模具总装结构的三维建模和二维工程图绘制。

表 4-2　冲裁制件尺寸和模具设计要求

序号	冲裁制件图	材料	厚度	模具结构要求
1	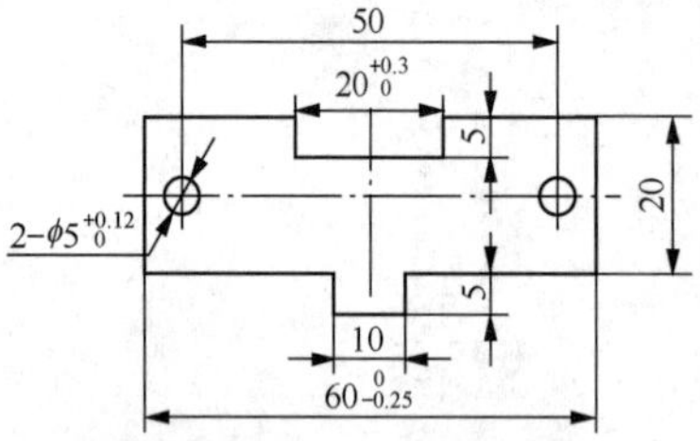 	08Al	1.5mm	倒装复合模 冲裁双面间隙取 0.10～0.12mm 未注尺寸公差等级 IT14 级
2	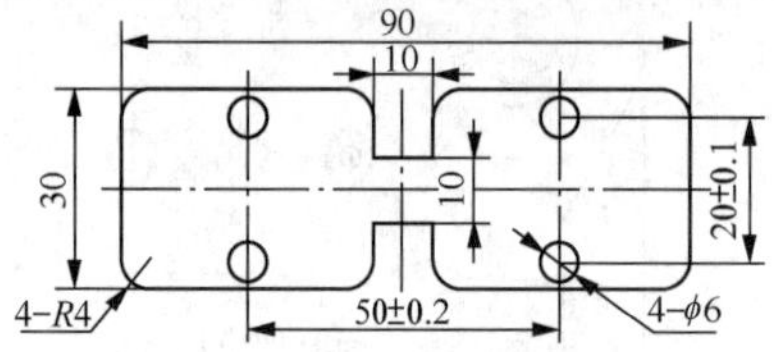 	H62（软）	1mm	正装复合模 冲裁双面间隙取 0.10～0.14mm 未注尺寸公差等级 IT14 级

项目 5

多工位级进模具数字化设计

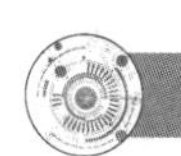

5.1 项目导入

面向冲压多工位级进模的数字化设计，在UGNX设计环境中专门开发了PDW(Progressive Die Wizard)级进模具设计模块。PDW 模块包含了许多用于完成多工位级进模具的知识和设计经验，提供了较为完善的数字化建模操作界面，使设计者可以方便地对各种级进模零件进行设计与管理，实现所见即所得，引导设计者完成级进模设计过程，提高模具数字化设计效率。

本项目基于 PDW 模块完成级进模数字化设计，与项目 4 中所有模具零件在同一个“PART”完成方式不同，基于 PDW 向导可以实现对级进模各个零部件的设计与管理，使模具整体结构在自动装配中完成，模具零件以组件的形式存在。设计者通过数字化装配技术，对模具设计过程中生成的所有零件的装配树进行管理，采用关联设计方法，在设计过程中方便地对模具零件进行设计与更改，快速完成多工位级进模具的数字化设计。

扩展阅读：

在精密产品成形中，模具是最主要的工具。中国经过几十年高速的发展，已成为全世界模具出口产值大国。高质量的模具离不开我国大量的模具工匠。以池昭就、李凯军为代表的一大批模具行业的大国工匠，以踏踏实实、兢兢业业，勤奋工作的精神，为我国模具产业贡献出自己的力量。中国模具产业的成功、荣誉的背后凝聚着他们辛勤的汗水和无私的奉献！他们以严谨和一丝不苟的精神感染着身边的每一位员工，带领广大模具人一步一个脚印地向前迈进。像池昭就、李凯军一样的模具追梦人还有很多，他们都立足模具行业、奉献模具行业，进而发展模具行业，为制造强国的中国梦默默地奉献着我们模具人自己的力量与担当。

5.2 学习目标

【知识目标】

◎了解多工位级进模具数字化设计基本流程。

◎掌握多工位级进模具结构数字化建模方法。

◎掌握通过 UG NX PDW 进行模具项目初始化的方法。

【能力目标】

◎能够进行数字化的级进模排样布局设计。

◎能够进行数字化多工位级进模具结构建模设计。

◎能够进行多工位级进模具标准件的数字化设计、调用。

◎能够细化冲裁模数字化结构设计和模具装配。

【素质目标】

◎培养敢于发现问题、用创新的思维去解决问题的创新精神。

◎培养把一件事情做好、做到极致的工匠精神。

5.3 项目分析

本项目制件为带有双孔结构的连接片零件（见表 5-1），材料为 H62 黄铜带，料厚为 1mm，尺寸公差等级为 IT14 级，年产量 20 万件。产品成形技术要求允许最大的材料减薄率为 25%。制件整体尺寸较小、厚度较薄，尤其ϕ2mm 内孔和 4mm 壁的间隙较小，不适合采用复合模冲裁，因此采用带料多工位级进模具冲压成形。在完成工艺设计的基础上，进行多工位级进模具的三维数字化建模设计。

表 5-1　　连接片零件多工位级进模具设计任务

图示	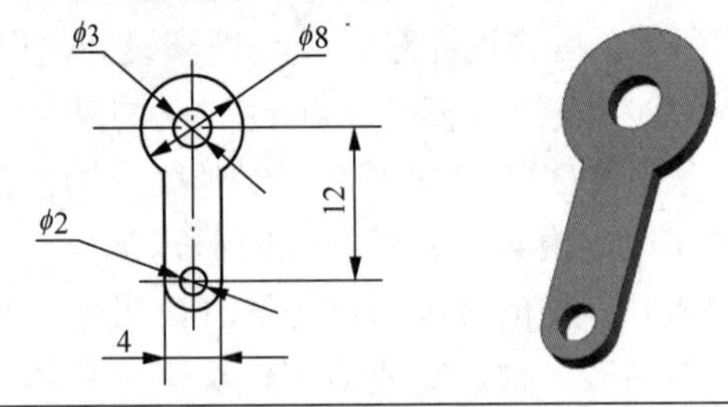
项目说明	由于该工件是在黄铜带料上完成冲裁工序的，为提高材料利用率，可采用错位双行对排排样，如排样图所示，共设计 5 个工位。工位 1：冲裁ϕ2mm 和ϕ3mm 直径的圆孔；工位 2：冲裁落料；工位 3：空工位；工位 4：冲裁直对排ϕ2mm 和ϕ3mm 直径的圆孔；工位 5：冲裁落料。 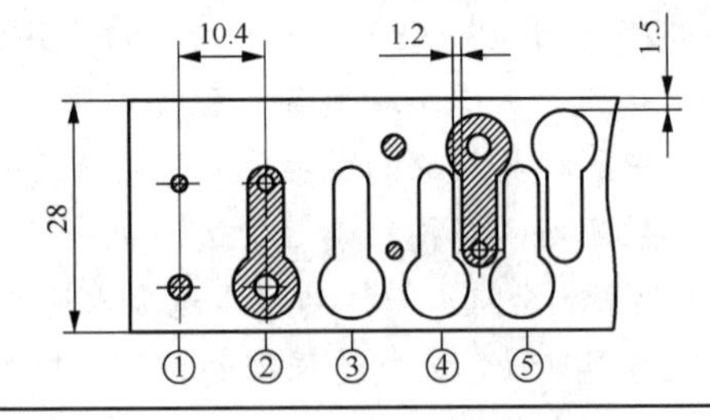

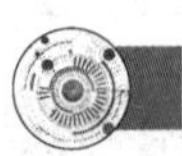

5.4 工艺设计与准备

一、新建项目

打开 UG NX 软件，单击【新建】命令，在弹出的【新建】对话框中设置新建文件名的名称和设置保存文件夹的路径，如图 5-1 所示（UG NX 10.0 及以上版本可以设置中文的文件名和保存路径），单击【确定】按钮完成项目创建。

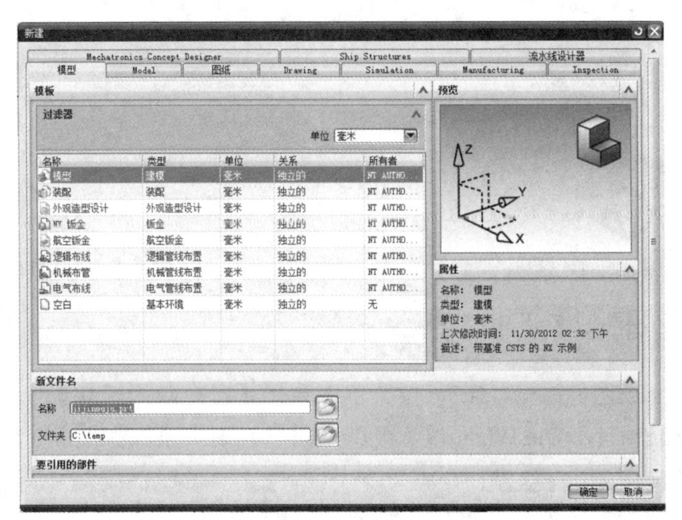

图 5-1 【新建】对话框

二、冲压制件建模

（1）单击【拉伸】命令图标，弹出【拉伸】对话框，如图 5-2 所示。

（2）单击【绘制截面】命令图标，设置坐标系 *X-Y* 平面为草绘平面。

（3）进入草绘模式，使用草绘工具，按图 5-3 所示冲裁制件尺寸进行草图绘制。草绘完成后，单击【完成草绘】命令图标，退出草绘。

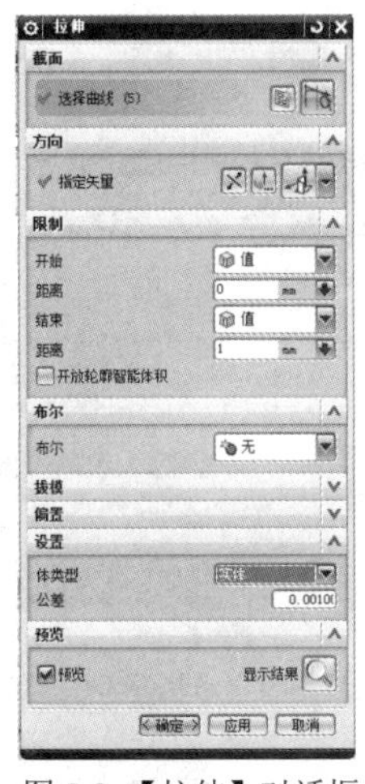

图 5-2 【拉伸】对话框

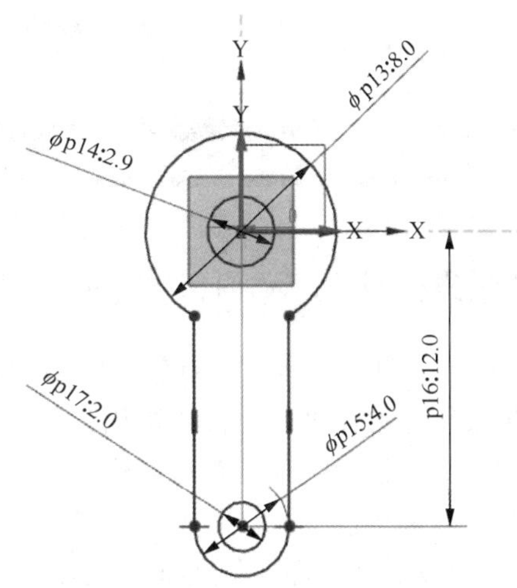

图 5-3　草绘制件的尺寸

（4）在【拉伸】对话框中设置【结束】距离为 1，创建厚度为 1mm 的冲裁制件，单击【确定】按钮，完成冲裁制件建模，如图 5-4 所示。

（5）单击【文件】菜单的【另存为】命令，将完成后的模型保存至指定文件夹（为保证后续建模各零部件查找、调用方便，通常要新建一个文件夹，本项目的所有建模文件均保存至此文件夹中），如图 5-5 所示。

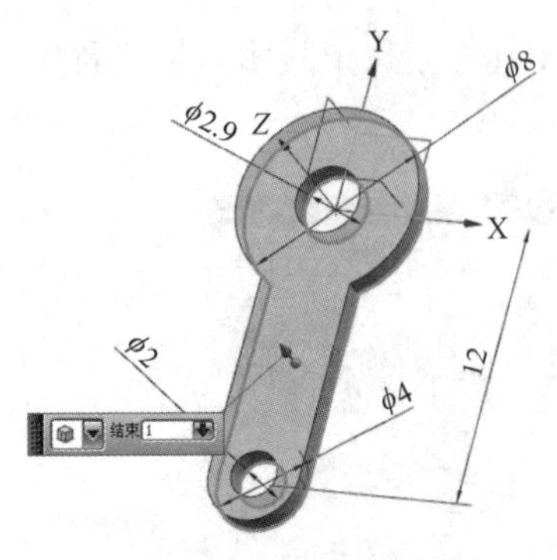

图 5-4　完成制件实体建模

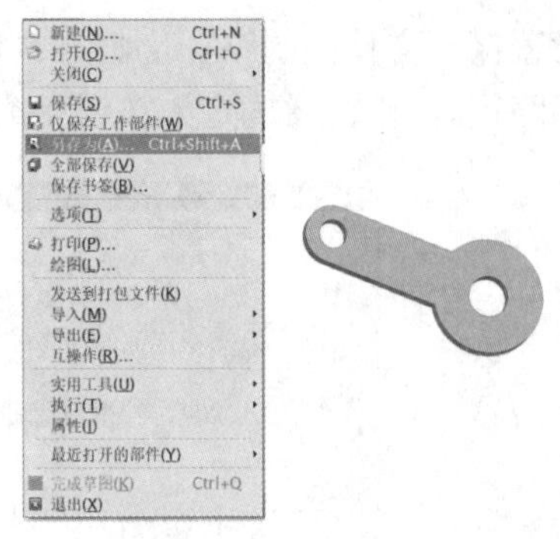

图 5-5　保存建模好的制件

三、进入 PDW 基本建模设计环境

单击【启动】命令图标启动，在下拉菜单中单击【所有应用模块】中的【级进模向导】。完成后会调出【Progressive Die Wizard】（级进模向导）工具条，如图 5-6 所示。

图 5-6　调用 PDW 级进模设计模块

四、多工位级进模具 PDW 项目初始化

（1）单击级进模向导工具条中的【初始化项目】命令图标，对整个级进模数字化设计进行项目初始化。

（2）在弹出的【初始化项目】对话框中，可以对项目的保存路径和材料等参数进行设置，参照图 5-7 完成设置（注意：要在【设置】中选中“重命名组件”复选框），单击【确定】按钮。

（3）在弹出的【部件名管理】对话框中，可以进行部件名称的修改。如不需修改，可直接单击【确定】按钮，按系统默认部件命名规则进行设计，如图 5-8 所示。

（4）完成后，单击左侧的【装配导航器】图标，查看按照命名原则建立的项目设计中所需的各个部件的装配关系和部件名称，如图 5-9 所示。

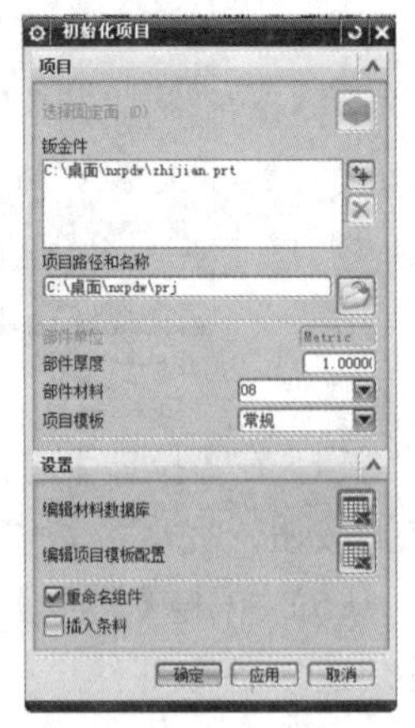

图 5-7　PDW 项目初始化设置

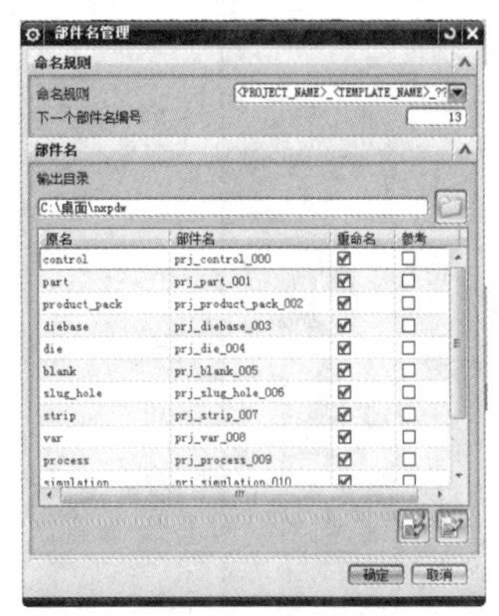

图 5-8　模具零部件名管理设置

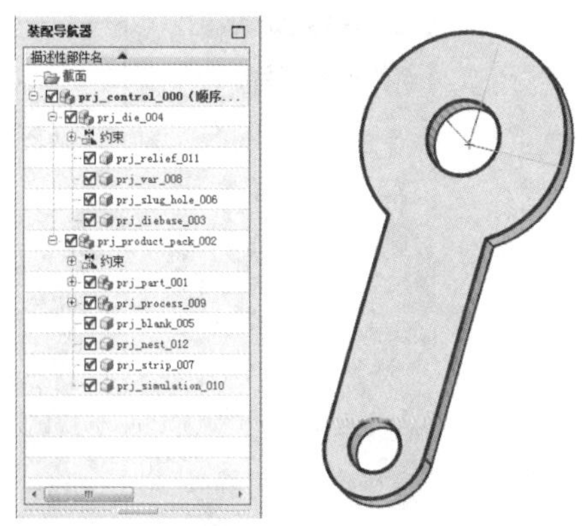

图 5-9　装配导航器查看

五、冲压毛坯生成

（1）单击级进模向导工具条中的【毛坯生成器】命令图标，进行冲压坯料设置。

（2）在弹出的【毛坯生成器】对话框中，【类型】选用“创建”。然后单击对话框中的【选择毛坯体】命令图标，接着单击【选择固定面】，选择制件模型上表面为固定面，如图 5-10 所示。然后单击【确定】按钮，完成【毛坯生成器】对话框设置。设置成功后，制件会变为草绿色，装配导航器中的部件会变灰色，如图 5-11 所示。

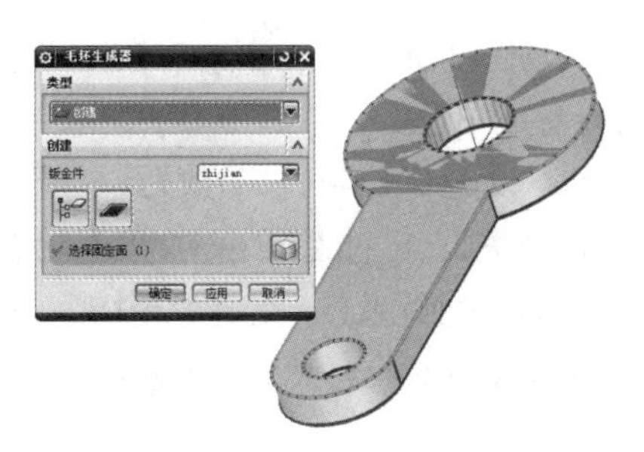

图 5-10　毛坯生成器设置

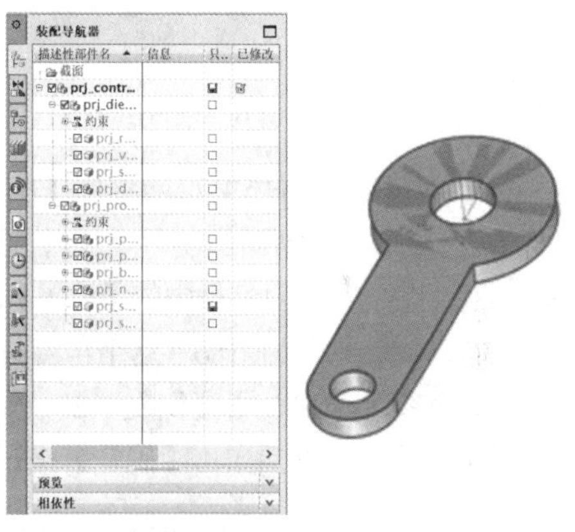

图 5-11　冲压毛坯设置完成

六、多工位级进模具排样设计

（1）单击级进模向导工具条中的【毛坯布局】命令图标，进行冲压排样设计。

（2）在弹出的【毛坯布局】对话框中，【类型】选用“创建布局”。如图 5-12 所示，会出现 3 个坯料排列。通过【毛坯布局】对话框中的【放置】功能，可以对排样毛坯进行位移和角度的设置，在【螺距-宽度】（螺距应为冲压排样中的步距）功能中进行排样步距和板料宽度参数的设置。也可以在【优化数据功能】中查看材料利用率。

（3）根据本项目排样设计可知，排样形式为错位双行直对排。因此要再复制一组毛坯。

（4）再次选择【毛坯布局】对话框中的【类型】功能，设置为“复制毛坯”，对话框变为如图 5-13 所示，接着选择【选择毛坯】命令，然后操作鼠标左键选择中间毛坯制件，完成后单击【毛坯布局】对话框中的【应用】按钮，结果如图 5-14 所示。

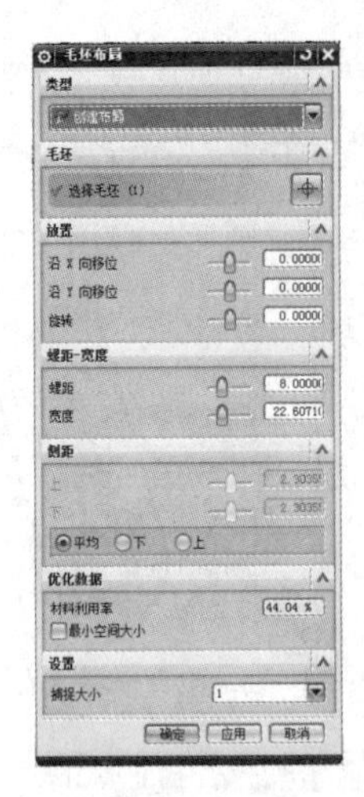

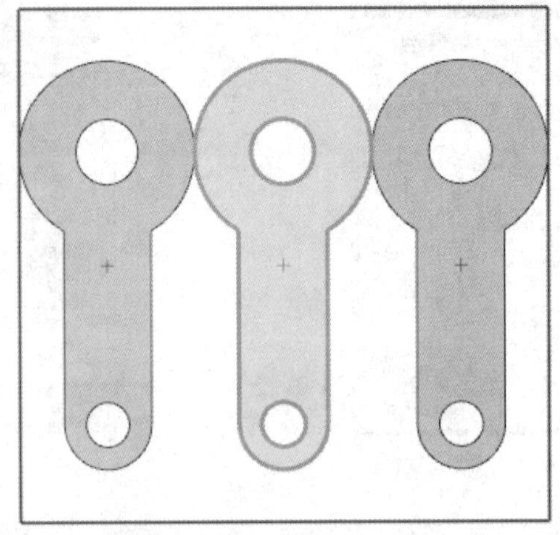

图 5-12 【毛坯布局】对话框

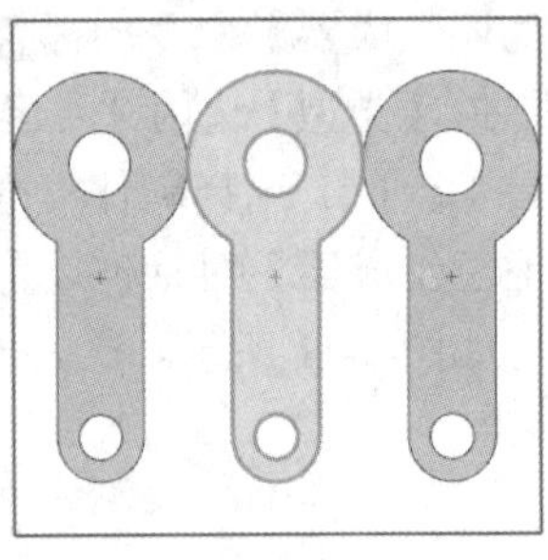
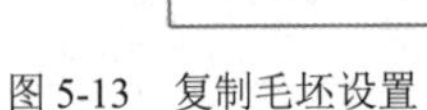

图 5-13 复制毛坯设置

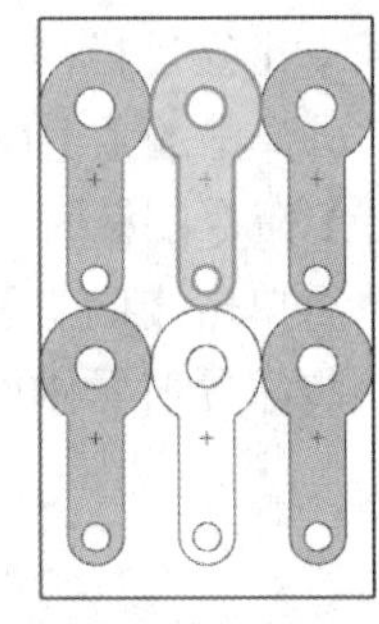

图 5-14 复制毛坯完成结果

（5）再次将【毛坯布局】对话框中【类型】设置为“创建布局”，然后选择【选择毛坯】，操作鼠标左键选择上排中间的制件（选中后制件颜色会变成白色）。

（6）对【毛坯布局】对话框中的【放置】功能进行操作，设置沿 X 向位移参数为 6、沿 Y 向位移参数为<−7、旋转参数为−180（这个角度与制件建模方向有关）。再对【螺距—宽度】功能进行操作，设置螺距参数为 12、宽度参数为 28。然后对【侧距】功能进行设置，选择“平均”，上述参数设置如图 5-15 所示。最后单击【确定】按钮退出【毛坯布局】对话框，完成级进模排样设计。

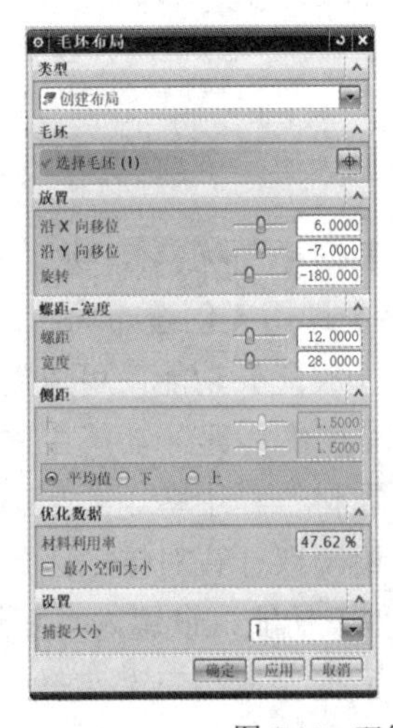

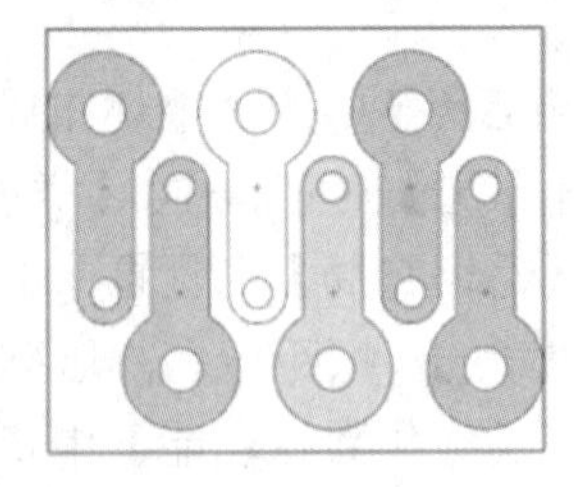

图 5-15 双行直对排完成结果

七、冲裁区域设置

（1）单击级进模向导工具条中的【废料设计】命令图标，进行冲裁区域的设置。

（2）在弹出的【废料设计】对话框中，【类型】功能选择“创建”，【方法】功能里选择【封闭曲线】图标，然后在【设置】功能的【废料类型】中选中“冲裁”单选按钮（也可在草图绘制完成后选中），【位置】中选中“投影到条料”单选按钮。

（3）单击【选择曲线】命令中的图标，选择坯料上表面进入草绘环境，如图5-16所示。

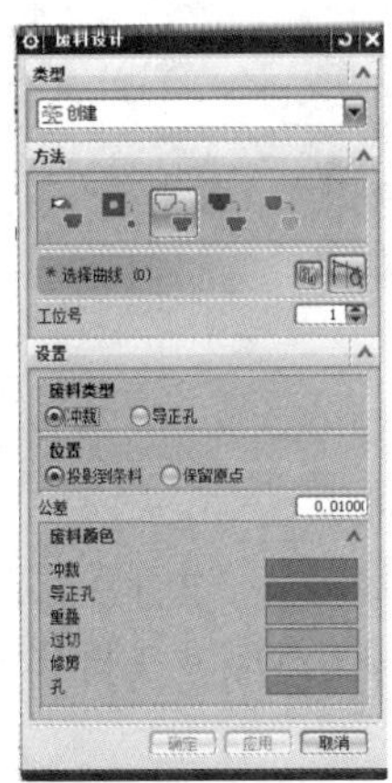
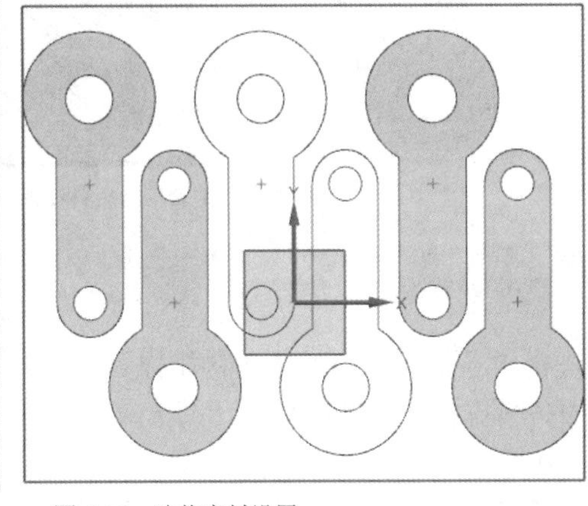

图5-16　冲裁废料设置

（4）在草绘模式中，单击【投影曲线】命令图标，投影排样中间两个制件的4个封闭的圆孔，如图5-17所示。完成后单击【完成草图】命令图标，退出草图模式。

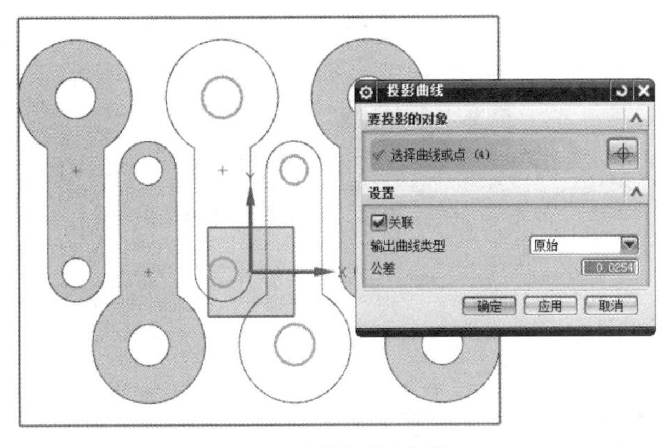

图5-17　4个冲裁孔废料设置（一）

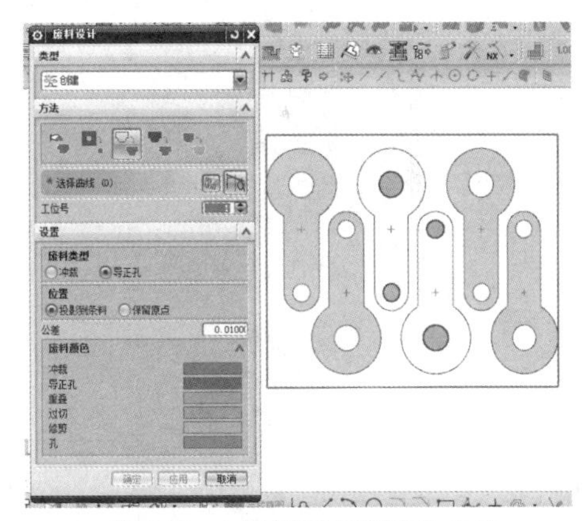

图5-18　4个冲裁孔废料设置（二）

（5）在【废料设计】对话框中再次确认【设置】功能中的废料类型中的“冲裁”被选中。

（6）单击【废料设计】对话框中【应用】按钮。操作完成后如图5-18所示，4个圆孔区域出现蓝色面，完成冲孔区域的设置。

（7）再次单击【废料设计】对话框中【选择曲线】命令图标，选择毛坯上表面为草绘平面，进入草绘模式。

（8）同样使用【投影曲线】命令图标，投影排样中间两个相对制件的外轮廓线，完成后单击【完成草图】图标。

（9）在【废料设计】对话框中的废料类型选中“冲裁”单选按钮，单击【确定】按钮，完成落料区域的设置，如图 5-19 所示。

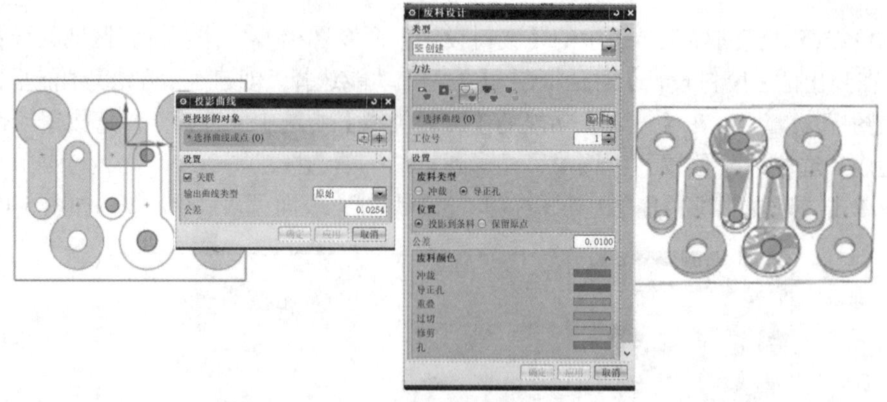

图 5-19　冲裁落料废料设置

八、仿真冲裁

（1）单击级进模向导工具条中的【条料排样】命令图标，进行冲裁区域的设置。

（2）在出现的条料排样的设置区域中，鼠标双击工位号（对应冲压排样的工位数），将其设置为 5，如图 5-20 所示。

（3）鼠标右击【条料排样定义】选择【创建】，如图 5-21 所示，条料排样设置区域发生变化，并且出现图 5-22 所示的初始排样形式。

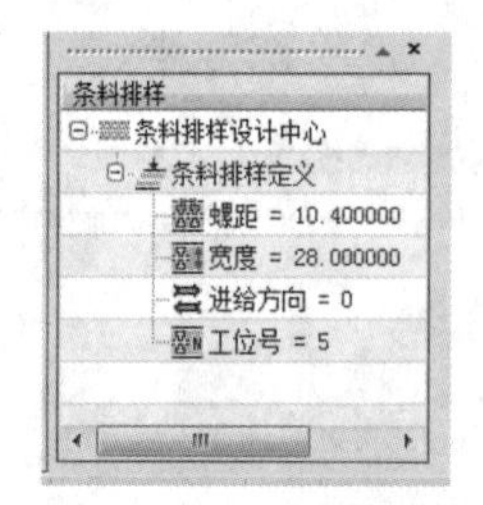

图 5-20　排样工位数设置

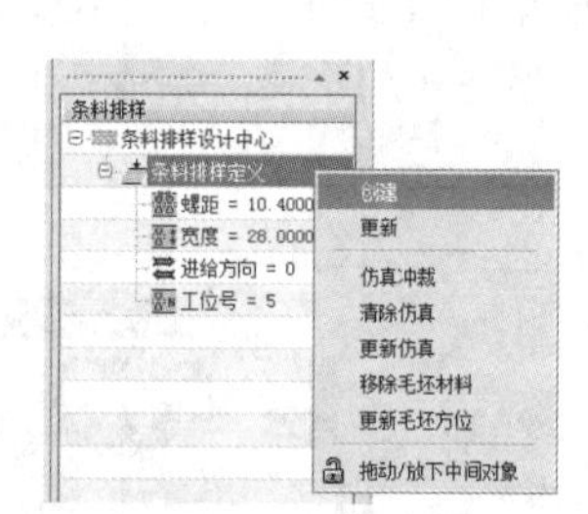

图 5-21　条料排样设置

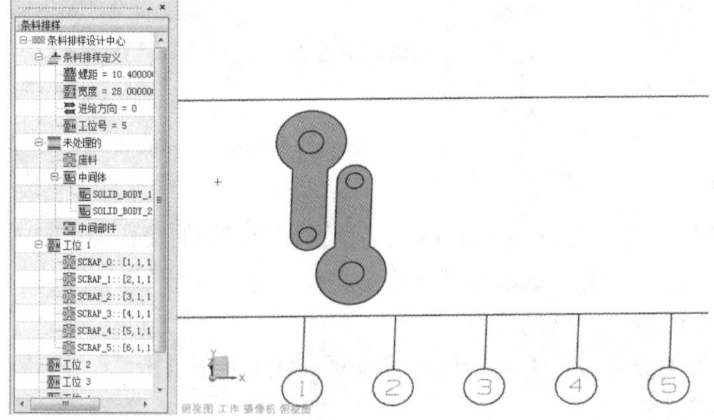

图 5-22　初始排样形式

（4）鼠标左键单击选择条料排样区域工位 1 中的 SCRAP_0～SCRAP_5，按照本项目多工位排样设计，将每个冲裁区域拖动至工位 2～工位 5 中的相应位置，完成后如图 5-23 所示。

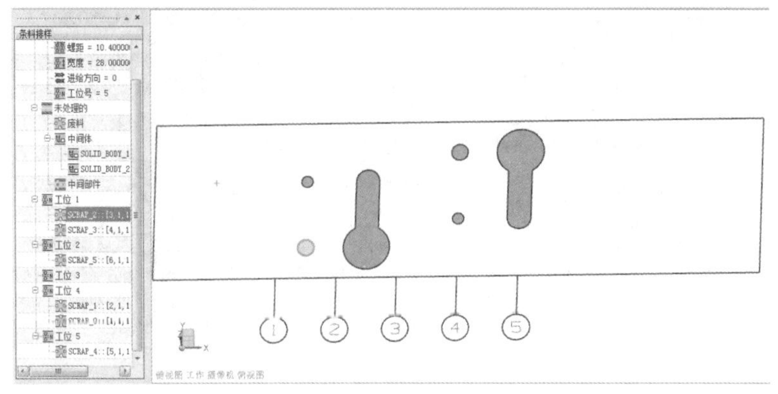

图 5-23　排样区域设置

（5）鼠标右击【条料排样定义】区域，选择【仿真冲裁】，在弹出的【条料排样设计】对话框中，【起始工位】设置为 1，【终止工位】设置为 5，如图 5-24 所示。完成后，单击【确定】按钮。仿真冲裁结果如图 5-25 所示。

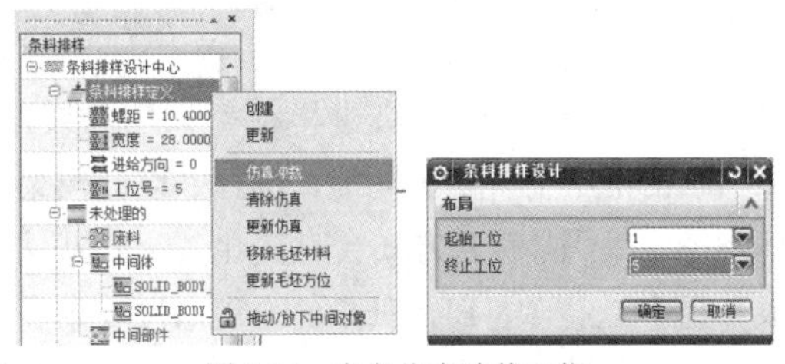

图 5-24　定义仿真冲裁工位

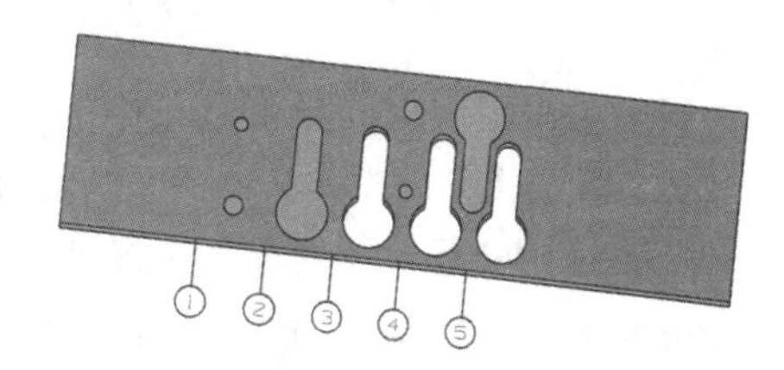

图 5-25　仿真冲裁结果

九、多工位级进冲压力计算

（1）单击级进模向导工具条中的【冲压力计算】命令图标，进行冲压力计算。

（2）弹出图 5-26 所示的【冲压力计算】对话框。将【工艺列表】中的 SCRAP_0～SCRAP_5 全部选中（按住 Ctrl+鼠标左键），然后单击【计算】命令图标，计算出冲压所需的工艺力值以及压力中心的位置，如图 5-27 所示。

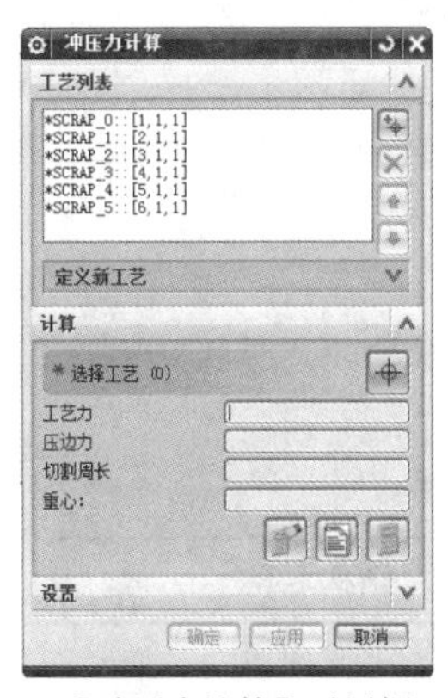

图 5-26　【冲压力计算】对话框

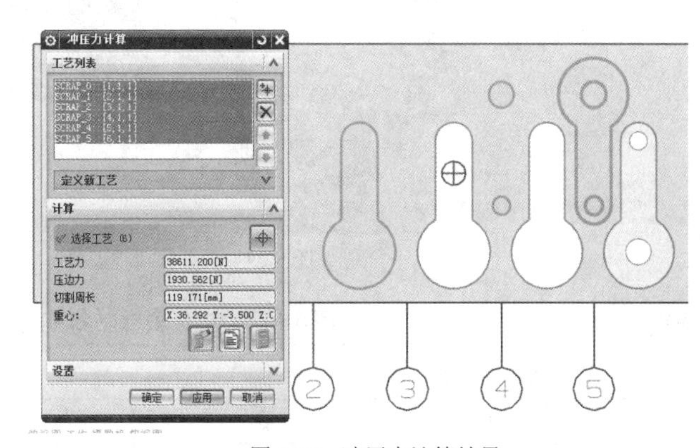

图 5-27　冲压力计算结果

（3）冲压力计算后可以发现整个级进模建模的坐标原点，即压力中心位置，以及压力中心的坐标值，如图 5-27 所示。后续再调入模架要参考压力中心的位置进行放置（坐标原点与压力中心的距离，如图 5-28 所示，要记录下压力中心的坐标值，方便后续模架调用）。

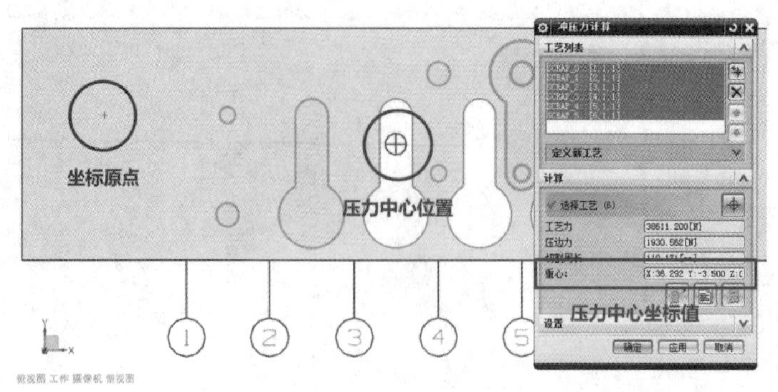

图 5-28　压力中心位置

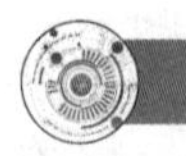

5.5　多工位级进模具结构设计

一、调用多工位级进模具模架

（1）单击级进模向导工具条中的【模架】命令图标，进行标准级进模模架调用与装配。

（2）弹出【管理模架】对话框，如图 5-29 所示。对话框中【类型】功能，选择“设计模架”，【创建模架】功能区中的【父】选择“prj_diebase_×××”(不同命名方式会有变化，一般默认设置即可)，【目录】选择“DB_UNIVERSAL1”，【板数量】选择“8 PLATES”（9 PLATES 为多一个下模垫脚板）。在弹出的【信息】对话框中会有模架的示意图，从上至下各个板的名称见表 5-2。

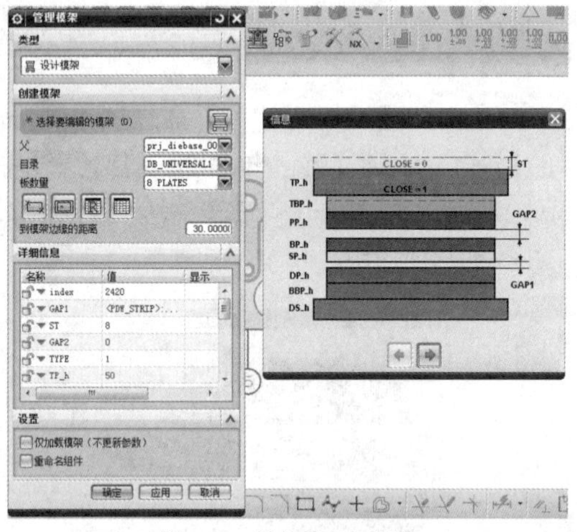

图 5-29　模架管理与设置

表 5-2　PDW 模架中各个板的名称

图示名称	结构名称
TP_h	上模座板
TBP_h	上模垫板
PP_h	凸模固定板
BP_h	冲头导板（卸料板背板）
SP_h	卸料板

续表

图示名称	结构名称
DP_h	凹模固定板
BBP_h	下模垫板
DS_h	下模座板

（3）在弹出的【管理模架】对话框【创建模架】功能区域中，单击【拾取工作区域】命令图标，弹出【点】对话框，如图 5-30 所示。在冲裁区域左上方适当位置鼠标左键单击拾取点，向右下方滑动鼠标（放开鼠标左键）至可适当将冲裁区域完全包围位置处，单击鼠标左键确定，如图 5-31 所示。

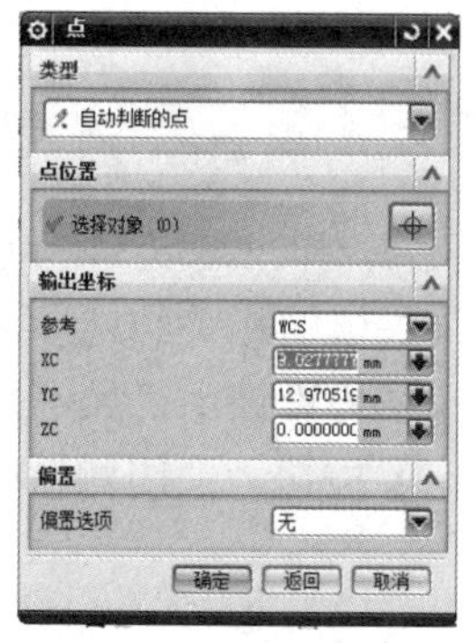

图 5-30 【点】对话框

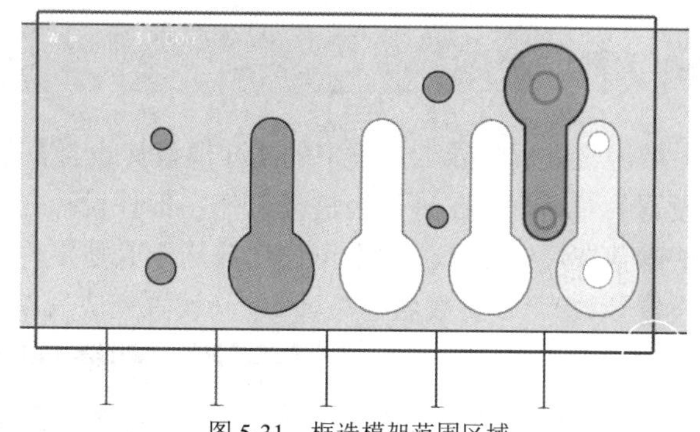
图 5-31　框选模架范围区域

（4）完成后返回【管理模架】对话框，在【详细信息】功能区中的 index 值会根据冲压区域的大小而改变，本项目 index 值为 2420，即模架长为 240mm，宽为 200mm。这一步操作的目的是拾取冲压区域确定模架的尺寸，所以再选取矩形区域的时候，既不能过大也不能过小。过大会导致模架型号偏大，浪费材料；过小会导致冲压工作零件没有足够的空间进行安装。

（5）在【管理模架】对话框中，单击【指定参考点】命令图标，弹出【点】对话框，【类型】功能区选择“自动判断的点”。选择坐标原点为模架放置点。这样操作是为了便于后续跟进压力中心进行位置偏移调整，因为模架长度方向上的零点和宽度方向上的中点与放置点重合。

（6）考虑到模架中心与压力中心重合，在【输出坐标】功能区域中，要将 *XC* 和 *YC* 值进行更改。压力中心为（*X*:41.985 *Y*:-3.500），因此 *X* 方向要向负方向移动 *XC*=（42−240/2）=−78，*Y* 方向移动 *YC*=−3.5，如图 5-32 所示。输入完成后，单击【确定】按钮，回到【管理模架】对话框，设置到模架边缘的距离值为 0，再次单击【确定】按钮。

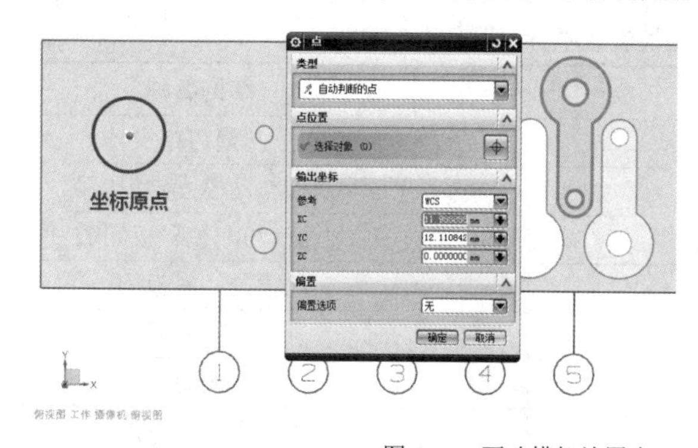

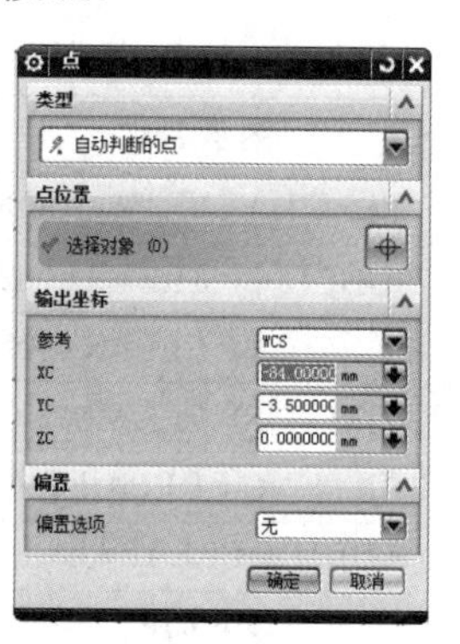

图 5-32　更改模架放置点

（7）多工位级进模具模架设置调用完成后，会生成上、下模座和各个预设置的模板零件，如图 5-33 所示。

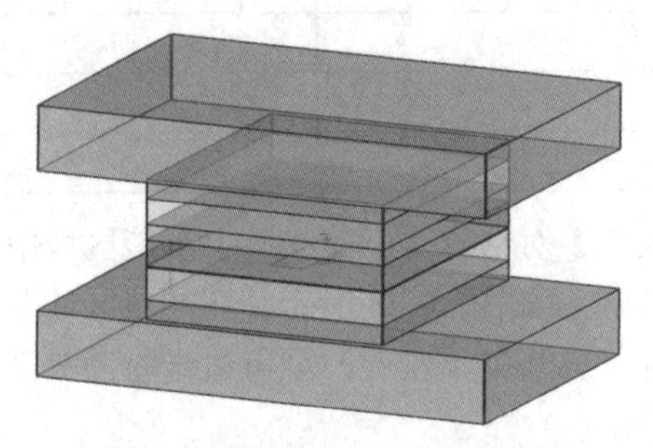

图 5-33　模架及模板零件生成结果

二、凹模镶件设计

（1）单击级进模向导工具条中的【冲模设计设置】命令图标，弹出图 5-34 所示的【冲模设计设置】对话框。在进行级进模工作零部件设计之前，对级进模的相关结构参数进行设置，这些参数在后续设计过程中可自动应用于具体零件的尺寸和结构设计中（如不做修改可默认其设置参数）。各参数名称见表 5-3。设置完成后单击【确定】按钮，关闭对话框。

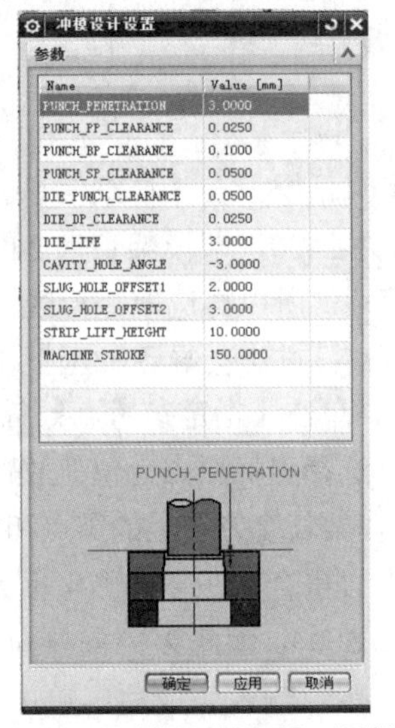

图 5-34　【冲模设计设置】对话框

表 5-3　冲模设置中各项目名称与意义

图示名称	结构名称
PUNCH PENETRATION	凸模刃口量
PUNCH_PP CLEARANCE	凸模与凸模固定板间隙
PUNCH_BP CLEARANCE	凸模与凸模导板间隙
PUNCH_SP CLEARANCE	凸模与卸料板间隙
DIE PUNCH CLEARANCE	凸凹模冲裁间隙
DIE DP CLEARANCE	凹模与固定板间隙
DIE LIFE	凹模刃口高度

续表

图示名称	结构名称
CAVITY_HOLE ANGEL	凹模落料口角度
SLUG_HOLE_OFFSET1	下模垫板落料口与凹模落料口单边间隙
SLUG_HOLE_OFFSET2	下模座板落料口与凹模落料口单边间隙
STRIP LIFT HEIGHT	托料高度
MACHINE STROKE	压力行程

（2）鼠标左键依次单击选择上模座板、上垫板、凸模固定板、卸料板背板、卸料板等上模部分的 5 块板，然后在工具条中单击【隐藏】命令（或者按组合键 Ctrl+B），如图 5-35 所示。隐藏完成后仅显示下模部分，如图 5-36 所示。这一步操作的目的是设计凹模零件时，便于选取排样板料上的相关点、线特征。

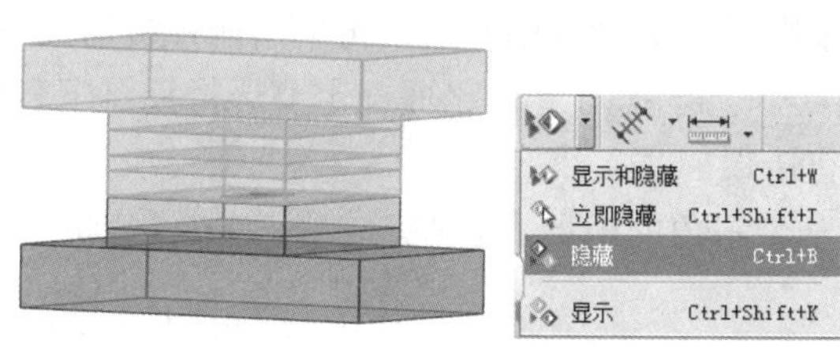

图 5-35　隐藏上模部分结构

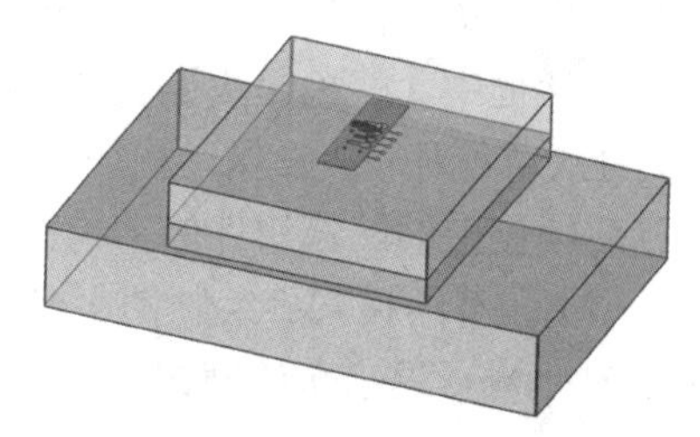

图 5-36　只显示下模结构

（3）单击级进模向导工具条中的【冲裁镶块设计】命令图标，弹出【冲裁镶块设计】对话框，如图 5-37 所示。

（4）在【类型】功能区域选择“凹模镶块”。然后进行如下操作：首先单击对话框中【废料】功能区的【选择废料】，然后鼠标左键单击板料排样上的一个直径 2mm 的圆孔，选中后圆孔高亮显示，再单击对话框中的【标准镶块】命令图标，弹出【标准件管理】对话框和标准凹模镶块结构尺寸的【信息】对话框。修改【标准件管理】对话框中的【详细信息】功能区的参数可选取不同参数的凹模镶块标准件。操作顺序如图 5-37 所示。由于冲裁孔直径 2mm，凹模镶件主控参数 D 为凹模镶块的外径，考虑结构强度，可选用 D=6mm 凹模镶件。修改完成后单击【标准件管理】对话框的【确定】按钮，再单击【冲裁镶块设计】对话框中的【关闭】按钮，完成一个凹模镶块设计，如图 5-37 所示。

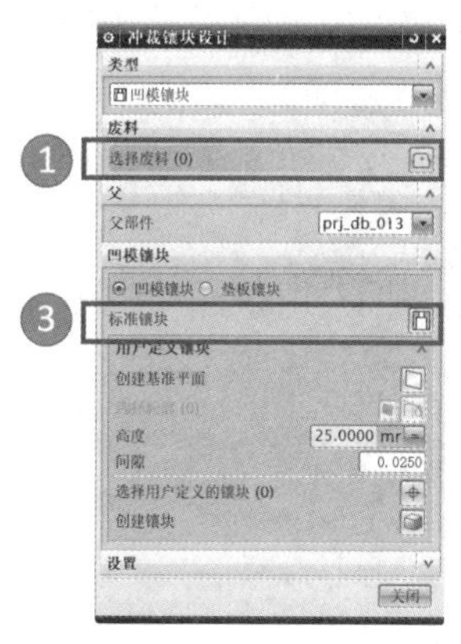

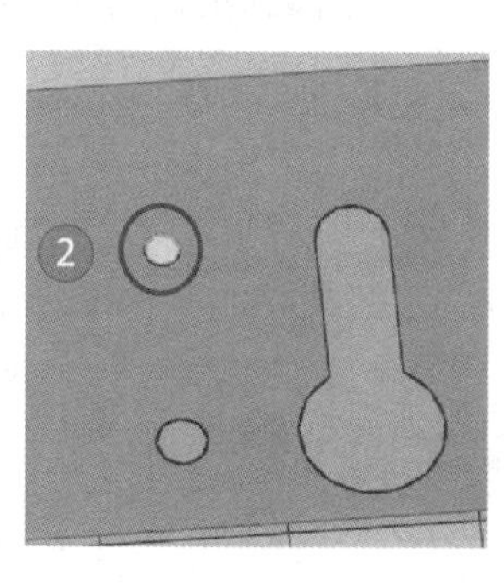

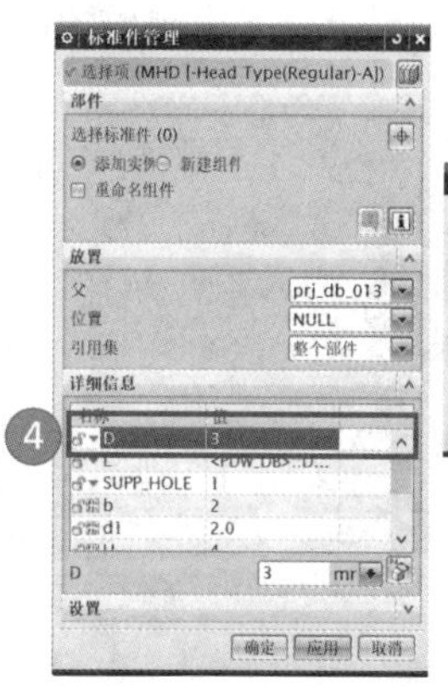

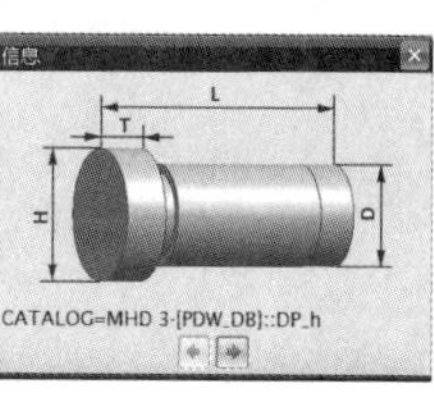

图 5-37　冲孔凹模镶块设计

（5）按上述方法，依次完成另外 3 个冲孔凹模镶块的设计，如图 5-38 所示，直径 3mm 的凹模镶件外径 D 也可选用 6mm 的标准凹模镶件。4 个凹模镶件安装完成后如图 5-39 所示。

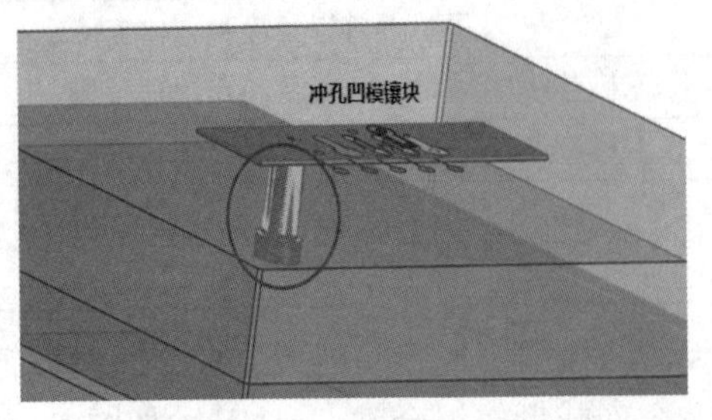

图 5-38　冲孔凹模镶块完成结果

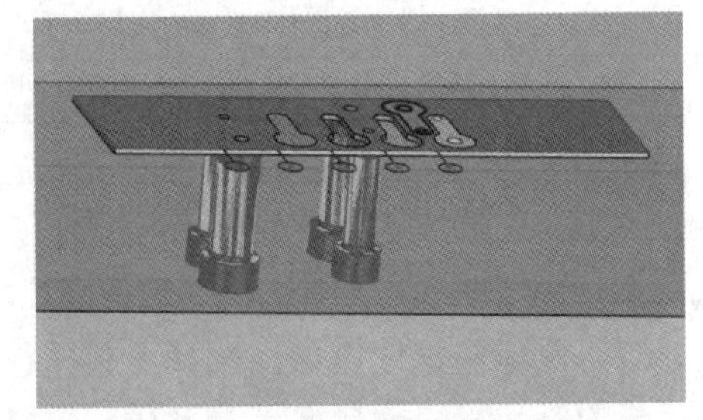

图 5-39　全部冲孔凹模镶块完成结果

（6）非标准凹模镶件的设计。再次单击【冲裁镶块设计】命令图标，弹出对话框后，按如下步骤进行操作：单击【废料】功能区的“选择废料”，单击选择一个落料外形孔，接着单击对话框中【凹模镶块】功能区的【创建基准平面】命令图标，再单击排样板料的下表面，进入草绘环境，操作过程如图 5-40 所示。这里要注意，基准平面一定要选择板料下表面，否则后续创建的凹模镶件的结构高度尺寸会有错误。

（7）在草绘模式中绘制图 5-41 所示的带一个斜角的矩形。绘制完成后，单击【完成草图】命令图标，退出草绘模式。

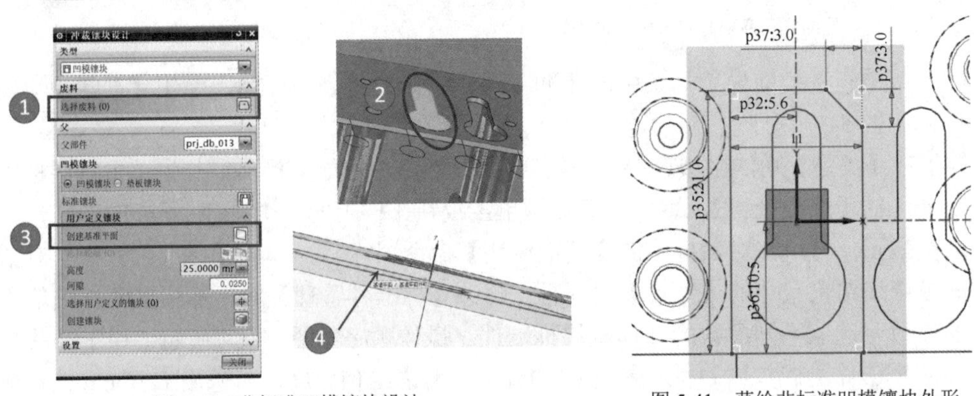

图 5-40　非标准凹模镶块设计

图 5-41　草绘非标准凹模镶块外形

（8）单击【冲裁镶块设计】对话框中的【创建镶块】命令图标，完成一个非标准的凹模镶块设计，如图 5-42 所示。凹模镶块的高度根据凹模固定板的厚度，软件自动计算建模完成。

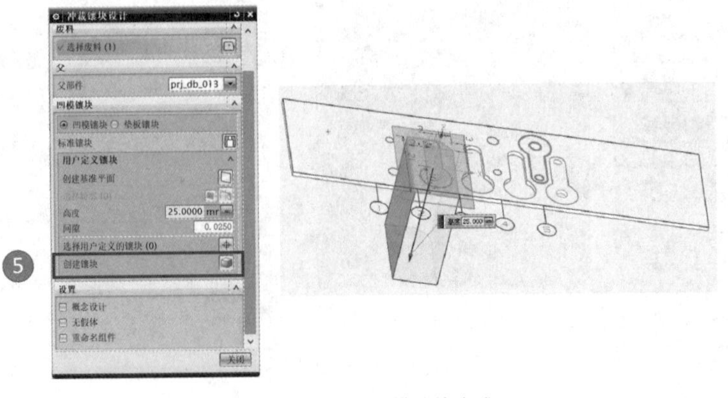

图 5-42　非标准凹模镶块生成

（9）按照如上方法和步骤完成另一非标准凹模镶块设计。所有凹模镶块完成后如图 5-43 所示。

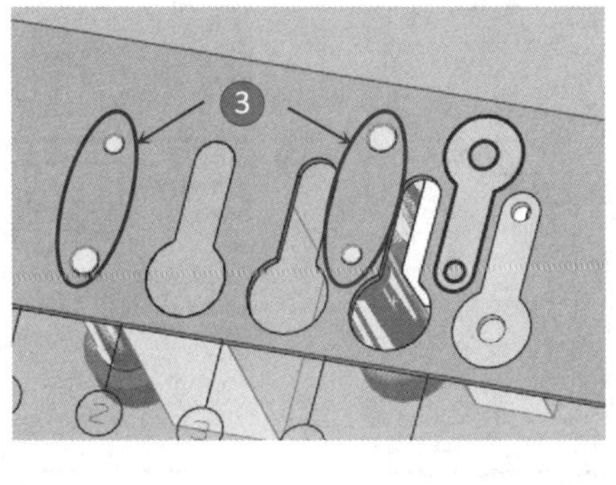

图 5-43　全部凹模镶块完成结果

三、凹模型腔废料孔设计

凹模镶块实际上是一个没有中间刃口孔的实体，方便后续进行集中的布尔运算去除操作。因此为进一步完善凹模镶块结构，以及在下模垫板和下模座板开落料孔等结构，需进行型腔废料孔设计。

（1）单击级进模向导工具条中的【冲裁镶块设计】命令图标，在弹出的【冲裁镶块设计】对话框的【类型】功能中选择“凹模型腔废料孔”。

（2）单击【选择废料】，操作鼠标单击选择 4 个冲孔废料，选择成功后，冲孔废料会高亮显示。

（3）返回对话框，修改对话框中的【型腔和废料孔】功能区的相关参数设计，设计落料废料孔的结构和尺寸参数（如不需进行改变，默认即可），操作过程如图 5-44 所示。

（4）继续在【冲裁镶块设计】对话框的【型腔和废料孔】功能区选择【BBP 中的废料孔】为“CIRCLE”；选择【DS 中的废料孔】为“CIRCLE”，因为冲裁圆形孔，下模各个板料废料落料孔均为圆形。选择完成后，单击【创建凹模型腔废料孔】命令图标，操作过程如图 5-45 所示。创建好的型腔废料孔实际上为建模“假体”，在后续布尔运算去除材料时使用，如图 5-46 所示。

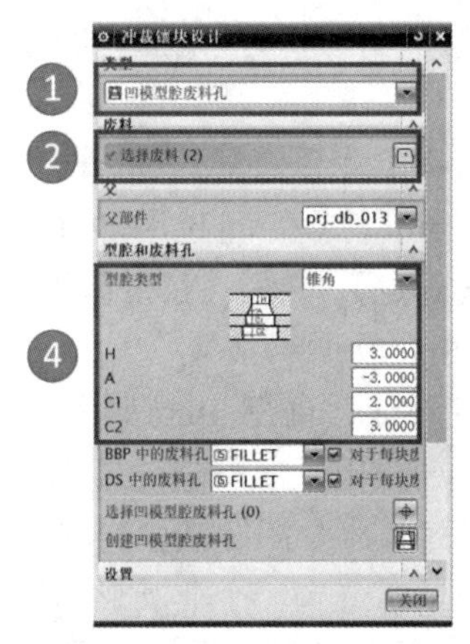

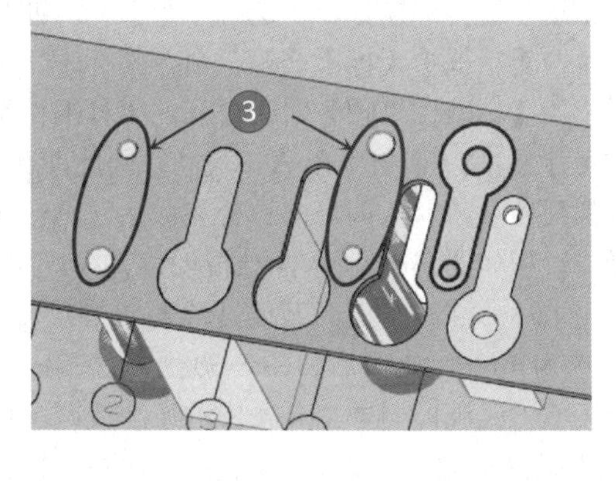

图 5-44　凹模型腔废料孔设置

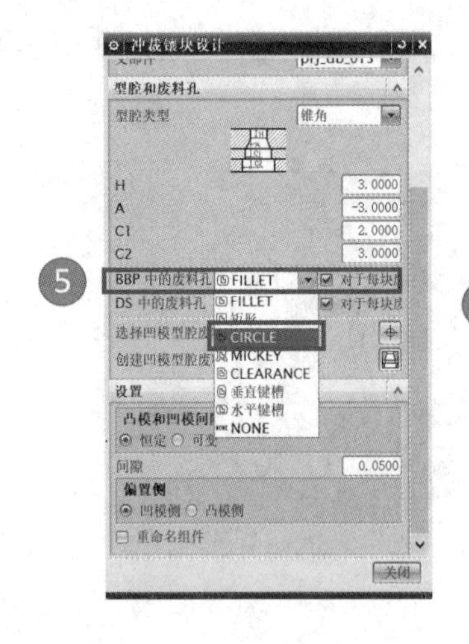

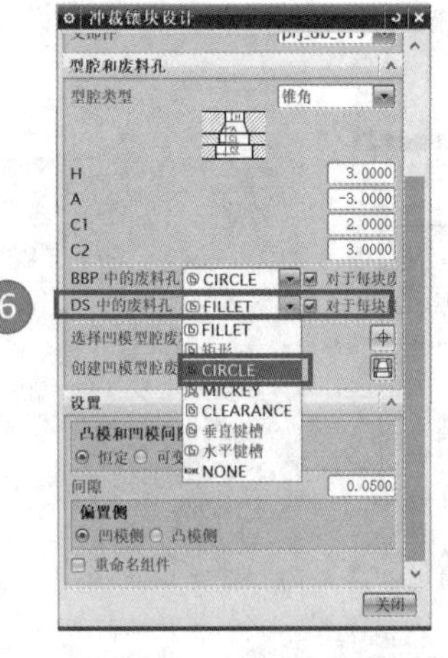

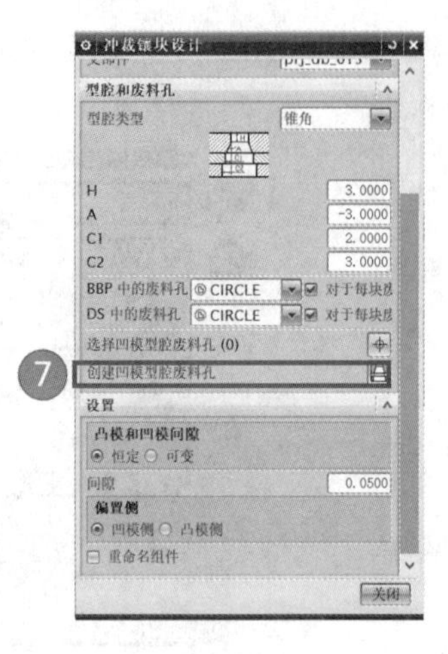

图 5-45　凹模型腔废料孔形状设置

（5）利用上述方法完成另外两个落料型孔和型腔废料孔的设计，在【BBP 中的废料孔】和【DS 中的废料孔】中都选择为“FILLET”，意为非规则形状废料孔。全部型腔废料孔完成后如图 5-47 所示。

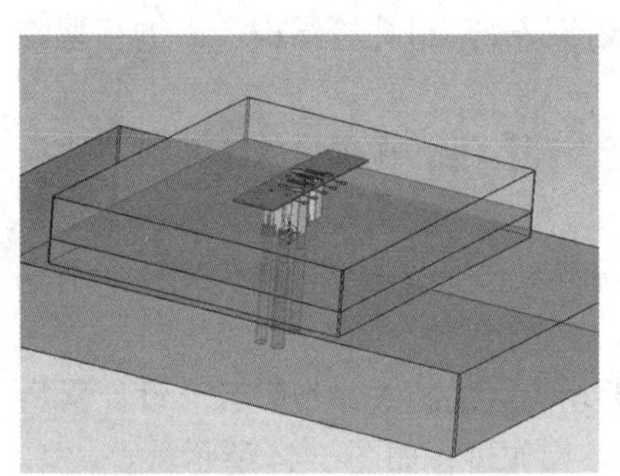
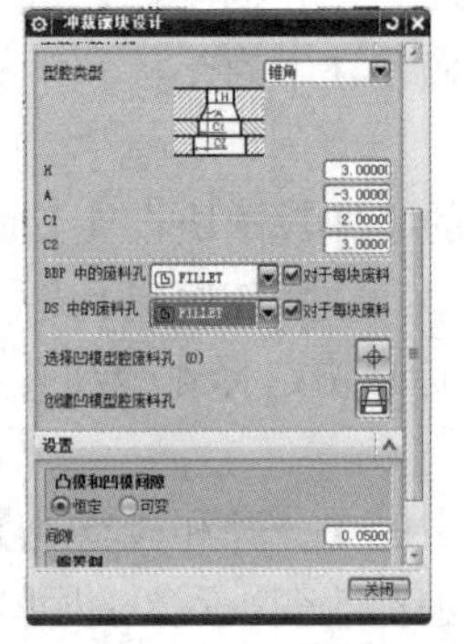

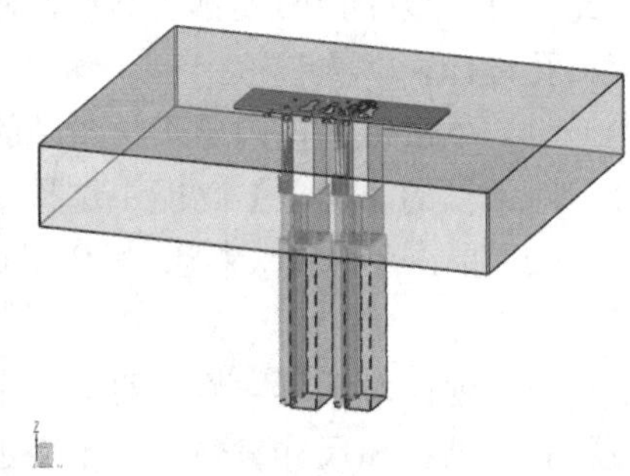
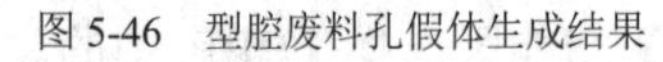

图 5-46　型腔废料孔假体生成结果　　　　图 5-47　全部型腔废料孔假体生成结果

四、凸模设计

（1）单击级进模向导工具条中的【冲裁镶块设计】命令图标，在弹出的对话框的【类型】功能区中选择“凸模镶块”。

（2）单击选择废料，鼠标单击选择一个 2mm 冲孔废料，选择成功后，冲孔废料会高亮显示，然后单击对话框中【标准凸模】命令图标。

（3）弹出的【标准件管理】对话框和凸模标准件结构尺寸【信息】对话框，根据标准件图示，主控尺寸参数 D 值要大于刃口尺寸，因此冲裁 2mm 圆孔，可选用 D 值为 3mm 的标准凸模，其他尺寸参数默认即可。选择完成后，单击【确定】按钮。关闭【冲裁镶件设计】对话框，操作过程如图 5-48 所示，凸模创建完成，如图 5-49 所示。

（4）使用上述方法继续完成其他 3 个标准圆形凸模设计，直径 3mm 圆孔的标准凸模主控尺寸 D 可选为 4mm，完成后如图 5-50 所示。

（5）继续单击级进模向导工具条中的【冲裁镶块设计】命令图标，在弹出的对话框的【类型】功能中选择“凸模镶块”，单击选择废料，操作鼠标选择一个非圆形落料形孔，选中后，在对话框中单击【创建用户定义凸模】命令图标，操作流程如图 5-51 所示，完成非标准凸模创建。

（6）采用上述操作流程，完成所有凸模结构的创建，创建完成后如图 5-52 所示。

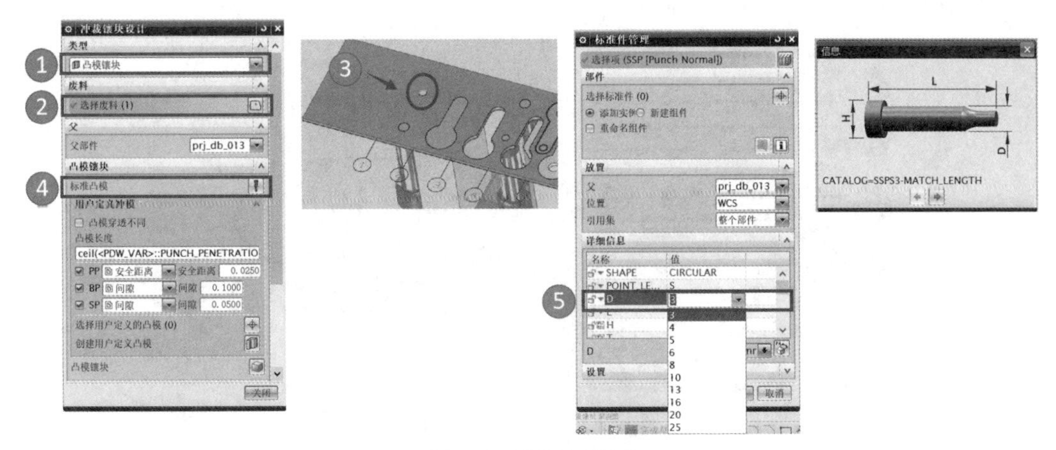

图 5-48　冲孔凸模设置

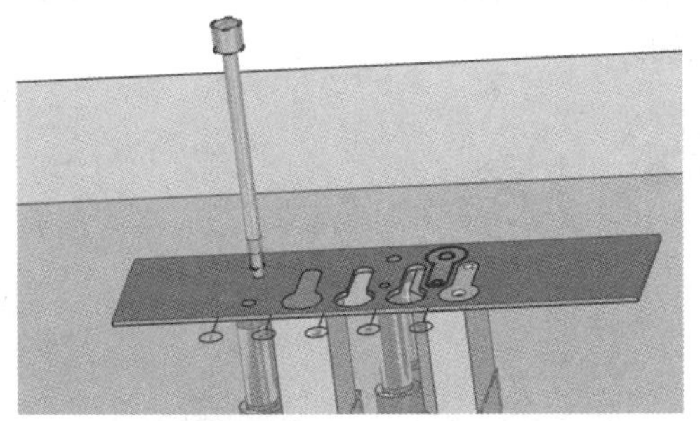

图 5-49　一个冲孔凸模完成结果

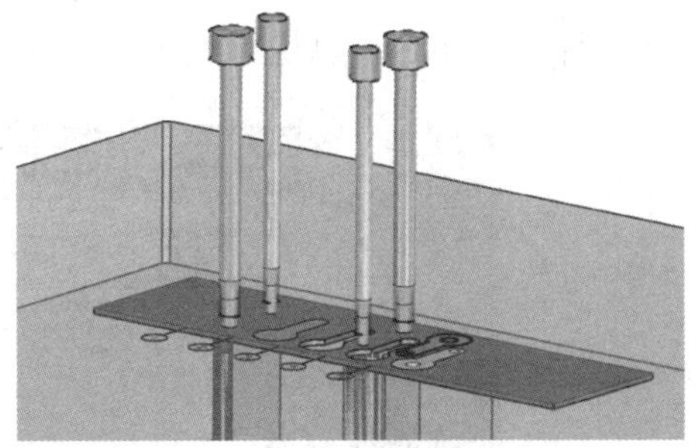

图 5-50　4 个冲孔凸模完成结果

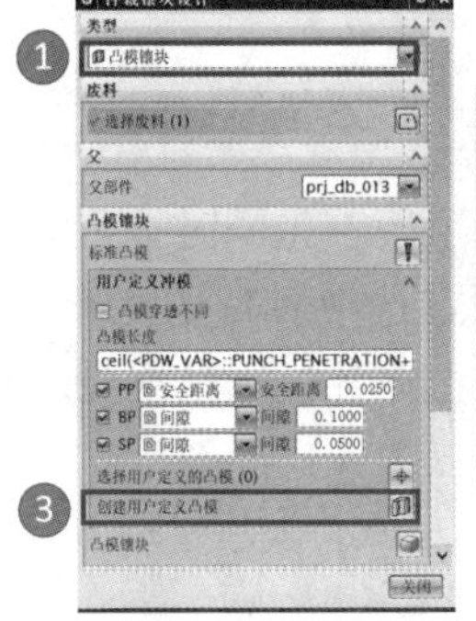

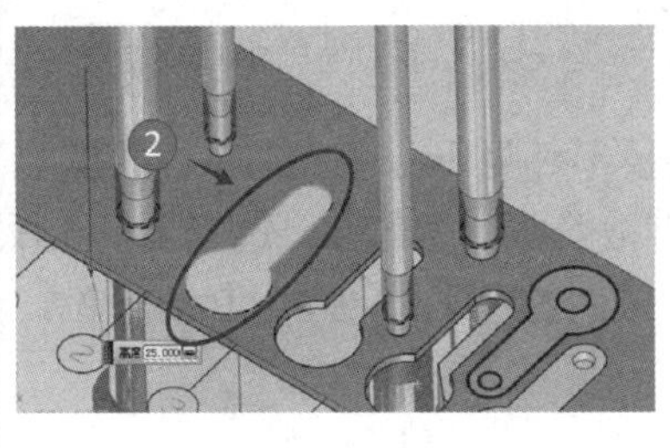

图 5-51　非圆形冲孔凸模设置

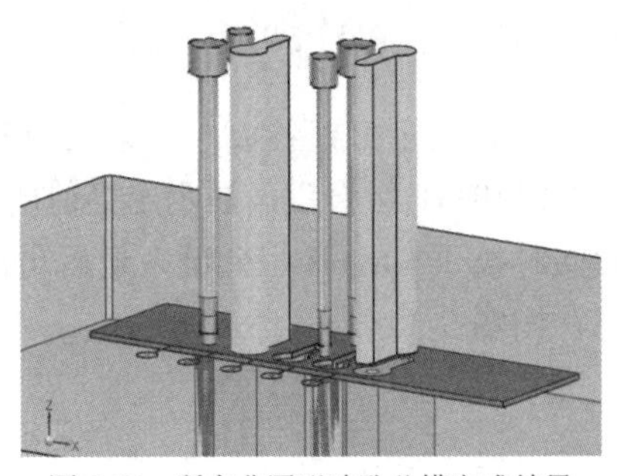

图 5-52　所有非圆形冲孔凸模完成结果

五、凹模腔体创建

由于上述所创建的凹模镶件体为实心零件，在创建型腔废料孔之后，还要进行凹模腔体内孔的减除。

（1）单击级进模向导工具条中的【腔体设计】命令图标，在弹出【腔体】对话框的【模式】功能区域中选择“减去材料”，然后单击【选择体】命令图标，依次单击选择 6

个凹模镶件，选中后呈高亮显示，回到对话框，单击【工具】功能区域的【选择对象】命令图标，再单击【查找相交】命令图标，最后单击【确定】，完成凹模腔体的创建，操作流程如图5-53所示。

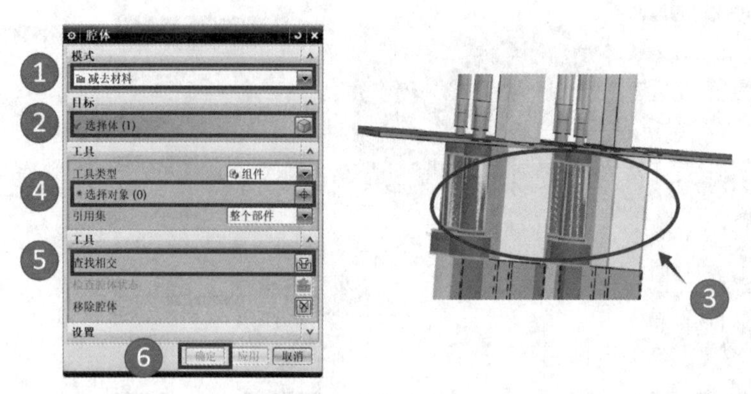

图5-53　凹模腔体设置流程

（2）凹模腔体创建完成后对凹模镶件零件进行检查，鼠标左键单击选择任意一个凹模镶件，在右侧弹出的工具条中单击【设为显示部件】命令图标，凹模镶件会在单独窗口显示，如图5-54所示，可以检查腔体是否创建成功。

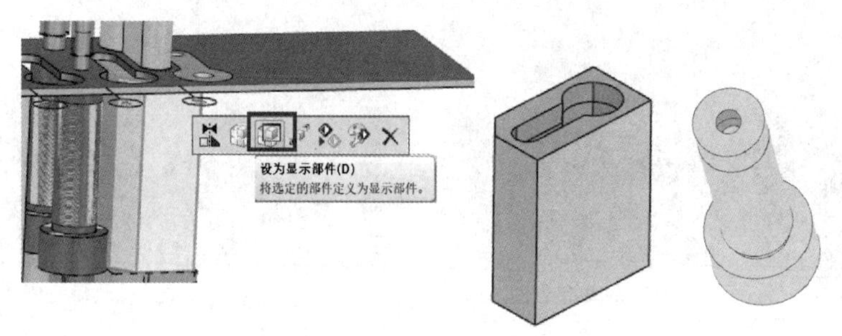

图5-54　凹模腔体完成结果

六、上模紧固件创建

（1）显示上模各板。如果上模各板零件处于隐藏状态，需将其显示。首先同时按下键盘Ctrl+Shift+B组合键，显示出当前所有被隐藏的零部件，选择上模各板，选中后高亮显示，然后同时按下Ctrl+B组合键，最后再次同时按下Ctrl+Shift+B组合键，上模各板则呈现显示状态，如图5-55所示。

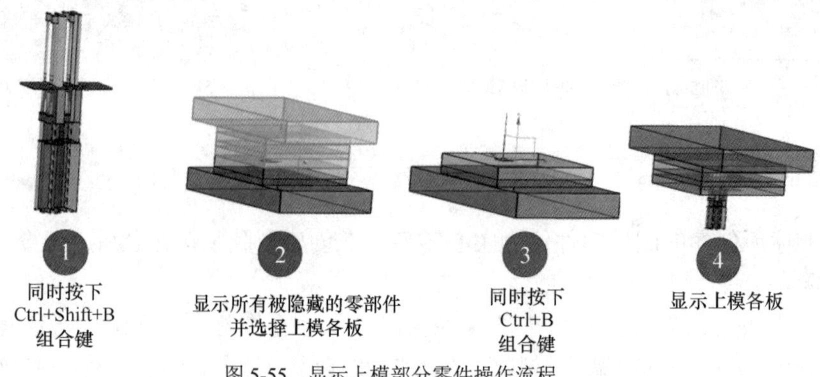

图5-55　显示上模部分零件操作流程

（2）单击级进模工具条中【标准件】命令图标，弹出【标准件管理】对话框，并在左侧出现重用库资源导航器，如图 5-56 所示。

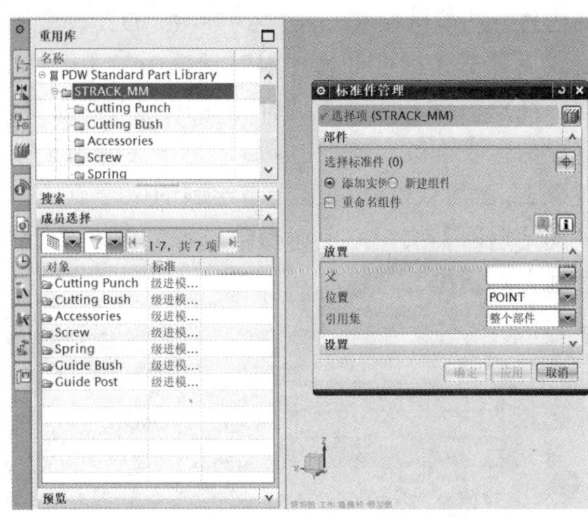

图 5-56　调用标准件库

（3）依次在重用库资源导航器中选择【UNIVERSAL_MM】→【Shcs_Top】→【shcs_TP TBP PP_set】，然后在【标准件管理】对话框【详细信息】功能区中将“Type”设置为 4（紧固螺钉数量），“SIZE”设置为 10（紧固螺钉直径），其余参数也可根据具体模具情况进行选择设置，如不需调整则默认即可。设置完成后，单击【确定】按钮，操作过程如图 5-57 所示。完成上模紧固螺钉的装配，如图 5-58 所示。

（4）安装定位销，首先绘制基准点。在【插入】菜单中选择【草图】命令，在弹出的【创建草图】对话框中单击【选择平的面或平面】，选择上模座板上表面，进入草绘模式绘制，如图 5-59 所示两个点，绘制完成后退出草图模式。

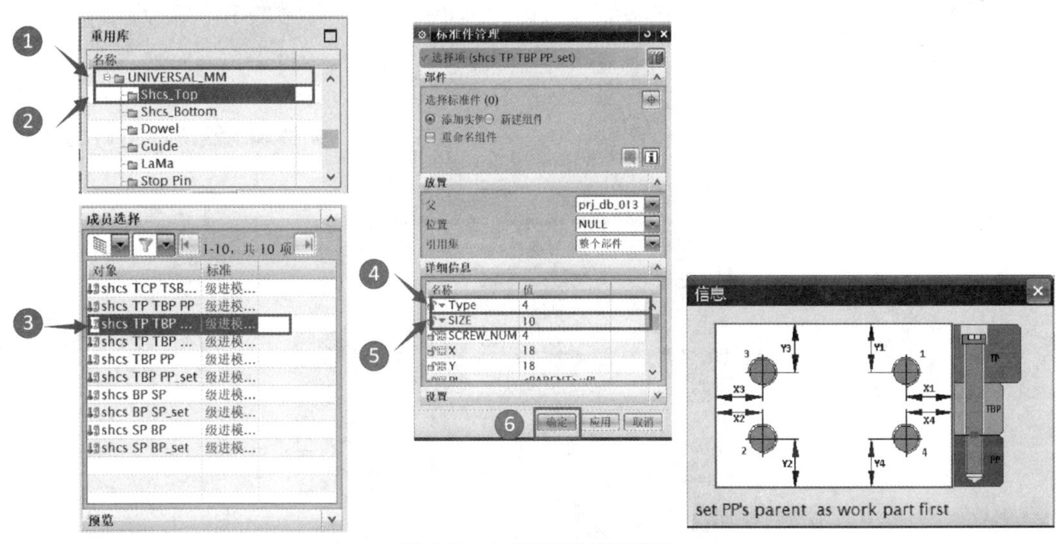

图 5-57　上模紧固件调用流程

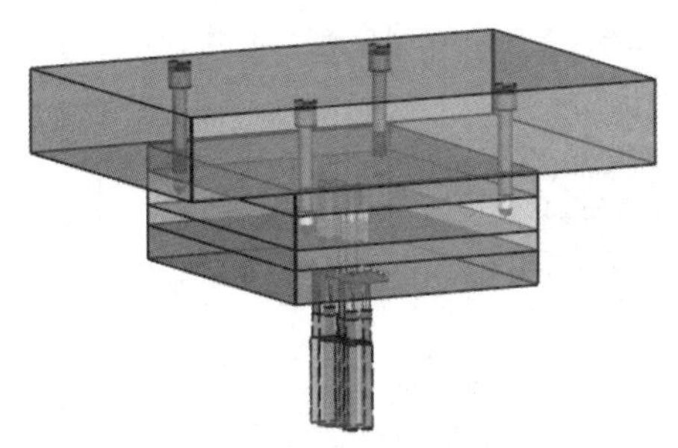
图 5-58　上模紧固件调用完成结果

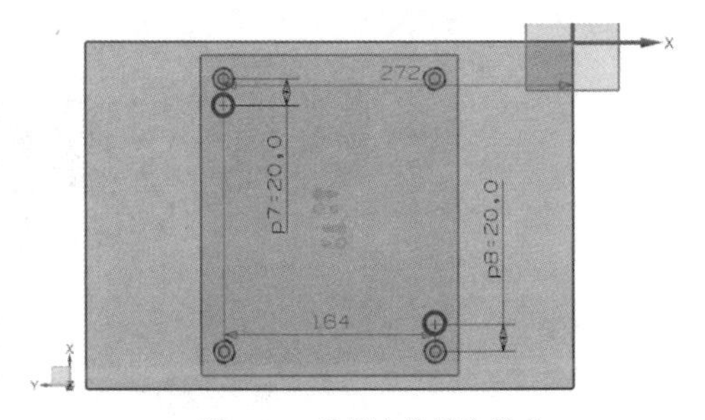

图 5-59　设置定位销安装点

（5）再次单击级进模工具条中的【标准件】命令图标，在左侧重用库资源导航器中选择

【UNIVERSAL_MM】→【Dowel】→【ms_dowel TP TBP PP】，在【标准件管理】对话框【详细信息】功能区中将尺寸结构参数“D”设置为 10（定位销直径），“L”设置为 70。设置完成后单击【标准件管理】对话框中的【选择面或平面】，选择凸模固定板（PP）的上表面。注意：这个面不能选择错误，因为根据安装图示定位销钉的放置位就是 PP（凸模固定板的上表面）。选择完成后，单击【应用】按钮，在弹出的【点】对话框中单击【选择对象】，然后依次选择上一步绘制的两个点，完成销钉的安放，完成后单击【点】对话框中的【返回】按钮，上述操作过程如图 5-60 所示。完成后如图 5-61 所示。关闭【标准件管理】对话框。

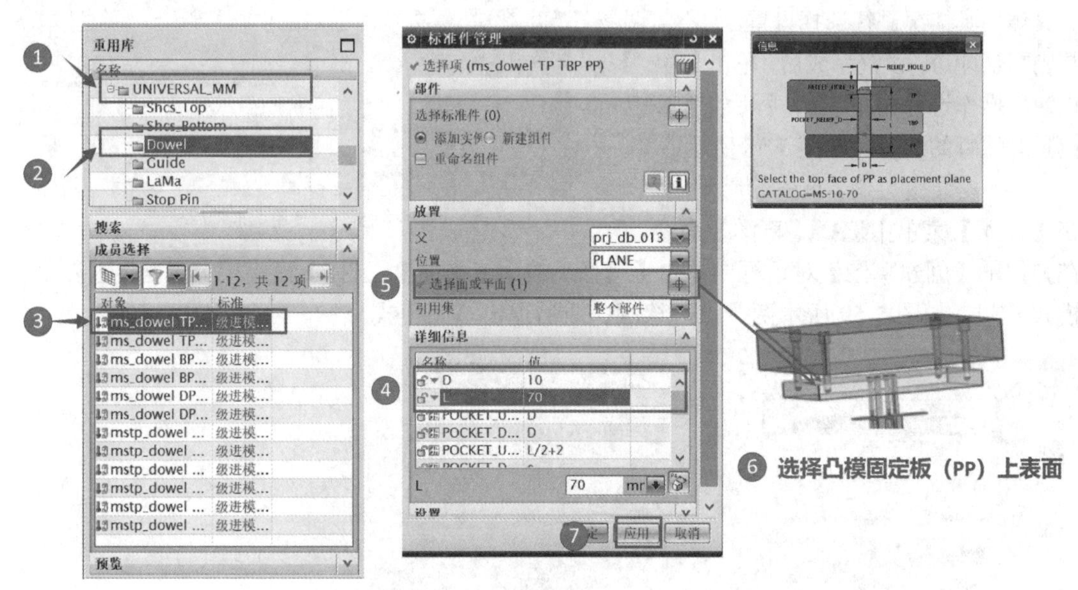

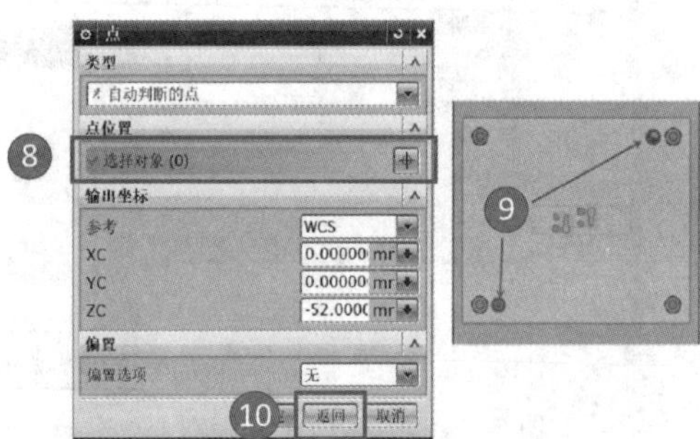

图 5-60　定位销安装流程

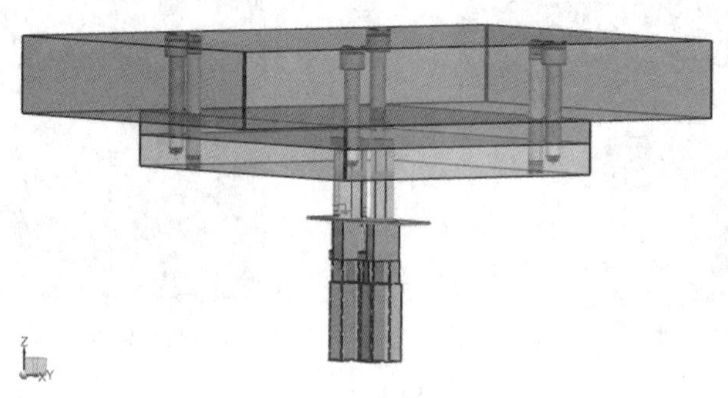

图 5-61　定位销安装完成结果

七、卸料装置创建

（1）单击级进模工具条中的【标准件】命令图标，弹出【标准件管理】对话框，依次在重用库资源导航器中选择【UNIVERSAL_MM】→【Stripper Bolt】→【Sbolt_SBTH_set】，然后在【标准件管理】对话框中【详细信息】功能区中将“Type”设置为 4（卸料螺钉数量），“SIZE”设置为 10（卸料螺钉直径），“X”设置为 80，“Y”设置为 20。设置完成后，单击【应用】按钮，操作过程如图 5-62 所示。完成卸料螺钉的装配，如图 5-63 所示。完成后关闭【标准件管理】对话框。

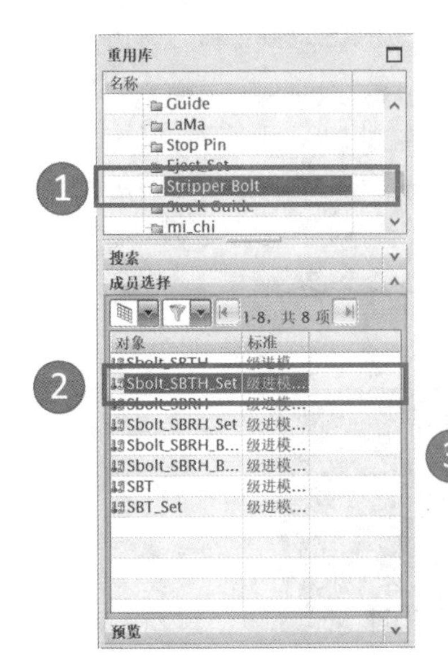

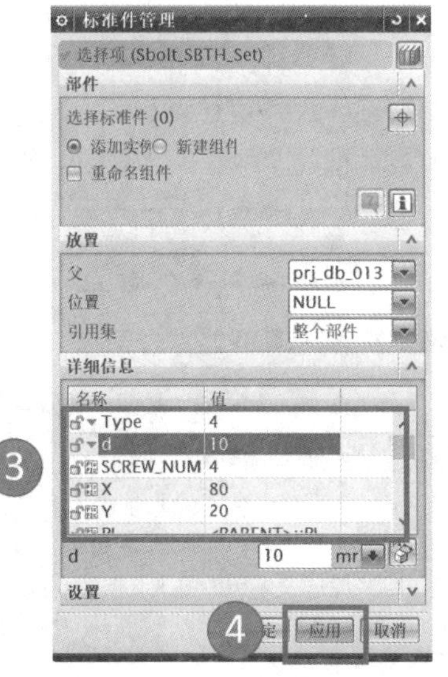

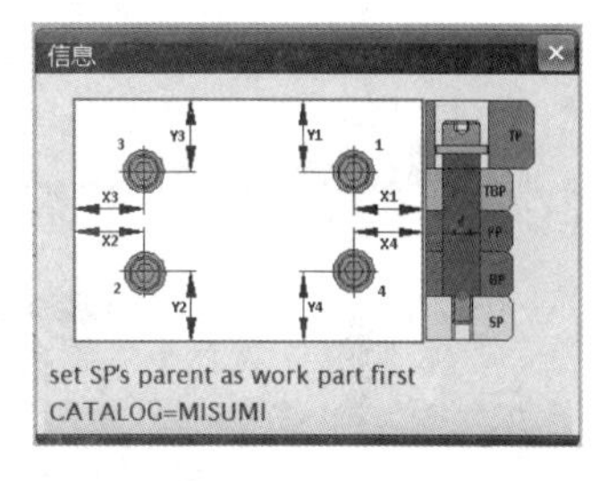

图 5-62　卸料装置调用安装流程

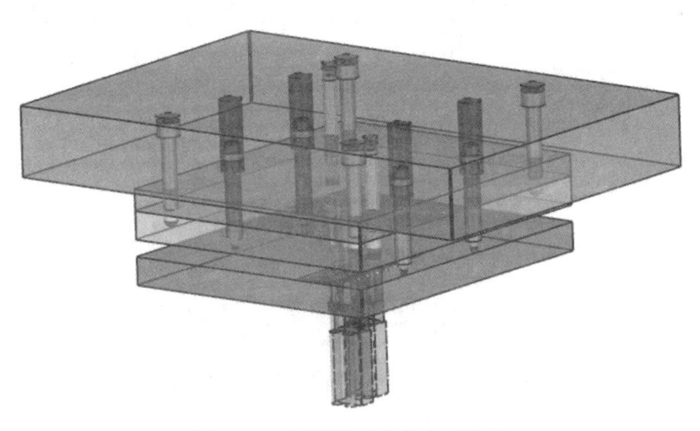

图 5-63　卸料螺钉安装完成结果

（2）安装卸料螺钉弹簧，单击级进模工具条中【标准件】命令图标，弹出【标准件管理】对话框，依次在重用库资源导航器中选择【STRACK_MM】→【Spring】→【SN2500】，然后在【标准件管理】对话框【详细信息】功能区中，将“D”设置为 14（弹簧外径），“L”设置为 75（弹簧长度），如不需更改其他参数，可保持默认参数设置。单击【标准件管理】对话框中的【选择面或平面】，然后操作鼠标选择卸料板（SP）上表面，选择完成后单击【应用】按钮。在弹出的【点】对话框中单击【选择对象】，分别选择 4 个安装卸料螺钉处的圆心点，完成后单击【点】对话框中的【返回】按钮，关闭【标准件管理】对话框，操作过程如图 5-64 所示。完成后如图 5-65 所示。

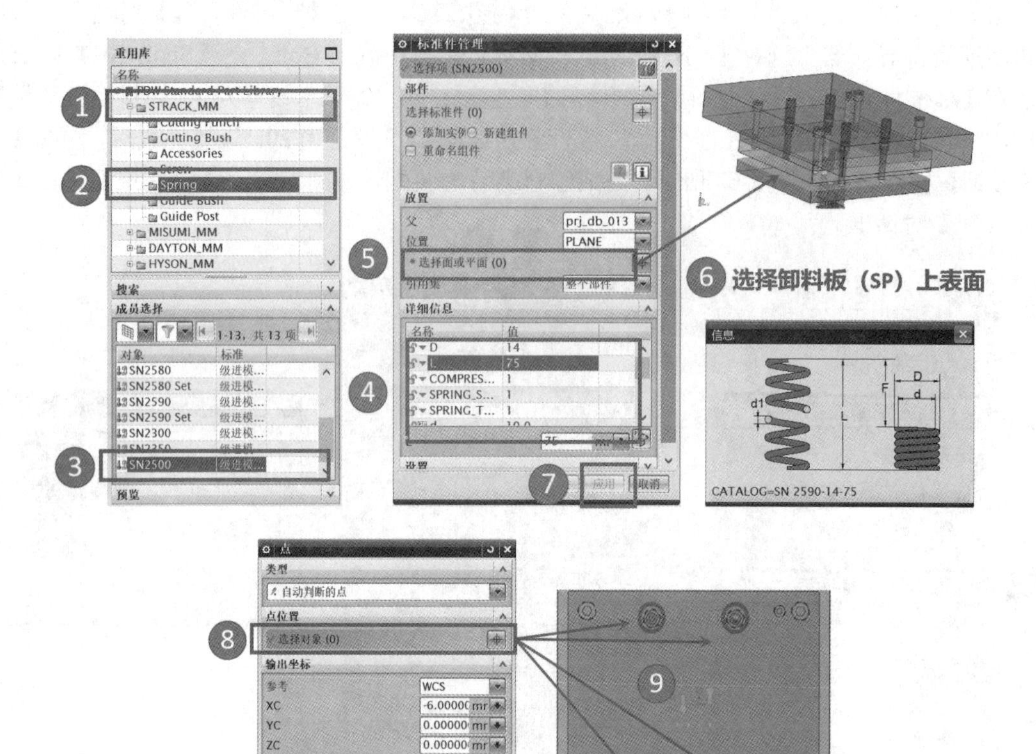

图 5-64　卸料螺钉弹簧调用安装流程

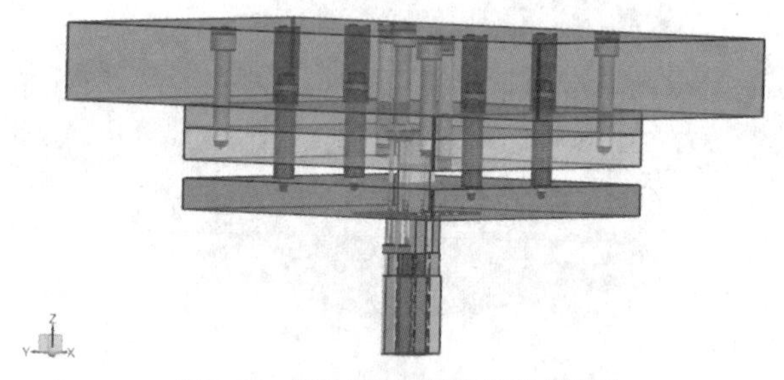

图 5-65　卸料螺钉弹簧安装完成结果

八、下模紧固件创建

（1）单击级进模工具条中的【标准件】命令图标，弹出【标准件管理】对话框，并在左侧出现重用库资源导航器，依次在重用库资源导航器中选择【UNIVERSAL_MM】→【Shcs_Bottom】→【shcs_DP BBP DS_set】，然后在【标准件管理】对话框【详细信息】功能区中将“Type”设置为 4（紧固螺钉数量），“SIZE”设置为 10（紧固螺钉直径），其余参数也可根据具体模具情况进行选择设置，如不需调整则默认即可。设置完成后，单击【确定】按钮，操作过程如图 5-66 所示。完成下模紧固螺钉的装配，如图 5-67 所示。

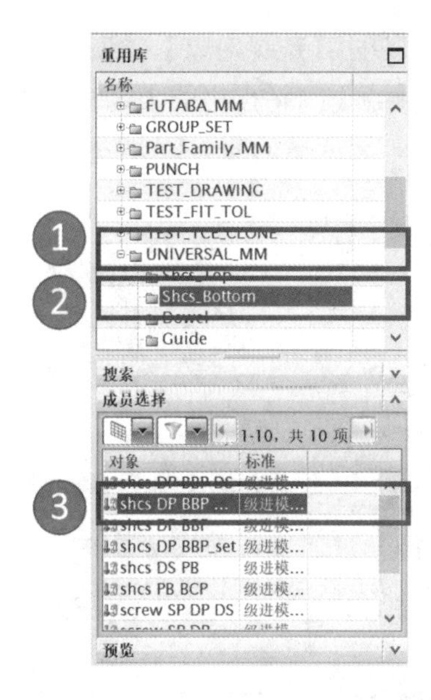

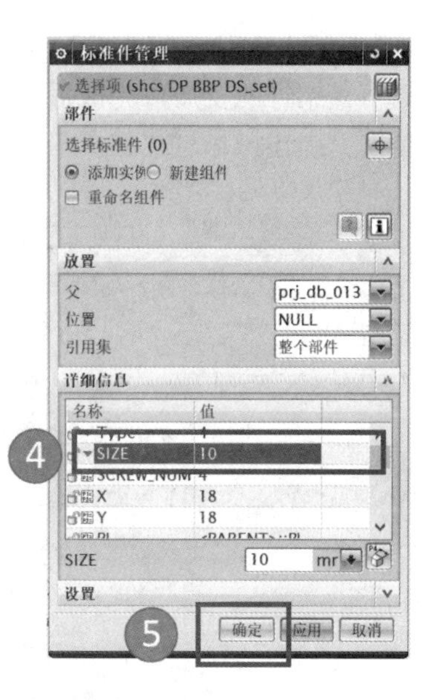

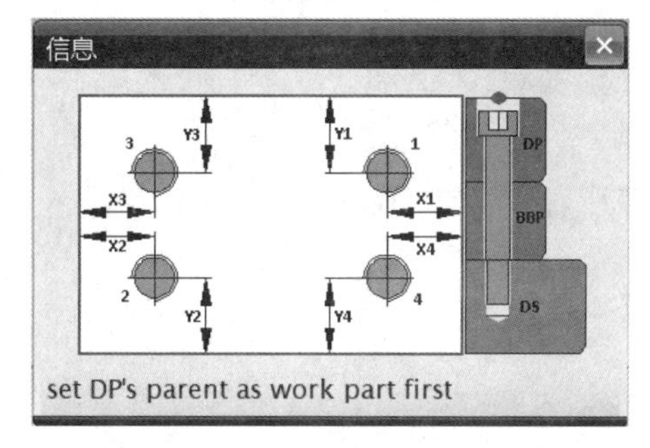

图 5-66 下模紧固件调用流程

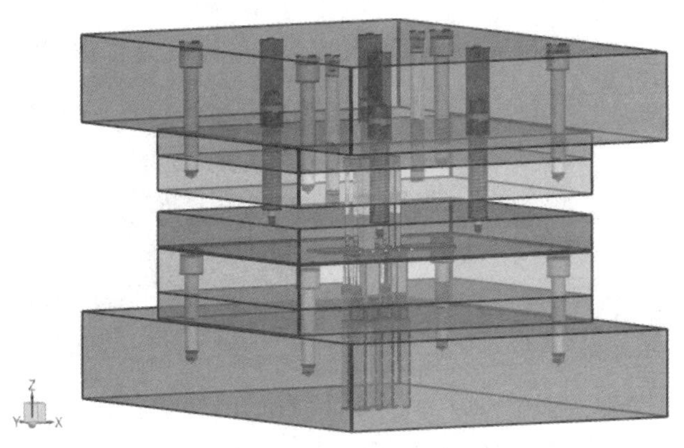

图 5-67 下模紧固件安装完成结果

（2）安装定位销。再次单击级进模工具条中【标准件】命令图标，在左侧重用库资源导航器中选择【UNIVERSAL_MM】→【Dowel】→【ms_dowel DP BBP DS】，在【标准件管理】对话框【详细信息】功能区中，将尺寸结构参数“D”设置为 10（定位销直径），“L”设置为 70。设置完成后单击【选择面或平面】，选择凹模固定板（DP）的下表面，选择完成后，单击【应用】按钮，在弹出的【点】对话框中单击【选择对象】，然后依次选择上模销钉的圆心点，完成下模销钉的安放，完成后，单击【点】对话框中的【返回】按钮，关闭【标准件管理】对话框。上述操作过程如图 5-68 所示。完成后如图 5-69 所示。

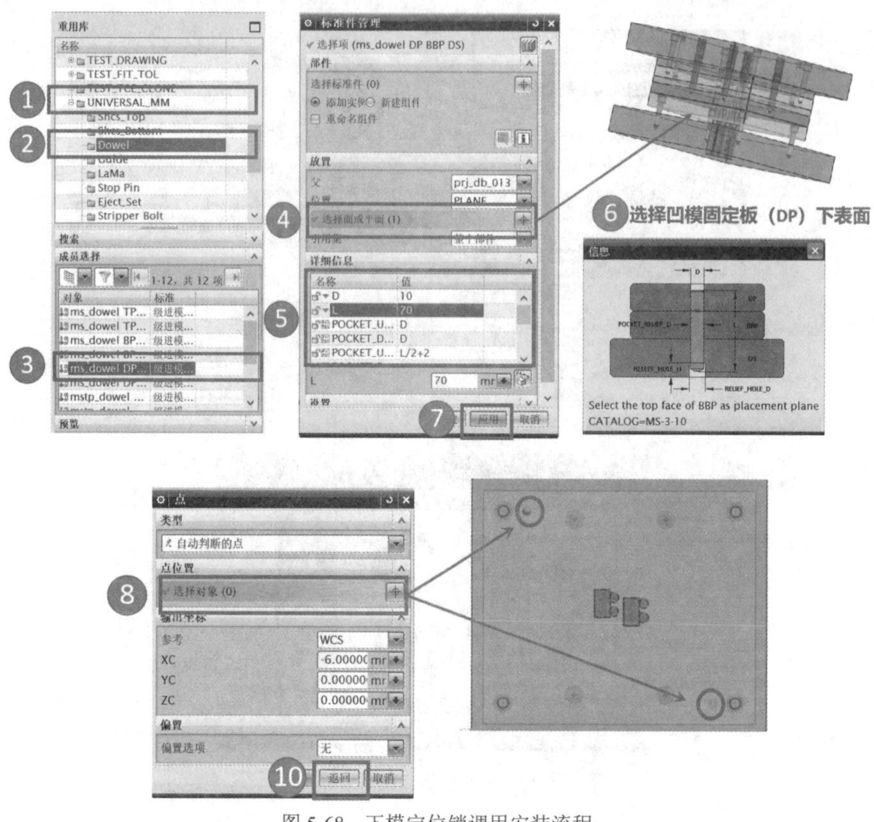

图 5-68　下模定位销调用安装流程

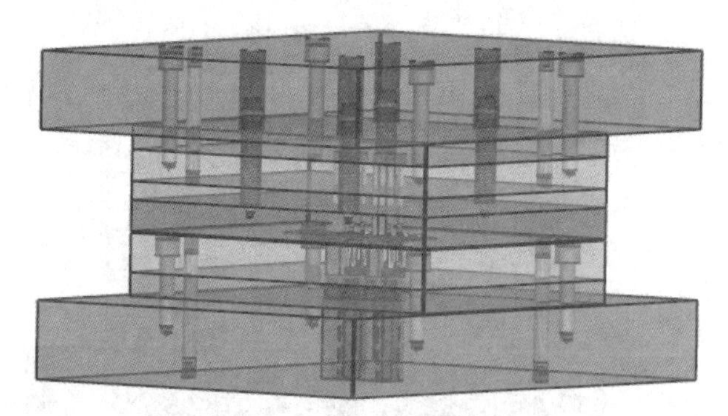

图 5-69　下模定位销完成结果

九、合模导向零件创建

单击级进模工具条中的【标准件】命令图标，弹出【标准件管理】对话框，并在左侧出现重用库资源导航器。依次在重用库资源导航器中选择【UNIVERSAL_MM】—【Guide】—【Removable Outer Guide Set】，然后在【标准件管理】对话框【详细信息】功能区中进行参数设置，本例选择默认参数。设置完成后，单击【确定】按钮，操作过程如图 5-70 所示。

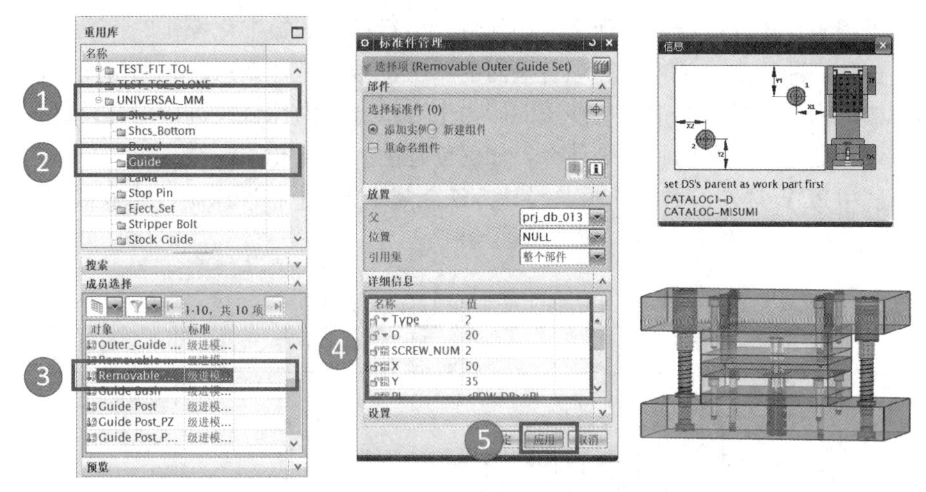

图 5-70　导柱、导套标准件调用流程

十、腔体空间创建

单击级进模向导工具条中的【腔体设计】命令图标，弹出【腔体】对话框，在【模式】功能区中选择“减去材料”，选择【目标】功能中的【选择体】，单击选择模具的各个模板，完成后，模具所有模板高亮显示。再回到【腔体】对话框，在【工具】功能区点选【选择对象】，然后单击查找【查找相交】命令图标，最后单击【确定】按钮，完成各个模板上安装孔位和腔体的创建，操作流程如图 5-71 所示。

模具数字化设计：

扫描二维码学习本项目完整数字化设计建模操作。

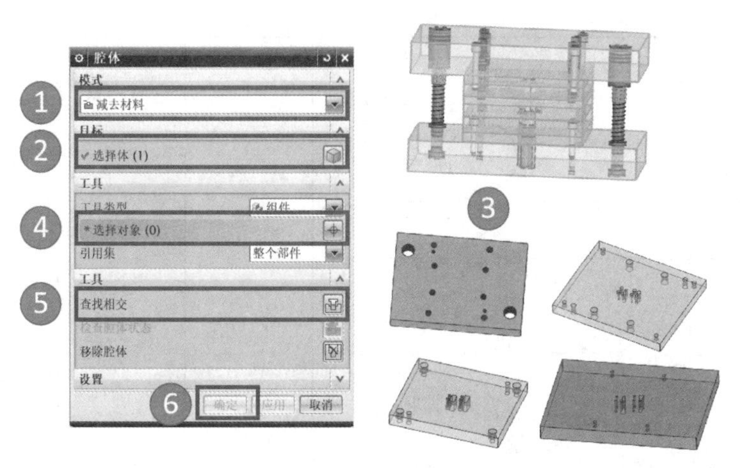

图 5-71　模板腔体创建流程

5.6　思考与习题

5-1　采用 PDW 模块完成模具数字化设计的思路与基于“一个 PART”建模思路有何不同？

5-2　采用多行排样的目的是什么？如何进行多行排样的数字化操作？

5-3　在仿真冲裁中，条料排样项目里面的“工位号”是什么意思？如何设置？

5-4　如何将调用模架的中心与冲压的压力中心重合？为什么要进行重合设置？

5-5　设计型腔废料孔的目的是什么？如何创建型腔废料孔？

5-6　使用PDW模块的数字化模具设计方法创建表5-4中各冲压制件的多工位级进模具，完成模具总装结构的三维建模和二维工程图绘制。

表5-4　冲压制件尺寸和模具设计要求

序号	冲压制件图	材料	厚度	模具结构要求
1	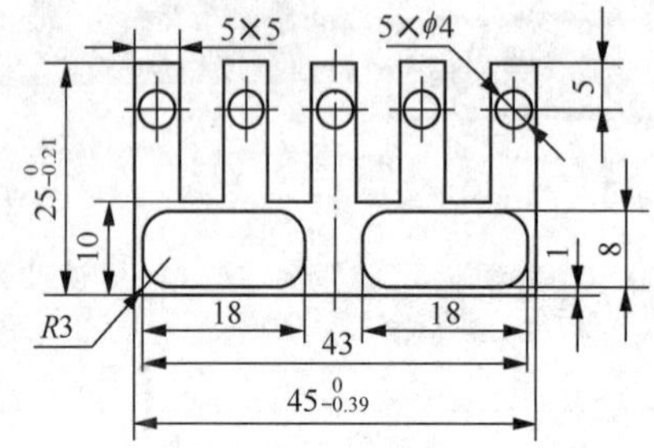 	08Al	1mm	多工位级进模具 冲裁双面间隙取0.10～0.14mm 未注尺寸公差等级IT14级
2	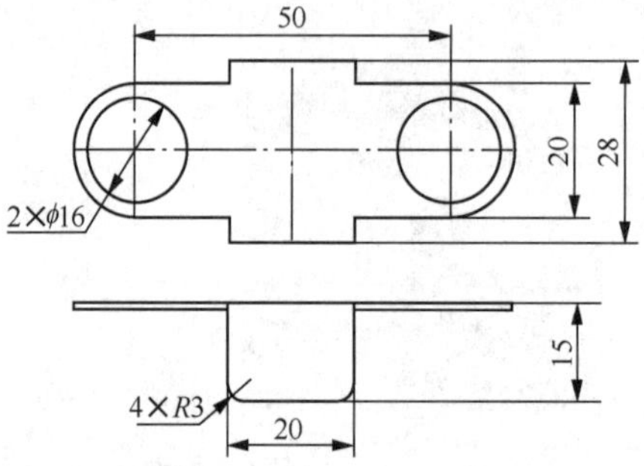 	H62（软）	1mm	多工位级进模具 冲裁双面间隙取0.10～0.14mm 弯角半径$R3$ 未注尺寸公差等级IT14级

项目 6

拉深模具数字化设计

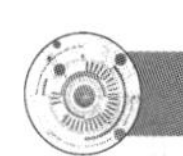

6.1 项目导入

拉深模具数字化设计的流程也是在同一个“PART”文件里完成的，模具的各个零部件以体的形式进行装配。由于拉深成形工艺的复杂性，在模具结构建模设计之前，要对其成形性进行 CAE 的模拟分析，同时得到拉深制件的坯料尺寸、形状，作为后续模具设计的重要参考。

扩展阅读：

制造业是国民经济的主体，是科技创新的主战场，是立国之本、兴国之器，而制造强国从何而来？纵观世界发展的历史，成为制造业强国的路径和条件虽各不相同，但具有追求卓越、严谨执着的工匠精神却是一个共性因素。我们模具从业人员要带着对行业发展的认同感、对模具质量的责任感以及对所从事事业的使命感去工作，要将精益求精、务实创新、踏实专注、恪守信誉等行为准则在具体工作中体现，用“匠心”和“创新”不懈地提升模具质量，创新改革模具制造工艺、提升成形产品性能。对模具行业岗位坚守始终，对模具工艺品质孜孜追求。对法律、标准和规则充满敬畏，严守职业底线，严格执行工序标准，为制造强国贡献自己的力量。

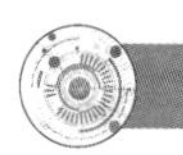

6.2 学习目标

【知识目标】

◎了解单工序拉深模具数字化设计基本流程。

◎掌握拉深模具结构数字化建模方法。

◎掌握拉深成形工艺数字化分析方法。

【能力目标】

◎能够进行拉深成形数字化模拟分析。

◎能够完成拉深凸、凹模的分模设计。

◎能够细化拉深模具数字化结构设计、模具装配和工程图绘制。

【素质目标】

◎提高学习的积极性和主动性，提高学生对专业课学习的兴趣。

◎培养注重细节、追求极致的职业品质，以敬业的精神对待自己的工作。

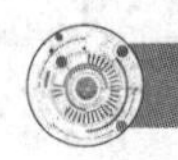

6.3 项目分析

本项目任务（表 6-1）为端盖零件拉深模具数字化设计，制件材料为 DC04，材料厚度为 0.5mm，年产量 20 万件。产品成形技术要求允许最大的材料减薄率为 25%。未注产品边界尺寸公差为±0.2mm，零件不允许出现明显的起皱或开裂缺陷，表面无毛刺，修边冲孔保证废料排出顺畅。

表 6-1 端盖零件设计任务

图示	 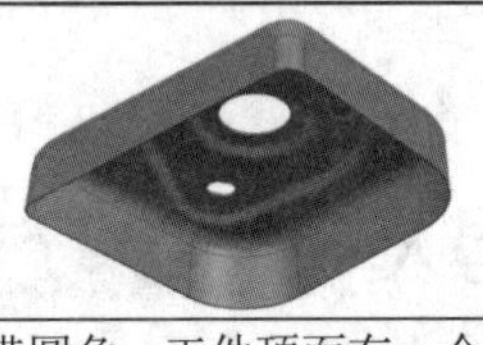
项目说明	该产品结构总体上左右对称，无尖角，有多处带圆角，工件顶面有一个圆孔和两个“腰”形孔。通过拉深、修边冲孔、翻边等工序可实现成形。在进行拉深模具结构设计之前，需要对该制件的成形工艺性进行分析，判断其是否能够一次拉深成形得到，是否有拉深起皱和破裂的风险区域，对起皱和拉裂的潜在区域进行评估。在模具结构设计过程中，通过分模操作，完成拉深凸、凹模零件主体形状的构建

6.4 工艺零件准备

一、新建项目

打开 UG NX 软件，单击【新建】命令，在弹出的对话框中设置新建文件的名称并设置保存文件夹的路径，如图 6-1 所示。UG NX 10.0 版本可以设置中文的文件名和保存路径。

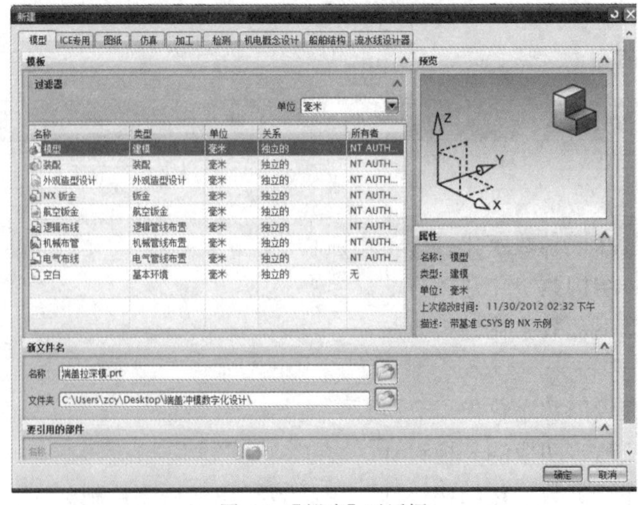

图 6-1 【新建】对话框

二、制件导入

（1）单击【文件】→【导入】命令，按路径导入端盖零件产品数字模型，如图 6-2 所示。

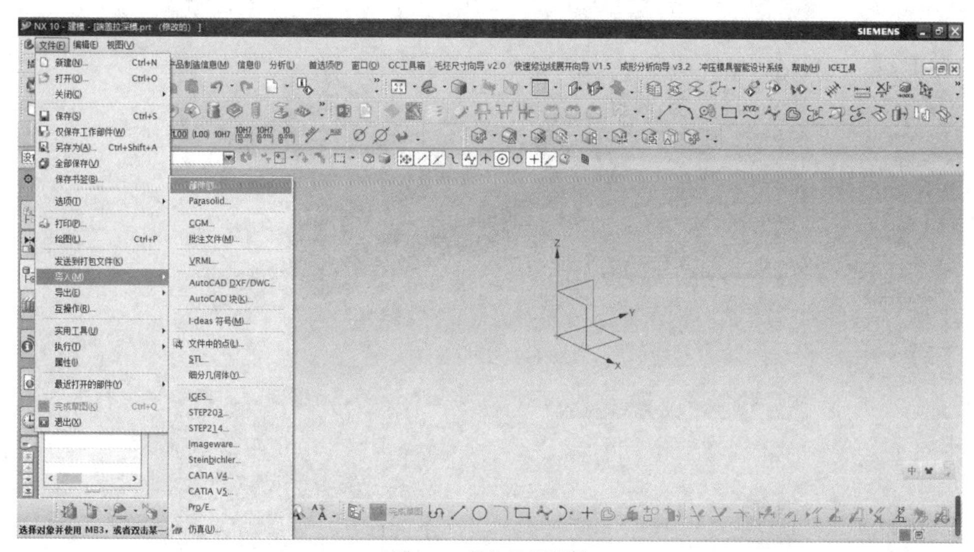

图 6-2　导入拉深制件

（2）单击【编辑】→【移动对象】命令，使用“点到点”将端盖产品圆孔中心移动到坐标原点处，如图 6-3 所示；也可以使用【移动对象】命令里的“CSYS 到 CSYS”将端盖产品圆孔中心移动到坐标原点处，方便后续模具设计。

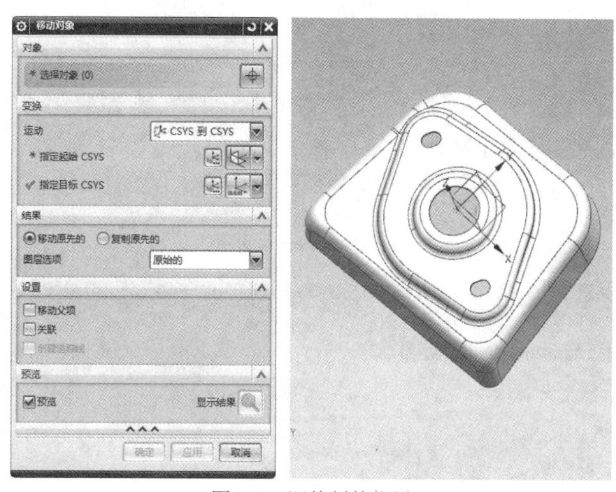

图 6-3　调整制件位置

三、抽取片体、补孔

（1）单击【插入】→【关联复制】→【抽取几何体特征】命令，抽取模型的外表面，【类型】选“面区域”，再分别选择种子面和边界面，实体抽取为片体，如图 6-4 所示。

（2）单击【插入】→【网格曲面】→【N 边曲面】命令，将端盖产品上的 3 个孔补好，如图 6-5 所示。使用【插入】→【组合】→【缝合】命令将片体与孔进行缝合，如图 6-6 所示。

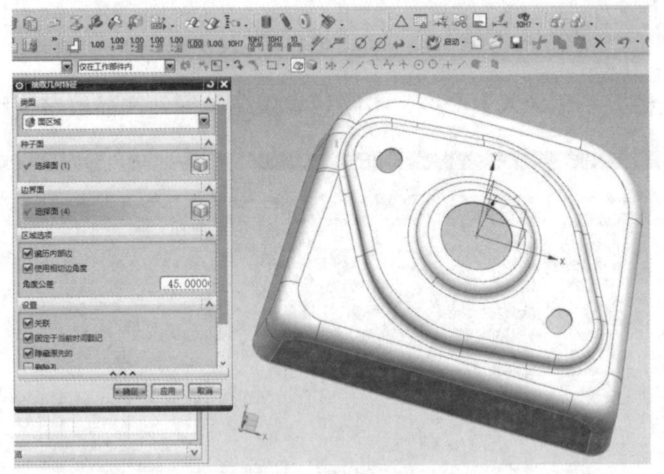

图 6-4　抽取片体

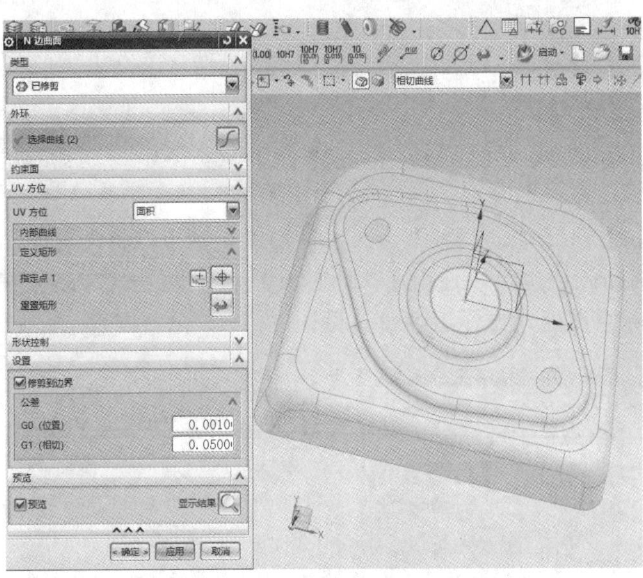

图 6-5　N 边曲面补孔

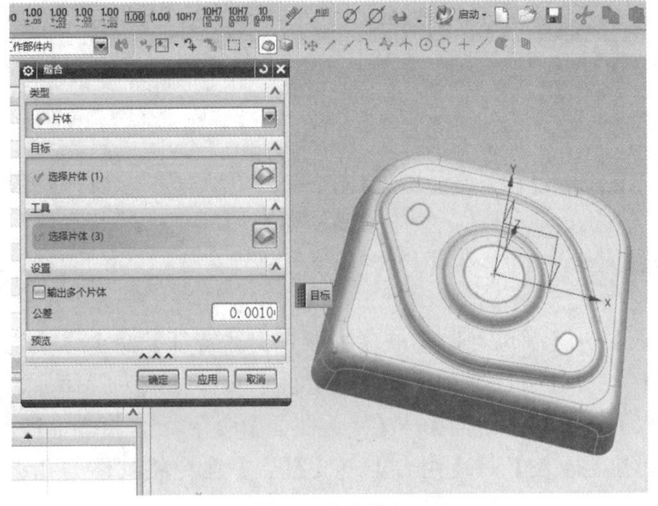

图 6-6　片体缝合

四、工艺补充面、分模线的确定

（1）工艺补充面是为了保证顺利拉深出合格的制件，而在冲压制件的基础上所增添的补充部分。工艺补充面距离产品边线部分高度的选择可依据公式 $H=\pi/2\times R+(3\sim5)$ mm 来计算，其中 R 为拉深圆角，本例圆角大小选择的是 $R1.5$，所以 $H=3.14/2\times1.5+3\approx5.4$（mm），如图 6-7 所示。

（2）分模线即为模型表面与工艺补充面的交线。从模具结构角度讲，分为凸模和压边圈两个工作零件；从成形角度讲，分为拉深的压料部分和拉深成形部分。分模线的质量直接影响模具结构中凸模和压边圈的质量，且对拉深制件的成形起决定性作用。如图 6-8 所示，工件型面与工艺补充面交线即为分模线。

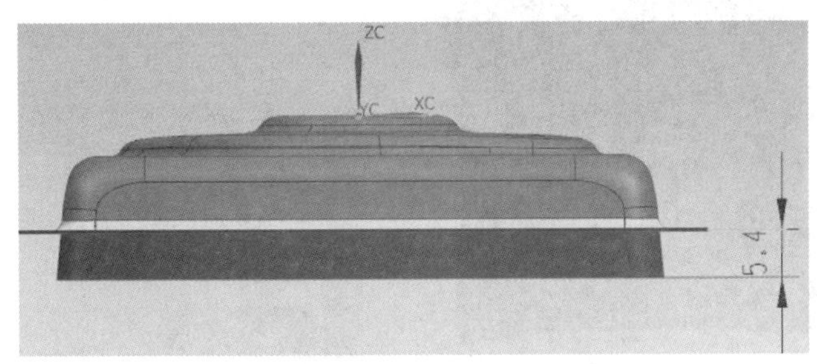

图 6-7 工艺补充面高度的确定

图 6-8 分模线的确定

五、拉深成形 CAE 模拟

（1）工艺零件准备好后，便可进行 CAE 模拟，由模拟结果可判断工件能否一次成形，得到板料尺寸线、板料收缩线，进而分析工件的减薄率，拉裂、起皱等情况。

模具数字化设计：

扫描二维码学习拉深工艺零件准备。

（2）运用毛坯尺寸向导（BEW）模块展开制件，得到实际毛坯的展开线，根据所得到的展开线尺寸，综合考虑板料有微小收缩、起皱等不确定因素，以及修边工序中需要的余量，确定板料尺寸为 100 mm×90 mm×0.5mm，如图 6-9 所示。

（3）运用成形分析向导（FAW）模块进行拉深工序的可成形性分析，经多次调整，制件修边线内四条直边和两个圆角处仍然有明显起皱，如图 6-10 所示。

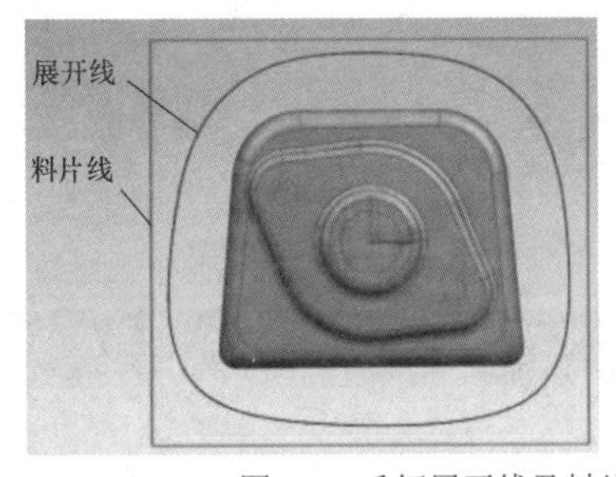

图 6-9 毛坯展开线及料片线

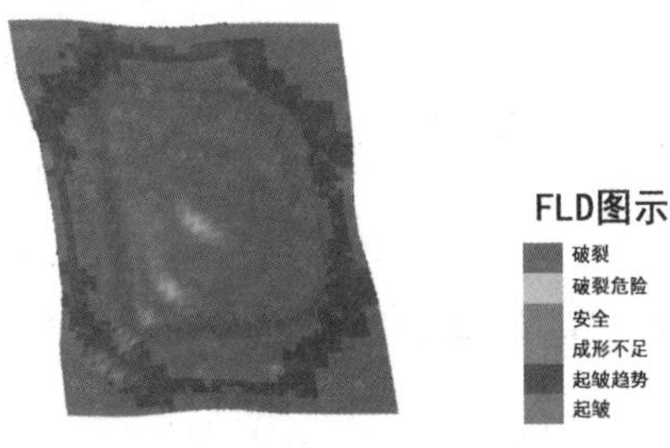

图 6-10 FAW 分析结果

（4）因此本制件考虑增设拉深筋结构，增大进料阻力来减少起皱。拉深筋的设置如图 6-11 所示。

图 6-11　拉深筋的设置

（5）在设置完拉深筋后，由模拟结果可看出起皱情况有了明显的改观，如图 6-12 所示。

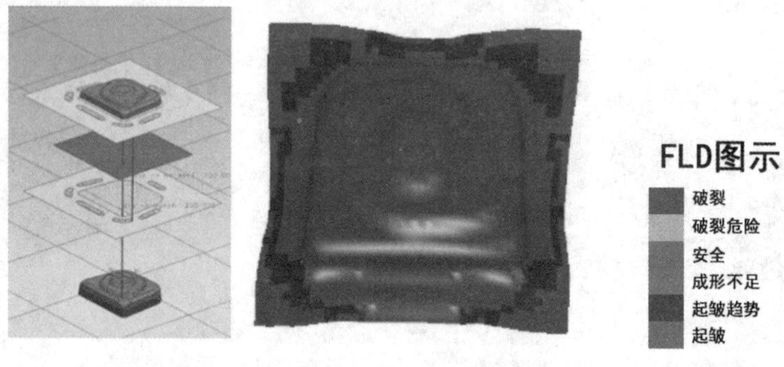

图 6-12　拉深筋设置后的模拟和 FLD 结果

（6）本项目所选择的方案是拉深，修边、冲孔，翻边 3 道工序，三维工序图如图 6-13 所示，包含分模线、修边线、板料尺寸线、展开尺寸线、板料收缩线、翻边整形线、压料线等。后期即可进行拉深模具结构的设计。

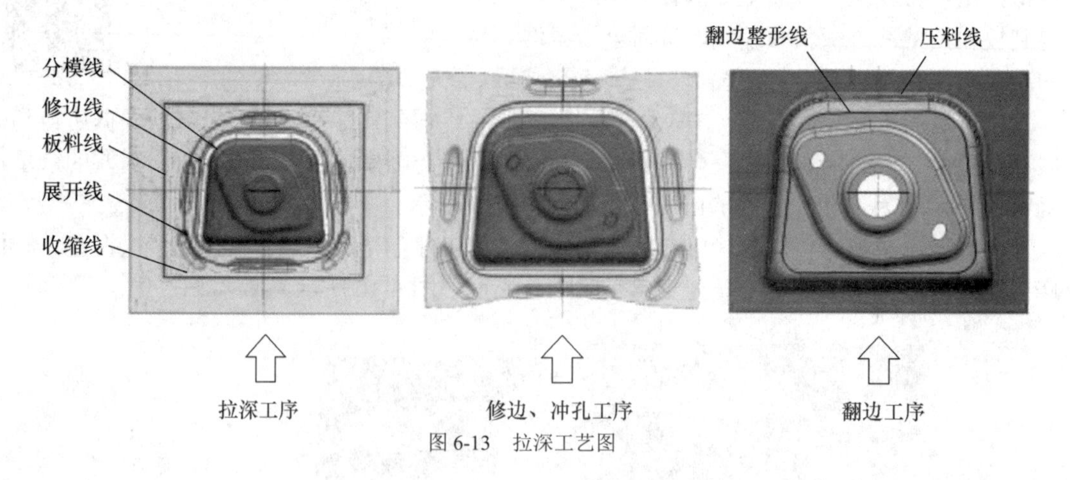

图 6-13　拉深工艺图

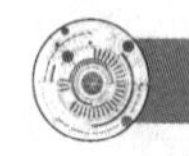

6.5　拉深模具结构建模设计

一、分模设计

（1）单击【插入】→【关联复制】→【抽取几何体特征】命令，抽取模型的外表面，再将模型外表面片体与工艺补充面利用【插入】→【组合】→【缝合】命令进行缝合。由于料厚为 0.5mm，所以用【插入】→【偏置缩放】→【加厚】命令将片体还原成实体，这样就得到了一个原始的成形板料，如图 6-14 所示。（加厚方向：由于抽取的是模型的外表面，所以加厚方向应该向模型内侧）

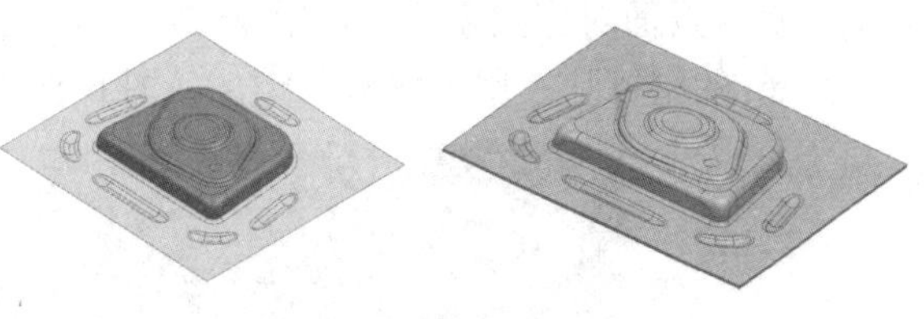

图 6-14　原始的成形板料

（2）通过上述步骤，就可以将凸模和凹模初步分开，选择一块长宽合适的坯料作为拆分源，再利用【插入】→【组合】→【减去】命令将其分割，如图 6-15 所示，这样就得到了拆分后的上模、下模，如图 6-16 所示。

图 6-15　分模

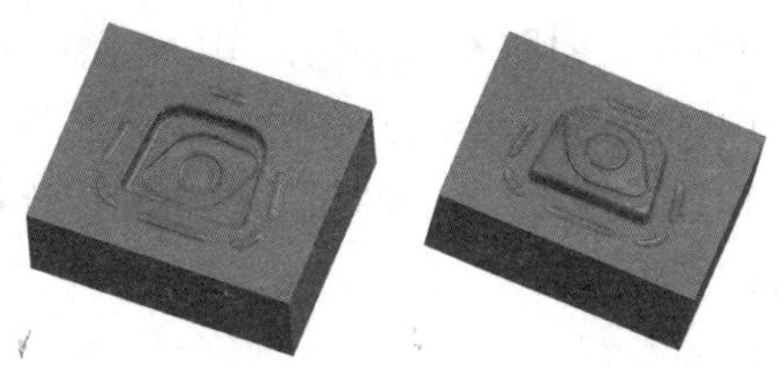

图 6-16　拆分后的上模、下模

（3）利用分模线将下模拆分成压边圈与凸模，考虑到加工量的大小，所以在压边圈和凹模上增设台阶结构，以减少加工量以及钳工研配量。

（4）完成上述步骤以后即可用同步建模中的【线性尺寸】命令或【偏置区域】命令来调整凹模、压边圈的厚度到适合的尺寸，如图 6-17 所示。

图 6-17　压边圈及凹模简图

（5）压边圈与凸模接触的部位单边留出 0.2mm 间隙，以保证压边圈活动自如，顺利完成压边、推件动作。

模具数字化设计：

扫描二维码学习拉深成形模具分模。

二、拉深凹模结构设计

（1）根据分模所得的凹模，在型面处对应的位置绘制 8 个 ϕ9mm 的定位销避让孔，深度为 6mm。同时利用【NX5 之前版本的孔】命令在相应位置设置 ϕ6.1mm 的弹顶销避让孔，反面沉孔 ϕ11 深度为 18mm，弹顶销起到卸件的作用，由弹簧提供力源，保证工件不会卡在凹模内。

模具数字化设计：

扫描二维码学习拉深模具凹模结构设计。

在中心位置处设置 ϕ13、深为 13mm 的到底标记避让孔，反面设置 M6 螺纹孔，用于固

定到底标记。到底标记主要功能是标记拉深深度是否已到位，最好放在废料区，后续将其切除。最后，反面对应上模位置，用【NX5之前版本的孔】命令设置6个M8的螺纹孔和2个ϕ8mm的销钉孔，用于安装固定，如图6-18所示。

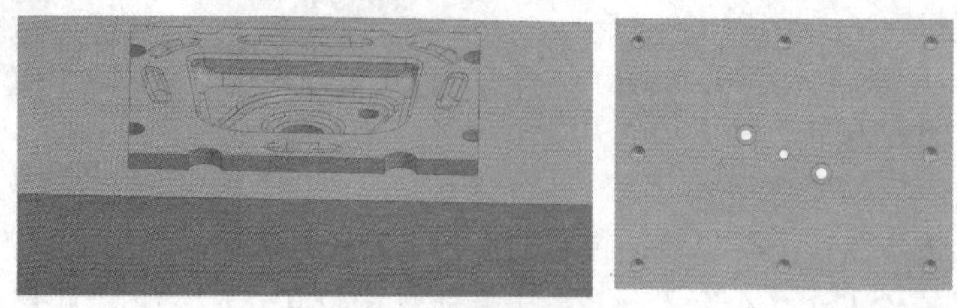

图6-18 凹模孔位设计

（2）完成相应的命令之后，即可按照不同的粗糙度要求对相应的型面进行着色并完成凹模零件图设计，如图6-19所示。由于坯料为高强度钢，模具冲压力较大，因此凹模零件材料选用Cr12MoV，淬硬至58～62HRC。凹模型面及圆角部分表面粗糙度为Ra0.8μm（具体见图6-19），采用螺钉、销钉与上模座固定连接。为了防止起皱，设置了拉深筋，用以改善材料的局部流动速度。

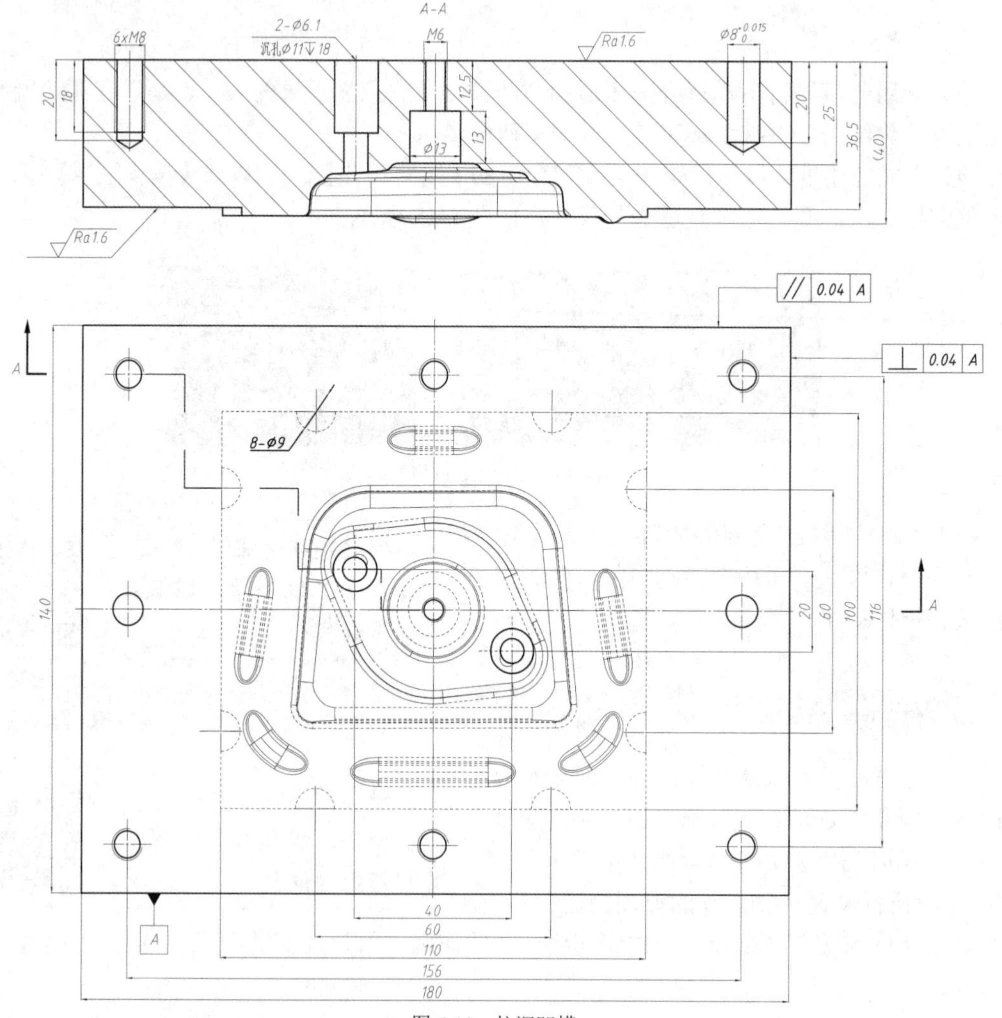

图6-19 拉深凹模

三、拉深凸模结构

（1）由上一步分模过后所得的凸模为不规则形状，为方便凸模固定，在其底部增设一台阶结构，尺寸为 80mm×65mm×35mm，利用【倒斜角】命令倒 *C*8 斜角，如图 6-20 所示。

图 6-20　凸模倒斜角

（2）凸模采用 4 个 M8 螺钉与 2 个 ϕ8 销钉与下模座进行安装固定，可以利用 UG 中的【NX5 之前版本的孔】命令实现，孔深大于 1.5 倍孔径即可，如图 6-21 所示。

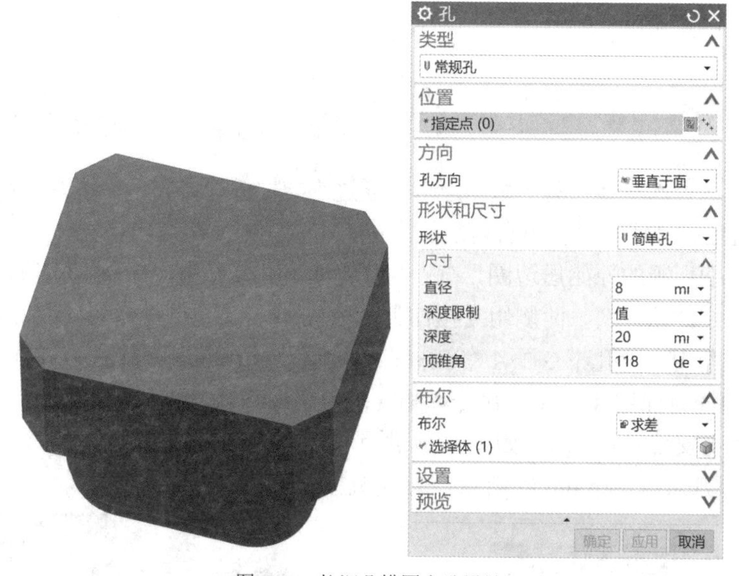

图 6-21　拉深凸模固定孔设计

（3）完成凸模零件建模后，即可按照不同的粗糙度要求对相应的型面进行着色并完成零件图设计，如图 6-22 所示。凸模零件材料选用 Cr12MoV，淬硬至 58～62HRC，凸模型面及圆角部分表面粗糙度为 *Ra*0.8μm（其他参数具体参见图 6-22）。

模具数字化设计：

扫描二维码学习拉深模具凸模结构设计。

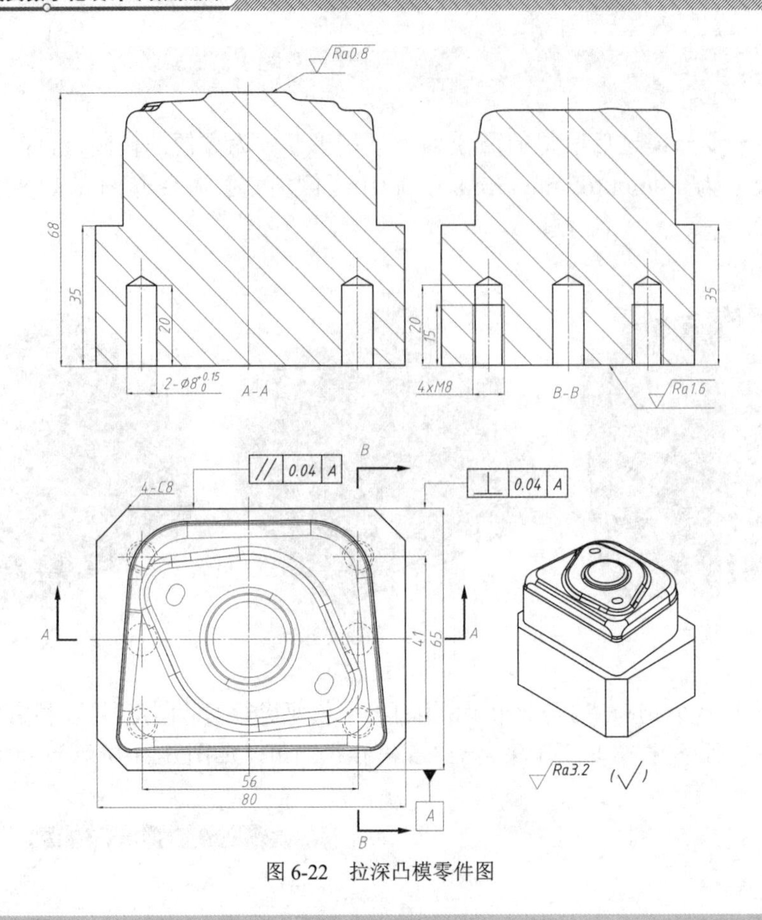

图 6-22　拉深凸模零件图

四、压边圈结构

（1）压边圈通过卸料螺钉与下模座连接，通过小导柱进行导向。压边圈上均匀布置 8 个定位销，从而保证工件在成形过程中有可靠的定位。定位销高度略高出工件，不要影响料片取放。

（2）根据上面所得的原始压边圈，在上接触面上利用【孔】命令来增加 8 个ϕ8mm 的定位销孔，用来固定冲压板料，两侧用【拉伸】命令或者【孔】命令绘制两个ϕ22mm 的小导套固定孔，四角用台阶孔指令画 4 个卸料螺钉的避让孔，控制好行程，如图 6-23 所示。

（3）在压边圈背面用【草图】命令和【求差】命令绘制 6 个ϕ17mm 深为 20mm 的弹簧避让孔，用于安装弹簧，位置如图 6-24 所示，压边圈与凸模接触的台阶部分需要利用【倒斜角】命令添加尺寸为 8mm 的斜角，方便机械加工。

图 6-23 压边圈正面

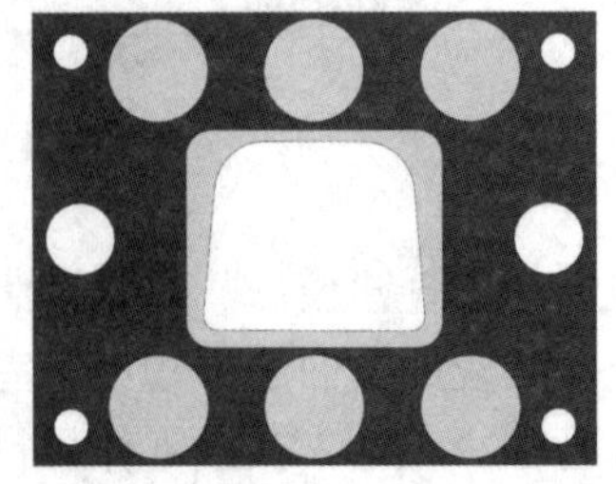

图 6-24　压边圈背面

（4）完成相应的【孔】命令后，即可按照不同的粗糙度要求对相应的型面进行着色并完成零件图设计，如图 6-25 所示。压边圈零件材料选用 Cr12MoV，淬硬至 40～42HRC。

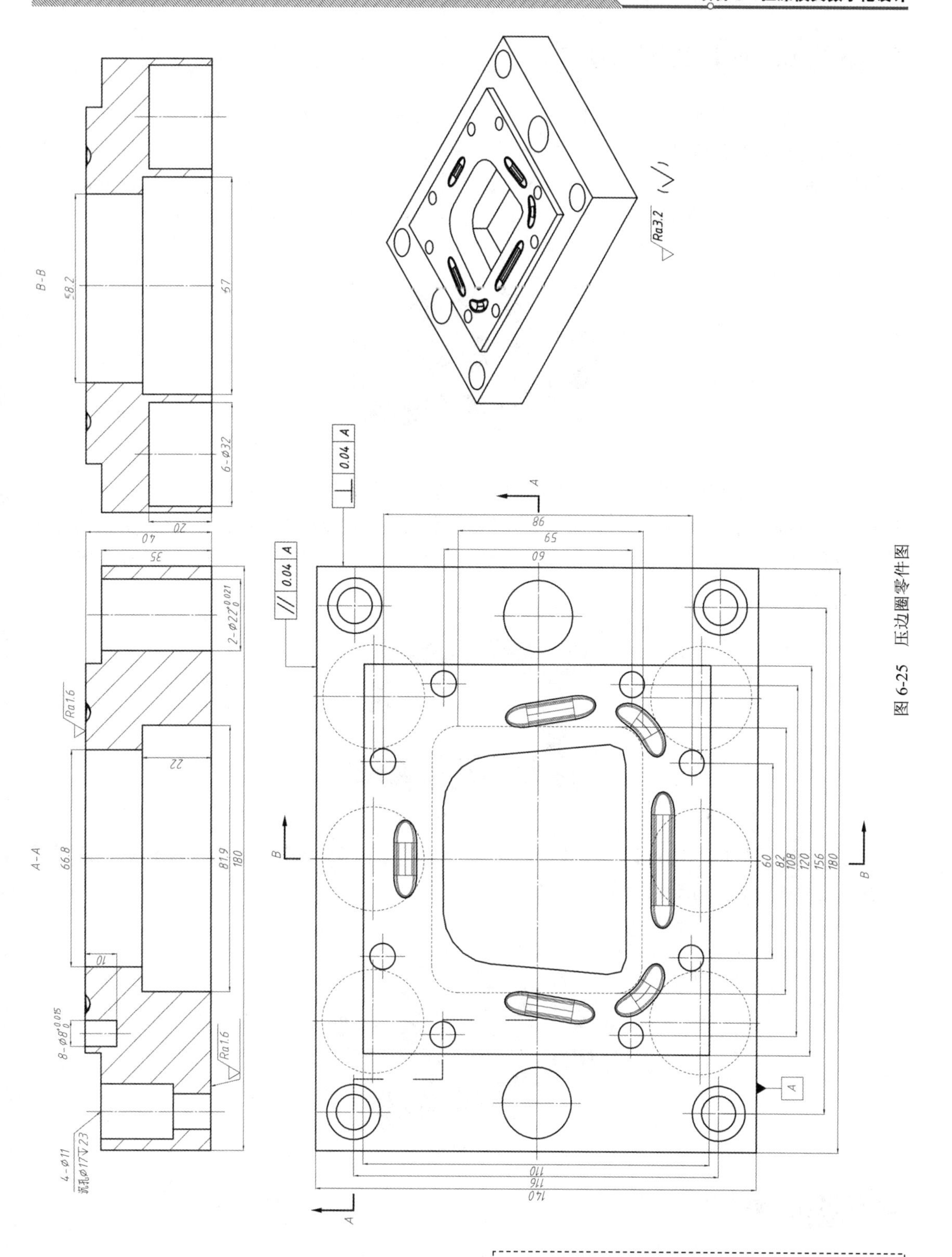

图 6-25　压边圈零件图

模具数字化设计：

扫描二维码学习拉深模具压边圈结构设计。

五、弹性元件及导向部件设计

（1）弹性元件设计。根据 CAE 模拟分析得到压边力为 13 900N，此模具采用 6 根弹簧，每根弹簧需要承受 2 315N 的力。选用 TH 矩形截面弹簧，弹簧规格为 ϕ30mm×75mm，压缩后的长度为 60mm，模具总行程为 15mm，在下模座上开直径为 31mm、深度为 25mm 的弹簧避让孔，如图 6-26 所示。弹簧孔横向间距为 50mm，纵向间距为 104mm。

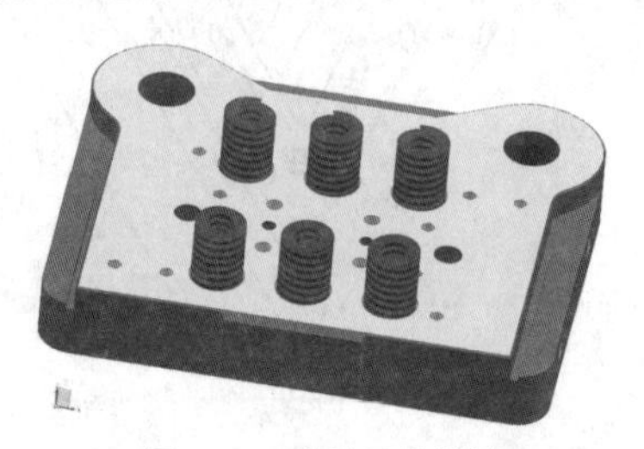

图 6-26　弹性元件设计

（2）模具导向部件的设计。此模具采用后侧滑动导柱模架，导柱、导套进行导向，保证凸模、凹模之间的间隙均匀，如图 6-27 所示。使用【拉伸】命令，根据标准导柱、导套结构尺寸进行建模，导套上表面与上模座上表面留出 2mm 距离，导柱下表面与下模座下表面留出 3mm 距离。

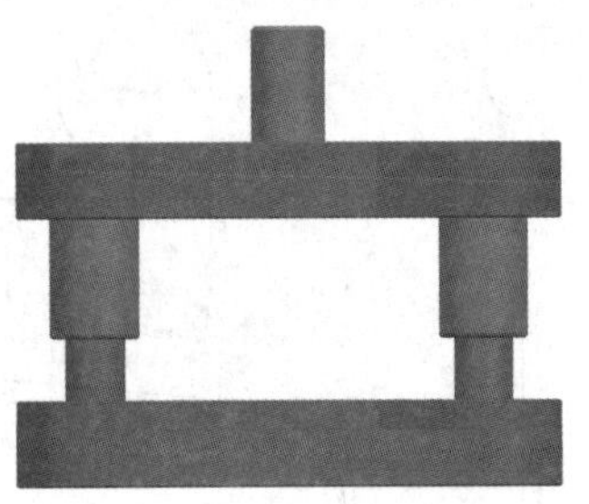

图 6-27　模具导柱、导套设计

（3）压边圈导向结构设计。压边圈采用卸料螺钉与下模座连接，容易发生偏摆，所以采用小导柱为压边圈进行导向，如图 6-28 所示。

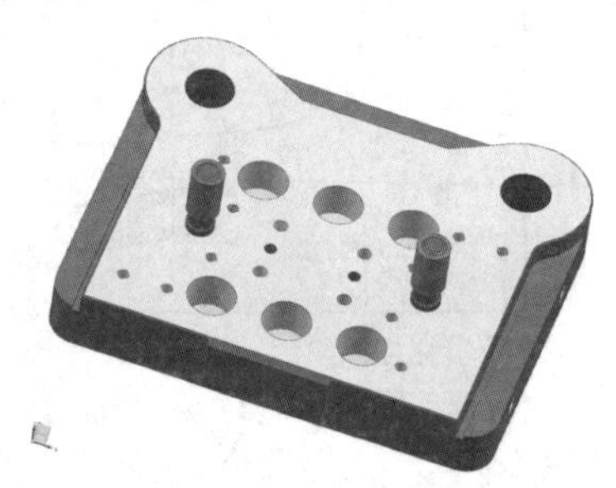

图 6-28　压边圈导向结构设计

六、模具总体结构

（1）下模由下模座、凸模、压边圈及定位销、卸料螺钉、弹簧、限位柱、小导柱、小导套、起重棒、紧固螺钉、销钉等零件组成。压边圈以卸料螺钉与下模连接，坯料由安装于压边圈上的 8 个销钉定位，销钉高于压边圈最高点 5mm，压料力由 6 根弹簧传递，压边圈运动时由固定于下模座的小导柱导向，在下模座与上模座之间对应位置安装 2 处限位柱，凸模与下模座采用螺钉、销钉固定，如图 6-29 所示。

图 6-29　拉深模具下模结构部分

（2）上模由模柄、上模座、凹模及导套、到底标记、限位柱、弹顶销、弹簧、起重棒、螺钉和销钉等零件组成，如图 6-30 所示，凹模与上模座采用螺钉、销钉连接固定，弹顶销为保证顺利出件而设置。

图 6-30　拉深模具上模结构部分

（3）将组装好的上、下模装配起来，得到最终模具，如图 6-31 所示。模具工作原理：先放入板料，通过定位销定位板料位置。开动压力机，上模下行，凹模与压边圈压住板料，上模继续下行，弹簧压缩，压边圈下移，凸模和凹模完成拉深动作，工件成形，限位柱限制拉深行程，避免工件拉裂，工作结束开模时弹簧将压边圈挺起，上模弹顶销释放弹力起到卸件的作用。在模具设计中考虑了模具零部件加工难易程度问题，并尽量采用标准件。模具二维装配图，如图 6-32 所示。

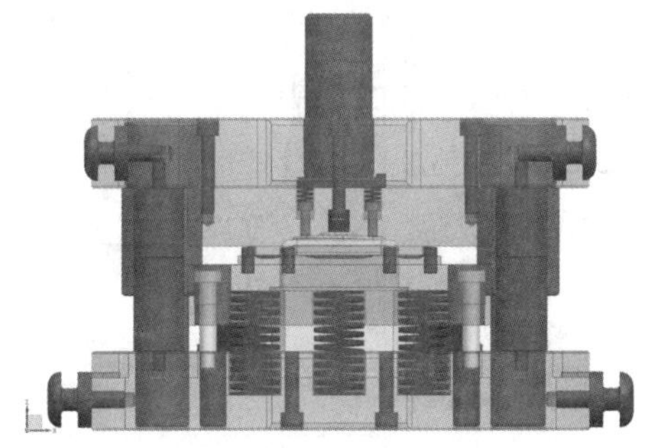

图 6-31　拉深模具三维装配图

模具数字化设计：

扫描二维码学习拉深模具总体结构设计。

模具数字化设计：

扫描二维码学习拉深模具总体结构装配。

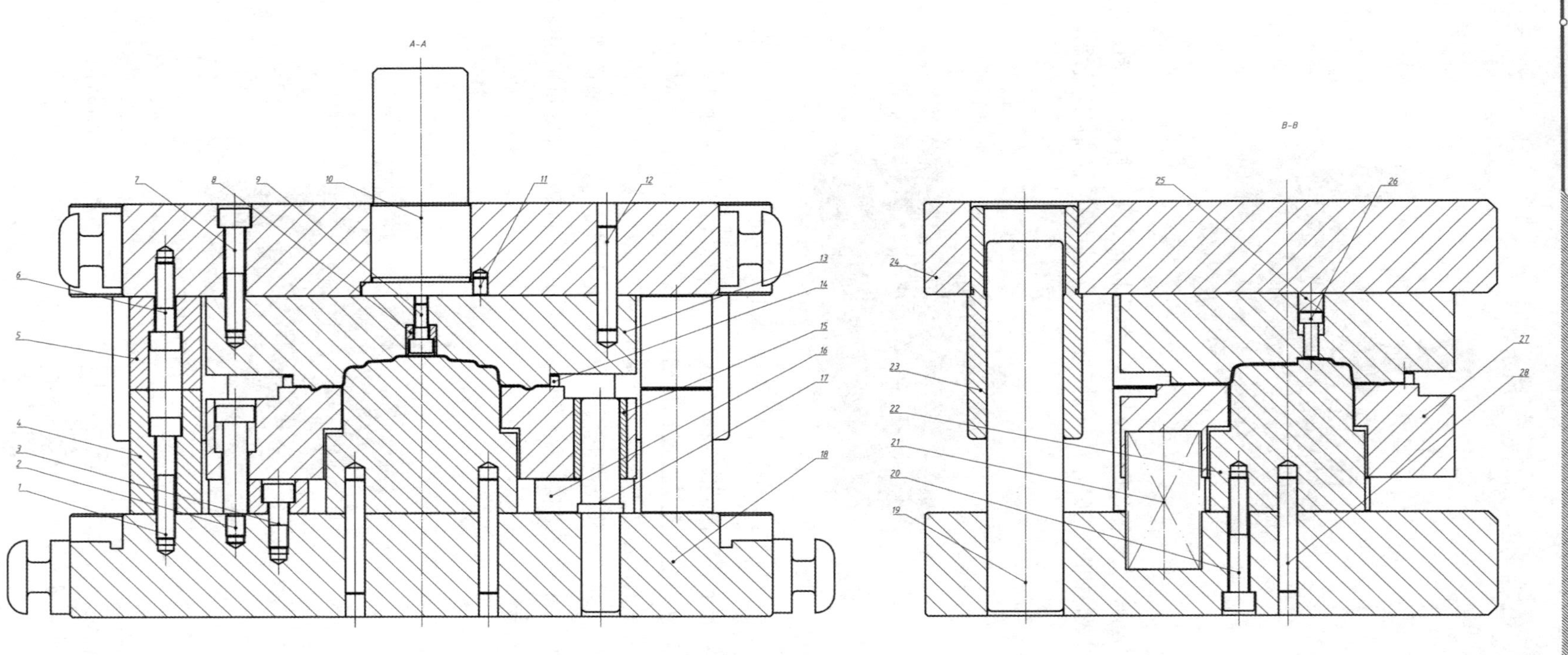

1—下限位柱螺钉；2—卸料螺钉；3—限位块螺钉；4—下限位柱；5—上限位柱；6—上限位柱螺钉；7—上模螺钉；8—到底标记；9—到底标记螺钉；10—模柄；11—止转销；12—上模销钉；13—凹模；14—定位销；15—小导套；16—限位块；17—小导柱；18—下模座；19—导柱；20—下模螺钉；21—弹簧；22—凸模；23—导套；24—上模座；25—弹顶销弹簧；26—弹顶销；27—压边圈；28—下模销钉

图 6-32　拉深模具二维装配图

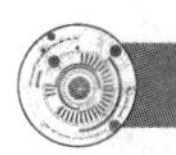

6.6　拉深模具工程图设计

一、创建图纸页

（1）在 UG【启动】选项卡中选择【制图】模块，或按组合键 Ctrl+Shift+D 进入制图界面，如图 6-33 所示，根据相应的模具及模具零件大小选择适合的图幅，通过【新建图纸页】按钮进行选择并修改，本设计选用 A1 的图幅，如图 6-34 所示。

（2）创建相应的图幅之后，单击【替换模板】按钮选择相应大小的图框，其中带“II”的为带有明细栏的图纸框，导入后的效果如图 6-35 所示。

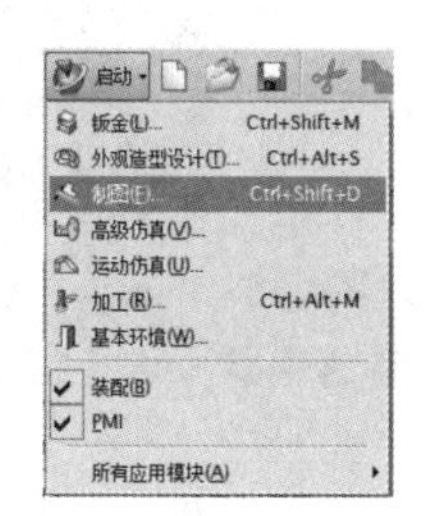

图 6-33　选择【制图】模块

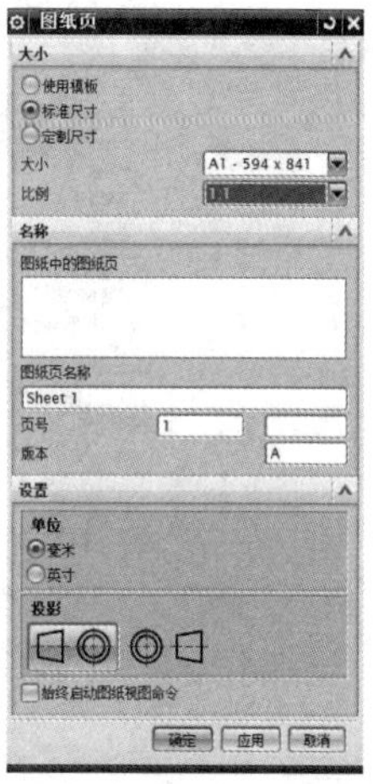

图 6-34　【图纸页】对话框

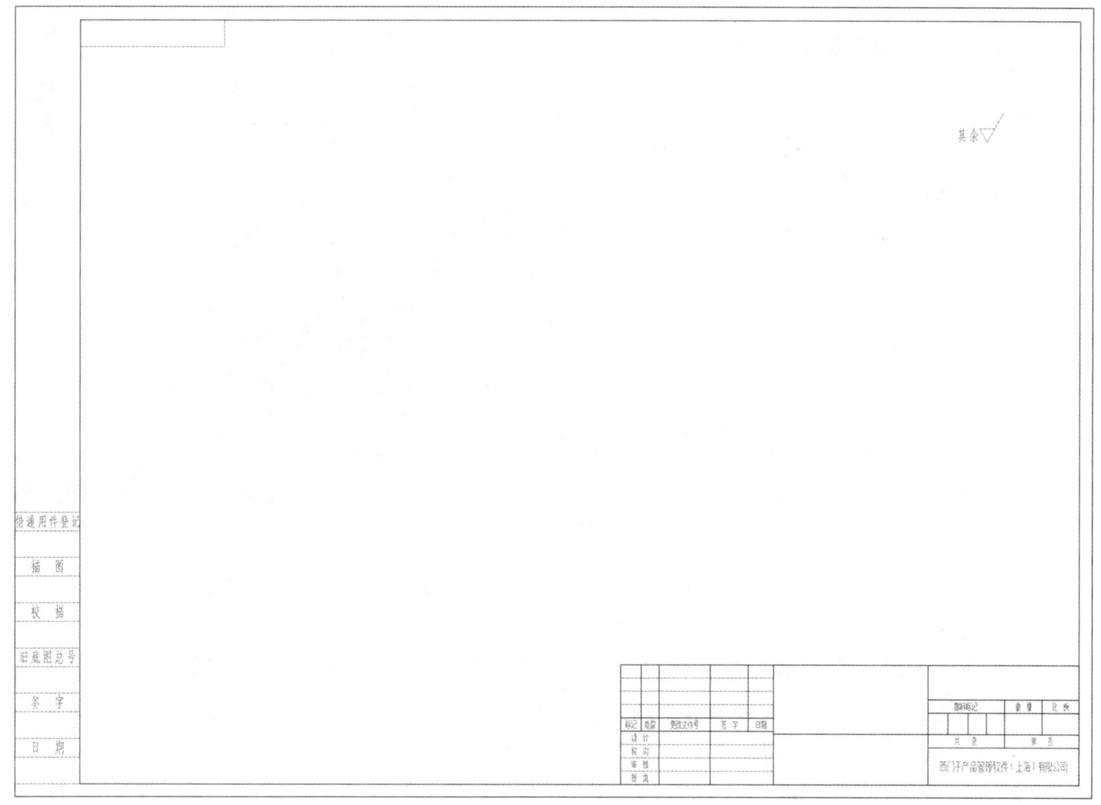

图 6-35　新建图纸页

二、拉深模具装配图绘制

（1）创建基本视图：单击【创建视图向导】按钮，选择模型的俯视图，并调整比例，如图 6-36 所示。

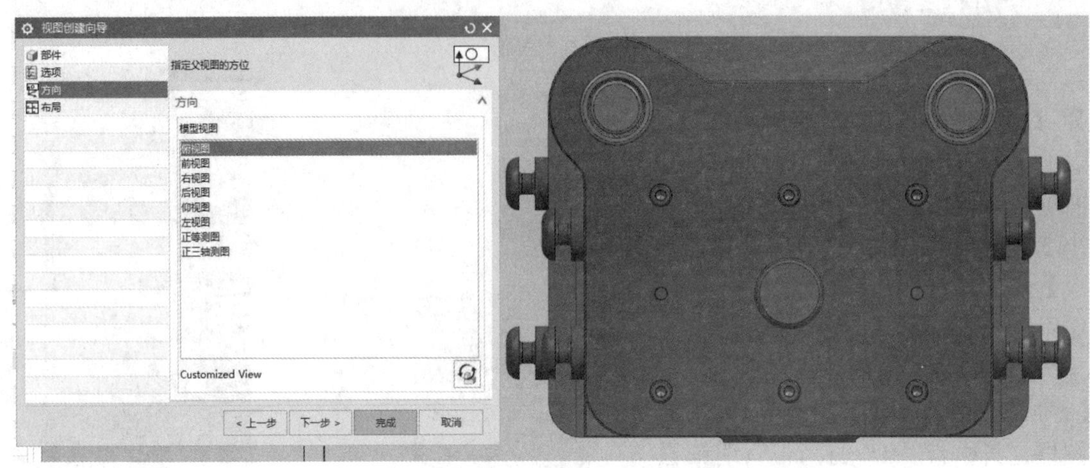

图 6-36　创建基本视图

（2）视图设置：双击视图边缘框线进入设置界面，对视图的线条可见性、比例、角度和光顺边等进行设置，如图 6-37 所示。

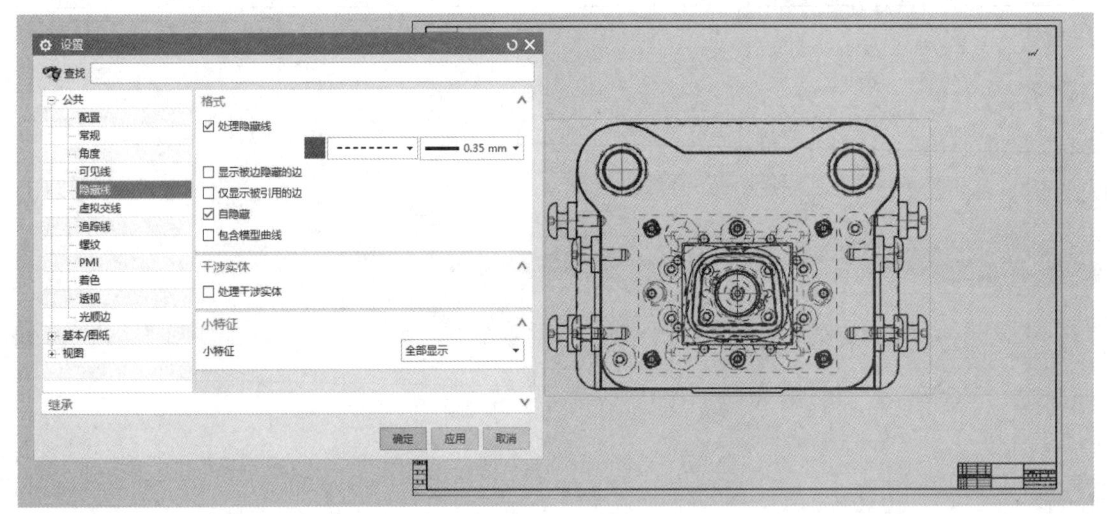

图 6-37　视图设置

（3）创建剖视图：经过上述步骤后，得到了带有隐藏线的俯视图，单击【剖视图】按钮，对拉深模具俯视图按照要求进行剖分，如图 6-38 所示。

（4）整理视图。在完成创建视图之后要对视图中多余的线条进行初步整理，单击【视图中剖切】按钮 视图中剖切，对视图中不需要剖切的零件（螺钉、销钉、导柱等）选择非剖切，如图 6-39 所示，完成非剖切设置后，总装图如图 6-40 所示。

（5）俯视图要求展示拉深模具下模部分。通过【格式】→【图层设置】命令对拉深模具上、下模设置不同的图层，再通过【格式】→【视图中可见图层】命令来设置俯视图中仅可见下模所在的图层，如图 6-41 所示。全部设置完成后的拉深模具总装工程图如图 6-42 所示。

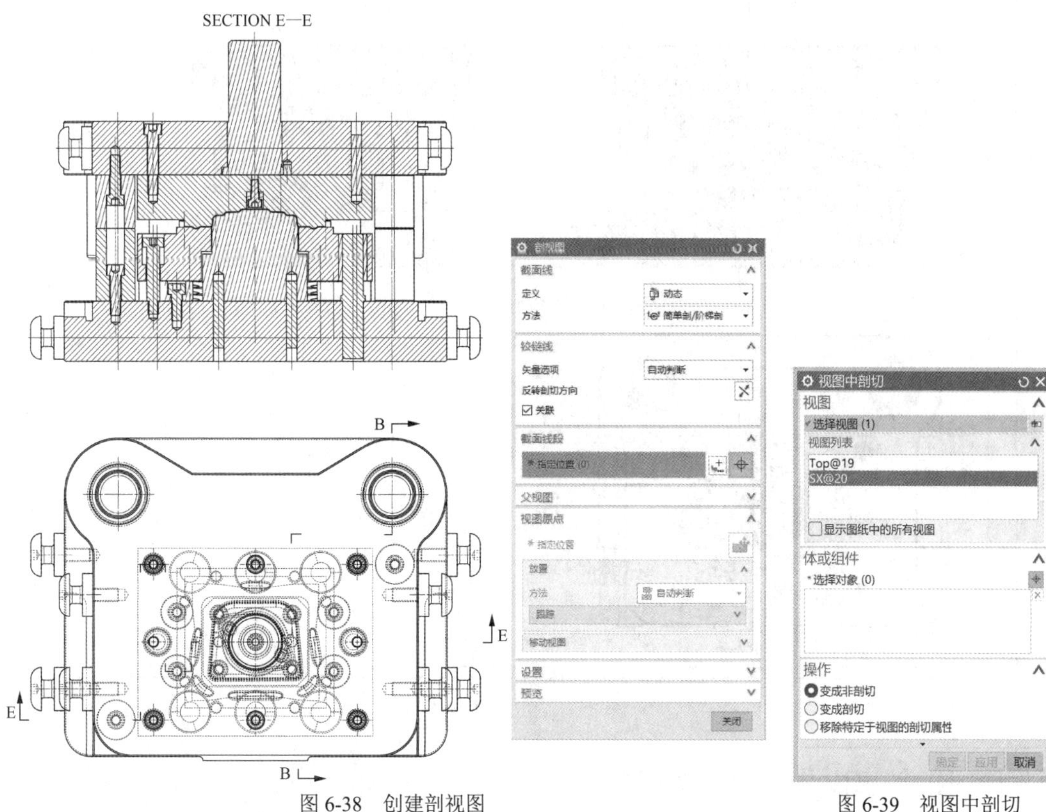

图 6-38 创建剖视图

图 6-39 视图中剖切

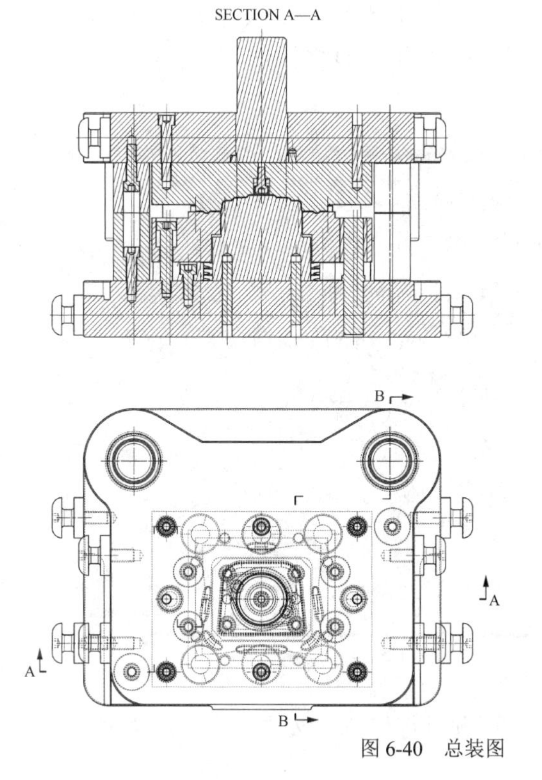

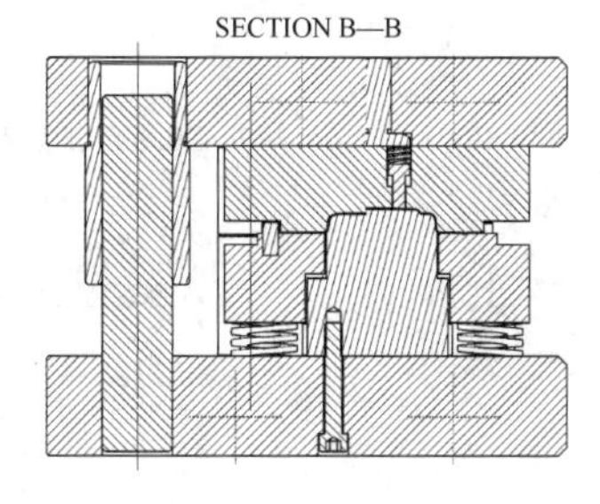

图 6-40 总装图

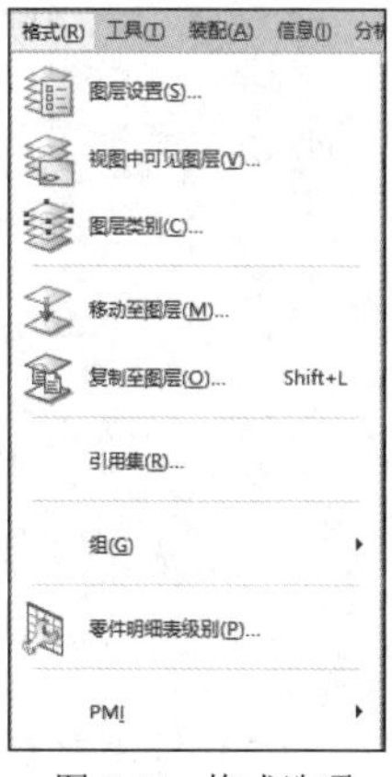

图 6-41 格式选项

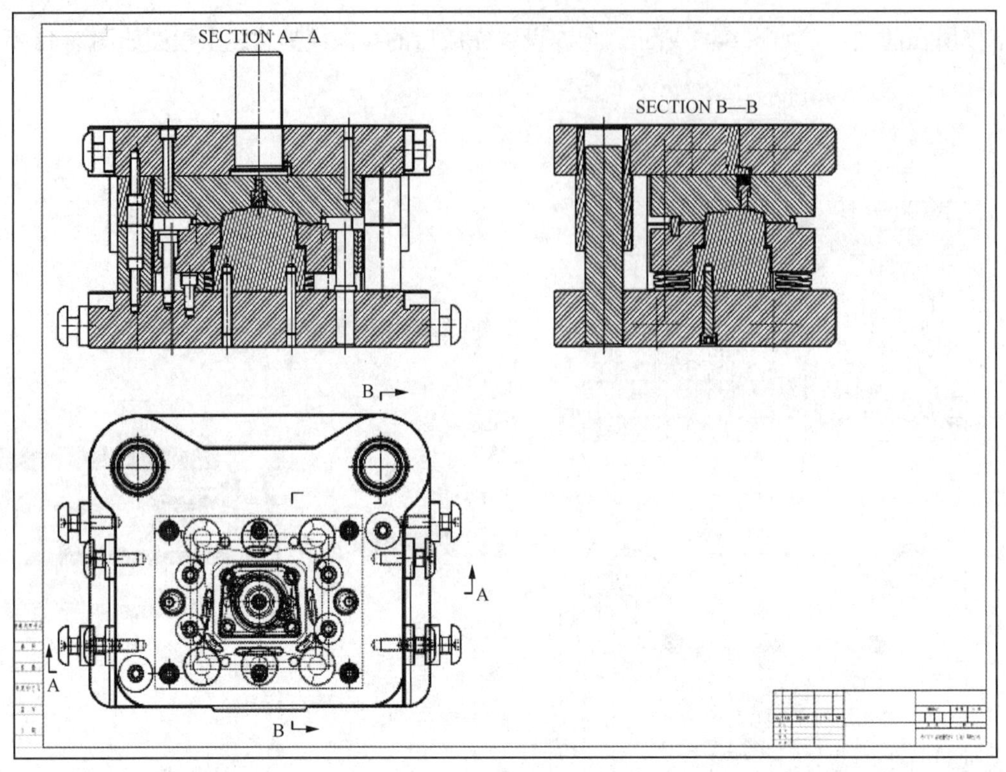

图 6-42　整理后的图纸

三、图纸的导出以及 CAD 后处理

（1）经过上述步骤，并对模型文件进行保存后，就可以通过【文件】→【导出】→【AutoCAD DXF/DWG】命令进行导出，如图 6-43 所示。将样条选择为“2D 多段线”并设置相应路径，如图 6-44 所示。

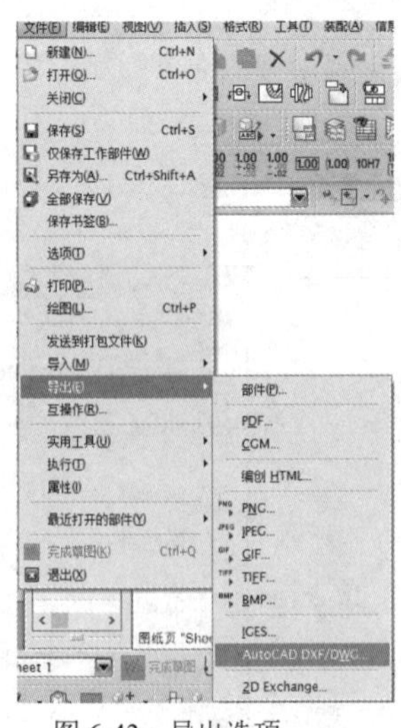

图 6-43　导出选项

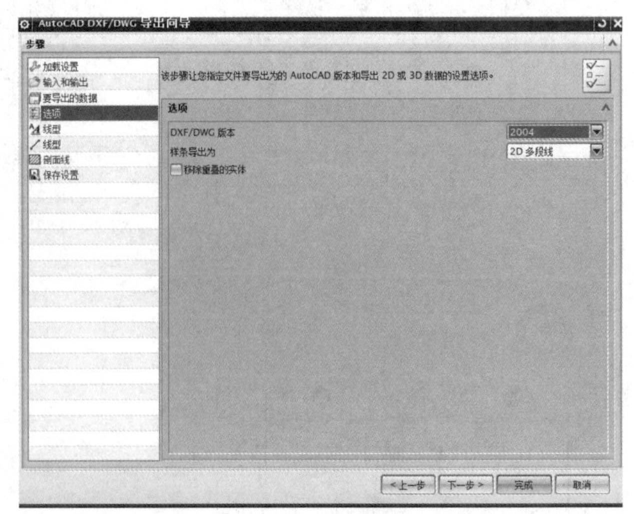

图 6-44　导出设置

（2）导出之后的文件就可以利用 AutoCAD 打开并进行修改，按照要求添加明细表、标

注、文字注释等，如图 6-45 所示。

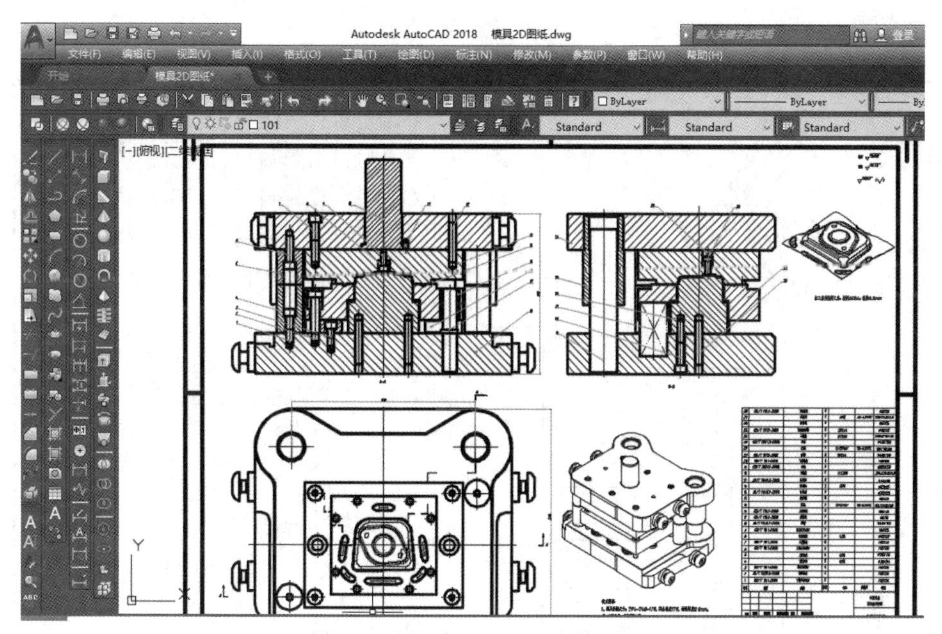

图 6-45　图纸在 AutoCAD 中的处理

四、出图打印设置

在 AutoCAD 中完成编辑后就可以对图纸进行打印，单击【打印】按钮或按组合键 Ctrl+P，打印机选择“DWG To PDF.pc3”，打印样式表选择“monochrome.ctb”，设置为黑白打印，图纸尺寸选择本图纸所用的 A1 图纸，框选打印范围居中打印，如图 6-46 所示。拉深模具工程图打印效果如图 6-47 所示。

模具数字化设计：

扫描二维码学习拉深模具工程图设计。

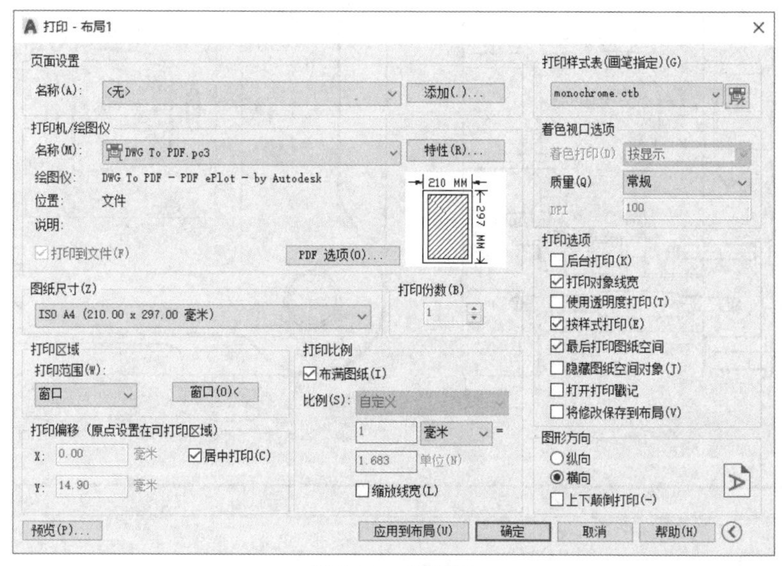

图 6-46　打印设置

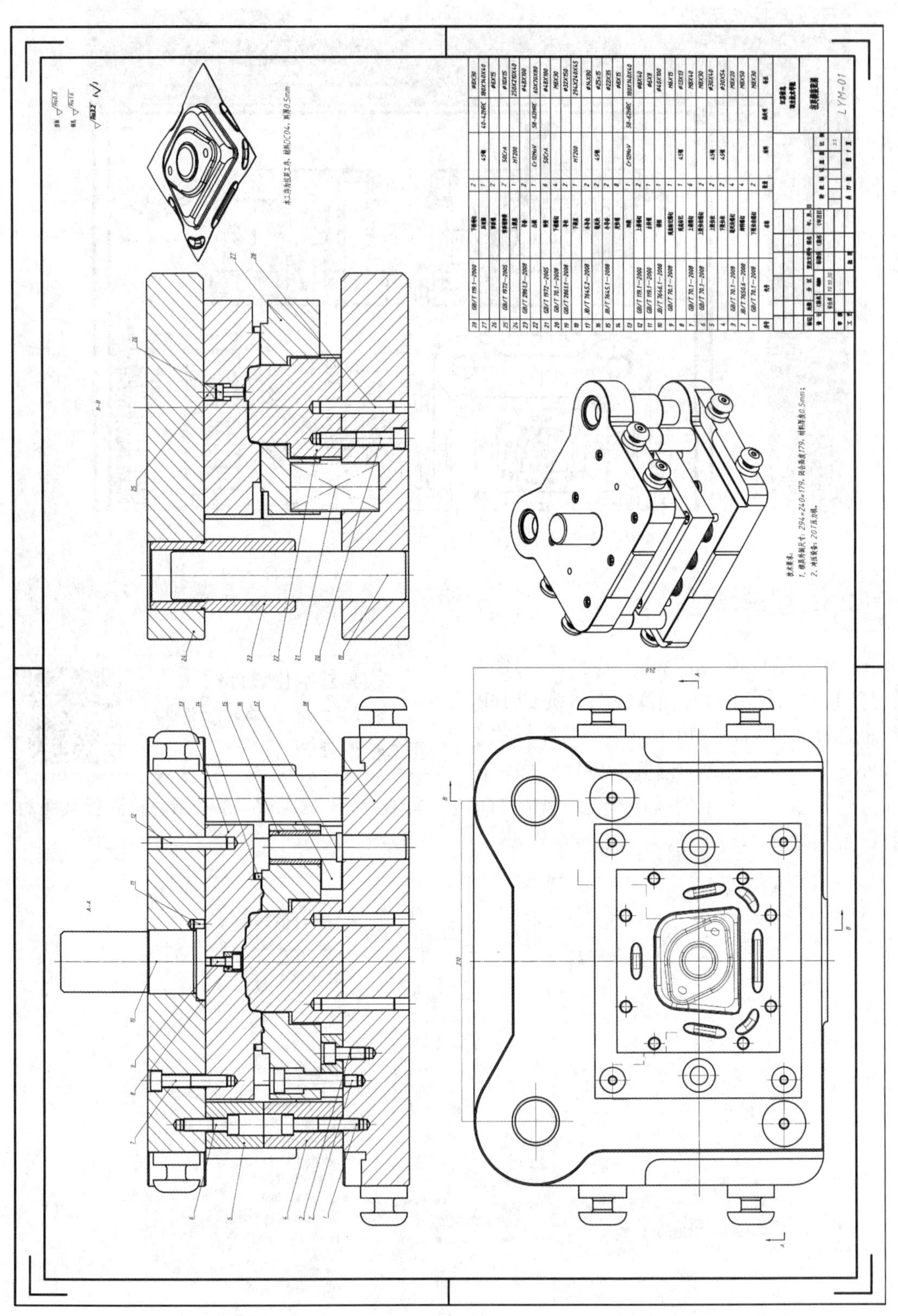

图 6-47　打印效果

6.7　思考与习题

6-1　在拉深模具数字化设计过程中，对成形制件进行补孔操作的目的是什么?补孔的操作流程有哪些?

6-2　工艺补充面是什么?如何确定工艺补充面的尺寸?

6-3　拉深模具分模的操作流程有哪些?

6-4　拉深模具结构中，压边圈的作用是什么?在模具结构设计时，压边圈是装配在拉深凸模一侧，还是拉深凹模一侧?

6-5　使用数字化模具设计方法创建表 6-2 中各拉深成形制件的拉深模具，完成模具总装结构的三维建模和二维工程图绘制。

表 6-2　　拉深制件尺寸和模具设计要求

序号	拉深制件图	材料	厚度	模具结构要求
1	80 70 35 40 50 4-R8 R2.5 6 11	08Al	1mm	拉深模具 制件未注圆角 *R*2 未注尺寸公差等级 IT14 级
2	60° ϕ100 10 20 60° ϕ40 ϕ60	08Al	1.2mm	拉深模具 未注圆角半径 *R*3 未注尺寸公差等级 IT14 级

附录

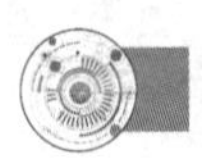

附录A 冲压常用材料

冲压材料大部分是各种规格的板料、条料和带料。板料的尺寸较大，用于大型零件的冲压，常用的规格有：500mm×1500mm、1000mm×2000mm、900mm×1800mm 等；条料是根据冲压制件的需要，由板料经剪板机剪裁而成的，主要用于中小型制品的冲压；带料（又称卷料）有各种不同的宽度和长度。长度可达几十米，甚至上百米，呈卷状供应，主要是薄料，适用于大批量生产的自动送料。附表 A-1 列出了冲压常用金属材料的力学性能，供设计时参考。

附表 A-1　　冲压常用金属材料力学性能

材料名称	牌号	材料状态	力学性能				
			抗剪强度 τ_b/MPa	抗拉强度 Rm/MPa	屈服强度 σ_s/MPa	伸长率 $A_{11.3}$(%)	弹性模量 $E/10^3$MPa
普通碳素钢	Q195	未经退火	225～314	314～392	195	28～33	
	Q215		265～333	333～412	215	26～31	
	Q235		304～373	432～461	235	21～25	
优质碳素结构钢	08F	已退火	216～304	275～383	177	32	
	08		225～333	324～441	196	32	186
	10F		216～333	275～412	186	30	
	10		255～333	294～432	206	29	194
	15		265～373	333～471	225	26	198
	20		275～392	353～500	245	25	206
	35		392～511	490～637	314	20	197
	45		432～549	539～686	353	16	200
	50		432～569	539～716	373	14	216
不锈钢	12Cr13	已退火	314～373	392～416	412	21	206
	20Cr13		314～392	392～490	441	20	206
	1Cr18Ni9Ti	经热处理	451～511	569～628	196	35	196
铝锰合金	3A21	已退火	69～98	108～142	49	19	70
		半冷作硬化	98～137	152～196	127	13	

续表

材料名称	牌号	材料状态	力学性能				
			抗剪强度 τ_b/MPa	抗拉强度 Rm/MPa	屈服强度 σ_s/MPa	伸长率 $A_{11.3}$(%)	弹性模量 $E/10^3$MPa
黄铜	H62	软	255	294		35	98
		半硬	294	373	196	20	
		硬	412	412		10	
	H68	软	235	294	98	40	108
		半硬	275	343		25	
		硬	392	392	245	15	113
铅黄铜	HPb59-1	软	294	343	142	25	113
		硬	392	441	412	5	91
锡青铜	QSn6.5-0.1 QSn4-3	软	255	294	137	38	98
		硬	471	539		3～5	
		特硬	490	637	535	1～2	122
纯铜	T1、T2、T3	软	157	196	69	30	106
		硬	235	294		3	127
钛合金	TA2	退火	353～471	441～588		25～30	
	TA3		432～588	539～736		20～25	
	TA4		628～667	785～834		15	102
硬铝 （杜拉铝）	2A12	已退火	103～147	147～211		12	71
		淬硬并经过 自然时效处理	275～304	392～432	361	15	
		淬硬后冷作硬化	275～314	392～451	333	10	

附录 B 冲模滑动导向模架标准（部分）

1. 后侧导柱模架、模座标准

导柱、导套安装在模座的后侧，模座承受偏心载荷会影响模架导向的平稳性和精度。由于导柱在后侧，送料和操作方便，因此适用于一般精度要求的小型模具。《冲模滑动导向模架》（GB/T 2851—2008）规定的后侧导柱模架见附表 B-1。《冲模滑动导向模座》（GB/T 2855—2008）规定的后侧导柱上、下模座见附表 B-2。

附表 B-1 冲模滑动导向后侧导柱模架型号（摘自 GB/T 2851—2008） （单位：mm）

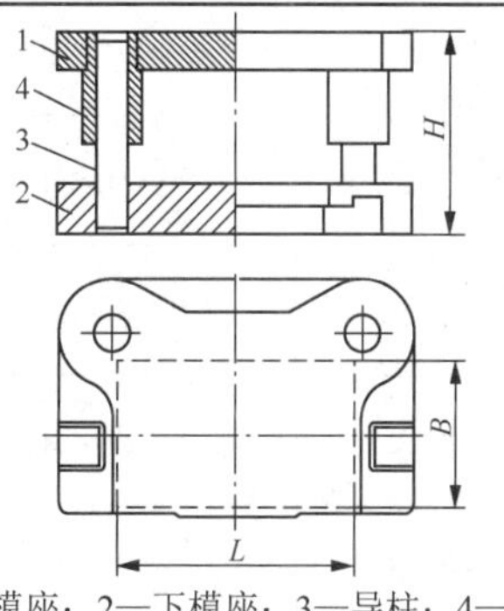

1—上模座；2—下模座；3—导柱；4—导套

续表

标记示例：L=200mm、B=125mm、H=170～205mm、I 级精度的冲模滑动导向后侧导柱模架标记为
滑动导向模架　后侧导柱 200×125×（170～205）　I　GB/T 2851—2008

凹模周界		闭合高度（参考）H		零件件号、名称及标准编号			
				1	2	3	4
				上模座（GB/T 2855.1）	下模座（GB/T 2855.2）	导柱（GB/T 2861.1）	导套（GB/T 2861.3）
				数量/件			
L	B	最小	最大	1	1	2	2
				规格			
63	50	100	115	63×50×20	63×50×25	16×90	16×60×18
		110	125			16×100	
		110	130	63×50×25	63×50×30	16×100	16×65×23
		120	140			16×110	
L	B	最小	最大	1	1	1	1
				规格			
63	50	100	115	63×50×20	63×50×25	16×90	16×60×18
		110	125			16×100	
		110	130	63×50×25	63×50×30	16×100	16×65×23
		120	140			16×110	
63	63	100	115	63×63×20	63×63×25	16×90	16×60×18
		110	125			16×100	
		110	130	63×63×25	63×63×30	16×100	16×65×23
		120	140			16×110	
80		110	130	80×63×25	80×63×30	18×100	18×65×23
		130	150			18×120	
		120	145	80×63×30	80×63×40	18×110	18×70×28
		140	165			18×130	
100		110	130	100×63×25	100×63×30	18×100	18×65×23
		130	150			18×120	
		120	145	100×63×30	100×63×40	18×110	18×70×28
		140	165			18×130	
80	80	110	130	80×80×25	80×80×30	20×100	20×65×23
		130	150			20×120	
		120	145	80×80×30	80×80×40	20×110	20×70×28
		140	165			20×130	
100		110	130	100×80×25	100×80×30	20×100	20×65×23
		130	150			20×120	
		120	145	100×80×30	100×80×40	20×110	20×70×28
		140	165			20×130	
125		110	130	125×80×25	125×80×30	20×100	20×65×23
		130	150			20×120	
		120	145	125×80×30	125×80×40	20×110	20×70×28
		140	165			20×130	

续表

凹模周界		闭合高度（参考）*H*		零件件号、名称及标准编号			
				1	2	3	4
				上模座（GB/T 2855.1）	下模座（GB/T 2855.2）	导柱（GB/T 2861.1）	导套（GB/T 2861.3）
				数量/件			
L	*B*	最小	最大	1	1	1	1
				规格			
100	100	110	130	100×100×25	100×100×30	20×100	20×65×23
		130	150			20×120	
		120	145	100×100×30	100×100×40	20×110	20×70×28
		140	165			20×130	
125		120	150	125×100×30	125×100×35	22×110	22×80×28
		140	165			22×130	
		140	170	125×100×35	125×100×45	22×130	22×80×33
		160	190			22×150	
160		140	170	160×100×35	160×100×40	25×130	25×85×33
		160	190			25×150	
		160	195	160×100×40	160×100×50	25×150	25×90×38
		190	225			25×180	
200		140	170	200×100×35	200×100×40	25×130	25×85×33
		160	190			25×150	
		160	195	200×100×40	200×100×50	25×150	25×90×38
		190	225			25×180	
125	125	120	150	125×125×30	125×125×35	22×110	22×80×33
		140	165			22×130	
		140	170	125×125×35	125×125×45	22×130	22×85×33
		160	190			22×150	
160		140	170	160×125×35	160×125×40	25×130	25×85×33
		160	190			25×150	
		170	205	160×125×40	160×125×50	25×160	25×95×38
		190	225			25×180	
200		140	170	200×125×35	200×125×40	25×130	25×85×33
		160	190			25×150	
		170	205	200×125×40	200×125×50	25×160	25×95×38
		190	225			25×180	
250		160	200	250×125×40	250×125×45	28×150	28×100×38
		180	220			28×170	
		190	235	250×125×45	250×125×55	28×180	28×110×43
		210	255			28×200	

续表

凹模周界		闭合高度（参考）H		零件件号、名称及标准编号			
				1	2	3	4
				上模座（GB/T 2855.1）	下模座（GB/T 2855.2）	导柱（GB/T 2861.1）	导套（GB/T 2861.3）
				数量/件			
L	B	最小	最大	1	1	2	2
				规格			
160	160	160	200	160×160×40	160×160×45	28×150	28×100×38
		180	220			28×170	
		190	235	160×160×45	160×160×55	28×180	28×110×43
		210	255			28×200	
200		160	200	200×160×40	200×160×45	28×150	28×100×38
		180	220			28×170	
		190	235	200×160×45	200×160×55	28×180	28×110×43
		210	255			28×200	
250		170	210	250×160×45	250×160×50	32×160	32×105×43
		200	240			32×190	
		200	245	250×160×50	250×160×60	32×190	32×115×48
		220	265			32×210	
200	200	170	210	200×200×45	200×200×50	32×160	32×105×43
		200	240			32×190	
		200	245	200×200×50	200×200×60	32×190	32×115×48
		220	265			32×210	
250		170	210	250×200×45	250×200×50	32×160	32×105×43
		200	240			32×190	
		200	245	250×200×50	250×200×60	32×190	32×115×48
		220	265			32×210	
315		190	230	315×200×45	315×200×55	35×180	35×115×43
		220	260			35×210	
		210	255	315×200×50	315×200×65	35×200	35×125×48
		240	285			35×230	
250	250	190	230	250×250×45	250×250×55	35×180	35×115×43
		220	260			35×210	
		210	255	250×250×50	250×250×65	35×200	35×125×48
		240	285			35×230	
315		215	250	315×250×50	315×250×60	40×200	40×125×48
		245	280			40×230	
		245	290	315×250×55	315×250×70	40×230	40×140×53
		275	320			40×260	
400		215	250	400×250×50	400×250×60	40×200	40×125×48
		245	280			40×230	
		245	290	400×250×55	400×250×70	40×230	40×140×53
		275	320			40×260	

注：1．应符合 JB/T 8050—2020 的规定。

2．标记应包括以下内容：①滑动导向模架；②结构形式为后侧导柱；③凹模周界尺寸 L、B，以 mm 为单位；④模架闭合高度 H，以 mm 为单位；⑤模架精度等级为 I 级、II 级；⑥本标准代号，即 GB/T 2851—2008。

附表 B-2　冲模滑动导向后侧导柱上、下模座主要尺寸（摘自 GB/T 2855—2008）　（单位：mm）

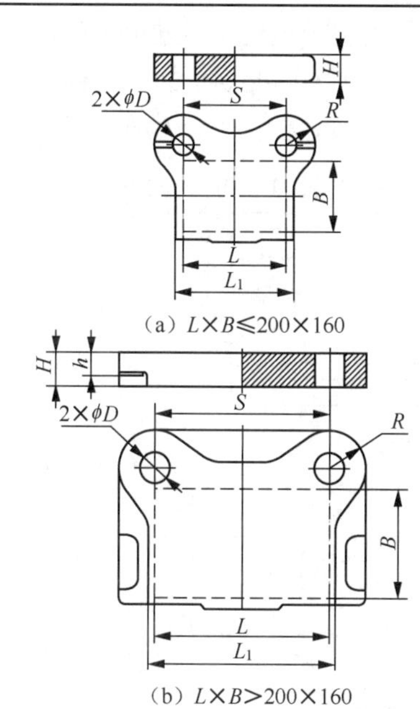

（a）$L\times B\leqslant200\times160$

（b）$L\times B>200\times160$

后侧导柱上模座

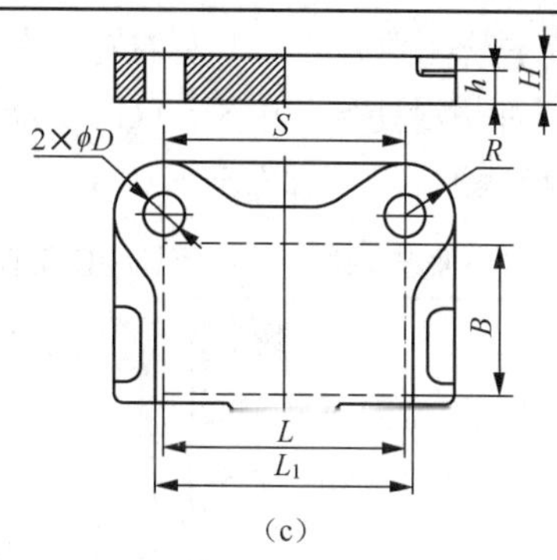

（c）

后侧导柱下模座

凹模周界		H		h		L_1	S	R	上模座		下模座	
									D(H7)		D(R7)	
L	B	上模座	下模座	上模座	下模座				公称尺寸	极限偏差	公称尺寸	极限偏差
63	50	20，25	25，30	—	20	70	70	25	25	+0.021 +0	16	−0.016 −0.034
63	63					70	70					
80		25，30	30，40			90	94	28	28		18	
100						110	116					
80	80					90	94	32	32	+0.025 +0	20	−0.020 −0.041
100						110	116					
125					25	130	130					
100	100					110	116					
125		30，35	35，40			130	130	35	35		22	
160		35，40	40，50		30	170	170	38	38		25	
200						210	210					
125	125	30，35	35，45		25	130	130	35	35		22	
160		35，40	40，50		30	170	170	38	38		25	
200						210	210					
250		40，45	45，55		35	250	250	42	42		28	
160	160					170	170					
200						210	210					
250		45，50	50，60	30	40	250	250	45	45		32	−0.025 −0.050
200	200					210	210					
250						250	250					
315			55，60			305	305	50	50		35	
250	250					250	250					
315		50，55	60，70	35	45	305	305	55	55	+0.030 +0	40	
400						390	390					

2. 中间导柱模架、模座标准

导柱、导套安装在中心线上，左右对称布置，适用于纵向送料的单工序模、复合模及工步较少的级进模。《冲模滑动导向模架》（GB/T 2851—2008）标准规定的中间导柱模架见附表 B-3。《冲模滑动导向模座》（GB/T 2855—2008）规定的中间导柱上、下模座见附表 B-4。

附表 B-3　　冲模滑动导向中间导柱模架型号（摘自 GB/T 2851—2008）　　（单位：mm）

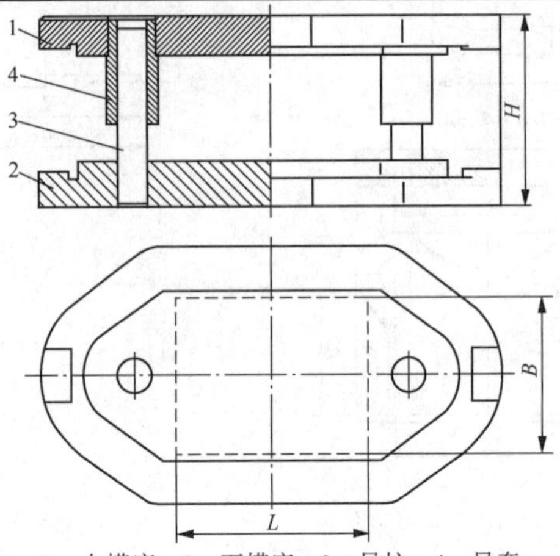

1—上模座；2—下模座；3—导柱；4—导套

标记示例：L=200mm、B=125mm、H=170～205mm、I 级精度的冲模滑动导向中间导柱模架标记为
滑动导向模架　中间导柱 200×125×（170～205）　I　GB/T 2851—2008

凹模周界		闭合高度（参考）H		零件件号、名称及标准编号					
				1	2	3		4	
				上模座（GB/T 2855.1）	下模座（GB/T 2855.2）	导柱（GB/T 2861.1）		导套（GB/T 2861.3）	
				数量/件					
L	B	最小	最大	1	1	1	1	1	1
				规格					
63	50	100	115	63×50×20	63×50×25	16×90	18×90	16×60×18	18×60×18
		110	125			16×100	18×100		
		110	130	63×50×25	63×50×30	16×100	18×100	16×65×23	18×65×23
		120	140			16×110	18×110		
63	63	100	115	63×63×20	63×63×25	16×90	18×90	16×60×18	18×60×18
		110	125			16×100	18×100		
		110	130	63×63×25	63×63×30	16×100	18×100	16×65×23	18×65×23
		120	140			16×110	18×110		
80		110	130	80×63×25	80×63×30	18×100	20×100	18×65×23	20×65×23
		130	150			18×120	20×120		
		120	145	80×63×30	80×63×40	18×110	20×110	18×70×28	20×70×28
		140	165			18×130	20×130		
100		110	130	100×63×25	100×63×30	18×100	20×100	18×65×23	20×65×23
		130	150			18×120	20×120		
		120	145	100×63×30	100×63×40	18×110	20×110	18×70×28	20×70×28
		140	165			18×130	20×130		

续表

凹模周界		闭合高度（参考）*H*		零件件号、名称及标准编号					
				1	2	3		4	
				上模座（GB/T 2855.1）	下模座（GB/T 2855.2）	导柱（GB/T 2861.1）		导套（GB/T 2861.3）	
				数量/件					
L	*B*	最小	最大	1	1	1	1	1	1
				规格					
80	80	110	130	80×80×25	80×80×30	20×100	22×100	20×65×23	22×65×23
		130	150			20×120	22×120		
		120	145	80×80×30	80×80×40	20×110	22×110	20×70×28	22×70×28
		140	165			20×130	22×130		
100		110	130	100×80×25	100×80×30	20×100	22×100	20×65×23	22×65×23
		130	150			20×120	22×120		
		120	145	100×80×30	100×80×40	20×110	22×110	20×70×28	22×70×28
		140	165			20×130	22×130		
125		110	130	125×80×25	125×80×30	20×100	22×100	20×65×23	22×65×23
		130	150			20×120	22×120		
		120	145	125×80×30	125×80×40	20×110	22×110	20×70×28	22×70×28
		140	165			20×130	22×130		
140		120	150	140×80×30	140×80×35	22×110	25×110	22×80×28	25×80×28
		140	165			22×130	25×130		
		140	170	140×80×35	140×80×45	22×130	25×130	22×80×33	25×80×33
		160	190			22×150	25×150		
100	100	110	130	100×100×25	100×100×30	20×100	22×100	20×65×23	22×65×23
		130	150			20×120	22×120		
		120	145	100×100×30	100×100×40	20×110	22×110	20×70×28	22×70×28
		140	165			20×130	22×130		
125		120	150	125×100×30	125×100×35	22×110	25×110	22×80×28	25×80×28
		140	165			22×130	25×130		
		140	170	125×100×35	125×100×45	22×130	25×130	22×80×33	25×80×33
		160	190			22×150	25×150		
140		120	150	140×100×30	140×100×35	22×110	25×110	22×80×28	25×80×28
		140	165			22×130	25×130		
		140	170	140×100×35	140×100×45	22×130	25×130	22×80×33	25×80×33
		160	190			22×150	25×150		
160		140	170	160×100×35	160×100×40	25×130	28×130	25×85×33	28×85×33
		160	190			25×150	28×150		
		160	195	160×100×40	160×100×50	25×150	28×150	25×90×38	28×90×38
		190	225			25×180	28×180		
200		140	170	200×100×35	200×100×40	25×130	28×130	25×85×33	28×85×33
		160	190			25×150	28×150		
		160	195	200×100×40	200×100×50	25×150	28×150	25×90×38	28×90×38
		190	225			25×180	28×180		

续表

凹模周界		闭合高度（参考）*H*		零件件号、名称及标准编号					
				1	2	3		4	
				上模座（GB/T 2855.1）	下模座（GB/T 2855.2）	导柱（GB/T 2861.1）		导套（GB/T 2861.3）	
				数量/件					
L	*B*	最小	最大	1	1	1	1	1	1
				规格					
125	125	120	150	125×125×30	125×125×35	22×110	25×110	22×80×33	25×80×33
		140	165			22×130	25×130		
		140	170	125×125×35	125×125×45	22×130	25×130	22×85×33	25×85×33
		160	190			22×150	25×150		
140		140	170	140×125×35	140×125×40	25×130	28×130	25×85×33	28×85×33
		160	190			25×150	28×150		
		160	195	140×125×40	140×125×50	25×150	28×150	25×90×38	28×90×38
		190	225			25×180	28×180		
160		140	170	160×125×35	160×125×40	25×130	28×130	25×85×33	28×85×33
		160	190			25×150	28×150		
		170	205	160×125×40	160×125×50	25×160	28×160	25×95×38	28×95×38
		190	225			25×180	28×180		
200		140	170	200×125×35	200×125×40	25×130	28×130	25×85×33	28×85×33
		160	190			25×150	28×150		
		170	205	200×125×40	200×125×50	25×160	28×160	25×95×38	28×95×38
		190	225			25×180	28×180		
250		160	200	250×125×40	250×125×45	28×150	32×150	28×100×38	32×100×38
		180	220			28×170	32×170		
		190	235	250×125×45	250×125×55	28×180	32×180	28×110×43	32×110×43
		210	255			28×200	32×200		
250	200	170	210	250×200×45	250×200×50	32×160	35×160	32×105×43	35×105×43
		200	240			32×190	35×190		
		200	245	250×200×50	250×200×60	32×190	35×190	32×115×48	35×115×48
		220	265			32×210	35×210		
280		190	230	280×200×45	280×200×55	35×180	40×180	35×115×43	40×115×43
		220	260			35×210	40×210		
		210	255	280×200×50	280×200×65	35×200	40×200	35×125×48	40×125×48
		240	285			35×230	40×230		
315		190	230	315×200×45	315×200×55	35×180	40×180	35×115×43	40×115×43
		220	260			35×210	40×210		
		210	255	315×200×50	315×200×65	35×200	40×200	35×125×48	40×125×48
		240	285			35×230	40×230		
250		190	230	250×250×45	250×250×55	35×180	40×180	35×115×43	40×115×43
		220	260			35×210	40×210		
		210	255	250×250×50	250×250×65	35×200	40×200	35×125×48	40×125×48
		240	285			35×230	40×230		

续表

凹模周界		闭合高度（参考）H		零件件号、名称及标准编号					
				1	2	3		4	
				上模座（GB/T 2855.1）	下模座（GB/T 2855.2）	导柱（GB/T 2861.1）		导套（GB/T 2861.3）	
				数量/件					
				1	1	1	1	1	1
L	B	最小	最大	规格					
280	250	190	230	280×250×45	280×250×55	35×180	40×180	35×115×43	40×115×43
		220	260			35×210	40×210		
		210	255	280×250×50	280×250×65	35×200	40×200	35×125×48	40×125×48
		240	285			35×230	40×230		
315		215	250	315×250×50	315×250×60	40×200	45×200	40×125×48	45×125×48
		245	280			40×230	45×230		
		245	290	315×250×55	315×250×70	40×230	45×230	40×140×53	45×140×53
		275	320			40×260	45×260		
400		215	250	400×250×50	400×250×60	40×200	45×200	40×125×48	45×125×48
		245	280			40×230	45×230		
		245	290	400×250×55	400×250×70	40×230	45×230	40×140×53	45×140×53
		275	320			40×260	45×260		
280	280	215	250	280×280×50	280×280×60	35×180	40×180	45×125×48	50×125×48
		245	280			35×210	40×210		
		245	290	280×280×55	280×280×60	35×200	40×200	45×140×53	50×140×53
		275	320			35×230	40×230		
315		215	250	315×280×50	315×280×60	40×200	45×200	40×125×48	45×125×48
		245	280			40×230	45×230		
		245	290	315×280×55	315×280×70	40×230	45×230	40×140×53	45×140×53
		275	320			40×260	45×260		
400		215	250	400×280×50	400×280×60	40×200	45×200	40×125×48	45×125×48
		245	280			40×230	45×230		
		245	290	400×280×55	400×280×70	40×230	45×230	40×140×53	45×140×53
		275	320			40×260	45×260		
315	315	245	290	315×315×50	315×315×60	45×200	50×200	45×125×48	50×125×48
		275	315			45×230	50×230		
		275	320	315×315×55	315×315×70	45×230	50×230	45×140×53	50×140×53
		305	350			45×260	50×260		
400		245	290	400×315×55	400×315×65	45×230	50×230	45×140×53	50×140×53
		275	315			45×260	50×260		
		275	320	400×315×60	400×315×75	45×260	50×260	45×150×58	50×150×58
		305	350			45×290	50×290		
500		245	290	500×315×55	500×315×65	45×230	50×230	45×140×53	50×140×53
		275	315			45×260	50×260		
		275	320	500×315×60	500×315×75	45×260	50×260	45×150×58	50×150×58
		305	350			45×290	50×290		

续表

凹模周界		闭合高度（参考）*H*		零件件号、名称及标准编号					
				1	2	3		4	
				上模座（GB/T 2855.1）	下模座（GB/T 2855.2）	导柱（GB/T 2861.1）		导套（GB/T 2861.3）	
				数量/件					
L	*B*	最小	最大	1	1	1	1	1	1
				规格					
400	400	245	290	400×400×55	400×400×65	45×230	50×230	45×140×53	50×140×53
		275	315			45×260	50×260		
		275	320	400×400×60	400×400×75	45×260	50×260	45×150×58	50×150×58
		305	350			45×290	50×290		
630		240	280	630×400×55	630×400×65	50×220	55×220	50×150×53	55×150×53
		270	305			50×250	55×250		
		270	310	630×400×65	630×400×80	50×250	55×250	50×160×63	55×160×63
		300	340			50×280	55×280		
500	500	260	300	500×500×55	500×500×65	50×240	55×240	50×150×53	55×150×53
		290	325			50×270	55×270		
		290	330	500×500×65	500×500×80	50×270	55×270	50×160×63	55×160×63
		320	360			50×300	55×300		

注：1．应符合 JB/T8050—2020 的规定。

2．标记应包括以下内容：①滑动导向模架；②结构形式为中间导柱；③凹模周界尺寸 *L*、*B*，以 mm 为单位；④模架闭合高度 *H*，以 mm 为单位；⑤模架精度等级为 I 级、II 级；⑥本标准代号，即 GB/T 2851—2008。

附表 B-4　冲模滑动导向中间导柱上、下模座主要尺寸（摘自 GB/T 2855—2008）（单位：mm）

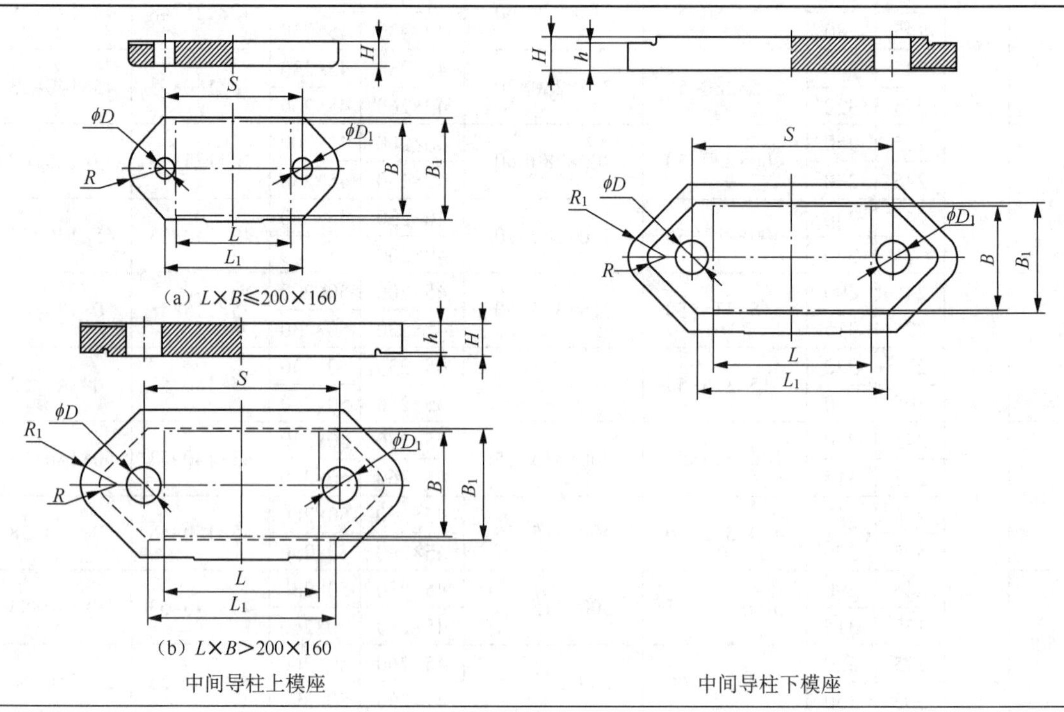

（a）$L \times B \leqslant 200 \times 160$

（b）$L \times B > 200 \times 160$

中间导柱上模座　　中间导柱下模座

续表

凹模周界		H		h		L_1	B_1	S	R	R_1	上模座				下模座			
											D(H7)		D_1(H7)		D(H7)		D_1(H7)	
L	B	上模座	下模座	上模座	下模座						公称尺寸	极限偏差	公称尺寸	极限偏差	公称尺寸	极限偏差	公称尺寸	极限偏差
63	50	20，25	25，30	—	20	70	60	100	28	44	25	+0.021 +0	28	+0.021 +0	16	−0.016 −0.034	18	−0.016 −0.034
63	63		30，40			70	70											
80		25，30				90		120	32	55	28		32	+0.025 +0	18		20	−0.020 −0.041
100						110		140										
80	80					90	90	125	35	60	32	+0.025 +0	35		20	−0.020 −0.041	22	
100						110		145										
125					25	130		170										
100	100					110	110	145										
125		30，35	35，45			130		170	38	68	35		38		22		25	
160		35，40	40，50		30	170		210	42	75	38		42		25		28	
200						210		250										
125	125	30，35	35，45		25	130	130	170	38	68	35		38		22		25	−0.025 −0.050
160		35，40	40，50		30	170		210	42	75	38		42		25		28	
200		40，45	40，55			210		250										
250			45，55		35	260		305	45	80	42		45		28		32	
160	160					170	170	215										
200						210		255										
250		45，50	50，60	40	40	260		310	50	85	45		50		32	−0.025 −0.050	35	
200	200					210	210	260										
250						260		310										
315			55，65			325		380	55	95	50		55	+0.030 +0	35		40	
250	250					360	260	315										
315		50，55	60，70	45	45	325		385	60	105	55	+0.030 +0	60		40		45	
400						400		470										
315	315					325	325	390	65	115	60		65		45		50	
400		55，60	65，75			410		475										
500						510		575										
400	400					410	410	475										
630		55，65	65，80			640		710	70	125	65		70		50		55	−0.030 −0.060
500	500					510	510	580										

3. 中间导柱圆形模架标准

导柱、导套安装在中心线上，左右对称布置，适用于纵向送料的单工序模、复合模及工步较少的级进模。《冲模滑动导向模架》（GB/T 2851—2008）中规定的中间导柱圆形模架见附表 B-5。《冲模滑动导向模座》（GB/T 2855—2008）中规定的中间导柱圆形上、下模座见附表 B-6。

附表 B-5　冲模滑动导向中间导柱圆形模架型号（摘自 GB/T 2851—2008）　（单位：mm）

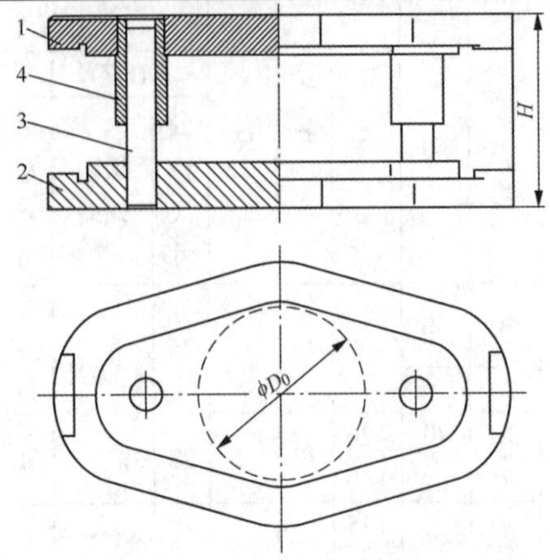

1—上模座；2—下模座；3—导柱；4—导套

标记示例：D_0=200mm、H=170～210mm、I 级精度的冲模滑动导向中间导柱圆形模架标记为

滑动导向模架　中间导柱圆形 200×（170～210）　I　GB/T 2851—2008

凹模周界	闭合高度（参考）H		零件件号、名称及标准编号					
			1	2	3		4	
			上模座（GB/T 2855.1）	下模座（GB/T 2855.2）	导柱（GB/T 2861.1）		导套（GB/T 2861.3）	
			数量/件					
D_0	最小	最大	1	1	1	1	1	1
			规格					
63	110	115	63×20	63×25	16×90	18×90	16×60×18	18×60×18
	110	125			16×100	18×100		
	110	130	63×25	63×30	16×100	18×100	16×65×23	18×65×23
	120	140			16×110	18×110		
80	110	130	80×25	80×30	20×100	22×100	20×65×23	22×65×23
	130	150			20×120	22×120		
	120	145	80×30	80×40	20×110	22×110	20×70×28	22×70×28
	140	165			20×130	22×130		
100	110	130	100×25	100×30	20×100	22×100	20×65×23	22×65×23
	130	150			20×120	22×120		
	120	145	100×30	100×40	20×110	22×110	20×70×28	22×70×28
	140	165			20×130	22×130		
125	120	150	125×30	125×35	22×110	25×110	22×80×28	25×80×28
	140	165			22×130	25×130		
	140	170	125×35	125×45	22×130	25×130	22×85×33	25×85×33
	160	190			22×150	25×150		
160	160	200	160×40	160×45	28×150	32×150	28×110×38	32×110×38
	180	220			28×170	32×170		
	190	235	160×45	160×55	28×180	32×150	28×110×43	32×110×43
	210	255			28×200	32×200		
200	170	210	200×45	200×50	32×160	35×160	32×105×43	35×105×43
	200	240			32×190	35×190		
	200	245	200×50	200×60	32×190	35×190	32×115×48	35×115×48
	220	265			32×210	35×210		

续表

<table>
<tr><td rowspan="2">凹模周界</td><td colspan="2" rowspan="2">闭合高度（参考）H</td><td colspan="6">零件件号、名称及标准编号</td></tr>
<tr><td>1
上模座
（GB/T 2855.1）</td><td>2
下模座
（GB/T 2855.2）</td><td colspan="2">3
导柱
（GB/T 2861.1）</td><td colspan="2">4
导套
（GB/T 2861.3）</td></tr>
<tr><td rowspan="3">D_0</td><td rowspan="3">最小</td><td rowspan="3">最大</td><td colspan="6">数量/件</td></tr>
<tr><td>1</td><td>1</td><td>1</td><td>1</td><td>1</td><td>1</td></tr>
<tr><td colspan="6">规格</td></tr>
<tr><td rowspan="4">250</td><td>190</td><td>230</td><td rowspan="2">250×45</td><td rowspan="2">250×55</td><td>35×180</td><td>40×180</td><td rowspan="2">35×115×43</td><td rowspan="2">40×115×43</td></tr>
<tr><td>220</td><td>260</td><td>35×210</td><td>40×210</td></tr>
<tr><td>210</td><td>255</td><td rowspan="2">250×50</td><td rowspan="2">250×65</td><td>35×200</td><td>40×200</td><td rowspan="2">35×125×48</td><td rowspan="2">40×125×48</td></tr>
<tr><td>240</td><td>285</td><td>35×230</td><td>40×230</td></tr>
<tr><td rowspan="4">315</td><td>215</td><td>250</td><td rowspan="2">315×50</td><td rowspan="2">315×60</td><td>45×200</td><td>50×200</td><td rowspan="2">45×125×48</td><td rowspan="2">50×125×48</td></tr>
<tr><td>245</td><td>280</td><td>45×230</td><td>50×230</td></tr>
<tr><td>245</td><td>290</td><td rowspan="2">315×55</td><td rowspan="2">315×70</td><td>45×230</td><td>50×230</td><td rowspan="2">45×140×53</td><td rowspan="2">50×140×53</td></tr>
<tr><td>275</td><td>320</td><td>45×260</td><td>50×260</td></tr>
<tr><td rowspan="4">400</td><td>245</td><td>290</td><td rowspan="2">400×55</td><td rowspan="2">400×65</td><td>45×230</td><td>50×230</td><td rowspan="2">45×140×53</td><td rowspan="2">50×140×53</td></tr>
<tr><td>275</td><td>315</td><td>45×260</td><td>50×260</td></tr>
<tr><td>275</td><td>320</td><td rowspan="2">400×60</td><td rowspan="2">400×75</td><td>45×260</td><td>50×260</td><td rowspan="2">45×150×58</td><td rowspan="2">50×150×58</td></tr>
<tr><td>305</td><td>350</td><td>45×290</td><td>50×290</td></tr>
<tr><td rowspan="4">500</td><td>260</td><td>300</td><td rowspan="2">500×55</td><td rowspan="2">500×65</td><td>50×240</td><td>55×240</td><td rowspan="2">50×150×53</td><td rowspan="2">55×150×53</td></tr>
<tr><td>290</td><td>325</td><td>50×270</td><td>55×270</td></tr>
<tr><td>290</td><td>330</td><td rowspan="2">500×65</td><td rowspan="2">500×80</td><td>50×270</td><td>55×270</td><td rowspan="2">50×160×63</td><td rowspan="2">55×160×63</td></tr>
<tr><td>320</td><td>360</td><td>50×300</td><td>55×300</td></tr>
<tr><td rowspan="4">630</td><td>270</td><td>310</td><td rowspan="2">630×60</td><td rowspan="2">630×70</td><td>55×250</td><td>60×250</td><td rowspan="2">55×160×58</td><td rowspan="2">60×160×58</td></tr>
<tr><td>300</td><td>340</td><td>55×280</td><td>60×280</td></tr>
<tr><td>310</td><td>350</td><td rowspan="2">630×75</td><td rowspan="2">630×90</td><td>55×290</td><td>60×290</td><td rowspan="2">55×170×73</td><td rowspan="2">60×170×73</td></tr>
<tr><td>340</td><td>380</td><td>55×320</td><td>60×320</td></tr>
</table>

注：1. 应符合 JB/T8050—2020 的规定。

2. 标记应包括以下内容：①滑动导向模架；②结构形式为中间导柱圆形；③凹模周界尺寸 D_0，以 mm 为单位；④模架闭合高度 H，以 mm 为单位；⑤模架精度等级为 I 级、II 级；⑥本标准代号，即 GB/T 2851—2008。

附表 B-6　冲模滑动导向中间导柱圆形上、下模座主要尺寸（摘自 GB/T 2855—2008）（单位：mm）

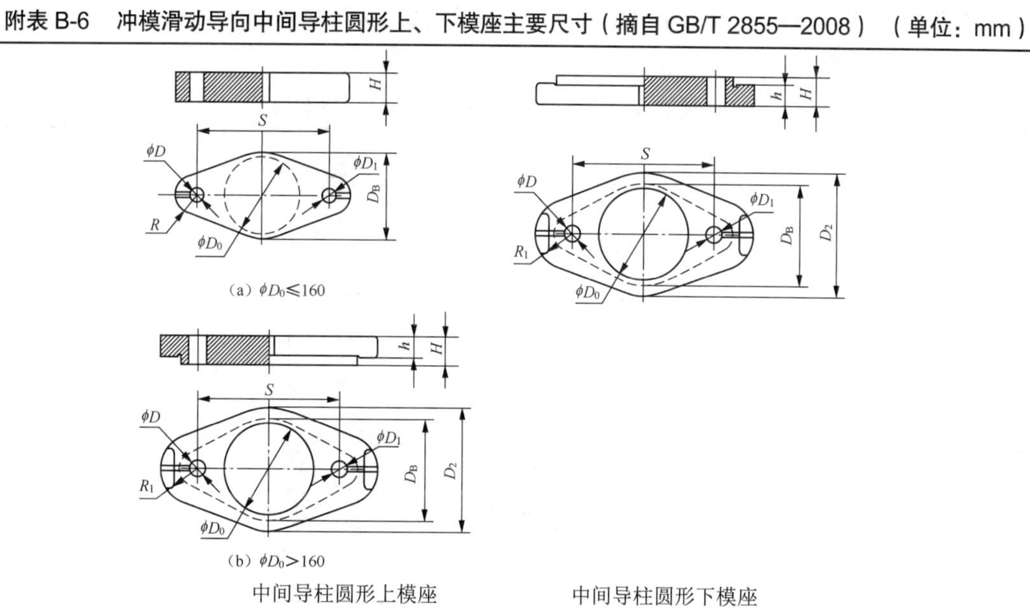

（a）$\phi D_0 \leqslant 160$

（b）$\phi D_0 > 160$

中间导柱圆形上模座　　中间导柱圆形下模座

续表

凹模周界 D_0	H 上模座	H 下模座	h 上模座	h 下模座	D_B	D_2 上模座	D_2 下模座	S	R	R_1 上模座	R_1 下模座	上模座 D(H7) 公称尺寸	上模座 D(H7) 极限偏差	上模座 D_1(H7) 公称尺寸	上模座 D_1(H7) 极限偏差	下模座 D(R7) 公称尺寸	下模座 D(R7) 极限偏差	下模座 D_1(R7) 公称尺寸	下模座 D_1(R7) 极限偏差
63	20，25	25，30	—	20	70	—	102	100	28	—	44	25	+0.021 +0	28	+0.021 +0	16	−0.016 −0.034	18	−0.016 −0.034
80	25，30	30，40			90		136	125	35		58	32	+0.025 +0	35	+0.025 +0	20	−0.020 −0.041	22	−0.020 −0.041
100					110		160	145			60								
125	30，35	35，45		25	130		190	170	38		68	35		38		22		25	
160	40，45	45，55		35	170		240	215	45		80	42		45		28		32	−0.025 −0.050
200	45，50	50，60	30	40	210	280		260	50	85		45		50		32	−0.025 −0.050	35	
250		55，65			260	340		315	55	95		50		55	+0.030 +0	35		40	
315	50，55	60，70	35	45	325	425		390	65	115		60	+0.030 +0	65		45		50	
400	55，60	65，75			410	510		475											
500	55，65	65，80	40		510	620		580	70	125		65		70		50		55	−0.030 −0.060
630	60，75	70，90			640	758		720	76	135		70		76		55	−0.030 −0.060	76	

附录C 模柄标准

1. 压入式模柄标准

压入式模柄与模座孔采用过渡配合 H7/h6，并加销钉以防转动。这种模柄可较好地保证轴线与上模座的垂直度，适用于各种中、小型冲模，生产中最为常见。

JB/T 7646.1—2008 中规定了冲模压入式模柄的尺寸规格和标记，适用于冲模压入式模柄设计与选用见附表 C-1。

附表 C-1　　冲模压入式模柄（摘自 JB/T 7646.1—2008）　　（单位：mm）

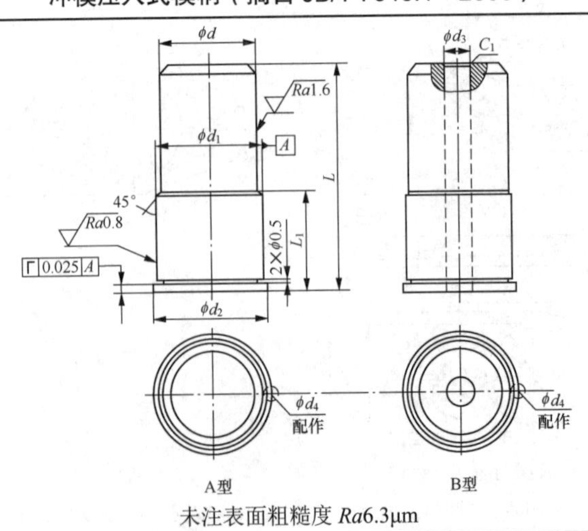

未注表面粗糙度 $Ra6.3\mu m$

续表

标记示例：d=32mm、L=80mm 的 A 型压入式模柄标记为

压入式模柄：A 32×80 JB/T 7646.1—2008

<table>
<tr><th>d
（Js10）</th><th>d1
（m6）</th><th>d2</th><th>L</th><th>L1</th><th>L2</th><th>L3</th><th>d3</th><th>d4
（H7）</th></tr>
<tr><td rowspan="3">20</td><td rowspan="3">22</td><td rowspan="3">9</td><td>60</td><td>20</td><td rowspan="7">4</td><td rowspan="3">2</td><td rowspan="7">7</td><td rowspan="16">6</td></tr>
<tr><td>65</td><td>25</td></tr>
<tr><td>70</td><td>30</td></tr>
<tr><td rowspan="4">25</td><td rowspan="4">26</td><td rowspan="4">33</td><td>65</td><td>20</td><td rowspan="4">2.5</td></tr>
<tr><td>70</td><td>25</td></tr>
<tr><td>75</td><td>30</td></tr>
<tr><td>80</td><td>35</td></tr>
<tr><td rowspan="4">32</td><td rowspan="4">34</td><td rowspan="4">42</td><td>80</td><td>25</td><td rowspan="4">5</td><td rowspan="4">3</td><td rowspan="9">11</td></tr>
<tr><td>85</td><td>30</td></tr>
<tr><td>90</td><td>35</td></tr>
<tr><td>95</td><td>40</td></tr>
<tr><td rowspan="5">40</td><td rowspan="5">42</td><td rowspan="5">50</td><td>100</td><td>30</td><td rowspan="5">6</td><td rowspan="5">4</td></tr>
<tr><td>105</td><td>35</td></tr>
<tr><td>110</td><td>40</td></tr>
<tr><td>115</td><td>45</td></tr>
<tr><td>120</td><td>50</td></tr>
<tr><td rowspan="6">50</td><td rowspan="6">52</td><td rowspan="6">61</td><td>105</td><td>35</td><td rowspan="6">8</td><td rowspan="6">5</td><td rowspan="6">15</td><td rowspan="6">8</td></tr>
<tr><td>110</td><td>40</td></tr>
<tr><td>115</td><td>45</td></tr>
<tr><td>120</td><td>50</td></tr>
<tr><td>125</td><td>55</td></tr>
<tr><td>130</td><td>60</td></tr>
<tr><td rowspan="7">60</td><td rowspan="7">62</td><td rowspan="7">71</td><td>115</td><td>40</td><td rowspan="7">8</td><td rowspan="7">5</td><td rowspan="7">15</td><td rowspan="7">8</td></tr>
<tr><td>120</td><td>45</td></tr>
<tr><td>125</td><td>50</td></tr>
<tr><td>130</td><td>55</td></tr>
<tr><td>135</td><td>60</td></tr>
<tr><td>140</td><td>65</td></tr>
<tr><td>145</td><td>70</td></tr>
</table>

注：1．材料由制造者选定，推荐使用 Q235、45 钢。

2．应符合 JB/T 7653—2020 的规定。

3．标记应包括以下内容：①压入式模柄；②模柄类型 A、B；③模柄直径 d，以 mm 为单位；④模柄长度 L，以 mm 为单位；⑤本标准代号，即 JB/T 7646.1—2008。

2．旋入式模柄标准

旋入式模柄通过螺纹与上模座连接，并加螺钉防止松动。这种模柄结构拆装方便，但是模柄轴线与上模座的垂直度较差，多用于有导柱的中、小型冲模。

JB/T 7646.2—2008 中规定了冲模旋入式模柄的尺寸规格和标记，适用于冲模压入式模柄设计与选用，见附表 C-2。

附表 C-2　　冲模旋入式模柄（摘自 JB/T 7646.2—2008）　　（单位：mm）

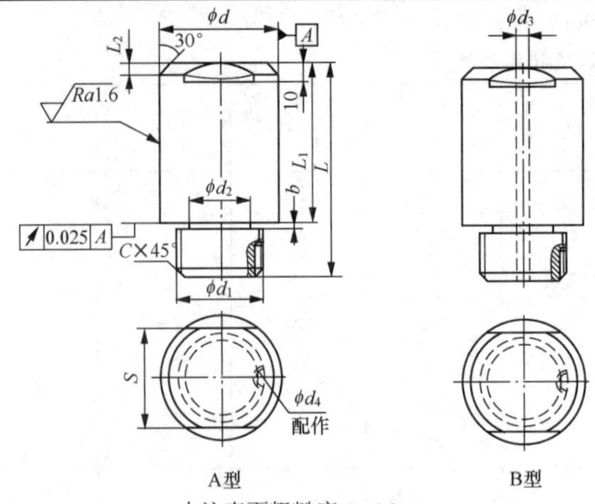

未注表面粗糙度 *Ra*6.3μm

标记示例：*d*=32mm 的 A 型旋入式模柄标记为

旋入式模柄：A　32　JB/T 7646.2—2008

d（Js10）	d_1	L	L_1	L_2	S	d_2	d_3	d_4	b	C
20	M16×1.5	58	40`	2	17	14.5	11	M6	2.5	1
25	M16×1.5	68	45	2.5	21	14.5				
32	M20×1.5	79	56	3	27	18.0			3.5	1.5
40	M24×1.5	91	68	4	36	21.5	11	M6	3.5	1.5
50	M30×1.5			5	41	27.5	15	M8	4.5	2
60	M36×1.5	100	73		50	33.5				

注：1．材料由制造者选定，推荐使用 Q235、45 钢。

2．应符合 JB/T 7653—2020 的规定。

3．标记应包括以下内容：①旋入式模柄；②模柄类型 A、B；③模柄直径 *d*，以 mm 为单位；④本标准代号，即 JB/T 7646.2—2008。

3．凸缘式模柄标准

凸缘式模柄使用 3～4 个紧固螺钉安装于上模座，模柄的凸缘与上模座的窝孔采用 H7/js6 过渡配合，多用于较大型的模具。

JB/T 7646.3—2008 中规定了冲模凸缘式模柄的尺寸规格和标记，适用于冲模凸缘式模柄设计与选用见附表 C-3。

附表 C-3　　冲模凸缘式模柄（摘自 JB/T 7646.3—2008）　　（单位：mm）

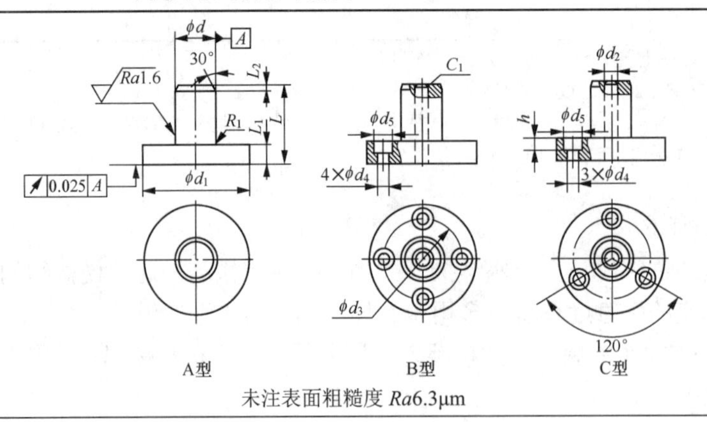

未注表面粗糙度 *Ra*6.3μm

续表

标记示例：d=40mm 的 A 型凸缘式模柄标记为 凸缘式模柄：A 40 JB/T 7646.3—2008									
d (Js10)	d_1 (m6)	L	L_1	L_2	d_2	d_3	d_4	d_5	h
20	67	58	18	2	11	44	9	14	9
25	82	63		2.5		54			
32	97	79	23	3		65			
40	122	91		4		81			
50	132	91	23	5	15	91	11	17	11
60	142	96				101	13	20	13
70	152	100				110			

注：1．材料由制造者选定，推荐使用 Q235、45 钢。

2．应符合 JB/T 7653—2020 的规定。

3．标记应包括以下内容：①凸缘式模柄；②模柄类型 A、B、C；③模柄直径 d，以 mm 为单位；④本标准代号，即 JB/T 7646.3—2008。

附录 D 标准公差值

标准公差值见附表 D-1。

附表 D-1 标准公差数值（摘自 GB/T 1800.1—2020）

基本尺寸/mm		标准公差等级																	
		IT1	IT2	IT3	IT4	IT5	IT6	IT7	IT8	IT9	IT10	IT11	IT12	IT13	IT14	IT15	IT16	IT17	IT18
大于	至	μm											mm						
—	3	0.8	1.2	2	3	4	6	10	14	25	40	60	0.1	0.14	0.25	0.4	0.6	1	1.4
3	6	1	1.5	2.5	4	5	6	12	18	30	48	75	0.12	0.18	0.3	0.48	0.75	1.2	1.8
6	10	1	1.5	2.5	4	6	9	15	22	36	58	90	0.15	0.22	0.36	0.58	0.9	1.5	2.2
10	18	1.2	2	3	5	8	11	18	27	43	70	110	0.18	0.27	0.43	0.7	1.1	1.8	2.7
18	30	1.5	2.5	4	6	9	13	21	33	52	84	130	0.21	0.33	0.52	0.84	1.3	2.1	3.3
30	50	1.5	2.5	4	7	11	16	25	39	62	100	160	0.25	0.39	0.62	1	1.6	2.5	3.9
50	80	2	3	5	8	13	19	30	46	74	120	190	0.3	0.46	0.74	1.2	1.9	3	4.6
80	120	2.5	4	6	10	15	22	35	54	87	140	220	0.35	0.54	0.87	1.4	2.2	3.5	5.4
120	180	3.5	5	8	12	18	25	40	63	100	160	250	0.4	0.63	1	1.6	2.5	4	6.3
180	250	4.5	7	10	14	20	29	46	72	115	185	290	0.46	0.72	1.15	1.85	2.9	4.6	7.2
250	315	6	8	12	16	23	32	52	81	130	210	320	0.52	0.81	1.3	2.1	3.2	5.2	8.1
315	400	7	9	13	18	25	36	57	89	140	230	360	0.57	0.89	1.4	2.3	3.6	5.7	8.9
400	500	8	10	15	20	27	40	63	97	155	250	400	0.63	0.97	1.55	2.5	4	6.3	9.7
500	630	9	11	16	22	32	44	70	110	175	280	440	0.7	1.1	1.75	2.8	4.4	7	11
630	800	10	13	18	25	36	50	80	125	200	320	500	0.8	1.25	2	3.2	5	8	12.5
800	1000	11	15	21	28	40	56	90	140	230	360	560	0.9	1.4	2.3	3.6	5.6	9	14

注：基本尺寸大于 500mm 的 IT1～IT5 的标准公差数值为试行；基础尺寸小于或者等于 1mm 时，无 IT14～IT18。

附录 E　国产开式压力机技术参数

国产开式压力机技术参数见附表 E-1。

附表 E-1　　几种国产开式压力机的主要技术参数

压力机型号		J23-6.3	J23-10	J23-16F	JH2-25	JC23-35	JH23-40	JC23-63	J11-100
标称压力/kN		63	100	160	250	350	400	630	1000
滑块行程/mm		35	45	70	75	80	80	120	20～100
最大闭合高度/mm		150	180	205	260	280	330	360	420
封闭高度调节量/mm		35	35	45	55	60	65	80	85
立柱间距/mm		150	180	220	270	300	340	350	—
工作台尺寸/mm	前后	200	240	300	370	380	460	480	600
	左右	310	370	450	560	610	700	710	800
垫板尺寸/mm	厚度	30	35	40	50	60	65	90	100
	孔径	ϕ140	ϕ170	ϕ210	ϕ260	ϕ150	ϕ320	ϕ250	ϕ160
模柄孔尺寸/mm		ϕ30		ϕ40		ϕ50		ϕ60	